黑龙江省精品图书出版工程
“十三五”国家重点出版物出版规划项目
材料科学研究与工程技术图书
石墨深加工技术与石墨烯材料系列

石墨烯的合成与应用

GRAPHENE SYNTHESIS AND APPLICATIONS

[韩] Wonbong Choi
[韩] Jo-won Lee 著
陈昊 翁凌 译

哈爾濱工業大學出版社
HARBIN INSTITUTE OF TECHNOLOGY PRESS

内 容 简 介

自20世纪末以来，石墨烯作为一类碳原子以 sp^2 杂化轨道呈蜂巢晶格排列构成的单层二维晶体，凭借其卓越的性能作为下一代电子器件的潜在应用材料备受广大材料研究人员的关注。石墨烯的卓越性能包括高电流密度、弹道输运、化学惰性、高导热率、透光率和纳米尺度上的超疏水性等。与针对石墨烯卓越的电子和光电特性的广泛研究相比，合成可工业应用的单层石墨烯的相关研究还处于刚刚起步阶段。本书介绍石墨烯的合成及性能研究领域的最新进展和未来进展方向，并探讨了其在电子、热传输、场发射、传感器、复合材料和能源等方面的应用。

本书可作为高等院校相关专业的研究生教材，也可作为从事与炭素材料相关的技术和管理人员的参考书。

图书在版编目(CIP)数据

石墨烯的合成与应用/(韩)崔远东(Wonbong Choi)，(韩)李祖元(Jo-won Lee)著;陈昊，翁凌译. —哈尔滨:哈尔滨工业大学出版社，2021.2

书名原文:Graphene Synthesis and Applications

ISBN 978-7-5603-8142-8

Ⅰ.①石… Ⅱ.①崔…②李…③陈…④翁… Ⅲ.①石墨-纳米材料-研究 Ⅳ.①TB383

中国版本图书馆 CIP 数据核字(2019)第069431号

材料科学与工程
图书工作室

策划编辑　杨　桦　张秀华　许雅莹
责任编辑　刘　瑶
封面设计　卞秉利
出版发行　哈尔滨工业大学出版社
社　　址　哈尔滨市南岗区复华四道街10号　邮编150006
传　　真　0451-86414749
网　　址　http://hitpress.hit.edu.cn
印　　刷　哈尔滨博奇印刷有限公司
开　　本　660mm×980mm　1/16　印张24.75　字数430千字
版　　次　2021年2月第1版　2021年2月第1次印刷
书　　号　ISBN 978-7-5603-8142-8
定　　价　78.00元

黑版贸审字 08-2019-031 号

Graphene Synthesis and Applications 1st Edition /by Wonbong Choi, Jo-won Lee/ISBN:978-1-4398-6187-5

译者前言

石墨烯是碳原子以 sp^2 杂化轨道呈蜂巢晶格排列构成的单层二维晶体，由于其具有高电流密度、化学惰性、高热导率、良好的光学透过率、弹道运输特性及在纳米尺度的超疏水性，被认为是21世纪的“奇迹材料”。

本书综述了石墨烯合成及性质研究的最新进展及其在电子、热传输、场发射、传感器、复合材料和能源等领域的应用。

本书是从事石墨烯合成及应用领域研究人员的必备参考书。同时，本书图文并茂，也适用于对石墨烯材料感兴趣的非专业读者。

原著是石墨烯领域的研究和应用人员以及相关专业研究生非常急需的参考书籍，将其翻译为中文是非常有必要的。本书由哈尔滨理工大学（材料科学与工程学院）的陈昊和翁凌共同翻译。在这里非常感谢给予我们帮助的同事和学生。

本书具体分工如下：陈昊翻译了本书的前言、目录及本书的第1～6章；翁凌翻译第7～11章；图表及其注释由二人共同翻译。

由于译者水平有限，疏漏在所难免，欢迎读者提出宝贵意见。

译　者

2020年12月

前　　言

本书旨在综述石墨烯合成及性能研究领域的最新研究进展及其在电子、热传输、场发射、传感器、复合材料和能源等方面的应用。来自物理、化学、材料、电气工程等不同方面的研究者们，从他们所掌握的专业知识出发撰写了各个章节。虽然石墨烯因具有优良的电气、光学和机械性能而成为近年来的研究热点，但大多数石墨烯的应用研究仍处于起步阶段。因此，需要编写一本书，来全面介绍石墨烯的研究现状，尤其重点介绍石墨烯的合成及其在未来的应用。

石墨烯是碳原子以 sp^2 杂化轨道呈蜂巢晶格排列构成的单层二维晶体。由于石墨烯的高电流密度、弹道运输、化学惰性、高热导率、良好的光学透过率及其在纳米尺度上的超疏水性，因此得到大量研究。石墨烯被认为是 21 世纪的“奇迹材料”。Geim 和他的同事因首次使用一种被称为机械微应力技术的简单方法来提取石墨烯而举世瞩目，他们也因此获得了 2010 年诺贝尔物理学奖。虽然石墨烯在 2004 年前就被发现了，但是 Geim 和他的团队在该领域中的研究仍引起了广泛关注。

在某种意义上，石墨烯比它的同素异形体更有吸引力，无论从制备还是应用的角度，二维形貌的石墨烯都要优于一维形貌的碳纳米管（CNTs）。利用石墨烯极高的迁移率（在室温下，石墨烯的迁移率为 200 000 $cm^2/(V \cdot s)$，而硅的迁移率为 1 400 $cm^2/(V \cdot s)$，砷化镓的迁移率为 8 500 $cm^2/(V \cdot s)$）可以设计出截止频率高达 300 GHz 的独立高频晶体管。另外，连接器产品中的电迁移问题也可利用石墨烯的高电流容量（10^8 A/cm^2）和低电阻率（$1\mu\Omega \cdot cm$，比铜小 35%）特性来解决。由于其具有高热导率（5 $kW/(m \cdot K)$，是铝和铜的 10 倍），石墨烯热垫也给我们较高的期望值。石墨烯还是最有希望取代 ITO 作为透明电极的（其必要性在于地壳中铟的储备量很低）。石墨烯的透明度可以超过 90%，表面电阻率可超过 30 Ω/□，这使其最适合应用于透明导电电极。石墨烯具有超高的机械性能，超过任何已知的材料。石墨烯还因其双面表面性质而具有最高的比表面积，因此，石墨烯化学传感器可通过将化学反应转化为电信号来检测行李中的爆炸物或空气中的挥发性有机化合物。石墨烯能彻底改变电池制造技术，它可以用作电池两极之间的超导薄膜，这种电池可以在短时间内提供巨大的能量。石墨烯具有更大的自旋扩散长度,因此我们期望它在自旋电子学中表现出高自旋注入效率。

石墨烯具有非常高的电子迁移率而表现出优良的电气性能,因此它最初作为具体的材料是可能代替硅而应用于逻辑电路。然而,问题在于石墨烯没有带隙,而带隙不为零又是作为半导体的先决条件。此外,石墨烯晶体管没有开和关的状态,在室温下开关比率高达 1 000。想要打开一个稳定的约 1 eV 的带隙,就必须在宽度为原子精度下将石墨烯制成小于 2 nm 的带,而石墨烯片宽度的变化会导致带隙能量的偏差。石墨烯带边缘粗糙或底部基片不平都会使石墨烯的迁移率严重退化。反过来,再现性问题也是未来石墨烯纳米电子学是否成功所要面临的挑战。

在化学气相法中,石墨烯成核和生长过程是不可避免的,因此所制备的石墨烯不是单晶,这会导致石墨烯电子器件性能的降低。石墨烯晶体管尚未显示出比其他单晶高迁移率半导体更好的模拟性能(如Ⅲ-Ⅴ族化合物半导体),其他晶体管的截止频率已经接近 1 THz,因此石墨烯在下一代电子产品中的应用不容易实现。其未来的应用或许是在其他方面,比如在对带隙变化不敏感的被动元器件和(或)元件上。

硅在 1824 年被发现,但第一个晶体管是在 1947 年由贝尔实验室的科学家发明,这期间经历了 123 年,而第一个晶体管是锗晶体管,并非硅晶体管。相比之下,碳纳米管于 1991 年被发现,而第一个碳纳米管晶体管在 1998 年被发明。2004 年人们才通过一个简单的、可重复的过程制备二维稳定的石墨烯。因此,要实现在纳米碳材料——碳纳米管和石墨烯的实体化应用的梦想,我们还有大量的研究工作需要努力去做。

古人说得好:“有志者事竟成”“你起初虽然微小,终究必甚发达”。我们真心希望这本书将有益于科学界,包括广大的学生、教师、科研人员以及工程管理人员。

Wonbong Choi and Jo-won Lee

各章介绍

在某种意义上，石墨烯比它的同素异形体更有吸引力，无论从制备还是应用的角度，二维形貌的石墨烯都要优于一维形貌的碳纳米管(CNTs)。石墨烯有望在电子产品中替代硅并应用在许多其他先进技术中，它已经引起了世界各地的许多研究者的关注，并且相关主题的报道量激增，最近 Geim 和 Novoselov 还因此获得诺贝尔物理学奖。报道中所提到的石墨烯的性质及其应用为未来的设备和系统开辟了新的机遇。虽然石墨烯被称为最好的电子材料之一，但至今仍未合成出一张工业可用的石墨烯薄膜。本书的目的是综述石墨烯合成及性质的最新研究进展及其在电子、热传输、场发射、传感器、复合材料和能源等领域的应用。本书各章都由相关研究领域的专家撰写。

第 1 章:石墨烯的结构与物理性质

本章介绍了石墨烯的基本性质，着重介绍了其潜在的电子、机械设备和光子学的性质。此外，还评价了除石墨烯电气性能之外的，如机械、磁、热等其他重要物理性能目前的工艺水平。

第 2 章: 石墨烯的合成

本章主要通过有关工艺参数和石墨烯特性的详细资料描述了石墨烯的合成方法。重点给出了机械剥离法、化学合成法、化学气相沉积法和外延生长法等最受科学家和研究人员关注的合成方法。对石墨烯合成的其他重要问题，例如功能化石墨烯的制备、大型石墨烯的生长和石墨烯转移到其他基底上等也进行了介绍。

第 3 章: 石墨烯基材料及其器件中的量子传输:从赝自旋效应到一个新的切换原理

本章综述了纯石墨烯材料、化学改性石墨烯材料及其设备的电学和传输特性，并用简单模型或紧束缚模型详细阐述了第一性原理模拟。

第 4 章：超高频率石墨烯器件的电子和光子应用

本章阐述了石墨烯材料应用于电子和光子器件中的理论与实验研究的最新进展。由于石墨烯独特的载流子运输和光学性质（包括无质量和无间隙能量谱），许多传统的电子和光子设备技术限制将被突破。石墨烯在电子设备中最有前途的一个应用是作为通道材料引入场效应晶体管（FETs）。石墨烯的光学特性在光学应用中也可以体现出许多优势，例如新型太赫兹激光器、高灵敏度超快光电探测器、石墨烯杂化光电晶体管以及石墨烯通道晶体管。

第 5 章：用于非常态电子的石墨烯薄膜

本章对石墨烯薄膜电子应用进行了介绍，主要介绍可以用来合成、制备特殊基质薄膜（如可弯曲的、可伸缩的基质）的生长和转移技术。本章主要介绍石墨烯在高性能电子产品中的应用，使用化学气相沉积方法制备石墨烯薄膜及大面积电子产品中的印刷方法，在射频晶体管和柔性电子系统中的应用，集成的石墨烯触摸屏面板，有机太阳能电池、发光二极管、石墨烯气阻薄膜及其总结。

第 6 章：纳米尺寸石墨烯的化学合成方法及在材料学领域的应用

目前，纳米石墨烯是最广泛研究的系列有机化合物。本章主要介绍纳米石墨烯的合成和应用。总结了合成不同大小、形状、边缘结构纳米石墨烯的现代过程及其基本物理特性。此外，还介绍了基本结构和物理性质之间的关系，并讨论了纳米石墨烯在材料科学中的应用。

第 7 章：石墨烯增强陶瓷、金属基复合材料

本章涉及石墨烯增强金属和纳米复合陶瓷材料的合成技术和潜在应用，根据合成机理对复合材料制备技术进行分类，并对这些纳米复合材料的应用前景进行探讨。

第 8 章：基于石墨烯的生物传感器和气体传感器

本章对一些重要的石墨烯的电化学生物传感应用进行了阐述。对石墨烯电化学、直接在石墨烯上的电化学酶、石墨烯对生物分子的电催化活性、石墨烯基酶生物传感器、石墨烯 DNA 传感器和环境传感器进行了讨论。

第 9 章：石墨烯场致发射特性综述

本章着重介绍石墨烯基场致发射设备应用。近年来，石墨烯——二维碳的同

素异形体,表现出了良好的应用于场致发射设备的前景。场致发射器广泛应用于大功率微波设备、微型 X 射线源、显示器、传感器和电子显微镜中的电子枪等。石墨烯的应用将为灵活和透明的场发射设备提供新的途径。本章还简要介绍场致发射现象的基本理论和其他用于场致发射设备的材料。

第 10 章:石墨烯和石墨烯材料在太阳能电池中的应用

本章关注的是石墨烯和其他石墨烯基材料在太阳能电池中的应用。在总结基于石墨烯的太阳能电池研究现状之前,先对与太阳能应用相关的石墨烯的重要性能进行了讨论。

第 11 章:石墨烯的热性能和热电性能

本章总结了石墨烯和石墨烯多分子层的热性能,其中以导热性和热电动力为主;评述了相关的悬浮石墨烯层热传导实验和理论研究。石墨烯优良的热性能对所有被提及的电子设备的应用都是有益的,这使石墨烯成为一种很有前途的热管理材料。

目　　录

第1章 石墨烯的结构与物理性质

1.1 概 述

多年来,石墨烯都被认为是一个“学术”的材料,其完美的蜂窝单层碳原子结构是可以用来描述各种碳基材料(如石墨、富勒烯和碳纳米管)特性的一个理论模型。传统的研究纯粹二维(2d)晶体的理论[1-3]假设认为,由于热波动石墨烯在现实中是不稳定的,其远程有序晶体只能在特定的温度范围内存在。这个假设曾被各种实验研究支持,在这些实验中的薄膜样品都随着厚度减小而变得不稳定。21世纪初,石墨烯已经成为一个真实存在的样品[4-5]。Geim和Novoselo最早分离出了震惊世界的碳薄膜并且简单地使用透明胶带将单层石墨烯呈现出来。自问世以来,应用石墨烯所探索到的各种各样的物理现象激增,在很短的时间内引发了各种各样新技术的广泛应用。受到石墨烯未来潜在应用(如单电子晶体管[6]、柔性显示器[7,8]和太阳能电池[9])的鞭策,许多研究工作正在致力于研究石墨烯的主要物理特性。本章的目的是向读者介绍石墨烯的基本特性,特别是其独特的电子结构和相关电输运特性。此外,本章还介绍了目前石墨烯除机械、磁、热等电气性能之外的其他重要物理性能的工艺水平。

1.2 石墨烯结构的基本电子特性

如图1.1所示,石墨烯是碳原子在六方晶格中排列而形成的单层碳原子薄膜。其原子结构还可以作为构造其他碳基材料的基本单元:①它可折叠成富勒烯;②卷曲成碳纳米管;③堆垛成石墨。石墨烯的初基胞由两个非等效原子A和B组成,这两个亚晶格可以通过碳—碳键(键长为$a_{C-C}=1.44$ nm)互相转化。

一个碳原子有4个价电子,其基态原子外层电子构型为[He] $2s^2 2p^2$。例如石墨烯中,2s、$2p_x$和$2p_y$ 3个原子轨道杂化形成碳—碳化学键,因此在蜂巢晶格中近邻的3个碳原子之间会形成极其稳定的局部σ共价键,它们

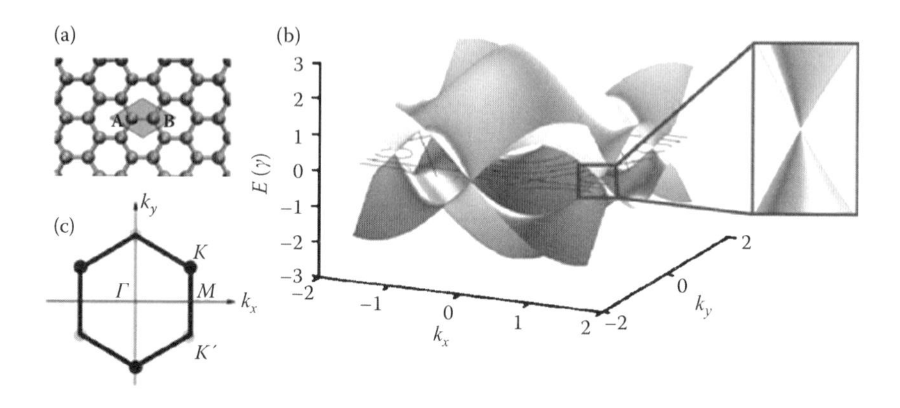

图1.1　(a)石墨烯的蜂窝状晶格。阴影区表示由A和B两个非等效原子构成的石墨烯初基胞。(b)通过紧束缚近似获得能带能量色散。图中强调电中性点附近的圆锥形分布。(c) 第一布里渊区。(彩图见附录)

承担石墨烯片的大部分结合能并提供弹性性能。而在这些相邻原子之间剩余的呈π方向对称的2pz轨道及其所发生的重叠,对石墨烯的电子特性起主导作用。因此,假设石墨烯的电子可简单地用2pz轨道的线性组合来表示,那么采用正交加权紧束缚近似可充分逼近地描述石墨烯的电子结构。解薛定谔方程,使其简化成一个普通的矩阵,可得到π(成键轨道)和π^*(反键轨道)轨道的能量色散关系[10-12],即

$$E(k_x,k_y)=\pm\gamma\sqrt{\left(1+4\cos\frac{\sqrt{3}k_xa}{2}\cos\frac{k_ya}{2}+4\cos\frac{k_ya}{2}\right)^2}\tag{1.1}$$

式中,k_x和k_y是折叠到六角形的第一布里渊区$\boldsymbol{k}$向量的分量(图1.1(c)),跃迁能量为γ=2.75 eV。石墨烯的电子结构可以用基于真实空间的单电子分布函数获得的封闭表达式来描述[13]。如图1.1(b)所示,由一个简单的紧束缚模型得到的石墨烯能带结构,是一个相对于费米能级(也称为电荷中立点或狄拉克点,能级设定为0 eV)对称的导带和价带结构。石墨烯价带和导带在布里渊区的六个顶点简并,布里渊区的顶点也称为K谷或K'谷。石墨烯的边长为$4\pi/3a$的六边形区域(第一布里渊区)及其费米面如图1.1(c)所示。由于石墨烯的费米面被压缩到一个由其布里渊区上6个特殊点的有限集合组成的零维区域中,因此石墨烯常被称为无重叠半金属材料或零距离半导体。显而易见,K和K'状态互相转换后石墨烯的电子性质不变,这意味着这两个谷之间存在时间反演对称性相关。这种有效的时间反演对称性被打破的同时,迷人的物理现象也将被揭示。

与传统半导体中服从二次能量-动量关系的带边电子不同,谷附近的低能量色散呈圆锥形状分布,如图 1.1(b)中的插图所示。通过狄拉克方程比较石墨烯的线性能量关系与无质量的相对论性粒子的分散,可以得知石墨烯中的载流子能像狄拉克费米子一样,有效费米速度接近光速的 300 倍左右[5]。这使得石墨烯可以作为一个量子电动力学现象的可靠系统研究,该研究领域之前仅局限于粒子物理学和宇宙学研究。从这个意义上说,一些研究小组已经解决了很多石墨烯材料所显示的具有狄拉克相对论理论的特征异常现象,例如,混乱基础作用下的缺乏定位效应[14-15],在标称零载流子浓度的极限情况下的强金属电导率以及半整数量子霍尔效应等。

当所采用的模型超越简单的正交紧束缚方法或狄拉克形式体系时,从石墨烯的能谱分析中可发现附加的频带特性,如采用更高级的方法——从头计算法,可预测在非正交重叠积分矩阵下成键态的反键轨道位于更高能级[16]。考虑到第三邻关联交互作用和重叠原理时单 π 键紧束缚近似情况复杂,但第一性原理计算可准确描述其电子特性[17]。

神奇的石墨烯电子特性极大地激励着科学界更深入地探索其主要物理特性,进而将其转化为真正的技术应用。然而,缺乏带隙大大限制了它在数字设备上的应用。因此,人们正寻求一个能够诱导石墨烯产生带隙的方法。其中几个方法已经成功地改变了石墨烯的电子结构,包括化学掺杂、基质交互作用、应用机械力或外部电/磁场等。双层堆叠石墨烯薄膜或石墨结构[18-20]也为生成带隙提供了一个可能的技术路线。用先进的光刻技术[21]将石墨烯样品宽度调整至纳米级发现,载流子的侧向限制可以作为高效能隙调整参数。这种变窄的石墨烯结构被称为石墨烯纳米带(graphene nanoribbons, GNR),它已经证明了石墨烯的能隙尺度与其宽度成反比。下面将着重介绍这种狭窄石墨烯系统的主要物理性质。

除了理想化的二维石墨烯膜以外,石墨烯薄带的原子理论模型也是主要通过碳网络中刃型位错的性质及缺陷悬空键的出现提出的[22]。这种窄的石墨烯带被称为石墨烯纳米带,它同样不会存在于自然界中。石墨烯材料自组装的发现结合现代光刻技术证实了石墨烯结构的实验可行性。目前,石墨烯纳米带样品的合成方法已经大大先进于传统的光刻法。例如,通过晶体蚀刻的技术[23-24]、通过声化学的技术[25]甚至通过打开碳纳米管[26-28],可制备宽度小于 10 nm 的"丝带"。通过控制由多环芳烃化合物组成的分子前驱体的结构,实现了制备原子尺度精度石墨烯纳米带的基本工艺[29]。

石墨烯纳米带的物理性质高度依赖于它们的宽度和拓扑边缘结构。按照石墨烯纳米带的边缘结构可以分为两种类型，即扶手椅（AGNR）和锯齿型（ZGNR）石墨烯纳米带，它们的原子结构如图 1.2 所示。石墨烯纳米带的宽度可以根据线性二聚体的数目来定义为 $W_a=(N_a-1)a/2$，而锯齿型石墨烯纳米带的宽度被定义为 $W_z=(N_z-1)\sqrt{3}a/2$，N_a 和 N_z 为它们各自碳链的数目。

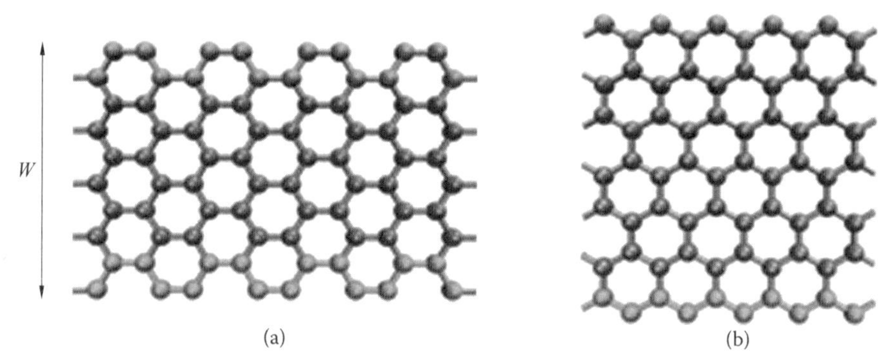

图 1.2　(a)扶手椅型和(b)锯齿型石墨烯纳米带边缘的原子结构。绿色的为带边缘原子，W 表示带的宽度。（彩图见附录）

石墨烯纳米带的电子结构可以用一个由单 π 键紧束缚近似得到的简单方式来描述，或者当“盒子里的粒子”边界条件应用于带终端时可用狄拉克方法描述。在这种情况下，宽度方向的波矢分量将被量子化，而平行于轴向的分量仍然在无限系统中保持连续。换言之，限定大块石墨烯片的宽度意味着在指定方向上“切断”图 1.1(b)中的能带结构，所推测出的费米面如图 1.3 的上版面图所示。量化行对应于 3 个不同的石墨烯纳米带的 k 状态（AGNR(8)、AGNR(9)和 ZGNR(8)），被置于石墨烯的布里渊区之上。只要其中一个状态穿过石墨烯谷，价带和导带将在费米能级接触，石墨烯带样品将表现出金属行为，反之则成为半导体[30]。

它们各自的通过最近邻紧束缚近似计算得到的能量色散关系和能态密度曲线如图 1.3 下版面图所示。根据这个简单的描述可以预测任何宽度的锯齿型石墨烯纳米带都表现出同一带边缘状态，即以指数方式衰减至带中心。这种边缘状态在费米能级中被双重简并，且在约 1/3 的石墨烯布里渊区总空间中持续表现出非色散特性。因此，锯齿型石墨烯纳米带能态密度的特征为位于电中性点处出现明显的峰值。虽然关于边缘状态的能量特征值仍有争议，但是通过扫描隧道显微镜已成功地测量出石墨的锯齿

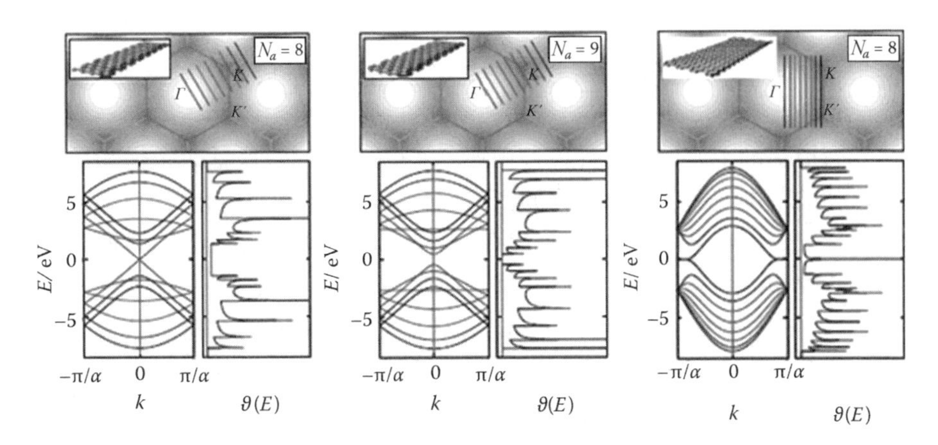

图 1.3 石墨烯纳米带 3 个不同的布里渊区折叠:左为 AGNR(8);中间为 AGNR(9);右为 ZGNR(8)。布里渊区中的平行线表示石墨烯纳米带中可量子化区域在动量空间中的投影。下版面为它们各自的能带结构和能态密度曲线。(改编自 N. Nemec 的自然科学博士学位(相当于博士学位)论文:《碳基纳米结构中的量子传输》。雷根斯堡大学,2007 年 9 月)(彩图见附录)(Adapted from N. Nemec, Quantum transport in carbon-basednanostructures. Dr. rer. nat. (equiv. PhD) thesis, University of Regensburg, September 2007.)

型边缘附近的部分的该峰值[31]。形成鲜明对比的是,在扶手椅型纳米带中没有出现这样的局部态。此外,这个简单的模型表明,扶手椅型石墨烯纳米带的电子特性取决于它们的宽度。当扶手椅型石墨烯纳米带中延宽度方向上的原子数为 $3j+2$(j 为整数)时将表现出金属特性。当应用更复杂的电子结构模型或带边缘原子被参数化(包括氢钝化的影响)时,这类扶手椅型石墨烯纳米带将表现出半导体特性。在 $3j$ 到 $3j+1$ 之间的其余扶手椅型石墨烯纳米带的分类全部采用独立的半导体模型[22]。

诱导石墨烯产生带隙似乎可以通过将其切成纳米带解决,但石墨烯纳米带边缘又带来了其他问题。石墨烯纳米带确实具有带隙,但它们的边缘存在先天的边界障碍[32]。事实证明,它们的电子特性强烈依赖于位于其端部的原子拓扑学细节。粗糙度甚至带边缘的化学基团,都能影响纳米带的电子特性。从这个意义上讲,若要清楚所预期的石墨烯纳米带电子响应背后的主要机制,就应将研究重点放在石墨烯结构的无序效应上。

1.3 石墨烯结构的边缘无序

石墨烯的主要散射过程以及由此产生的电输运特性是非常依赖于无序电位的范围及底层对称晶格的稳定性。基于 K 和 K' 之间的谷间或谷间散射事件的所有可能性,可以推出在石墨烯中发生短程相互作用时所表现出的各种物理行为。短程相互作用可通过例如原子级缺陷(如空位)形成[33-34];安德森障碍或边缘变形诱导缺陷会引发强烈的散射事件和定位效应。尤其是由于石墨烯纳米带边缘的高反应活性,因此石墨烯纳米带的性质受其边缘无序的影响(可以通过化学钝化、提高粗糙度或结构重建等方法对石墨烯纳米带边缘进行改性)[35]。此外,限制效应将使结构对于无序程度的敏感性最大化。焦耳加热技术能够汽化带边缘碳原子,这已经被使用于修饰纳米带端部的形态。大多数被重新构造成锯齿型或扶手椅型结构的稳定带边缘已经被发现[36]。尽管如此,在实际中提高边缘形状的质量仍然是一个艰巨的任务。大量的带边缘拓扑结构已经被表征,因此研究人员必须面对因边缘无序引发的涉及边缘定位效应的庞杂的物理情景[25,37-38]。

根据石墨烯结构的边缘形貌,同样大小的体系中可以生成不同的带隙,这是因为其电子结构取决于带边缘的无序性。在蚀刻的石墨烯样品中实现的传输测量表明,在电输运的间隙会产生强烈的共振,有证据表明被剪切的石墨烯系统中的原子细节对其传导特性起重要作用[39]。边缘无序的原子模型常常被用于探究拓扑边缘粗糙度对纳米带导电性的影响。起初边界被假定是完美的,然后可以通过将邻近原子的跳跃设置为零或将它们的现场能量设置为非常高的值来模拟边缘的侵蚀。计算结果表明,即使模拟非常弱的边缘干扰效应,仍可制得具有显著改变的纳米带电导剖面[40-41]。图1.4为不同的边缘无序复杂性对锯齿型边缘纳米带电导率的影响[35]。D1缺陷称为克莱因缺陷,它由带有碳—碳单键的锯齿型边缘缺陷组成[42-43]。D2和D3缺陷由从边缘上拆掉一个或两个连续的六边形组成。原子被以7.5%的等概率随机删除,且散射区域的长度为 $L=500$ nm。电中性点周围的电导被高度抑制,尤其是存在克莱因缺陷和D2缺陷时。无论这些缺陷存在与否,在活跃的导电通道能量范围内都会残留几个共振峰。当D3缺陷存在时可以观测到一个强烈的电导剖面,这表明随着散射区域长度的增大,系统将根据缺陷的细节逐渐形成一个局部准导电通道。

类似的无序扶手椅型石墨烯纳米带研究表明,与锯齿型结构相比,扶手椅型结构对于边缘的无序性更敏感。也就是无序扶手椅型结构更倾向

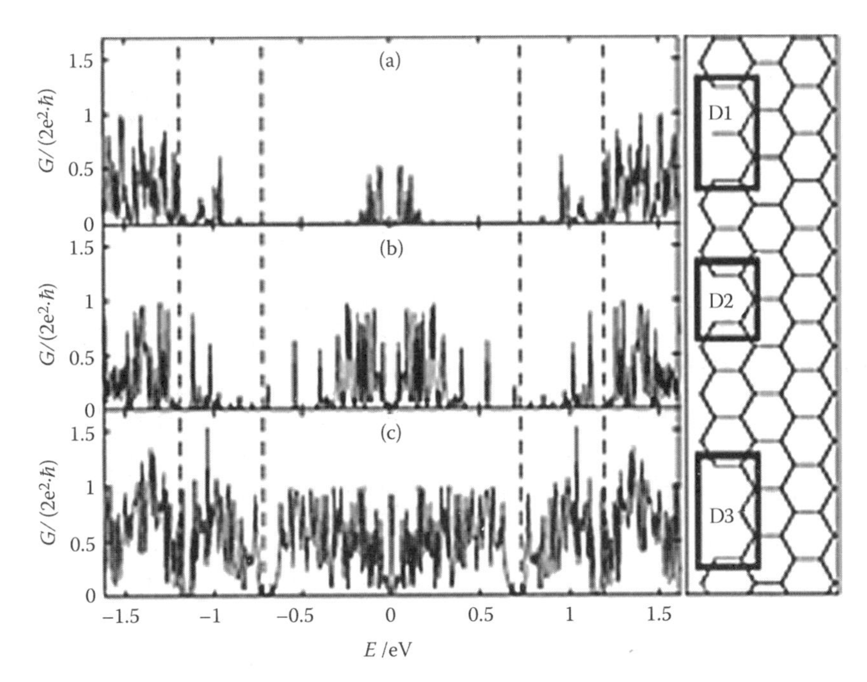

图 1.4 左版面中电导率为从长度 $L=500$ nm 的无序结构 ZGNR(16)中得到的能量函数,带边缘碳原子被移除的概率为 7.5%。右版面为不同类型缺陷的示意图:(D1)为克莱因缺陷的一个例子,(D2)和(D3)对应于一个和两个六边形的缺陷。(Adapted from A. Cresti andS. Roche. 2009. Edge-disorder-dependent transport length scales in graphene nanoribbons:From Klein defects to the superlattice limit. Physical Review B 79: 233404-1-4.)

于体现定位效果。这表明仅 10% 的边缘缺陷就足以清除金属扶手椅结构的能量所引起的大范围的电子传输[44]。特别是这种具有半导体特性的扶手椅型带,它已经表现出只要保持一定的宽度以减少边缘无序的影响,边缘的无序性就能够将它们的电子特性转换为安德森绝缘体。当带的长度足够大直到可以避免沿着通道方向电子的直接隧道效应时,其绝缘特性也将被实现[45-46]。

原则上,当碳原子位于端部而不是一般的碳-氢饱和状态时,不同的纳米带边缘的电子结构影响可以通过化学钝化控制[47]。事实上,不仅带的边缘可以被看作最具有杂化活性的位置,纳米带边缘特殊的拓扑结构可作为在其宽度方向上杂质隔离的附加控制参数,且其分布可通过栅极电位调整[48]。这些涉及石墨烯带杂化过程的研究为其打开了广阔的应用领域(包括化学及生物传感器设备工业等)。

除了这些神奇的电子性质之外,石墨烯结构也是优异热迁移材料[49-50]。利用石墨烯的高热导率可以将其加工成散热器件应用于电子元件的冷却中。此外,作为最强最轻的材料,人们探索了各种利用石墨烯增强的现象。下面将讨论石墨烯结构在导热、热振动及机械性能等领域中的主要成果。

1.4　振动特性与热性能

在室温下,单层石墨烯的热导率(κ)主要取决于声热子[51]。高的 κ 值归功于少的晶体缺陷,且随着层数的减少倒逆过程(即声子的平均自由路径)被抑制[52]。如此高的值表明,石墨烯可以在未来纳米电子设备中发挥关键作用[53]。

石墨烯的声子分支可以分为面内模式(LA、TA、LO 和 TO)和面外(弯曲)模式(ZA 和 ZO)。Γ 点附近的布里渊区中的二维晶体的声弯曲模式(ZA)具有二阶色散,并在零能态密度处出现奇点。在一定的温度范围内,热波动将引起和原子间距一样大的原子位移,因此低维晶体应该是不稳定的[1-2]。然而,宏观的石墨烯样品表现出了稳定性且可保持其结晶质量,这被认为是由于其在第三维度上存在微观扭曲[54]。

石墨烯的弹道热导率各向同性[51]。在低于 20 K 的温度范围内,ZA 模式不利于传导。温度高于 20 K 时,虽然 LA 和 TA 模式对热传导也有贡献,但主要是 ZA 模式起主导作用。声子玻耳兹曼方程的精确解表明了热载体温度升高时 ZA 模式的主导地位[55]。这同样表明了,由于选择规则,非谐散射明显限制弯曲模式,而这种限制对于波纹型杂质和同位素杂质更为明显。目前有一系列关于在室温(修正范围从 600 W/(m·K) 到 5 000 W/(m·K))下单层悬浮的石墨烯 κ 值的有价值的报道[49,56-57]。

另外,当石墨烯位于支撑基底上时,会发生界面上的声子泄漏且弯曲振动方式分散强烈。尽管如此,在室温下测得 SiO_2 基底上的石墨烯 κ 值(600 W/(m·K))大大高于铜的热导率[50,58]。支撑基底而降低 κ 值,同时表明了声子散射机制与机制和石墨烯层数之间的相互作用。对少层石墨烯(2 到 10 层之间)的测量,表现出了从两个维度到类形体的交叉行为,且这种交叉可归属于低能声子的层间耦合和被增强的倒逆散射[52]。因此,当层数从 2 层增加到 4 层时,κ 值从 2 800 W/(m·K) 下降到 1 300 W/(m·K)。在大多数设备应用中,石墨烯被包裹在介电材料中使用,以大大改变其热性能。对包裹在 SiO_2 中的单层石墨烯测量表明,其热导率降低到 160 W/(m·K),而随着少层石墨烯的层数增加,其热导率增大并趋近于体型石墨的平面 κ 值[59]。

和石墨烯纳米带(GNRs)类似的电子能态,只允许其驻波解垂直于带轴[60]。因此,波矢量在这个方向上是离散的,$q_{\perp,n}=n\pi/W$(其中 W 是色带的宽度,$n=0,\cdots,N-1$)。对应于石墨烯的模式,GNRs 的声子分支也可以被看作由 6 个基本模式组成,且具有 $6(N-1)$个泛频峰[61],除此之外,其准一维晶体还存在 4 种声模式。在弹道区,原始 GNRs 的热导率预计在较低的温度下呈 T 幂律分布(从 1 到 1.5,带宽从窄到宽)[51,62]。GNRs 的边缘形状和宽度的不规则是不可避免的。GNRs 的无序边缘形状的影响随 GNRs 宽度的减小而增加,GNRs 宽度为 20 nm 甚至更小时,其导热性将被强烈抑制[63-64]。宽度在 20 nm 以下的 GNRs 热导率的测量值约为 1 000 W/(m·K),这与理论计算相符[65-66]。

1.5 石墨烯的力学性能

实验测得石墨烯在固有机械应变约为 25% 时,断裂强度为 42 N/m,弹性模量约为 1.0 TPa[67],因此石墨烯被誉为“前所未有的最强硬的材料”。其机械厚度也可以被控制,如可通过机械应力对经沉积不同的绝缘盖层形变诱导的石墨烯片进行测量[68]。通过采用不同技术的理论工作,石墨烯主要机械性能的实验结果已经被证实。其中,从头算方法[69]、紧束缚近似[70]、分子动力学模拟[71,72]以及半经验模型[74]已经成功地估算出石墨烯的弹性模量及其他固有力学量。

由于石墨烯优异的机械性能在轻、硬、柔韧的材料中存在潜在应用,并可以为纳机电系统(nanoelectromechanical system, NEMS)结构组件设计提供思路,因此石墨烯的机械性能同样吸引了电子应用领域的关注。尤其,低成本的 NEMS 器件的制造需要导电通道的机械和电学响应之间的完整一致。从这个意义上说,一个基于石墨烯的有效的 NEMS 运行机制严格依赖于在机械外力的作用下实现带隙的建立。采用拉曼光谱对单轴拉伸“石墨烯体”的物理特性进行详细分析已经得到了广泛研究[68,75-76],且表明操纵的带隙是有可能的。然而,大多数的实验是在附着的柔性基板的样品上进行的,这种基板可以被逐渐拉伸或弯曲。关于悬浮二维石墨烯的纯机电响应理论仍存在争论。一些理论研究认为,由于悬浮石墨烯本身的电子结构使其具有极强的抗机械的能力,能够承受 20% 以上的可逆弹性变形[69-70]。

当具有例如纳米带这样的合适结构时,可以通过机械扰动来建立被拉伸的石墨烯材料的带隙。已经有研究表明,石墨烯纳米带的电运输和电子特征可以有效地调整为应变的函数[77-81]。以石墨烯为基础的分子机电设备的合成是这些研究的重点[82]。从图1.5可以看到,单轴拉伸的石墨烯纳米带的电导强烈地依赖于其边缘形状。扶手椅型石墨烯纳米带的对称性会随机械应变的增加而经历金属-半导体转变,而锯齿型石墨烯纳米带相对于拉伸表现出更强大的电运输行为。非常小的应变值足以在扶手椅型石墨烯纳米带中打开能隙,证实了其电子特性是对机械应力敏感的。从这个意义上来说,扶手椅型比锯齿型石墨烯纳米带边缘带更适合于工程机电设备。

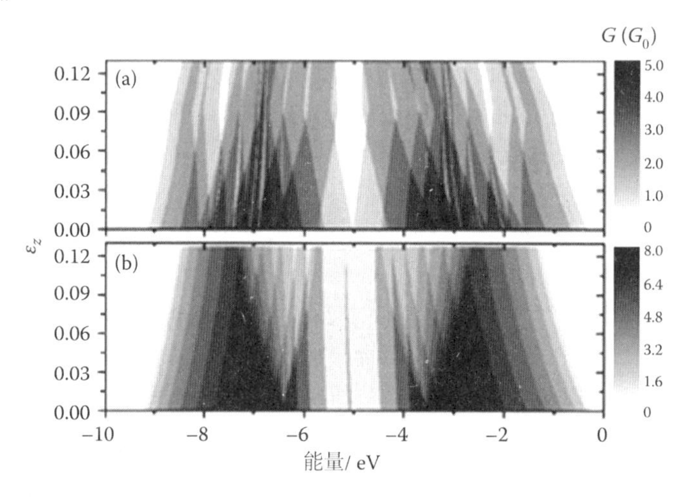

图1.5 根据费米能级和机械应变函数得到的AGNR(11)(上版面)和ZGNR(10)(下版面)的电导等高线。(彩图见附录)(Adaptedfrom M. Poetschke, C. G. Rocha, L. E. F. Foa Torres, S. Roche, and G. Cuniberti. Modelinggraphene-based nanoelectromechanical devices. Physical Review B 81 (2010): 193404-1-4.)

1.6 石墨烯在外场作用下的电输运特性

石墨烯基纳米器件的成功实现主要取决于模式有效电路结构,其电子性质以预定且可逆的方式改进。事实上,当低维系统的物理性质被外部磁场调谐时,我们可以观察到有趣的量子现象,如直流条件下的电/磁场及栅极电压。关于外场对固定体系作用的研究,无论从理论上还是实验上都已经广泛地开展,例如,将石墨烯片置于调制电势下以维持其低能量特性强烈变化。在狄拉克点处的强简并性是分离的,且此时表示能量关系的各向同性的圆锥形结构是由两个具有不同谷结构的高各向异性的分散体组成的[83]。关于横向电场下传输通道的石墨烯纳米薄带理论研究工作已经表明,可以通过施加电压来控制传输模式的数目[84-86]。更重要的是,该系统的电导率以相对于电场强度量子电导的整数倍急剧变化。当一个旋转的栅极作用于石墨烯带时,可以显示出附加的传输特性。这种传输可以看作依赖于栅极方向和纳米带的宽度[87]。外电场还可以用来有效地调整石墨烯重要的物理量,如功函数[88]和电-声子耦合[89]。通过对石墨烯膜加以外部电场,可以使石墨烯被有效的对齐,原则上,该外部电场可以使石墨烯膜在特定方向的空间中通过极化效应取向。此外,通过强电偶极矩分子的吸附作用对石墨烯的电子性质进行微调,能够在结构上诱导局部电场。通过考虑到外部电场的强度可以用吸附分子的密度来控制,石墨烯带隙的建立从理论上得到了解决[91]。当外加电场和磁场结合时,可以从石墨烯纳米结构中获得更广泛的电子响应。如图 1.6 所示,当石墨烯纳米带导电通道暴露在一种霍尔配置的导向域中时,可实现其能隙调制[92]。

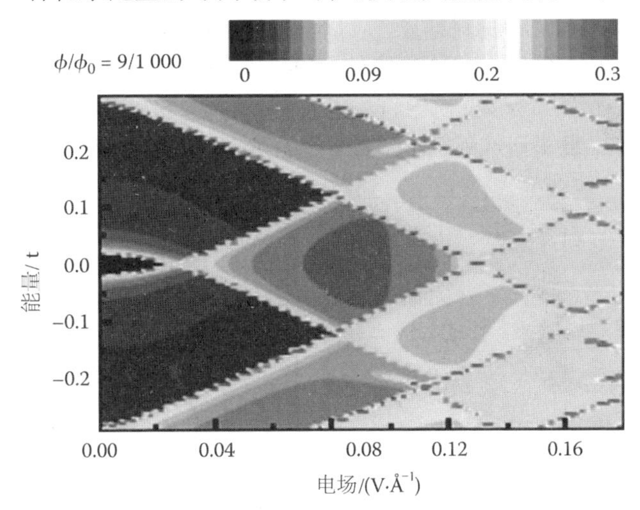

图 1.6 根据一固定磁通量为 $\phi/\phi_0=9/1\ 000$ 的电场强度的函数得到的 24-AGNR 的局域态密度等值线图(1 Å=0.1 nm)。黑色对应于零密度区,最高 LDOS 值用红色标记。(彩图见附录)(Adapted from C. Ritter, S. S. Makler, and A. Latgé. Energy-gap modulations of graphemenanoribbons under external fields: A theoretical study. Physical Review B 77: 195443-1-5. ;Physical Review B 82 (2008): 089903-1-2. With permission.)

原始的具有半导体性质的扶手椅型石墨烯纳米带的最高和最低的能量状态会在临界电场的狄拉克点崩溃,并将系统向半金属排列引导。由磁场和电场产生的定位和离域效应之间的竞争会引起电子反应的多样性,这必定会在未来的电子设备中发挥作用。事实上,该领域引起了石墨烯能谱改进,如 $K\leftrightarrow -K$ 对称性破缺,大幅改变低能量分散、次能带间距和边缘态[93-94]。此外,在电场和磁场处于临界比率时,朗道谱被证实是收缩的,即朗道能级间距逐渐减小[95]。同时,在处于磁场中的石墨烯体系的磁化曲线的观察中发现,电刺激会干扰和磁化所观察到的特征德哈斯-范阿尔芬(Haas-van Alphen)振荡[96]。这样的反常现象被认为是与石墨烯中的低能量载流子的相对性有关的。

另一种可能控制碳基纳米材料电子传输的方法是利用其时间依赖性[97]。针对交流电场在石墨烯材料中作用的研究呈增长趋势[98-100],以往的研究中忽略了外场对固定体系影响。不少理论都强调了石墨烯可在交流信号下作为一个在高频噪声下仍可运行的光谱仪设备。特别地,在均相交流栅作用于石墨烯通道的情况下,实现完全控制的传导模式已被证明是可能的,典型实例为光波腔中的法布里-珀曼(Fabry-Pérot)干涉图样[98,101]。图1.7所示给出了电导剖面的几种可能的调整范围,从标准直流机制(图1.7(a))到抑制(图1.7(b)),再到振荡相变(图1.7(c)),最后到量子域中可被解释为车轮效应的鲁棒行为(robust behaviors)。在证实了石墨烯在强光下可诱发光诱导直流电流后,其光电霍尔效应也引起了越来越多的关注[102]。此类研究强调了制备基于石墨烯的有机太阳能电池的可能性。

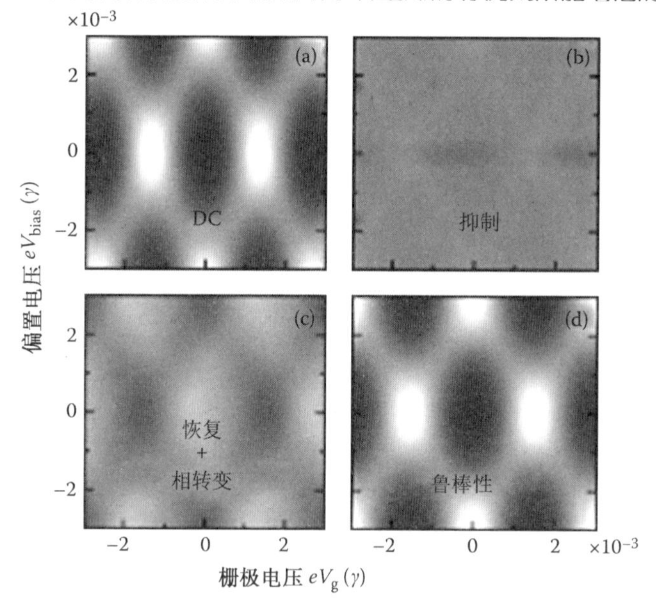

图1.7 扶手椅型石墨烯纳米带的Fabry-Pérot电导干涉图样,是在不同驱动频率及振幅下推导出的关于时变栅极电位的偏置电压及栅极电压函数。白色和深蓝色分别对应于最大和最小的电导值。(彩图见附录)(Adapted from C. G. Rocha, L. E. F. Foa Torres, and G. Cuniberti. Actransport in graphene-based Fabry-Pérot devices. Physical Review B 81 (2010): 115435-1-8.)

1.7 石墨烯的磁特性

通过大量基于密度泛函理论或平均场的哈勃德模型的理论研究，人们认为态密度中的相关峰在费米能级(E_F)会导致磁不稳定性，此时边缘状态变得自旋极化[22,103-104]。在磁性基态，E_F 的带隙被打开，且原子沿着一个边缘呈铁磁性排列，而与相对边缘之间的原子呈反铁磁性排列。这种反铁磁性基态与哈勃德模型中描述的两粒子晶格 Lieb 定理一致[105]。边缘磁现象并不局限于理想锯齿型石墨烯纳米带，而且被认为存在于任何具有锯齿边缘片段的石墨烯系统。

Son 等首次提出了将磁性边缘应用于自旋电子学[106]。他们发现，应用横向电场可使反铁磁性的锯齿型石墨烯纳米带成为半金属。在没有电场的情况下，该系统处在反铁磁基态的费米能级带隙中。外部电场会改变电子态，一个自旋分量的带隙因此被增强，而其他自旋分量的带隙是封闭的，以致该系统成为具有自旋极化电子的金属，即旋转阀。实质上，横向电场的作用是打破左、右边缘之间的对称性。在无电场的情况下，这种对称性破缺可通过不同的方法实现，例如，通过带有不同官能团的锯齿型石墨烯纳米带的饱和左、右边缘[107-108]或边缘选择性缺陷[109-110]。人们利用源于磁性杂质掺杂石墨烯阵列的栅极驱动自旋电流，从理论上提出了其他的石墨烯基自旋阀器件[111-112]。利用边缘磁现象建立一个磁敏电阻是其一个附加的潜在应用目标[113-114]。但到目前为止，很少有实验证据表明石墨烯的边缘磁性[115-116]。在局部探针显微镜中从未观察到磁性边缘，只是最近有报道间接观察结果[117]。

由现有的理论工作无法观察到磁性边缘状态，表明理想的锯齿型边缘形态不一定存在。实际上，其他非磁性边缘形态从热力学上来说是更有可能存在的[118-120]。此外，事实证明即使在完美的锯齿型石墨烯纳米带中，只有在非常低的温度下反铁磁基态才是稳定的[120]。因此，综合迹象表明边缘磁性现象在室温下是不适用的。

不同类型的石墨烯点缺陷可以诱导产生不同类型的内在磁性，如晶格空位(缺失碳原子)[121]及化学吸附原子[104,122]等点缺陷。类似的边缘，点缺陷可中断理想 sp^2 晶格结构及诱导电子态(可以是磁性电子态)。室温下铁磁性在质子辐照高定向热解石墨烯中被观察到[123]。这一现象在理论上被解释为来自质子辐射产生的磁点缺陷[124]。

此外，磁特性可通过吸附在石墨烯上（吸附原子）或是替代蜂窝晶格中碳原子（替位掺杂）的外磁原子诱导产生[124]。

1.8 石墨烯的合成

正如前面所讨论的，石墨烯在材料和设备中的应用潜力是巨大的，这种材料将有望提供大量的社会经济效益。然而，值得重视的是，许多研究表明已成功制备出碳纳米管和富勒烯，但这些纳米结构还没有出现在实际应用中。其中一个最大的瓶颈是在原子级精度上进行可重复的合成，同样的困难也存在于石墨烯中，怎样可以重复地合成原子级精度并与当前半导体工艺相兼容，人们仍然缺乏必要的知识和理解。尽管如此，人们在合成石墨烯方面已经取得了很大的进展，这将在第 2 章中进一步详细讨论。这里简单地介绍用来合成石墨烯和使其功能化的方法。

目前最常见的石墨烯合成路线是化学气相沉积（chemical vapor deposition, CVD），该法有许多变化形式。在过渡金属上热化学气相沉积常被应用于石墨烯的形成，包括铜[126-129]、镍[130-136]、铱[137-139]和钌[140-144]。

热化学气相沉积技术也可用于通过电介质合成石墨烯，即蓝宝石[145]和各种其他氧化物[146-147]。独立的碳纳米片和具有几层石墨烯层的二维石墨薄膜已经通过等离子增强化学气相沉积（plasma enhanced CVD, PECVD）成功制备[130,148-149]。

解六角形热 α-SiC（6H-SiC 和 4H-SiC）是一种广泛使用的合成石墨烯技术。它的优点是非常清洁，因为外延匹配支持晶体由碳本身提供，并没有金属参与。该技术可以追溯到 20 世纪 60 年代初，Badami 通过 X 射线衍射发现在超高真空（ultrahigh vacuum, UHV）的条件下将 SiC 加热到 2 150 ℃后在其表面出现石墨[150]。2004 年，由 Novoselov 等和 Berger 等（他们利用 SiC 制备石墨烯）分别在类似的关于石墨烯的电气响应的刊物上提出了一个在 SiC 上石墨烯生长优化条件的新动力[4,151]。

石墨剥离是一种生产简单、成本低的技术。更常见的剥离方法包括机械剥离法[4]、溶液超声处理法[152]及插层法[153]。

具有打开带隙功能的功能化石墨烯也同样受到关注，氢化石墨烯就是其中的一种。氢化使石墨烯的 sp^2 结构变为 sp^3 杂化。氢化石墨烯的合成可利用大量的氢原子[154]、球磨研磨无烟煤和环己烷的反应[155]、氢交换含氟石墨中的氟[156]或还原溶解在液氨中的金属元素[157]。氟化石墨（fluorinated graphene, FG）是另一种有效的功能化路线。氟化石墨有不同的生产方法，即从市售氟化石墨提取单层氟化石墨[5]，在约 500 ℃下将石墨烯暴露在氟气中[158]，将石墨烯置于氟基等离子体中[159]或暴露于二氟化氙中[160]。

1.9 石墨烯及其应用

本章参考了大量关于石墨烯的独特的物理性质及其主要的合成实验技术的文献。众多的讨论主题证明了这种材料必须经过纳米技术改造才能具有广阔的应用前景[161]。石墨烯已经引起了学术界和工业领域的广泛兴趣，将其视为现代纳米晶体管设计、化学及生物传感器、柔性有机发光二极管显示器、太阳能电池和燃料电池以及其他各方面创新的理想的候选材料。石墨烯的大规模生产的限制性和设备性能中的重复有限性仍然是研究人员应该考虑如何解决的重要问题，并推动以石墨烯为基础的技术进入实用状态。然而，随着快速发展的石墨烯研究，无疑在不久的将来，这种材料将彻底改变一些市场，如电子、医药及能源储存等。

医学研究也可以受益于石墨烯的惊人性能。特别地，石墨烯对外部分析物具有杰出的敏感性，能够设计成纳米传感器来诊断疾病[162]。采用 DNA 功能化的石墨烯样品可建立精确的生物传感器，它能够检测到与疾病相关的外部基因[163]。石墨烯基纳米气体传感器还可以在环境监测应用中起到巨大影响[164-166]。

另一个创新是基于石墨烯材料达到电子范围，研究人员已经能够开发出可弯曲的透明导电的由石墨烯组成的工程柔性显示面板[167]。最近的研究表明，石墨烯基 OLEDs 的性能甚至可以超过铟锡氧化物（indium tin oxide, ITO）的混合物（常用的透明导电电极）[129]。在成功地实现高速石墨烯基晶体管工作截止频率为惊人的 700 ~ 1 400 GHz 后，石墨烯也被看作未来计算芯片的基础[168]。

在首次成功分离石墨烯层后发生的所有这些重要的创新表明，这些材料的使用不仅限于提供可以描述几个有机纳米结构的物理性质的简单理论模型。石墨烯在许多可以改变我们的制造和使用技术路线的科学进展中占据了中心地位。正如 A. K. Geim 所说，我们正在见证一个令人振奋的科学奇迹，就像大约 100 年前人们发现的聚合物已经成为现在与我们生活息息相关的塑料制品，我们可以预见石墨烯所引起的创新会更加精彩。

本章参考文献

[1] Peierls, R. 1935. Quelques properties typiques des corpes solides. *Annales d'Institut Henri Poincare* 5:177.

[2] Landau, L. 1937. Zur Theorei der phasenumwandlugen II. *Physikalische Zeitschrift Sowietunion* 11:26.

[3] Mermin, N. D. 1968. Crystalline order in two dimensions. *Physical Review* 176:250.

[4] Novoselov, K. S., Geim, A. K., Morozov, S. V., Jiang, D., Zhang, Y., Dubonos, S. V., Grigorieva, I. V., and Firsov., A. A. 2004. Electric field effect in atomically thin carbon films. *Science* 306: 666.

[5] Novoselov, K. S., Geim, A. K., Morozov, S. V., Jiang, D., Katsnelson, M. I., Grigorieva, I. V., Dubonos, S. V., and Firsov, A. A. 2005. Two-dimensional gas of massless Dirac fermions in graphene. *Nature* 438: 197-200.

[6] Lin, Y.-M., Dimitrakopoulos, C., Jenkins, K. A., Farmer, D. B., Chiu, H.-Y., Grill, A., and Avouris, Ph. 2010. 100-GHz transistors from water-scale epitaxial graphene. *Science* 327: 662.

[7] Kim, K. S., Zhao, Y, Jang, H., Lee, S. Y, Kim, J. M., Kim, K. S., Ahn, J.-H., Kim, P, Choi, J.-Y, and Hong, B. H. 2009. Large-scale pattern growth of graphene films for stretchable transparent electrodes. *Nature* 457:706-710.

[8] De Arco, L. G., Zhang, Y, Schlenker, C. W., Ryu, K., Thompson, M. E., and Zhou, C. 2010. Continuous, highly flexible, and transparent graphene films by chemical vapor deposition for organic photovoltaics. *ACS Nano* 4: 2865.

[9] Yang, N., Zhai, J., Wang, D., Chen, Y., and Jiang, L. 2010. Two-dimensional graphene bridges enhanced photo-induced charge transport in dye-sensitized solar cells. *ACS Nano* 4: 887.

[10] Wallace, P. R. 1947. The band theory of graphene. *Physical Review* 71: 662.

[11] Dubois, S. M.-M., Zanolli, Z., Declerck, X., and Charlier, J.-C. 2009. Electronic properties and quantum transport in graphene-based

nanostructures. *The European Physical Journal B* doi: 10. 1140/epjb/e2009-00327-8.

[12] Hobson, J. B. ,and Nierenberg, W. A. 1953. The statistics of a two-dimensional, hexagonal net. *Physical Review* 89:662.

[13] Power, S. R. ,and Ferreira, M. S. 2010. Graphene electrons beyond the linear dispersion regime. *arXiv*:1010. 0908v2.

[14] Morozov, S. V. , Novoselov, K. S, Katsnelson, M. I. , Schedin, F, Ponomarenko, L. A. , Jiang, D. ,and Geim, A. K. 2006. Strong suppression of weak localization in graphene. *Physical Review Letters* 97:016801.

[15] Horsell, D. W. ,Tikhonenko, F. V. ,Gorbachev, R. V. ,and Savchenko, A. K. 2008. Weak localization in monolayer and bilayer graphene. *Philosophical Transactions of the Royal Society*, *A* 366:245.

[16] Konstantinova, E. ,Dantas, S. O. ,and Barone, P. M. V. B. 2006. Electronic and elastic properties of two-dimensional carbon planes. *Physical Review B* 74: 035417.

[17] Reich, S. ,Maultzsch, J. ,Ordejón, P. ,and Thomsen, C. 2002. Tlight-binding desription of graphene. *Physical Review B* 66: 035412.

[18] Ohta, T. , Bostwick, A. , Seyller, T. , Horn, K. , and Rotenberg, E. 2006. Controlling the electronic structure of bilayer graphene. *Science* 313:951.

[19] Feldman, B. E. , Martin, J. ,and Yacoby, A. 2009. Broken-symmetry states and divergent resistance in suspended bilayer graphene. *Nature Physics* 5:889-983.

[20] González, J. W. , Santos, H, Pacheco, M. , Chico, L, and Brey, L. 2010. Electronic transport through bilayer graphene. *Physical Review B* 81 (2010):195406.

[21] Melinda, Y. H. , Barbaros, O. , Zhang, Y. ,and Kim, P. 2007. Energy band-gap engineering of graphene nanoribbons. *Physical Review Letters* 98:206805.

[22] Nakada, K. , Fujita, M. , Dresselhaus, G. , and Dresselhaus, M. S. 1996. Edge state in graphene ribbons: Nanometer size effect and edge shape dependence. *Physical Review B* 54:17954.

[23] Chen, Z. H. , Lin, Y. M. , Rooks, M. J. , and Avouris, P 2007. Graphene nano-ribbon electronics. *Physica E* 40: 228.

[24] Han, M. Y., Ozyilmaz, B, Zhang, Y. B., and Kim, P. 2007. Energy band-gap engineering of graphene nanoribbons. *Physical Review Letters* 98:206805.

[25] Li, X., Wang, X., Zhang, L., Lee, S., and Dai, H. 2008. Chemically derived, ultrasmooth graphene nanoribbon semiconductors. *Science* 319: 1229-1233.

[26] Kosynkin, D. V, Higginbotham, A. L., Sinitskii, A., Lomeda, J. R., Dimiev, A., Price, B. K., and Tour, J. M. 2009. Longitudinal unzipping of carbon nanotubes to form graphene nanoribbons. *Nature* 458: 872-877.

[27] Elas, A. L., Botello-Mendez, A. R., Meneses-Rodriguez, D., Gonzalez, V. J., Ramirez-Gonzalez, D., Ci, L., Munoz-Sandoval, E., Ajayan, P. M., Terrones, H., and Terrones, M. 2009. Longitudinal cutting of pure and doped carbon nanotubes to form graphitic nanoribbons using metal clusters as nanoscalpels. *Nano Letters* 10: 366.

[28] Santos, H., Chico, L., and Brey, L. 2009. Carbon nanoelectronics: Unzipping tubes into graphene ribbons. *Physical Review Letters* 103: 086801-1-4.

[29] Cai, J., Ruffieux, P., Jaafar, R., Bieri, M., Braun, T., Blankenburg, S, Muoth, M., Seitsonen, A. P., Saleh, M., Feng, X., Miillen, K., and Fasel, R. 2010. Atomically precise bottom-up fabrication of graphene nanoribbons. *Nature* 466: 470.

[30] Nemec, N. Quantum transport in carbon-based nanostructures. Dr. rer. nat. (equiv. PhD) thesis, University of Regensburg, September (2007).

[31] Niimi, Y., Matsui, T., Kambara, H., Tagami, K., Tsukada, M., and Fukuyama, H. 2005. Scanning tunneling microscopy and spectroscopy studies of graphite edges. *Applied Surface Science* 241:43.

[32] Son, Y.-W., Cohen, M. L., and Louie, S. G. 2006. Energy gaps in graphene nanoribbons. *Physical Review Letters* 97:216803.

[33] Rosales, L., Pacheco, M., Barticevic, Z., Leon, A., Latge, A., and Orellana, P. A. 2009. Transport properties of antidote superlattices of graphene nanoribbons. *Physical Review B* 80: 073402-1-4.

[34] Ritter, C., Pacheco, M., Orellana, P., and Latge, A. 2009. Electron

transport in quanturn antidots made of four-terminal graphene ribbons. *Journal of Applied Physics* 106: 104303-1-6.

[35] Cresti, A., and Roche, S. 2009, Edge-disorder-dependent transport length scales in graphene nanoribbons: From Klein defects to the superlattice limit. *Physical Review B* 79:233404-1-4.

[36] Jia, X., Hofmann, M., Meunier, V., Sumpter, B. G., Campos-Delgado, J., Romo-Herrera, J. M., Son, H., Hsieh, Y.-P., Reina, A., Kong, J., Terrones, M., and Dresselaus, M. S. 2009. Controlled formation of sharp zigzag and armchair edges in graphitic nanoribbons. *Science* 323:1701.

[37] Kobayashi, Y, Fukui, K.-i, Enoki, T., Kusakabe, K., and Kaburagi, Y. 2005. Observation of zigzag and armchair edges using scanning tunneling microscopy and spectroscopy. *Physical Review B* 71:193406.

[38] Niimi, Y, Matsui, T., Kambara, H., Tagami, K., Tsukada, M., and Fukuyama, H. 2006. Scanning tunneling microscopy and spectroscopy of the electronic local density of states of graphite surfaces. *Physical Review B* 73:085421.

[39] Ihn, T., Cuettinger, J., Molitor, F., Schnez, S., Schurtenberger, E., Jacobsen, A., Hellmueller, S., Frey, T., Droescher, S., Stampfer, C., and Ensslin, K. 2010. Graphene single-electron transistors. *Materials Today* 13: 44.

[40] Evaldsson, M., Zozoulenko, I. V., Xu, H., and Heinzel, T. 2008. Edge-disorder-induced Anderson localization and conduction gap in graphene nanoribbons. *Physical Review B* 78:1614078.

[41] Mucciolo, E. R., Castro Neto, A. H., and Lewenkopf, C. H. 2009. Conductance quantization and transport gaps in disordered graphene nanoribbons. *Physical Review B* 79: 075407.

[42] Klein, D. J. 1994. Graphitic polymer strips with edge states. *Chemical Physics Letters* 217: 261.

[43] Klein, D. J., and Bytautas, L. 1999. Graphitic edges and unpaired π-electron spins. *Journal of Physical Chemistry A* 103:5196.

[44] Areshkin, D., Gunlycke, D, and White, C. T. 2007. Ballistic transport in graphene nanostripes in the presence of disorder: Importance of edge effects. *Nano Letters* 7:204.

[45] Gunlycke, D. ,Areshkin, D. ,and White, C. T. 2007. Semiconducting graphene nanostripes with edge disorder. *Applied Physics Letters* 90: 142104.

[46] Querlioz, D,Apertet, Y. ,Valentin, A. , Huet, K. , Bournel, A. ,Galdin-Retailleau, S. ,and Dollfus, P. 2008. Suppression of the orientation effects on bandgap graphene nanoribbons in the presence of edge disorder. *Applied Physics Letters* 92: 042108.

[47] Rosales, L. ,Pacheco, M. ,Barticevic, Z. ,Latge, A. ,and Orellana, P. A. 2009. Conductance gaps in graphene nanoribbons designed by molecular aggregations. *Nanotechnology* 20: 095705-1-6.

[48] Power, S. R. ,de Menezes, V. M. ,Fagan, S. B. ,and Ferreira, M. S. 2009. Model of impurity segregation in graphene nanoribbons. *Physical Review B* 80: 235424-1-5.

[49] Balandin, A. A. ,Ghosh, S. ,Bao, W. ,Calizo, I. ,Teweldebrhan, D. , Miao, F. ,and Lau, C. N. 2008. Superior thermal conductivity of single-layer graphene. *Nano Letters* 8: 902-907.

[50] Seol, J. H. ,Jo,I. ,Moore, A. L. ,Lindsay, L. ,Aitken, Z. H. ,Pettes, M. T. ,Li, X. ,Yao, Z. , Huang, R. ,Broido, D. ,Mingo, N. ,Ruoff, R. S. ,and Shi, L. 2010. Two-dimensional phonon transport in supported graphene. *Science* 328:213-216.

[51] Saito, K. ,Nakamura, J. ,and Natori, A. 2007. Ballistic thermal conductance of a graphene sheet. *Physical Review B* 76(2007):115409-1-4.

[52] Ghosh, S. ,Bao, W. ,Nika, D. L. ,Subrina, S. ,Pokatilov, E. P,Lau, C. N. ,and Balandin, A. A. 2010. Dimensional crossover of thermal transport in few-layer graphene. *Nature Materials* 9: 555-558.

[53] Ghosh, S. ,Calizo, 1. ,Teweldebrhan, D. ,Pokatilov, E. P,Nika, D. L. ,Balandin, A. A. , Bao, W. ,Miao, F. ,and Lau, C. N. 2008. Extremely high thermal conductivity of graphene: Prospects for thermal management applications in nanoelectronic circuits. *Applied Physics Letters* 92: 151911-1-3.

[54] Meyer, J. C. ,Geim, A. K. ,Katsnelson, M. I. ,Novoselov, K. S. , Booth, T. J. ,and Roth, S. 2007. The structure of suspended graphene sheets. *Nature* 446: 60-3.

[55] Lindsay, L. , Broido, D. A. , and Mingo, N. 2010. Flexural phonons and thermal transport in graphene. *Physical Review B* 82: 115427-1-6.

[56] Faugeras, C. , Faugeras, B. , Orlita, M. , Potemski, M. , Nair, R. R. , and Geim, A. K. 2010. Thermal conductivity of graphene in corbino membrane geometry. *ACS Nano* 4: 1889-1892.

[57] Cai, W. , Moore, A. L, Zhu, Y. , Li, X. , Chen, S. , Shi, L. , and Ruoff, R. S. 2010. Thermal transport in suspended and supported monolayer graphene grown by chemical vapor deposition. *Nano Letters* 10: 1645-1651.

[58] Seol, J. H. , Moore, A. L. , Shi, L. , Jo, I. , and Yao, Z. 2011. Thermal conductivity measurement of graphene exfoliated on silicon dioxide. *Journal of Heat Transfer* 133: 022403-1-7.

[59] Jang, W. , Chen, Z. , Bao, W. , Lau, C. N, and Dames, C. 2010. Thickness-dependent thermal conductivity of encased graphene and ultrathin graphite. *Nano Letters* 10: 3909-3913.

[60] Yamamoto, T. , Watanabe, K. , and Mii, K. 2004. Empirical-potential study of phonon transport in graphitic ribbons. *Physical Review B* 70: 245402-1-7.

[61] Gillen, R. , Mohr, M. , Thomsen, C. , and Maultzsch, J. 2009. Vibrational properties of graphene nanoribbons by first-principles calculations. *Physical Review B* 80: 155418-1-9.

[62] Munoz, E. , Lu, J, and Yakobson, B. I. 2010. Ballistic thermal conductance of graphene ribbons. *Nano Letters* 10: 1652-1656.

[63] Sevincli, H. , and Cuniberti, G. 2010. Enhanced thermoelectric figure of merit in edgedisordered zigzag graphene nanoribbons. *Physical Review B* 81:113401-1-4.

[64] Li, W. , Sevincli, H. , Cuniberti, G. , and Roche, S. 2010. Phonon transport in large-scale carbon-based disordered materials: Implementation of an efficient order-N and realspace Kubo methodology. *Physical Review B* 82:041410-1-4.

[65] Murali, R. , Yang, Y. , Brenner, K. , Beck, T. , and Meindl, J. D. 2009. Breakdown current density of graphene nanoribbons. *Applied Physics Letters* 94: 243114-1-3.

[66] Wirtz, L. , and Rubio, A. 2004. The phonon dispersion of graphite re-

visited. *Solid State Communications* 131:141-152.

[67] Lee, C. ,Wei,X. ,Kysar, J. W. ,and Hone, J. 2008. Measurement of elastic properties and intrinsic strength of monolayer graphene. *Science* 321:385.

[68] Ni, Z. H. ,Wang, H. M. ,Ma, Y. ,Kasim, J. ,Wu,Y. H. ,and Shen, Z. X. 2008. Tunable stress and controlled thickness modification in graphene by annealing. *ACS Nano* 2: 1033:Ni, Z. H. ,Yu, T. , Lu, Y. H. , Wang, Y. Y. ,Feng, Y. P. , and Shen, Z. X. 2008. Uniaxial strain on graphene: Raman spectroscopy study and bandgap opening. *ACS Nano* 2: 2301.

[69] Liu, E,Ming, P. ,and Li,J. 2007. Ab initio calculation of ideal strength and phonon instability of graphene under tension. *Physical Review B* 76: 064120.

[70] Pereira, V. M. ,Peres, N. M. R. , and Castro Neto, A. H. 2009. Tight-binding approach to uniaxial strain in graphene. *Physical Review* B 80: 045401:Pereira, V M,and Castro Neto, A. H. 2009. Strain engineering of graphene's electronic structure. *Physical Review Letters* 103: 046801.

[71] Gao, Y. ,and Hao, P. 2009. Mechanical properties of monolayer graphene under tensile and compressive loading. *Physical E* 41:1561.

[72] Xu,Z. 2009. Graphene nanoribbons under tension. *Journal of Computational and Theoretical Nanoscience* 6: 625.

[73] Scarpa, F. ,Adhikari, S. ,and Srikantha Phani, A. 2009. Effective elastic mechanical properties of single layer graphene sheets. *Nanotechnology* 20: 065709.

[74] Lu, Q. ,and Huang, R. 2010. Effect of edge structures on elastic modulus and fracture of graphene nanoribbons under uniaxial tension. *arXiv*: 1007.3298.

[75] Mohiuddin, T. M. G. ,Lombardo, A. ,Nair, R. R. ,Bonetti,A. ,Savini,G. ,Jalil, R. ,Bonini, N. ,Basko, D. M. ,Galiotis, C. ,Marzari, N. , Novoselov, K. S, Geim. A. K. , and Ferrari, A. C. 2009. Uniaxial strain in graphene by Raman spectroscopy: G peak splitting, Grueneisen parameters, and sample orientation. *Physical Review B* 79:205433-1-8.

[76] Huang, M. ,Yan, H. ,Chen,C. ,Song, D. ,Heinz, T. F. ,and Hone,J.

2009. Phonon softening and crystallographic orientation of strained graphene studied by Raman spectroscopy. *Proceedings of the National Academy of Sciences USA* 106: 7304-7308.

[77] Poetschke, M. ,Rocha, C. G. ,Foa Tomes,L. E. F. ,Roche, S. ,and Cuniberti, G. 2010. Modeling graphene-based nanoelectromechanical devices. *Physical Review B* 81: 193404-1-4.

[78] Erdogan, E. ,Popov, I. ,Rocha, C. G. ,Cuniberti, G. ,Roche, S. ,and Seifert, G. 2011. Engineering carbon chains from mechanically stretched graphene-based materials. *Physical Review B* 83:041401(R).

[79] Hod, O. ,and Scuseria, G. E. 2009. Electromechanical properties of suspended graphene nanoribbons. *Nano Letters* 9:2619-2622.

[80] Topsakal, M. ,and Ciraci,S. 2010. Elastic and plastic deformation of graphene, silicene, and boron nitride honeycomb nanoribbons under uniaxial tension: A firstprinciples density-functional theory study. *Physical Review B* 81:024107-1-6.

[81] Topsakal,M. ,Bagci,V. M. K. ,and Ciraci,S. 2010. Current-vottage (I-V) characteristics of armchair graphene nanoribbons under uniaxial strain. *Physical Review B* 81:205437-1-5.

[82] Isacsson, A. 2010. Nanomechanical displacement detection using coherent transport in ordered and disordered graphene nanoribbon resonators. *arXiv*: 1010.0508v1.

[83] Ho, J. H. ,Chiu, Y. H. ,Tsai,S. J. ,and Lin, M. P. 2009. Semimetallic graphene in a modulated electric field. *Physical Review B* 79: 115427.

[84] Novikov, D. S. 2007. Transverse field effect in graphene ribbons. *Physical Review Letters* 99: 056802.

[85] Raza, H. ,and Kan, E. C. 2008. Armchair graphene nanoribbons: Electronic structure and electric-field modulation. *Physical Review B* 77: 245434.

[86] Kan, E.-J. ,Li, Z. ,Yang, J. ,and Hou, J,G. 2007. Will zigzag graphene nanoribbon turn half metal under electric field? *Applied Physics Letters* 91:243116.

[87] Kinder, J. M. ,Dorando, J. J. ,Wang, H. ,and Chan, G. K.-L. 2009. Perfect reflection of chiral fermions in gated graphene nanoribbons. *Nano*

Letters 9:1980-1983.

[88] Yu, Y-J. ,Zhao, Y,Louis. S. R. ,Kwang, E. B. ,Kim, S. ,and Kim, P. ,2009. Tuning the graphene work function by electric fields. *Nano Letters* 9:3430-3434.

[89] Yan, J. ,Zhang, Y,Kim, P. ,and Pinczuk, A. 2007. Electric field effect tuning electronphonon coupling in graphene. *Physical Review Letters* 98: 166802.

[90] Wang, Z. 2009. Alignment of graphene nanoribbons by an electric field. *Carbon* 47: 3050-3053.

[91] Dalosto, S. D. ,and Levine, Z. H. 2008. Controlling the band gap in zigzag graphene nanoribbons with an electric field induced by a polar molecule. *Journal of Physical Chemistry C* 112: 8196-8199.

[92] Ritter, C. ,Makler, S. S. ,and Latgé, A. 2008. Energy-gap modulations of graphene nanoribbons under external fields:A theoretical study. *Physical Review B* 77: 195443-1-5. ;*Physical Review B* 82: 089903-1-2.

[93] Chen, S. C. ,Wang, T. S. ,Lee, C. H. ,and Lin, M. F. 2008. Magneto-electronic properties of graphene nanoribbons in the spatially modulated electric field. *Physics Letters A* 372: 5999-6002.

[94] Ho, J. H. ,Lai,Y H. ,Lu, C. L. ,Hwang, J. S. ,Chang, C. P,and Lin, M. F. 2006. Electronic structure of a monolayer graphite layer in a modulated electric field. *Physics Letters A* 359:70-75.

[95] Lukose, V,Shankar, R. ,and Baskaran, G. 2007. Novel electric field effects on Landau levels in graphene. *Physical Review Letters* 98: 116802-1-4.

[96] Zhang, S. ,Ma, N. ,and Zhang, E. 2010. The modulation of the Haas-van Alphen effect in graphene by electric field. *Journal of Physics: Condensed Matter* 22: 115302-1-8.

[97] Kohler, S. ,Lehmann, J. ,and Haenggi, P. 2005. Driven quantum transport on the nanoscale. *Physics Reports* 406: 379-143.

[98] Foa Torres, L. E. F. ,and Cuniberti, G. 2009. Controlling the conductance and noise of driven carbon-based Fabry-Perot devices. *Applied Physics Letters* 94: 222103-1-3.

[99] Zhu, R. ,and Chen, H. 2009, Quantum pumping with adiabatically modulated barriers in graphene. *Applied Physics Letters* 95:122111-1-3.

[100] Prada, E. ,San-Jose, P. ,and Schomerus, H. 2009. Quantum pumping in graphene. *Physical Review B* 80: 245414-1-5.

[101] Rocha, C. G. ,Foa Torres, L. E. F. ,and Cuniberti, G. 2010. Ac transport in graphenebased Fabry-Pérot devices. *Physical Review B* 81: 115435-1-8.

[102] Oka, T. , and Aoki, H. 2009. Photovoltaic Hall effect in graphene. *Physical Review B* 79:081406-1-4.

[103] Fujita, M. Wakabayashi, K. , Nakada, K. , and Kusakabe, K. 1996. Peculiar localized state at zigzag graphite edge. *Journal of the Physical Society of Japan* 65:1920-1-4.

[104] Yazyev, O, V. 2010. Emergence of magnetism in graphene materials and nanostructures. *Reports on Progress in Physics* 73:056501-1-16.

[105] Lieb, E. H. 1989. Two theorems on the Hubbard model. *Physical Review Letters* 62:1201-1-4.

[106] Son, Y-W Cohen, M. L. ,and Louie, S. G. 2006. Half-metallic graphene nanoribbons. *Nature* 444:347-1-3.

[107] Kan, E. -J. ,Li,Z. ,Yang, J. ,and Hou, J. G. 2008. Half- metallicity in edge-modified zigzag graphene nanoribbons. *Journal of the American Chemical Society* 130:4224-1-2.

[108] Cantele, G. , Lee, Y. -S. , Ninno, D. , and Marzari, N. 2009. Spin channels in functionalized graphene nanoribbons. *Nano Letters* 9:3425-1-4.

[109] Wimmer, M. , Adagideli, I. , Berber, S. , TOmánek, D. , and Richter, K. 2008. Spin currents in rough graphene nanoribbons: Universal fluctuations and spin injection. *Physical Review Letters* 100:177207-1-4.

[110] Lakshmi, S. ,Roche, S. ,and Cuniberti, G. ,2009. Spin valve effect in zigzag graphene nanoribbons by defect engineering. *Physical Review B* 80:193404-1-4.

[111] Guimaraes, F. S. M. ,Costa, A. T. ,Muniz, R. B. ,and Ferreira, M. S. 2010. Graphenebased spin-pumping transistor. *Physical Review B* 81:233402-1-4.

[112] Guimaraes, F. S. M. ,Costa, A. T. . Muniz, R. B. ,and Ferreira, M. S. 2010. Graphene as a non-magnetic spin-current lens. *arXiv*: 1009. 6228v1.

[113] Kim, W. Y. ,and Kim, K. S. 2008. Prediction of very large values of magnetoresistance in a graphene nanoribbon device. *Nature Nanotechnology* 3:408-1-5.

[114] Muñoz-Rojas, F. , Fernández-Rossier, J. , and Palacios, J. J. 2009. Giant magnetoresistance in ultrasmall graphene-based devices. *Physical Review Letters* 102:136810-1-4.

[115] Sepioni, M. , Nair, R. R. , Rablen, S. , Narayanan, J. , Tuna, F. , Winpenny, R. , Geim, A. K. , and Grigorieva, I. V. 2010. Limits on intrinsic magnetism in graphene. *Physical Review Letters* 105:207205-1-4.

[116] Mermin, N. D. , and Wagner, H. 1966. Absence of ferromagnetism or antiferromagnetism in one- or two-dimensional isotropic Heisenberg models. *Physical Review Letters* 17:1133-1-4.

[117] Joly, V L. J. , Kiguchi, M. , Hao, S. -J. , Takai, K. , Enoki, T. , Sumii, R, Amemiya, K. , Muramatsu, H. , Hayashi, T. , Ki m, Y. A. , Endo, M. , Campos-Delgado, J, López-Urías, F. , Botello-Méndez, A. , Terrones, H. , Terrones, M. , and Dresselhaus, M. S. 2010. Observation of magnetic edge state in graphene nanoribbons. *Physical Review B* 81:245428-1-6.

[118] Wassmann, T. , Seitsonen, A. P. , Saitta, A. M. , Lazzeri, M. , and Mauri, F. 2008. Structure, stability, edge states, and aromaticity of graphene ribbons. *Physical Review Letters* 101:096402-1-4.

[119] Koskinen, P. , Malola, S. , and Häkkinen, H. 2008. Self-passivating edge reconstructions of graphene. *Physical Review Letters* 101:115502-1-4.

[120] Kunstmann, J. , Özdoğgan, C. , Quandt, A. , and Fehske, H. 2011. Stability of edge states and edge magnetism in graphene nanoribbons. *Physical Review B* 83:045414-1-8.

[121] Lehtinen, P. O. , Foster, A. S. , Ma, Y. , Krasheninnikov, A. , and Nieminen, R. M. 2004. Irradiation-induced magnetism in graphite: A density functional study. *Physical Review Letters* 93:1872021-1-4.

[122] Duplock, E. J. , Scheffler, M. , and Lindan, P. J. D. 2004. Hallmark of perfect graphene. *Physical Review Letters* 92:225502-1-4.

[123] Esquinazi, P, Spemann, D. , Hohne, R. , Setzer, A. , Han, K. H. ,

and Butz, T. 2003. Induced magnetic ordering by proton irradiation in graphite. *Physical Review Letters* 91:227201-1-4.

[124] Yazyev, O. V. 2008. Magnetism in disordered graphene and irradiated graphite. *Physical Review Letters* 101:037203-1-4.

[125] Sevinçli, H. ,Topsakal, M. ,Durgun, E. ,and Ciraci, S,Electronic and magnetic properties of 3D transition-metal atom adsorbed graphene and graphene nanoribbons. *Physical Review B* 77:195434.

[126] Li, X. ,Cai,W. ,An, J. ,Kim, S. ,Nah, J. ,Yang, D. ,Piner, R. , Velamakanni, A. ,Jung, I. , Tutuc, E. ,Banerjee, S. K. ,Colombo, L. ,and Ruoff, R. S.2009. Large-area synthesis of high-quality and uniform graphene films on copper foils. *Science* 324: 1312-1314.

[127] Li,X. ,Magnuson, C. W. ,Venugopal, A. ,An, J. ,Suk, J. W. ,Han, B. ,Borysiak, M. ,Cai, W. ,Velamakanni, A. ,Zhu, Y. ,Fu, L. ,Vogel, E. M. ,Voelkl, E. ,Colombo, L. and Ruoff, R. S. 2010. Graphene films with large domain size by a two-step chemical vapor deposition process. *Nano Letters* 10(11):4328-4334.

[128] Hamilton, J. C. ,and Blakely, J. M. 1980. Carbon segregation to single crystal surfaces of Pt,Pd and Co. *Surface Science* 91(1):199-218.

[129] Wu,W. ,Liu, Z. ,Jauregui,L. A. , Yua, Q,Pillai, R. ,Cao, H. ,Bao, J. ,Chen, Y. P. ,and Pei, S.-S. 2010. Wafer-scale synthesis of graphene by chemical vapor deposition and its application in hydrogen sensing. *Sensors and Actuators B* 150: 296-300.

[130] Obraztsova, A. N. ,Obraztsova, E. A. ,Tyumina, A. V,and Zolotukhin, A. A. 2007. Chemical vapor deposition of thin graphite films of nanometer thickness. *Carbon* 45: 2017-2021.

[131] Yu, Q. ,Lian, T. ,Siriponglert, S. ,Li,H. ,Chen, Y. P. ,and Pei, S.-S. 2008,Graphene segregated on Ni surfaces and transferred to insulators. *Applied Physics Letters* 93: 113103-1-3.

[132] Dedkov, Y. S. ,Fonin, M. ,Rüdiger, U. ,and C. Laubschat. 2008. Rashba effect in the graphene/Ni(111)system. *Physical Review Letters* 100: 107602-1-4.

[133] Fuentes-Cabrera, M. , Baskes, M. I. ,Melechko, A. V. , and Simpson, M. L. 2008. Bridge structure for the graphene/Ni(111)system: A first principles study. *Physical Review B* 77:035405-1-5.

[134] Dedkov, Y. S. ,Fonin, M. ,Müdiger, U. ,and Laubschat, C. 2008. Graphene-protected iron layer on Ni(111). *Applied Physics Letters* 93: 022509-1-3.

[135] Usachov, D. ,Dobrotvorskii,A. M. ,Varykhalov, A. ,Rader, O. ,Gudat, W. ,Shikin, A. M. ,and Adamchuk, V. K. 2008. Experimental and theoretical study of the morphology of commensurate and incommensurate graphene layers on Ni single-crystal surfaces. *Physical Review B* 78: 085403-1-8.

[136] Varykhalov, A,, Sánchez-Barriga, J. ,Shikin, A. M. ,Biswas, C. , Vescovo, E. ,Rybkin, A. , Marchenko, D. ,and Rader, O. 2008. Electronic and magnetic properties of quasifreestanding graphene on Ni. *Physical Review Letters* 101:1576001-1-4.

[137] Coraux, J. , N'Diaye, A. T. , Busse, C. , and Michely, T. 2008. Structural coherency of graphene on Ir(111). *Nano Letters* 8 (2):565-570.

[138] Preobrajenski, A. B. , Ng, M. L. , Vinogradov, A. S, and N. Märtensson, N. 2008. Controlling graphene corrugation on lattice-mismatched substrates. *Physical Review B* 78:073401-1-4.

[139] Pletikosić,I. ,Kralj,M. ,Pervan, P. ,Brako, R. ,Coraux, J. ,N'Diaye, A. T. ,Busse, C. , and Michely, T. 2009. Dirac cones and minigaps for graphene on Ir(111). *Physical Review Letters* 102: 056808-1-4.

[140] Yi, P,Dong-Xia, S. ,and Hong-Jun, G. 2007. Formation of graphene on Ru(0001]surface. *Chinese Physics* 16(11):3151-3153.

[141] Sutter, P. W. ,Flege, J.-I. ,and Sutter, E. A. 2008. Epitaxial graphene on ruthenium. *Nature Materials* 7:406-411.

[142] Marchini,S. ,Günther, S. ,and Wintterlin, J. 2007. Scanning tunneling microscopy of graphene on Ru(0001]. *Physical Review B* 76: 075429-1-9.

[143] Vázquez de Parga, A. L. ,Calleja, F. ,Borca, B. ,Passeggi,M. C. J. , Hinarejos, J. J. , Guinea, F. ,and Miranda, R. 2008. Periodically rippled graphene: Growth and spatially resolved electronic structure. *Physical Review Letters* 100:056807-1-4.

[144] Jiang, D.-E. ,Du, M.-H. ,and Dai,S. 2009. First principles study of the graphene/Ru(0001] interface. *Journal of Chemical Physics* 130:

074705-1-5.

[145] Hwang, J. ,Shields, V. B. ,Thomas,C. I. ,Shiraraman, S,Hao, D. , Kim, M. ,Woll, A. R. , Tompa, G. S. ,and Spencer, M. G. 2010. Epitaxial growth of graphitic carbon on C-face SiC and sapphire by chemical vapor deposition (CVD). *Journal of Crystal Growth* 312: 3219-3224.

[146] Rümmeli,M. H. ,Kramberger, C. ,Grüneis, A. ,Ayala, P. ,Gemming, T. ,Büchner. B. , and Pichler, T. 2007. On the graphitization nature of oxides for the formation of carbon nanostructures. *Chemistry of Materials* 19(171):4105-4107.

[147] Rümmeli,M. H. ,Bachmatiuk, A. ,Scott, A. ,Börrnert, F. ,Warner, J. H. ,Hoffman, V, Lin, J. -H. ,Cuniberti, G. ,and Büchner, B. 2010. Direct low-temperature nanographene CVD synthesis over a dielectric insulator. *ACS Nano* 4(7):4206-4210.

[148] Wang, J. J. ,Zhu, M. Y,Outlaw, R. A. ,Zhao, X. ,Manos, D. M. , Holloway, B. C. ,and Mammana, V P. 2004. Free-standing subnanometer graphite sheets. *Applied Physics Letters* 85:1265-1267.

[149] Somani,P R. ,Somani,S. P,and Umeno, M. 2006. Planar nano-graphenes from camphor by CVD. *Chemical Physics Letters* 430: 56-59.

[150] Badami,D. V. 1962. Graphitization of α-silicon carbide. *Nature* 193: 569-570.

[151] Berger, C. ,Song, Z. ,Li,T. ,Li, X. ,Ogbazghi,A. Y,Feng, R. ,Dai, Z. ,Marchenkov, A. N. ,Conrad, E. H. ,First, P N. ,and de Heer, W. A. 2004. Ultrathin epitaxial graphite: 2D electron gas properties and a route toward graphene-based nanoelectronics. *Journal of Physical Chemistry B* 108:19912-6.

[152] Hernandez, Y. ,Nicolosi,V. ,Lotya, M. ,Blighe, F. M. , Sun, Z. , De, S. ,McGovern, I. T. , Holland, B. ,Byrne, M. ,Gun' Ko, Y. K. ,Boland, J. J. ,Niraj,P. ,Duesberg, G. ,Satheesh, K. ,Goodhue, R. ,Hutchison, J. ,Scardaci,V. ,Ferrari,A. C. ,and Coleman, J. N. 2008. High-yield production of graphene by liquid-phase exfoliation of graphite. *Nature Nanotechnology* 3:563-568.

[153] Zhu, J. 2008. New solutions to a new problem. *Nature Nanotechnology* 3:528-529.

[154] Elias, D. C., Nair, R. R., Mohiuddin, T. M., Morozov, S. V., Blake, P., Halsall. M. P., Ferrari, A. C., Boukhalov, D. W., Katsnelson, M. I., Geim, A. K., and Novoselov, K. S. 2009. Control of graphene's properties by reversible hydrogenation: Evidence for graphane. *Science* 323:610-613.

[155] Lucking, A. D., Gutierrez, H. R., Foneseca, D. A., Narayanan, D. L., VanEssendelft, D., Jain, P., and Clifford, C. E. B. 2006. Combined hydrogen production and storage with subsequent carbon crystallization. *Journal of American Chemical Society* 128:7758-60.

[156] Sato, Y., Watano, H., Hagiwara, R., and Ito, Y. 2006. Reaction of layered carbon fluorides CxF (x=2.5-3.6) and hydrogen. *Carbon* 44: 664-670.

[157] Pekker, S., Salvetat, J.-P., Jakab, E., Bonard, J.-M., and Forro, L. 2001. Hydrogenation of carbon nanotubes and graphite in liquid ammonia. *Journal of Physical Chemistry B* 105:7938-7943.

[158] Felten, A., Bittencourt, C., Pireaux, J. J., Van Lier, G., and Charlier, J. C. 2005. Radiofrequency plasma functionalization of carbon nanotubes surface O_2, NH_3, and CF_4 treatments. *Journal of Applied Physics* 98:074308-5.

[159] Ruff, O., Bretschneider, O., and Ebert, F. Z. 1934. Die Reaktionsprodukte der verschiedenen Kohlenstoffformen mit Fluor Ⅱ (Kohlenstoff-monofluorid). *Anorg. Allgm. Chem.* 217:1-18.

[160] Robinson, J. T., Burgess, J. S., Junkermeier, C. E., Badescu, S. C., Reinecke, T. L., Perkins, F. K., Zalalutdniov, M. K., Baldwin, J. W, Culbertson, J. C., Sheehan, P. E., and Snow, E. S. 2010. Properties of fluorinated graphene films. *Nano Letters* 10:3001-5.

[161] van Noorden, R. 2011. The trials of new carbon. *Nature* 469:14-16.

[162] Shao, Y., Wang, J., Wu, H., Liu, J., Aksay, 1. A., and Lin, Y. 2010. Graphene based electrochemical sensors and biosensors: A review. *Electroanalysis* 22: 1027-1036.

[163] Tang, Z., Wu, H., Cort, J. R., Buchko, G. W., Zhang, Y., Shao, Y., Aksay, I. A,, Liu, J., and Lin, Y. 2010. Constraint of DNA on functionalized graphene improves its biostability and specificity. *Small* 6: 1205-1209.

[164] Schedin, F. ,Geim, A. K. ,Morozov, S. V. ,Hill, E. W. ,Blake,P. , Katsnelson, M. I. ,and Novoselov, K. S. 2007. Detection of individual gas molecules adsorbed on graphene. *Nature Materials* 6: 652-655.

[165] Dan, Y. ,Lu, Y. ,Kybert, N. J. ,Luo, Z. , and Charlie Johnson, A. T. 2009. Intrinsic response of graphene vapor sensors. *Nano Letters* 9: 1472-1475.

[166] Ratinac, K. R. ,Yang, W. , Ringer, S. P. ,and Braet, F. 2010. Toward ubiquitous environmental gas sensors—Capitalizing on the promise of graphene. *Environmental Science Technology* 44: 1167-1176.

[167] Bae, S. ,Kim, H. ,Lee, Y. ,Xu, X. ,Park, J. -S. ,Zheng, Y. ,Balakrishnan, J. ,Lei,T. , Kim, H. R. ,Song, Y. I. ,Kim, Y. J. ,Kim, K. S. ,Özyilmaz, B. ,Ahn, J. -H,Hong, B. H. , and Iijima, S. 2010. Roll-to-roll production of 30-inch graphene thin films for transparent electrodes. *Nanotechnology* 5:574-578.

[168] Liao, L. , Bai, J. , Cheng, R. , Lin, Y. -C. , Jiang, S. , Qu, Y. , Huang, Y. ,and Duan, X. 2010. Sub-100 nm channel length graphene transistors. *Nano Letters* 10: 3952-3956.

第2章　石墨烯的合成

2.1 概　　述

石墨烯是由一个到几个以 sp^2 键结合的石墨层构成的二维的碳的同素异形体,自发明以来,因其特别的性质如导电性和导热性、高电荷密度、载流子迁移率、光导性(Nair 等,2008)、机械特性(Geim 和 Kim,2008; Geim 和 Novoselov,2007; Choi 等,2010; Lee 等,2008),石墨烯成为一种独特的材料。由于它成为科研和工业生产中前所未有的热点,因此人们试图将其作为下一代的电学和光学材料。所有碳纳米结构的基本单元都是单一的石墨层,共价 sp^2 杂化碳原子排列在一个六角形蜂窝晶格中,在范德瓦耳斯力的作用下单蜂窝石墨晶格层堆积可形成三维的体状石墨。当单一的石墨层形成一个球体就称为零维富勒烯;当其相对于一个轴线包卷起来时就形成了一个一维圆柱结构的碳纳米管;当它表现出的平面二维结构从单一层到多层堆叠时就被称为石墨烯。一个石墨层被称为原子石墨烯或单层石墨烯,2 个和 3 个石墨层的石墨烯被分别称为双层和三层石墨烯。5 层到 10 层石墨烯通常被称为少层石墨烯,20 层到 30 层的石墨烯被称为多层石墨烯、厚石墨烯或纳米晶薄石墨。

由于布里渊区角上 π 和 π^* 带在费米能级(E_F)处的单点接触,高结晶度的、纯净的、单原子的石墨烯具有不寻常的半金属电子特性(Novoselov、海姆等,2005)。此外,由于对无质量费米子的狄拉克谱的相似性(Castro Neto 等,2009)和在垂直磁场作用下石墨烯基面的朗道能级量子化(Castro Neto 等,2009),石墨烯受到了物理学家的极大关注。

更有趣的是,由于抛物线带接触在布里渊区的每一个点的 K 点和 K' 点出现的双层石墨烯具有无间隙状态,并且在两个接近的频带重叠存在一个微不足道的能级(约为 0.001 6 eV),使双层石墨烯成为一种无间隙的半导体(Castro Neto 等,2009)。另外,石墨烯的物理性质严格依赖于堆积层的数量。例如,单层石墨烯表现出约 97% 的光学透光率(Li、Zhu 等,2009)和约 2.2 kΩ/sq 的表面电阻,与之相反,透光率和表面电阻随层数的增加而减小。更具体地说,双层、三层和四层石墨烯,分别具有约 95%、92%、89%的透光率与约 1 kΩ/sq、700 Ω/sq 和 40 kΩ/sq 的表面电阻(Li、Zhu 等,2009)。另外,石墨烯载流子密度被认为是在 10^{13} 的数量级(Geim 和 Novoselov,2007),载流子迁移率约为 15 000 $cm^2/(V \cdot s)$(Geim 和 Novoselov,2007),电阻率约为 10^6 Ω · cm,这些对于场效应晶体管(field-effect transistor, FET)来说都是非常理想的性质。

对于在未来的电子产品,如弹道式晶体管、场发射器、集成电路、透明导电电极、传感器等电子设备来说,石墨烯优越的电气性能是很有吸引力的。石墨烯具有高电子(空穴)迁移率以及低约翰逊噪声率,使其有可能被用作 FET 中的通道。高导电性和高光学透明度使石墨烯可作为透明导电电极的候选材料,这种特性符合触摸屏、液晶显示器、有机太阳能电池、有机发光二极管中的应用要求(Choi 等,2010;Geim 和 Novoselov,2007)。这些重要的应用都需要在适合的衬底上生长出单层石墨烯并且建立实际、可控制的带隙,这是非常难的。许多报告都报道了可以实现石墨烯的合成,并且绝大多数都是基于机械剥离的石墨、碳化硅表面热石墨化(Geim 和 Novoselov, 2007; Berger 等, 2004)或降低氧化石墨(Park 和 Ruoff, 2009),近阶段,也出现了通过化学气相沉积法的合成(Reina、Jia 等, 2009; Li、Cai、An 等,2009)。

本章论述了石墨烯的合成技术,其中包括剥离、化学合成、打开碳纳米管、化学气相沉积、等离子体增强化学气相沉积和外延生长 SiC 表面,并连同它们的生长机制及可行性进行探讨。

2.2 石墨烯合成方法概述

到目前为止,已经确立了几个石墨烯的合成技术,而其中机械切割(剥离)(Novoselov 等,2004)、化学剥脱(Allen、Tung 和 Kaner,2010; Viculis、Mack 和 Kaner,2003)、化学合成(Park 和 Ruoff,2009)和化学气相沉积合成(Reina、Jiaet 等,2009)是目前最常用的方法。其他的一些技术也有报道,如打开碳纳米管(Jiao 等,2010; Kosynkin 等,2009; Jiao 等,2009)和微波合成(Xin 等,2010)等,但这些技术还需要进一步的探讨。图 2.1 为不同的石墨烯合成方法。1975 年,通过化学分解合成的方法在单晶铂表面上形成了多层石墨烯,但由于缺乏表征技术亦或应用可能性的局限并没有被指定为石墨烯 (Lang,1975)。

1999 年,首次通过原子力显微镜(atomic force microscopy, AFM)探针

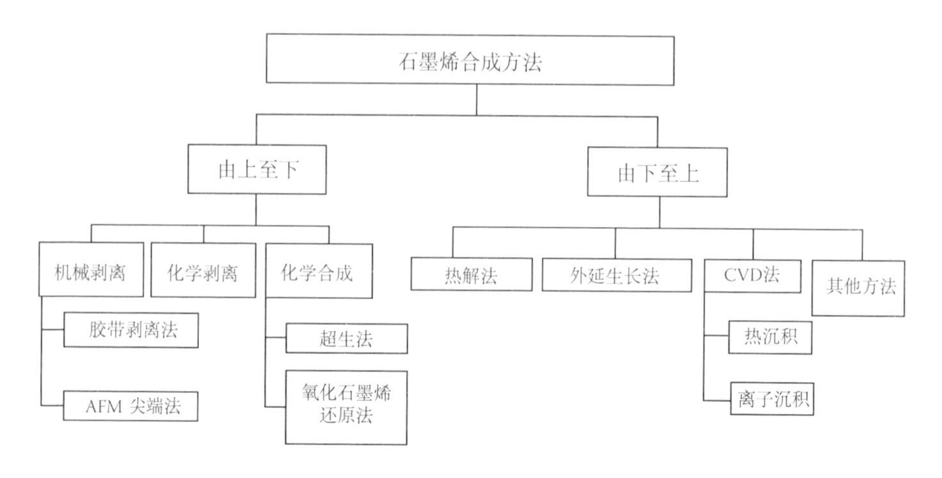

图 2.1 不同的石墨烯合成方法

实现了机械切割高序热解石墨(highly ordered pyrolytic praphite, HOPG)从几层到单一原子单层的层切割(Lu 等,1999)。然而,单层石墨烯的首次生产和报道是在2004年,当时是通过使用胶带在衬底上反复多次剥离石墨烯层实现的(Novoselov 等,2004)。这种技术的发现使制备不同层数的石墨烯变得相对简单。利用 AFM 悬臂机械剥离技术同样能够制备少层石墨烯,但制备厚度的极限约为10 nm 石墨烯,相当于30层石墨烯。化学剥离是一种溶液分散石墨的方法,即在石墨层间插入大的碱金属离子的方法剥离石墨。类似地,化学合成过程包括氧化石墨的合成并在溶液中分散,然后再用肼进行还原。和碳纳米管的合成相仿,催化热化学气相沉积已被证明是制造大型石墨烯最好的方法之一。热分解碳沉积是在高温、常压或低压下,在具有催化活性的过渡金属表面形成蜂窝状石墨晶格。若热化学气相沉积在电阻加热炉中进行,则称为热化学气相沉积法;当此过程是由等离子体辅助生长时,则称为等离子增强化学气相沉积(plasma enhanced CAD, PECVD)。作为一个整体,所有上述技术在各自的领域都是标准的,但各种方法也各具优缺点。例如,机械剥离方法能够制备不同层的石墨烯(从单层到几层),但使用这种技术获得相似结构的可靠性很低。此外,采用机械剥离法制备大面积石墨烯是目前面临的严峻挑战。从单层石墨烯到多层石墨烯可以很容易地通过胶带剥离方法得到,但达到量产则需要更进一步的研究,因此限制了该工艺的工业产业化。而化学合成工艺制备石墨烯(涉及氧化石墨的合成,在溶液中分散状态下阻止其还原回石墨烯)是一个低温过程,该方法使在常温下在各种不同类型的基质上制备石墨烯变得简单,特别是在聚合物基材上(低熔点基材)。而通过这种工艺所制备的大面积石墨烯的均匀性和一致性是不尽如人意的。另外,还原的氧化石墨烯(RGOs)合成的石墨烯常常会引起氧化石墨还原不完全(这里指材料的绝缘特性),导致材料的电性能连续下降。相比之下,热化学气相沉积法更有利于制造大面积器件,并有利于未来的互补金属氧化物半导体(complementary metal-oxide, CMOS)代替硅技术(Sutter,2009)。另一种方法是外延石墨烯,这是一种 SiC 表面热石墨化技术,但其工艺温度过高且无法传送到任何其他基板上,限制了这种工艺的普及。在这种情况下,热化学气相沉积法的独到之处在于热化学催化可使碳原子层均匀地沉积在金属表面上,并且可以转移到在很宽范围内的各种基板上。然而,石墨烯层控性和低温石墨烯的合成给该技术带来了挑战。在后续章节中将介绍一些石墨烯的合成方法和它们的科学、技术的重要性。

2.2.1 机械剥离法

机械剥离法是第一个被发现的石墨烯合成方法。它是纳米技术中的一个自上而下的方法,是在层状结构材料的表面上施加纵向或横向的应力,通过简单地使用透明胶带或原子力显微探针从材料上剥离下一层或几层并转移到基片上的。石墨是由单原子的石墨烯层通过弱的范德瓦尔斯力堆积形成的。层间间距和层间结合能分别为 3.34 Å(1 Å = 0.1 nm)和 2 eV/nm^2。机械剥离时需要约 300 nN/μm^{2}的外力才能从石墨上剥离出一个单原子石墨层(Zhang 等,2005)。1999 年,Ruoff 等(Lu 等,1999)首先提出了利用 AFM 探针进行等离子体刻蚀柱状高定向热解石墨(highly oriented pyrolytic graphite, HOPG)技术来制备石墨烯。如图 2.2(a)和图 2.2(b)所示,所制备的多层石墨的最小厚度约为 200 nm,它是由 500 ~ 600 层单层石墨烯组成的。后来,当 Novoselov 和 Geim 首次报道在 SiO_2/Si 基板上成功分离出单层/多层石墨烯以及石墨烯的电子特性后,碳基纳米材料的发明引起了科学界的极大关注。他们也因发明了简单石墨薄片的新合成方法并发现其特殊性能而获得 2010 年诺贝尔物理学奖(见 *The Rise and Rise of Graphene*,2010)。

Novoselov 等(2004)利用胶带,采用机械剥离技术从 1 mm 厚的 HOPG 上剥离出了单层石墨烯层。首先,使用氧气电浆在石墨片晶的顶层干刻蚀出几毫米厚的石墨岛层,然后将所制备的表面石墨岛层紧压在带有 1 mm 厚的湿法光刻胶的玻璃基片上,随后烘烤,使岛牢牢地附着在光刻胶层上。

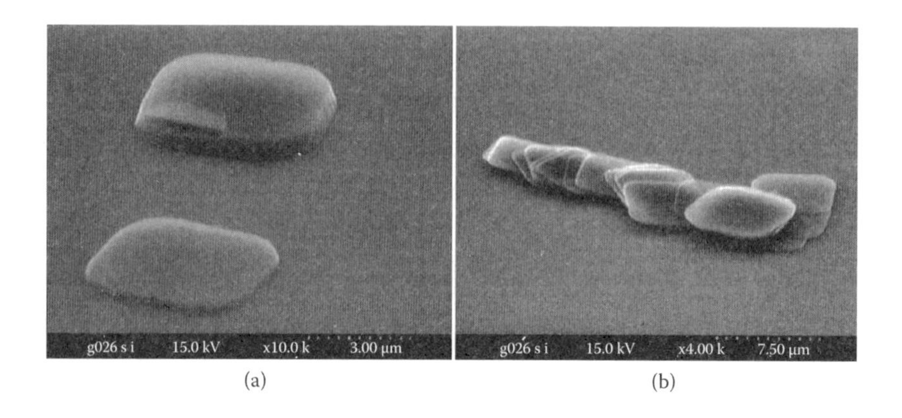

(a)　　(b)

图2.2　(a)和(b):扫描电子显微镜观察机械剥离后利用AFM尖端实现高度取向的热解石墨(HOPG)薄层的形貌。(From X. Lu,K., M. F. Yu, H. Huang, and R. S. Ruoff. Tailoring graphite with the goal of achieving singlesheets. Nanotechnology 10, no. 3(1999):269-272. With permission.)

用Si(n型掺杂的Si与SiO_2层)晶片为衬底,将石墨(包括单层及数层石墨烯)从丙酮溶液转移到硅衬底上,并用水和异丙醇清洗。

最后发现石墨烯薄片(厚度小于10 nm)附着在晶片的表面上,石墨烯和基板之间的附着力为范德瓦耳斯力和/或毛细作用力。图2.3(a)为采用透明胶带法制备的SiO_2/Si衬底上的石墨烯片光学显微图片。图2.3(b)为机械剥离法制备的不同层数的多个石墨烯片。Zhang等(2005)进一步尝试使用无探针AFM悬臂裂解大型HOPG改进石墨烯的制备方法。可控剥离是由一个可持续施加弹性切变应力的悬臂剥离石墨层片的技术。这种技术产生的最薄切片约为10 nm,但这种技术无法制备单层或双层石墨烯。

将由这些机械剥离技术制备的石墨烯用于FET器件制造,带来了碳纳米电子学领域的一个研究热潮。目前,正是由于石墨烯在未来的电子产品中的应用前景,关于石墨烯的科技出版物的数量成倍增加。该工艺也被扩展用于制备一些其他的二维平面材料,如氮化硼(BN)、二硅化钼($MoSi_2$)和$Bi_2Sr_2CaCu_2O$(Novoselov,Jiang等,2005)。

然而,机械剥离工艺仍需要进一步提高,以便提高高纯石墨烯在纳米电子学中应用的可行性。在这方面,Liang等(Liang、Fu、Chou,2007)提出了一个有趣的圆片规模石墨烯制备方法,用转印的方法制造集成电路,但通过控制层制备均一的大规模石墨烯仍然是一个挑战。

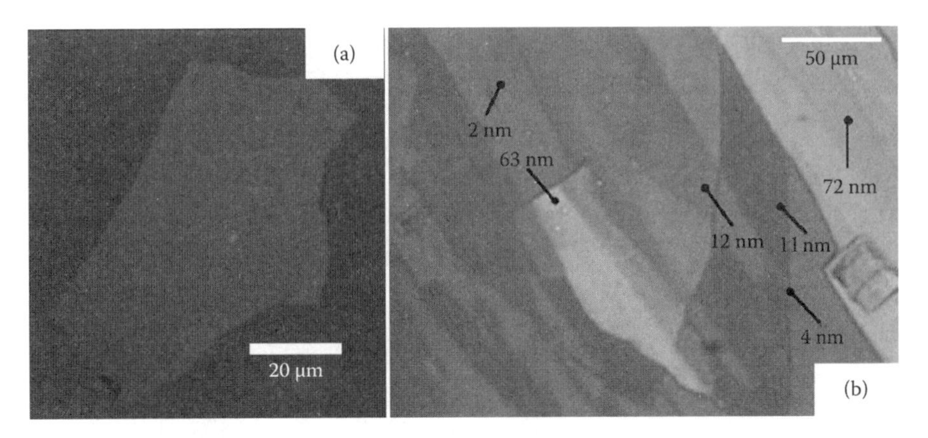

图 2.3 (a)透明胶带法制备的多层石墨片的光学显微镜照片(测试条件:常规白光源;以 SiO_2/Si 为基底;厚度约为 3 nm)。(b) AFM 测量不同厚度的石墨薄膜的实验结果。(From K. S. Novoselov, A. K. Geim, S. V. Morozov, et al. Electric field effect in atomically thin carbon films. Science 306, no. 5696(2004):666-669. With permission.)

2.2.2 化学剥离法

和机械剥离方法一样,化学剥离也是制备石墨烯的一种方法,是一个通过碱金属与石墨插层结构分离少层石墨烯并分散在溶液中的一种工艺。在周期表中,碱金属可以很容易地用各种化学计量比的石墨在其表面形成石墨层结构。碱金属的主要优点之一是它们的离子半径小于石墨层间距,因此它们可以容易地嵌入石墨层间隙,如图 2.4(a)所示。

Kaner 等首次报道了(Viculis、Mack 和 Kaner,2003)使用钾(K)嵌入形成的碱金属化合物对多层石墨(后来被称为“石墨烯”)进行化学剥离。K 在 200 ℃、惰性氦气氛下,与石墨反应形成插层化合物 KC_8(H_2O 和 O_2 的质量分数小于 1×10^{-6})。插层化合物 KC_8 和乙醇(CH_3CH_2OH)的水溶液可以发生放热反应,即

$$KC_8+CH_3CH_2OH_8C \longrightarrow KOCH_2CH_3+\frac{1}{2}H_2 \qquad (2.1)$$

钾离子溶解到溶液中形成乙醇钾,且反应中伴随氢气生成,这将有助于分离石墨层。由于碱金属对水和酒精的反应强烈,因此必须采取这种反应方法。如需大量生产,反应室需要保持在冰浴中以消除反应产生的热量。最后,所得到的剥离出来的多层石墨烯需进行过滤收集并洗涤,使其 pH 为 7。所形成的几层石墨层或多层石墨烯(FLG)如图 2.4(b)所示。用

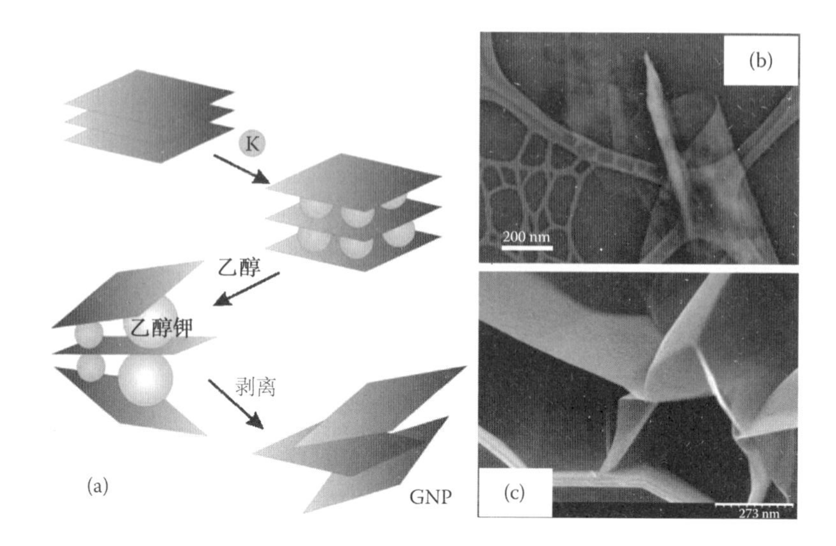

图2.4 (a)石墨烯的化学剥离过程示意图。(b)化学剥离石墨烯纳米片的透射电镜照片。(c)剥离后石墨烯纳米片的扫描电镜照片,该石墨片约30层,10 nm厚。(From (a) Lisa M. Viculis, Julia J. Mack, Oren M. Mayer, H. Thomas Hahn, and Richard B. Kaner. Intercalation and exfoliation routesto graphite nanoplatelets. Journal of Materials Chemistry 15, no. 9 (2005):974-978; (b) LisaM. Viculis, Julia J. Mack, and Richard B. Kaner. A chemical route to carbon nanoscrolls. Science 299, no. 5611 (2003):1361-1361; (c) Lisa M. Viculis, Julia J. Mack, Oren M. Mayer, H. Thomas Hahn, and Richard B. Kaner. Intercalation and exfoliation routes to graphitenanoplatelets. Journal of Materials Chemistry 15, no. 9 (2005):974-978. With permission.)

透射电子显微镜(TEM)研究表明,这种方法生成的多层石墨烯由40层到15层的单原子石墨烯组成。之后,同组研究人员Viculis等(2005)使用其他碱金属如Cs和NaK_2合金进行同样的剥离工艺。与Li和Na不同,K的电离电位(4.34 eV)是小于石墨(4.6 eV)的电离电位,因此,钾可以直接与石墨烯反应形成插层化合物。Cs(3.894 eV)比K(4.34 eV)具有更低的电离电位,因此可与石墨烯产生更剧烈的反应,继而可以显著改善在低温度和低环境压力下的石墨插层反应。钠钾合金($Na-K_2$)在-12.62 ℃经历共晶熔化,因此剥离反应可以在室温和常压下进行。具体来说就是在室温下使用$Na-K_2$合金石墨插层化合物制造石墨烯,石墨烯的厚度为2~150 nm。

与其他他石墨烯制备工艺的不同之处在于,该工艺可以在较低的环境温度条件下进行大规模的剥离。然而,在单层和双层石墨烯的合成中石墨烯的插层途径还尚未被探知,并且化学污染也是此工艺中的一个严重缺陷。人们又提出了可在如N-甲基吡咯烷酮等有机溶剂中对纯石墨进行分散和剥离,Hernandez等(2008)在报告中阐述了一个简单的在N-甲基吡咯烷酮中超声处理剥落纯石墨的方法。报告显示,高质量、未氧化的单层石墨烯合成产率约为1%。进一步改进工艺后,利用初始石墨块的沉积物再循环,产量可提高7% ~12%(2008年Hernandez等给出了该工艺的细节)。图2.5(a)和图2.5(b)分别为经过超声处理的石墨和石墨烯的形貌。理论上,如果溶质和溶剂的表面能是相同的,则层状结构剥离的产量可能随机械能的增加而增加。在这种情况下,剥离片状石墨烯所需要的能量应该相当于溶剂的溶剂-石墨烯相互作用的表面能量,类似于悬浮的石墨烯所需的表面能。由于该方法为低成本的溶液相方法并且是可扩展的,能够在各种各样的衬底上沉积石墨烯,并且此工艺不可能使用切割或热沉积等其他工艺替代,因此这是一个通用的方法。此外,该方法可以扩展到生产石墨烯基复合材料和薄膜等领域,并且该方法还是薄膜晶体管、透明导电电极等特殊应用的关键。

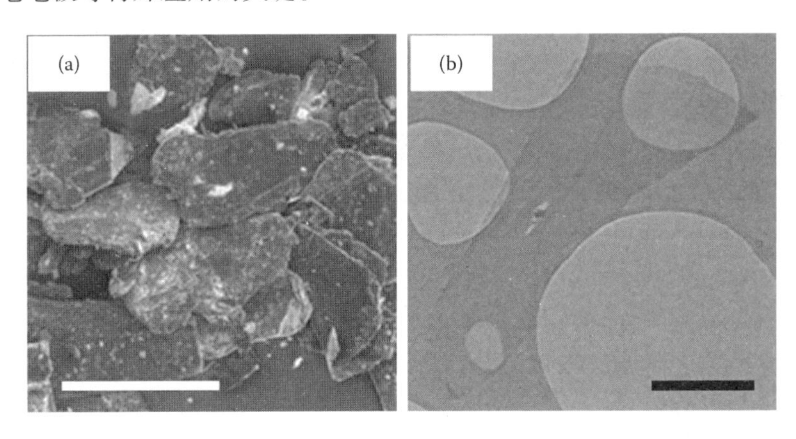

图2.5 (a)超声处理前的石墨材料扫描电镜照片。(b)置于N-甲基吡咯烷酮中超声处理后的石墨烯片的透射电镜照片。(From Y. Hernandez, V. Nicolosi, M. Lotya, et al. High-yield production of graphemeby liquid-phase exfoliation of graphite. Nature Nanotechnology 3, no. (2008):563-568. With permission.)

2.2.3 其他一些新型石墨烯的合成路线

除了前面讨论的合成方法,一些报道中还有新的用于石墨烯制造的技术。例如,通过高速集群在石墨表面进行机械剥离法形成石墨烯(Sidorov等,2010),此方法所制备的石墨烯纳米带厚度约为30 nm。在一报道中,

Xin 等(2010)提出在溶液中采用微波辐照剥离石墨插层化合物,然后将所得到的石墨烯片与碳纳米管(carbon nanotubes, CNTs)复合。他们声称,所制备的石墨烯碳纳米管复合薄膜电阻为 181 Ω/□,透光率为82.2%,这相当于市售的铟锡氧化物(ITO)。同样,一种利用微波合成石墨烯绿色的方法被提出(Sridhar、Jeon 和 Oh, 2010)。在另一份报告中也提到用等离子体刻蚀石墨制备多层石墨烯和单层石墨烯(Hazra 等,2011)。这是一个自上而下的方法,涉及石墨烯在氢气和氮气环境中逐渐细化的过程。de Parga 等报道了一个与众不同的方法,是在超高真空(UHV)(10 ~ 11 Torr, 1 Torr=133.322 4 Pa)条件下,在 Ru(0001)上形成外延石墨烯(de Parga 等,2008)。此外,Zheng 等(2010)报道了使用非晶碳在高温下金属催化形成石墨烯。然而,这里讨论的所有过程都是处于初级阶段,需要进一步发展,以获得低成本、高纯度、可靠的、可扩展的石墨烯。

2.2.4　化学合成:还原氧化石墨烯制备石墨烯

化学合成是一种自上而下的间接合成石墨烯的方法,也是第一种通过化学路线合成石墨烯的方法。1962 年,Boehm 等首次演示了单层片状氧化石墨烯的合成,这一方法被石墨烯的发明者 Andre Geim 所承认。该方法包括通过石墨的氧化合成氧化石墨,通过超声分散得到片状氧化石墨,并还原得到石墨烯。有 3 种常用方法合成氧化石墨:Brodie 法(Brodie, 1860)、Staudenmaier 方法(Staudenmaier, 1898)和 Hummers-Offeman 方法(Hummers 和 Offeman, 1958)。这 3 种方法都涉及使用强酸性和氧化剂氧化石墨。氧化的程度取决于反应条件(如温度、压力等)、化学计量和作为原始原料的前驱体石墨的类型。尽管对于描述氧化石墨的化学结构已经进行了广泛的研究,但仍存在模型解释这种化学结构。Brodie 在 1986 年通过将石墨与氯酸钾和硝酸混合的方法首次制备了生氧化石墨。然而该过程所包含的几个步骤不但耗时、不稳定,而且危险。为了解决这些问题,Hummers 等(Hummers 和 Offeman, 1958)开发了一种将石墨与亚硝酸钠、硫酸、高锰酸钾混合制备氧化石墨备方法,就是 Hummers 法。

当石墨转变成氧化石墨,层间距比原始石墨增加 2 ~ 3 倍。原始石墨层间距离为 3.34 Å,经过 1 h 的氧化反应后可扩展到 5.62 Å,经长时间氧化 24 h 后层间可进一步膨胀为 7.0±0.35 Å。如 Boehm 等所报道的(1962),层间距离可因插入的极性液体(如氢氧化钠)进一步增加。其结果表现为层间距离进一步扩大,这实际上就是一个单一的层从体型氧化石墨中分离出来。继续进行水合肼方法后,氧化石墨还原成石墨烯。化学还原法是利用二甲基肼或连胺在聚合物或表面活性剂的作用下制备均匀的石墨烯胶体悬浮液。还原氧化石墨法制备石墨烯的流程图,如图 2.6 所示。

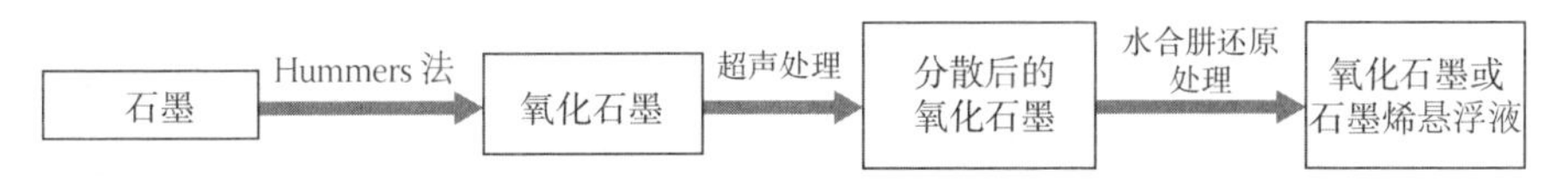

图 2.6 还原氧化石墨法制备石墨烯的流程图

2006 年,石墨烯的化学合成方法再次成为焦点,Ruoff 和他的同事通过化学合成过程的化学合成方法制备出了单原子的石墨烯((Stankovich、Dikin 等,2006;Stankovich、Piner 等, 2006)。他们通过 Hummers 法制备的氧化石墨,并对其化学改性,制备出可水分散的氧化石墨。氧化石墨呈现层压板 AB 堆叠方式,当基底平面存在含氧官能团如羟基、环氧基时,氧化石墨烯是高度氧化的(Stankovich、Piner 等, 2006)。亲水官能团(羧基和羰基)利于氧化石墨在水介质中超声波剥离。因此,亲水性官能团可加速氧化石墨层之间的水分子插入。在这个过程中,功能化氧化石墨可作为制备石墨烯的前驱体,在 80 ℃下,二甲肼作用 24 h 可生成石墨烯。Stankovich 等(Stankovich、Piner 等,2006)指出用有机分子对片状氧化石墨进行化学功能化可使其在有机溶剂中形成均匀的悬浮液。他们在报道中提到,氧化石墨与异氰酸盐反应可得到异氰酸盐改性氧化石墨,产物可均匀地分散在极性非质子溶剂如二甲基甲酰胺(DMF)、N-甲基吡咯烷酮(NMP)、二甲基亚砜(DMSO)和六甲基磷酰胺(HMPA)上。其反应机理为,异氰酸盐与羟基和羧基基团反应生成连接在氧化石墨上的氨基甲酸酯及酰胺基团(图 2.7)。

Xu 等(2008)进一步报道用有机小分子或纳米粒子修饰胶体悬浮液的化学改性石墨烯(chemically modified praphene, CMG)。他们提出了采用 1-芘丁酸(PB-)对氧化石墨烯片进行非共价功能化。1-芘丁酸(PB-)是一种可通过 π 堆积强力吸附在石墨基底上的有机分子。PB-功能化石墨烯是将氧化石墨分散在芘丁酸中,再通过一水合肼在 80 ℃下还原 24 h 得到的。合成的产物是一种 PB-功能化石墨烯分散在水中形成的均匀黑色胶态悬浮体。然而,石墨烯的分散需要稳定剂或表面活性剂,因此在合成过程中可能导致污染。此外,去除稳定剂或表面活性剂容易使分散的石墨烯重新团聚,因此,该方法获得单层石墨烯是困难的。因此,无稳定剂或者无分散剂的石墨烯化学合成变得日益重要。少数报道中已经发现无稳定

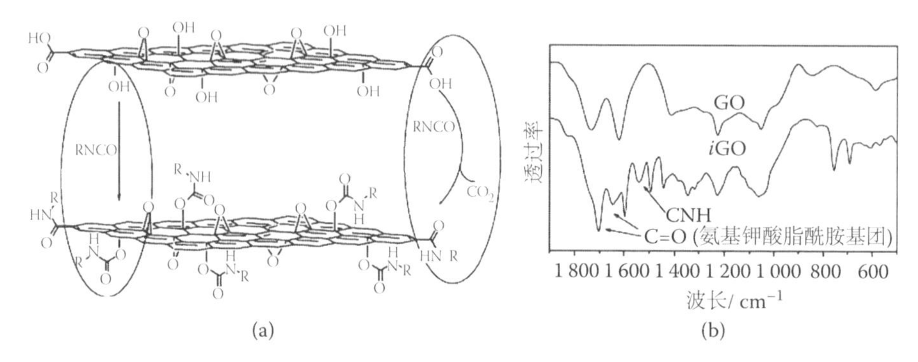

图 2.7 (a)Stankovich 等报道的使用异氰酸酯处理氧化石墨烯的原理示意图,此过程中异氰酸酯基团分别与氧化石墨表面的羟基(左)及羧基(右)反应生成氨基甲酸酯和酰胺基团。(b)功能化前后氧化石墨的红外光谱图。(From Stankovich, S., R. D. Piner, S. T. Nguyen, and R. S. Ruoff. Synthesis and exfoliation of isocyanate-treated graphene oxide nanoplatelets. Carbon 44, no. 15 (2006):3342-3347. With permission.)

剂或者无分散剂的石墨烯胶体悬浮液的相关合成方法。Li 等成功制备了特定条件下(pH 为 10)无表面活性剂和稳定剂的 GRO 水性悬液(0.5 mg/mL)(Li、Muller 等,2008)。他们发现静电稳定分散强烈依赖于 pH。所制备好的氧化石墨片的高表面负电荷(电动电势),当在氨环境下肼还原(pH 约为 10)时,在包括羧酸和酚羟基的共同作用下会形成稳定的悬浮。例如图 2.8(a)所示,当 pH 为 10 时,中性羧基通过还原反应转化为带负电荷的羧酸盐,从而进一步阻止悬浮石墨烯的聚集。报告中声称经电动电势测量发现所制备石墨烯具有大量的表面负电荷(图 2.8(b))。据报道,化学分散转化石墨烯(chemically converted graphene, CCG)并转移到 SiO_2/Si 晶片上,采用 AFM 敲击模式观测到其厚度约为 1 nm,如图 2.8(c)所示。他们得出的结论是,带负电荷石墨烯稳定胶体转化是基于静电排斥作用的,而不是因为 Stankovich 等(2007)报告中由于石墨烯的亲水性。后来,Tung 等(2009)报道的使用氧化石墨纸合成大尺寸(约为 20 mm×40 mm)单片石墨氧化石墨烯,他们试图把氧从 GO 中去除从而还原得到 2 位几何结构的单片 CCG。在这种方法中,还原反应和分散氧化石墨片相同,直接在肼的作用下进行,通过平衡离子建立肼石墨烯(hydrazinium praphene, HG)体系。HG 带负电荷,如图 2.9 所示,还原石墨烯片被 $N_2H_4^+$ 平衡离子包围。最后,通过该过程制得厚度约为 0.6 nm 的稳定单层石墨烯片。

少量研究报道证实,在整个化学反应过程中,极高的温度和更快的加

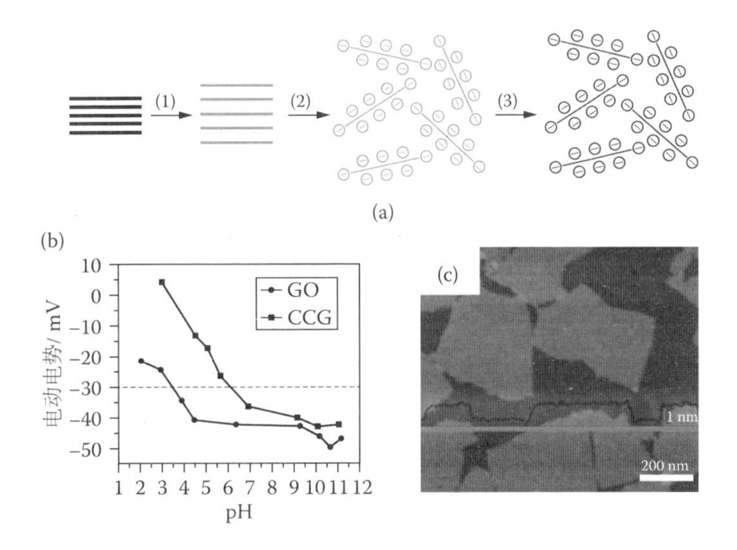

图 2.8 (a)为通过化学技术制备石墨烯水性悬液原理图。过程包括:(1)扩大氧化石墨的层间距离;(2)在水中通过超声处理制备一个机械剥离氧化石墨胶态悬浮;(3)使用肼将氧化石墨还原为石墨烯。(b)为化学转石墨烯(CCG)的电动电势对 pH 的函数。(c)为硅片上沉积 CCG 的轻敲模式 AFM 图。(From D. Li, M. B. Muller, S. Gilje, R. B. Kaner, and G. G. Wallace. Processable aqueous dispersions of graphene nanosheets. Nature Nanotechnology 3, no. 2 (2008):101-105. With permission.)

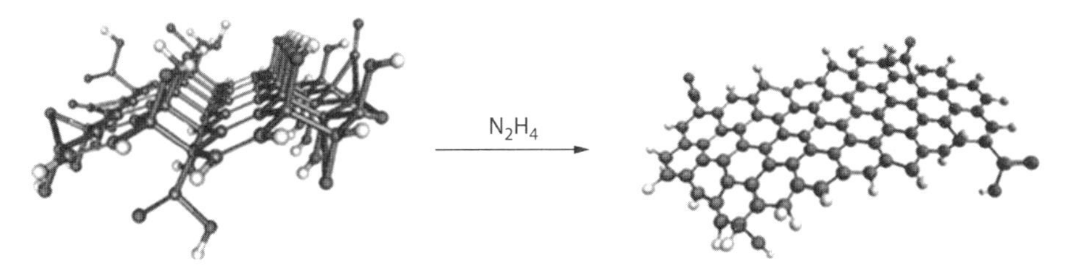

图 2.9 在水合肼还原制备石墨烯过程中三维氧化石墨转变为平面片状结构示意图(图中灰色点为碳原子,黑色点为氧原子,白色点为氢原子)(From V. C. Tung, M. J. Allen, Y. Yang, and R. B. Kaner. High-throughput solution processing of large-scale graphene. Nature Nanotechnology 4, no. 1 (2009):25-29. With permission.)

热速率能够促使氧化石墨发生还原反应(Schniepp 等,2006;McAllister 等,2007)。Cote 等成功地研发出一项有趣的化学技术——LB 技术组装单层氧化石墨片技术(GO single layers, GOSL)(Cote、Kim 和 Huang,2008)。对这项技术的总结如下:①使用水替代其他表面活性剂或稳定剂来分散 GOSL;②GOSL 能够在空气-水二维界面上稳定地悬浮;③GOSL 可以通过蒸馏-紧密压片技术制出不同密度的片材，该片材中 GOSL 间存在相互连接；④该技术的创新之处在于实现了在固体表面生长超薄氧化石墨片层（厚度约为 1 nm）。

所有上述过程几乎囊括了当前通过化学法制备石墨烯的所有可能方式。Liu 等于 2008 年提出了采用电化学法直接制备石墨烯的方法（Liu 等，2008）。该方法通过对石墨直接进行电化学处理，制备出氨基功能化石墨烯片层的稳定悬浮液，且这种方法具有环境友好性。其原理是首先通过电化学的方式破坏石墨片层结构中的碳—碳大 π 键，然后氨根离子与石墨表面形成共价键连接，进而实现石墨烯表面的氨基功能化改性。如图2.10所示，石墨电极向石墨烯纳米片注入 10～20 V 的电压，在 N，N'-二甲基甲酰胺溶液中实现对石墨烯纳米片的表面氨基化改性，该改性石墨烯纳米片的平均厚度约为 1.1 nm。

此外，还有一些研究表明使用其他物质，如 PmPV（m-phenylenevinylene-co-2，5-dioctoxy-p-phenylenevinylene）（Li、Wang 等，2008）、DSPE-mPEG（1，2-distearoyl-sn-glycero-3-phosphoethanolamine-N[methoxy（polyethyleneglycol）-5000]（Li、Zhang 等，2008））、聚叔丁基丙烯酸丁酯等对石墨烯进行表面功能化改性。在石墨烯基功能器件的领域，同样有一些研究表明使用石墨烯制备多功能电子器件，如使用聚（N-乙烯基吡咯烷酮）改性石墨烯纳米复合材料以获得湿度传感器（Zhang、Shen 等，2010）、氧化石墨/聚合物复合材料制备有机太阳能电池（Li、Tu 等，2010）、染料敏化太阳能电池（Hasin、Alpuche-Aviles 和 Wu 2010；Roy-Mayhew 等，2010）、有机存储设备（Li、Liu 等，2010）和锂离子电池（Chen 和 Wang，2010）等。除了上述使用表面有机功能化试剂改性石墨烯制备稳定悬浮液的方式之外，近年来还有相关研究报道了使用无机粒子对石墨烯进行表面改性，所使用的典型无机粒子包括金（Au）粒子（Muszynski、Seger 和 Kamat，2008）、二氧化钛（TiO_2）粒子（Qian 等，2009；Yang 等，2010）、四氧化三铁（Fe_3O_4）粒子（Zhou 等，2010）和氧化铜（CuO）粒子（Zhu 等，2010）。

使用化学法合成石墨烯具有反应温度较低、基体可选范围广、石墨烯表面功能化易于实现、应用领域广泛等优点。同时，因化学法所需原料为天然石墨，故该方法的成本低廉（全世界天然石墨的储量非常丰富，大约为 800 亿 t）。然而，化学法制备石墨烯同样存在较多问题，如产量低、获得的石墨烯存在较多结构缺陷、石墨烯理化性能下降严重（氧化石墨在还原过程中导致石墨烯结构缺陷增多）等。此外，化学法的合成过程烦琐且环境污染相对严重。在化学法还原氧化石墨的过程中，杂质的存在会降低石墨

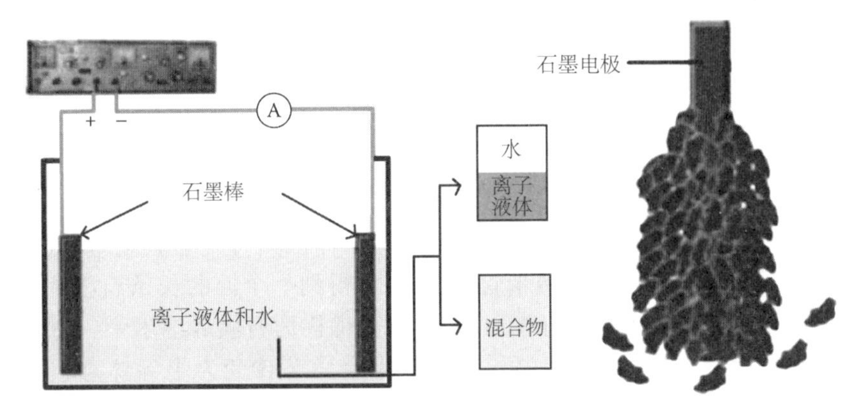

图2.10 电化学法合成石墨烯的过程示意图(From N. Liu, F. Luo, H. X. Wu, Y. H. Liu, C. Zhang, and J. Chen. One-step ionic-liquid-assisted electrochemical synthesis of ionic-liquid-functionalized graphene sheets directly from graphite. Advanced Functional Materials 18, no. 10 (2008):1518-1525. With permission.)

烯的电性能,如导电性、电荷载流子浓度和载流子迁移率等。与其他方法比较,使用化学法合成的石墨烯在制品纯度方面与其他方法获得的石墨烯制品相差不多。总体来看,使用化学法制备石墨烯及其在化学、纳米生物技术和纳米医药技术方面的研究还需进一步加强。

2.2.5 直接化学合成:乙醇钠热解

上述所有的化学合成过程都是自上而下进行的,涉及石墨材料的氧化、剥离,最后还原回石墨烯。相反,一种自下而上的化学合成石墨烯的方法称为溶剂热方法(Choucair、Thordarson 和 Stride,2009)。在这种方法中,以实验室级乙醇钠为原料合成乙醇钠,然后热解,所得到混合阵列石墨薄片在温和超声的作用下就可以很容易均匀分散。溶剂热反应是在一个密封的反应容器中进行,反应所用的金属钠(2 g)和乙醇(5 mL)的物质的量比为 1 : 1,在 220 ℃下反应 72 h 得到乙醇钠,作为进一步反应的石墨烯的前驱体。将得到的固体(乙醇钠)进行快速热解、真空过滤,并在真空烘箱中 100 ℃干燥 24 h。该过程产率为 0.1 g/mL 乙醇,单次反应的产量约为 0.5 g。拉曼光谱测试结果中 1 353 cm^{-1} 处出现了宽泛的 D 波段,1 590 cm^{-1} 处出现了 G 波段,且强度比(I_G/I_D)约为 1.16,说明此实验所得到的为典型的有缺陷的石墨烯。用这种方法最终得到厚度为(4±1)Å 的石墨烯,称为单原子石墨烯片。这个过程的优点是低成本,且为自下而上的过程,可以进一步扩展到制造高纯度、功能化的石墨烯。此外,它是一个在可扩展的低温实验过程,这是采用自下而上的化学方法合成高纯度石墨烯的另外一个优点。然而,此方法的缺点是所制备的石墨烯含有大量的缺陷。

2.2.6 打开碳纳米管

一种新合成过程提出采用化学和等离子体蚀刻打开缩碳纳米管的方法制备石墨烯。在打开碳纳米管(CNTs)可得到一个薄的长条石墨烯,且以此方式获得的石墨烯具有直边,此种石墨烯称为石墨烯纳米带(GNR)。缩小石墨烯沿宽度,可将其电子状态从半金属态转变为半导体态(Chen等,2007)。因此,目前人们正在积极探索石墨烯纳米薄带的电子性质(Jiao等,2010; Jiao等,2009)。最终产品为多层石墨烯或单层石墨烯,这取决于初始微纳米管是多层壁还是单层壁。

Cano-Marquez等(2009)提出了一种由锂(Li)和氨(NH_3)嵌入纵向打开的多壁碳纳米管(MWNTs)并剥离石墨烯的新工艺。他们使用的CVD法在无水四氢呋喃(THF)中培养多壁碳纳米管,随后加入液NH_3(99.95%),干冰浴维持温度在-77 ℃。加入的锂的比率(锂与碳的质量分数比)为10∶1,并维持碳纳米管反应数小时。随后加入盐酸,混合溶液持续与碳纳米管进行插层反应,进一步促进完全剥离。此方法也获得了一些未剥离或部分剥离纳米管,这些纳米管可以在之后的热处理工艺中继续剥离。该工艺可获得约60%完全剥离的MWNTs,也包括少量部分剥离的MWNTs(0~5%)。同时,Tour研究小组也对不同的化学工艺剥离的纳米管进行了研究。他们报道了使用硫酸、$KMnO_4$和过氧化氢使碳纳米管侧壁逐步剥离的方法(Kosynkin等,2009)。该方法中持续增加$KMnO_4$(氧化剂)浓度(100%~500%)可更大程度地打开连续MWNT层。然而,最终产物是氧化GNR,需要进一步使用1%(体积分数)浓缩氢氧化铵(NH_4OH)和1%(体积分数)水合肼($N_2H_4 \cdot H_2O$)进行还原,以恢复其电气性能。此外,MWNT的初始直径是40~80 nm,因此打开后的GNR的厚度增加到大于100 nm,而GNRs的长度相当于MWNTs的初始长度(约为4 mm)。作者也证明了打开单壁碳纳米管(SWNTs)(单壁碳纳米管的平均尺寸约为1.3 nm),会得到窄的纠缠的GNR,其平均厚度下降约1 nm。

Jaio等(2009)提出了一个简化的方法,即控制打开技术。纳米管、纳米带的制备过程如图2.11所示。将纯净的碳纳米管(直径为4~18 nm)悬浮液用3-氨丙基三乙氧基硅烷进行预处理沉积在硅的衬底上。将聚甲基丙烯酸甲酯(PMMA)溶液旋涂在带有碳纳米管的基板上,170 ℃下烘烤

2 h。在 80 ℃下用 1 mol/L 的 KOH 溶液剥离 PMMA 包覆 MWNT 薄膜。之后，使用 Ar 等离子(10 W、40 mTorr) 在丙酮蒸气中除去 PMMA，MWNT 壁也随之被蚀刻掉。MWNTs 的平均直径为 6 ~ 12 nm，等离子蚀刻后所得到的 GNRs 的宽度为 10 ~ 20 nm，所合成的 GNRs 的平均长度为 0.8 ~ 2.0 nm，这分别代表单少层 GNRs 的典型长度。他们声称这个过程容易制备出不同层的优质 GNRs，同时保持高制程良率小于 40%（单层和多层 GNRs）。在这种情况下，单层和多层 GNRs 的产率还取决于直径、MWNTs 同心管的数量和等离子蚀刻时间。

同时，最近的一些报告中展示了石墨烯在纳米电子学领域的未来前景，但需要在制造过程中进一步达到高纯度和无缺陷的控制。

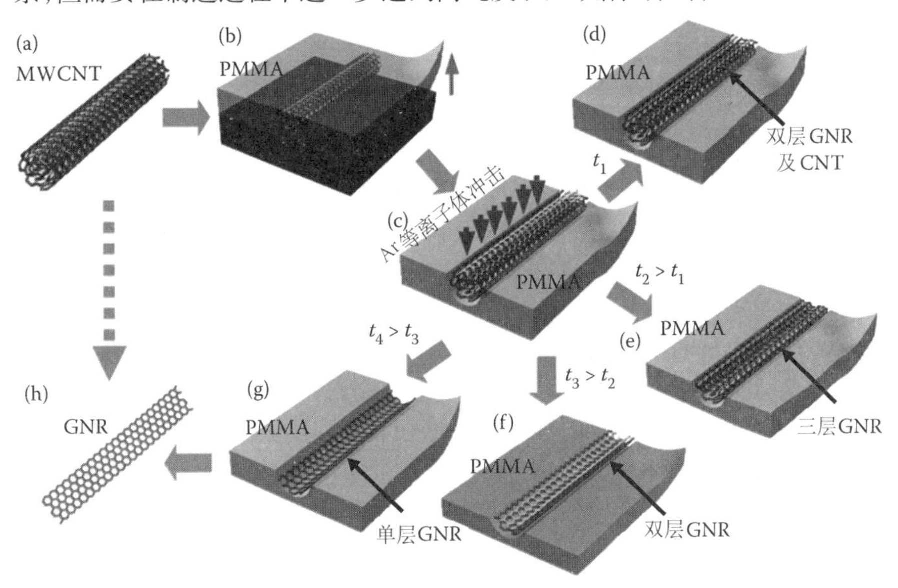

图 2.11　碳纳米管通过离子蚀刻制备石墨烯纳米带的过程示意图。(From L. Jiao, Y., L. Zhang, X. R. Wang, G. Diankov, and H. J. Dai. Narrow graphene nanoribbons from carbon nanotubes. Nature 458, no. 7240 (2009):877-880. With permission.)

2.2.7　热化学气相沉积法

热化学气相沉积(CVD)是一种化学过程，在该过程中，衬底被暴露在热分解的前驱体中，目标产物在高温环境下沉积到衬底表面上。因为在许多情况下是不需要高温的，等离子体辅助反应可能会降低工艺温度。图 2.12(a)和图 2.12(b)所示分别为热辅助与等离子体增强化学气相沉积法(PECVD)示意图。

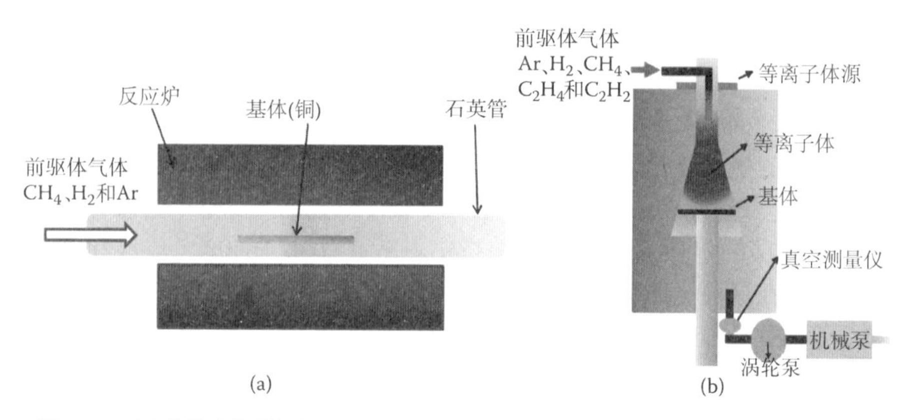

图2.12　(a)热辅助化学气相沉积法示意图。(b)等离子体增强化学气相沉积法示意图。

热化学气相沉积法的优势在于:①此过程能够获得高质量、高纯度且大尺寸的制品;②通过控制化学气相沉积过程中的工艺参数可以有效控制制品的形态、结晶度、形貌及尺寸;③通过广泛选择不同形态(固、液、气)的先驱体材料,此过程可以制备多种不同的纳米材料或薄膜。但是,通过热辅助和等离子体辅助化学气相沉积法制备精确至原子尺度的材料的方法仍有待进一步研究。

2.2.7.1　热化学气相沉积

1975年,Lang等首次报道了通过热化学气相沉积的方法在铂上沉积单层石墨材料。从他们的研究成果中发现,乙烯分解到铂上形成的石墨层和衬底表面层重组。后来,Eizenberg和Blakely(1979)报道了镍(111)上石墨层的形成。该方法是将单晶镍(111)与碳掺杂并在1 200～1 300 K高温下反应一段时间(1周),随后进行淬火。通过热动力学分析发现碳相凝结在单质镍(111)上,并且碳相分离镍(111)仅取决于淬火的速率。

自那时起,由于无法找到可能应用的薄膜作为半导体或透明的导体等导体,因此该领域还没有进一步被探讨。21世纪石墨烯的发现制造了一个研究热潮,因为石墨烯薄膜的单层或多层石墨薄膜具有不同寻常的性质,这也吸引了来自科学界和工业界的极大关注。此外,对石墨烯的物理和化学特性的研究开创基于石墨烯的电子新领域(Novoselov等,2004;Katsnelson,2007;Geim和Kim,2008;Dreyer等,2010)。

在2006年,在镍箔上使用热化学气相沉积法,利用樟脑(terpinoid,化学式为$C_{10}H_{16}O$,白色透明固体)为前驱体材料,石墨烯第一次被合成(Somani、Somani和Umeno,2006)。以此为参考,采用两步法合成了石墨烯,即将樟脑在180 ℃下沉积在镍箔上,然后在700～850 ℃下氩气氛中热解。

他们发现,利用透射电子显微镜,平面数层石墨烯由层间距离为 0.34 nm 的 35 层的单层石墨烯片堆叠而成。这项研究提出了一个使用热沉积法促使大型石墨烯生长的新路径。然而,大型单层或双层石墨烯生长仍然需利用热化学气相沉积法,直到 Obraztsov 等(2007)报道在镍上沉积薄层石墨烯。在直流放电环境下,利用热化学气相沉积系统,在 40 ~ 80 mTorr 压力和 950 ℃ 条件下,沉积了薄层(1 ~ 2 nm)的石墨烯。他们用混合气体(H_2 与 CH_4 摩尔比为 92 : 8)为前驱体,直流放电电流为 0.5 A/cm^2。如图 2.13 所示,最后在镍表面脊状沉积了 1 ~ 2 nm 厚的少层石墨烯,成脊的原因是石墨烯和镍基体之间热膨胀系数不匹配。特别地,在镍表面上发现有序的几层石墨烯,但是,同样的过程在硅表面是不能得到良好有序的石墨烯。

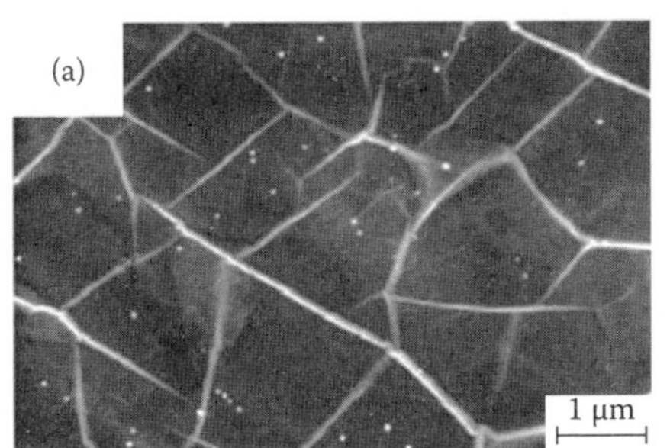

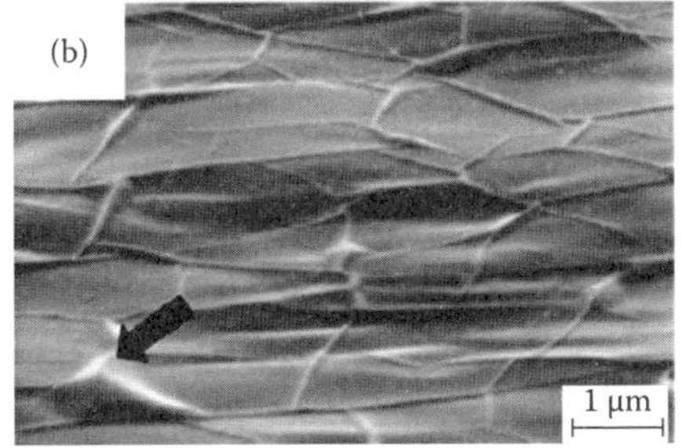

图 2.13 直流放电法在镍(111)上合成石墨烯的扫描电子显微镜图片。(From A. N. Obraztsov. Chemical vapour deposition: Making grapheme on a large scale. Nature Nanotechnology 4, no. 4 (2009):212-213; and A. N. Obraztsov, E. A. Obraztsova, A. V. Tyurnina, and A. A. Zolotukhin. Chemical vapor deposition of thin graphite films of nanometer thickness. Carbon 45, no. 10 (2007):2017-2021. With permission.)

在 2008 年,Pei 等 (Yu 等,2008)展示了利用热化学气相沉积法以甲烷为前驱体在多晶镍上形成的高质量的石墨烯。他们在 1 000 ℃ 使用混合气体(CH_4、H_2 与 Ar 的摩尔比为 0.15 : 1 : 2),且总气体流速为 315 cm^3/min,1 个大气压力条件下制备多层石墨烯。从高分辨透射电子显微镜的研究中(图 2.14(a)),他们确认在镍上形成 3 ~ 4 层的石墨烯并且石墨烯的形成是由于镍上碳的偏析。他们还表明,冷却速度(快速为 20 ℃/s,中速为 10 ℃/s,慢速为 0.1 ℃/s)显著影响不同数量的石墨烯层的形成,并且进一步由拉曼光谱证实(图 2.14(b))。然而,使用热化学气相沉积法生产大规模的单层石墨烯的需求仍在,直到在 2009 年的一个报告(Kim 等,2009)展示了大鳞片状的柔性透明电极的石墨烯薄膜。Kim 等

(2009)演示了利用热化学气相沉积法,在电子束蒸发下, CH_4、H_2 与 Ar 的摩尔比为 550 : 65 : 200,1 000 ℃条件下石墨烯的生长。通过湿化学过程,将石墨烯转移在一种灵活的、可伸缩的聚二甲基硅氧烷(PDMS)衬底上。转移的石墨烯在聚合物基质上的薄层电阻为 280 Ω/□,在可见光波长的透光率超过 80%。在 SiO_2/Si 衬底上的薄膜表现出的电荷迁移率为 3 750 $cm^2 \cdot V^{-1} \cdot s^{-1}$,载体密度为 5×10^{12} cm^{-2}。

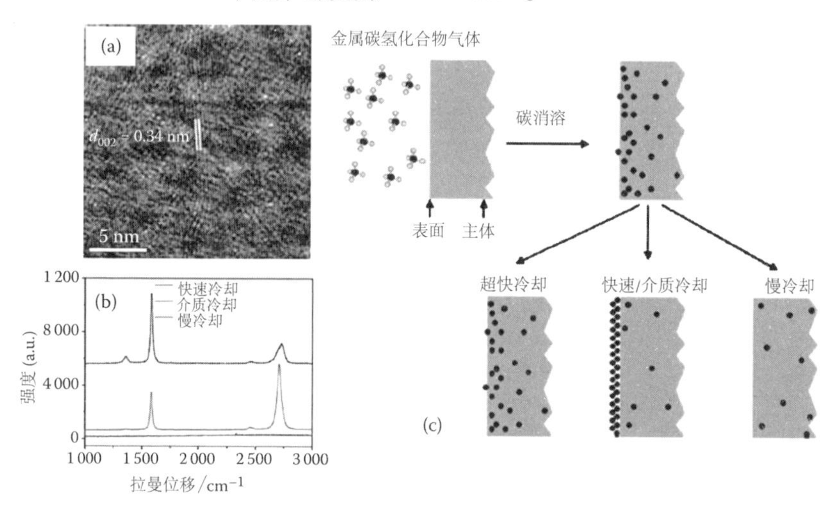

图 2.14　(a)镍表面沉积石墨烯的高分辨透射电子显微镜照片。(b)拉曼光谱证实冷却速率对石墨烯形成过程的影响。(c)镍表面偏析碳元素的机制。(From Q. K. Yu, J. Lian, S. Siriponglert, H. Li, Y. P. Chen, and S. S. Pei. Graphene segregated on Ni surfaces and transferred to insulators. Applied Physics Letters 93, no. 11 (2008). With permission.)

随后,Reina 等发明了一种在多晶镍上形成一个单一的少片层石墨烯且可以通过湿蚀刻技术将其转移到任何衬底上的方法(Reina、Jia 等,2009)。他们将镍在 900 ~ 1 000 ℃下用电子束蒸镀在 SiO_2/Si 衬底上,流动 Ar 和 H_2 中退火 10 ~ 20 min,随后在环境压力下,900 ~ 1 000 ℃通入烃气体流生长石墨烯。图 2.15(a) ~ (c)和图 2.15(d)为他们报告中在镍表面所形成的 1 ~ 10 层石墨烯。湿化学法应用于将化学气相沉积所得的石墨烯转移到任何衬底上。Wang 等在 1 000 ℃下进行热化学气相沉积,利用陶瓷基负载的石墨氧化物催化剂及前驱气体为 CH_4 和 Ar 的混合气体(体积比为 1 : 4, 375 mL/min 的流量),生长克量级的石墨烯。最后,催化剂颗粒被浓盐酸酸洗后,制得了石墨烯,从 500 mg 催化剂粉末中得到 0.05 mg石墨烯。作者声称,这一过程是独特的,因为它是一个无衬底、克量级且低成本的石墨烯生产过程。然而,这种方法制备石墨烯片层数为5层,且褶皱和随机聚集。

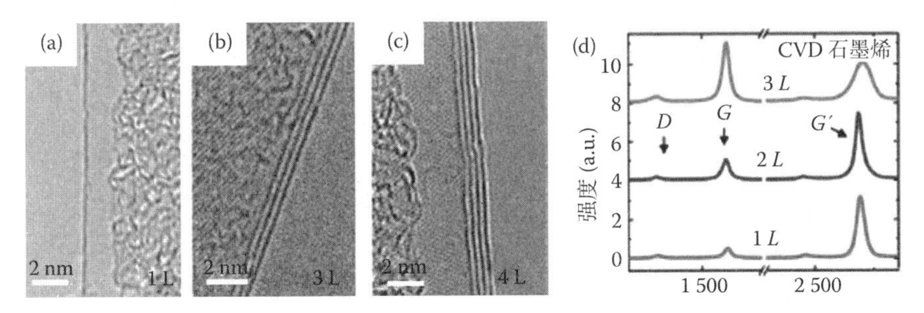

图 2.15 (a)(b)(c)高分辨图像证实热辅助化学气相沉积法在镍表面沉积单/多层石墨烯。(d)石墨烯特征点的拉曼光谱。(From A. Reina, X. T. Jia, J. Ho, et al. Large area, few-layer graphene films on arbitrary substrates by chemical vapor deposition. Nano Letters 9, no. 1 (2009):30-35. With permission.)

Ruoff 小组的发现为大型石墨烯合成提供了一个独特的方向。他们发现升高温度碳氢化合物气体分解并沉积在铜上形成了石墨烯(Li、Cai、An 等,2009)。他们展示了单层均匀的大尺度($1\ cm^2$)的石墨烯生长在铜箔的热化学气相沉积技术。该方法在氢气氛(2 mL/min 的流量)40 mTorr 的气压下,将石英管加热炉加热至 1 000 ℃,将铜在 1 000 ℃退火,随后在 500 mTorr 在环境压力下注入 35 mL/min 甲烷气体。进一步地,他们发明了通过刻蚀铜,然后将石墨烯转移到任何衬底上的方法。这种方法可以制备单层、两层、三层石墨烯,并由 HRTEM 和拉曼光谱进一步证实。Ruoff 小组(Li、Cai、An 等,2009)认为石墨烯沉积在铜的表面,是与碳在铜中的有限溶解性相关的表面催化过程引起的。因此,石墨烯在铜表面和镍表面的沉积机制是不同的,石墨烯沉积在铜上是由于偏析或表面发生吸附过程。

研究大型石墨烯的合成过程有一个突破性进展,将铜箔(大约为 15 cm×5 cm)卷起并放在 2 in(1 in=2.54 cm)的石英管式炉中以生长石墨烯,然后将石墨烯转移到任意的使用热压层压法制得的柔性聚合物基材上。佛罗里达大学的 Chio 小组(Verma 等,2010)提出的在规格为 15 cm×5 cm矩形铜箔上大面积生长石墨烯的热化学气相沉积技术的数据,如图 2.16(a)和(b)所示。Verma 和他的同事在环境大气压力下,用 H_2 与 CH_4(摩尔比为 1∶4)的混合物沉积石墨烯,然后使用热压层压工艺转移石墨烯(图 2.16(e)),这种方法已经很成熟并拓展至工业化应用。他们的工作表明,大型石墨烯上的柔性膜(图 2.16(c)和图 2.16(d))可以用作柔性透明场致发射装置的集电透明导电阳极。

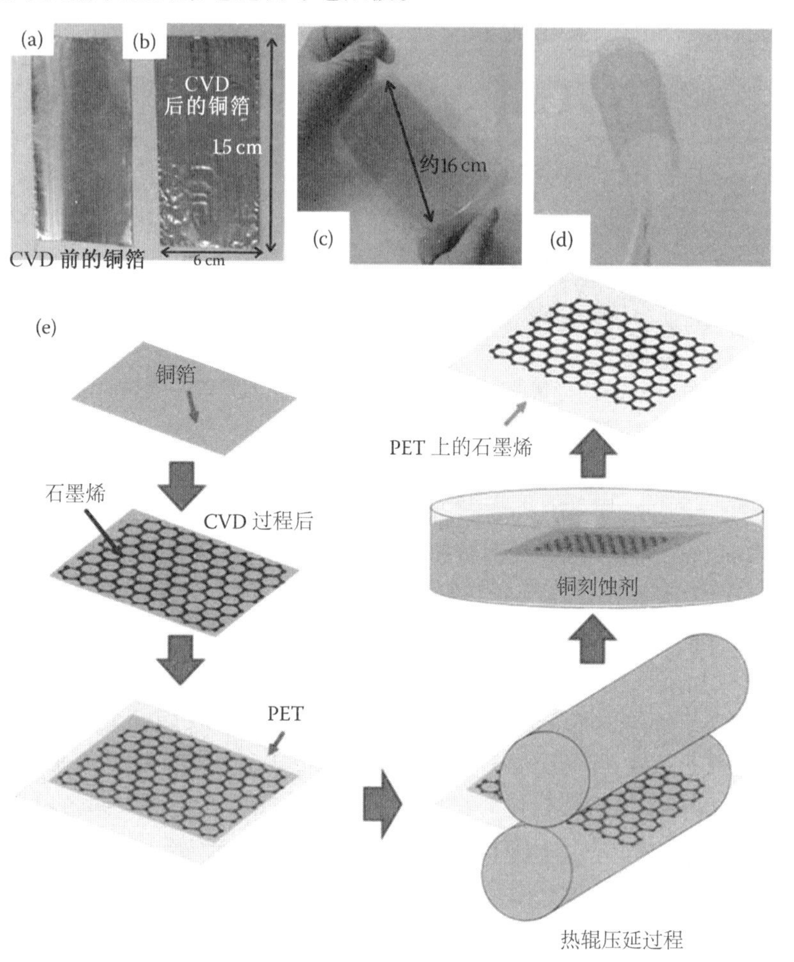

图 2.16　(a)(b)石墨烯在铜箔上热化学气相沉积前后的表面形貌。(c)(d)证实柔性聚对苯二甲酸乙二醇酯(PET)表面大尺寸沉积石墨烯。(e)石墨烯/PET 薄膜的热压过程示意图。(From V. P. Verma, S. Das, I. Lahiri, and W. Choi. Large-area graphene on polymer film for flexible and transparent anode in field emission device. Applied Physics Letters 96, no. 20 (2010). With permission.)

Bae 等(2010)研究发现,在一个面积为 30 in^2 的柔性聚合物上生产的成卷石墨烯如图 2.17(a)所示,可用作触摸屏面板。事实上,他们利用热化学气相沉积法在铜箔上培养石墨烯和处理的步骤如下:①在 1 000 ℃的氢气环境下(-90 mTorr 的压力下),用化学气相沉积法将铜退火;②使用 CH_4 和 H_2 的前驱气体混合物在 1 000 ℃、约 460 mTorr 的环境压力下石墨烯生长处理 30 min(流速分别为 24 mL/min 和 8 mL/min);③H_2 在 90 mTorr的压力下流通,以 10 ℃/min 的速度在炉内冷却。即使被发现的主要区域上覆盖有单层石墨烯,石墨烯不同层的形成依然可被高分辨透射电子显微镜(图 2.17(b))以及拉曼光谱证实。

从最近的一些报告中也发现在不同材料上生产石墨烯,如镍箔、多晶硅镍薄膜、图形化镍薄膜(Reina、Thiele 等,2009)、铜箔、铜薄膜、图形化的铜薄膜,和其他许多不同的过渡金属基材上。同样,最近也报道了化学气相沉积石墨烯的一些新颖的方法(De Arco 等, 2010; Gao 等, 2010; Sun 等, 2010)。CVD 生长的石墨烯纳米带也有报道(Campos-Delgado 等, 2009; Campos-Delgado 等, 2008)。所有讨论的过程涉及热化学气相沉积工艺的不同之处在于配比和总气体流量,这些过程中的速率和总气流量对应炉内环境压力、炉内总体积与温度。

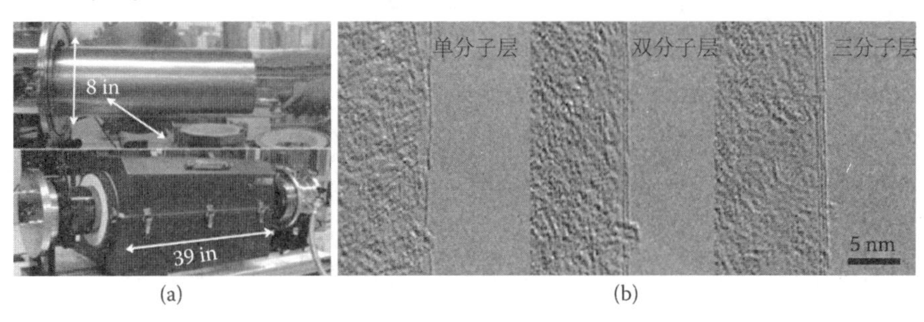

图 2.17 (a)铜箔表面化学气相沉积大尺寸石墨烯。(b)高分辨透射电子显微镜分析铜箔表面生长的单、双、三层石墨烯。(From S. Bae, H. Kim, Y. Lee, et al. Roll-to-roll production of 30-inch graphene films for transparent electrodes. Nature Nanotechnology 5, no. 8 (2010):574-578. With permission.)

Ismach 等在 2010 年首次报道在任意绝缘体基板上生长石墨烯。在此过程中,它们用电子束蒸镀将铜薄膜沉积在介质基片上,然后通过热化学气相沉积,在 1 000 ℃、100 ~ 500 mTorr 的环境压力下生长石墨烯。电介质表面发生的石墨烯沉淀是由于铜和铜膜去润湿并从表面蒸发催化过程,从而导致直接对介质基片字形沉积,如图 2.18 所示。此外,化学气相沉积过程导致在介质表面形成结晶良好的石墨烯含有低缺陷,单层-双层石墨烯具有 0.8 ~ 1 nm 的厚度。后来,在 2010 年 Rümmeli 等报道在一个较低的温度下,在绝缘体上采用热化学沉积法沉积石墨烯的技术。低温化学气相沉积工艺使用环己烷、乙炔、氩气作为原料气体混合物在 875 ~ 325 ℃的温度下直接在氧化镁(MgO)上制备几个纳米到几百纳米厚的石墨烯纳米晶体粉末,所制得的数层石墨烯的尺寸大约为几百纳米至几微米。

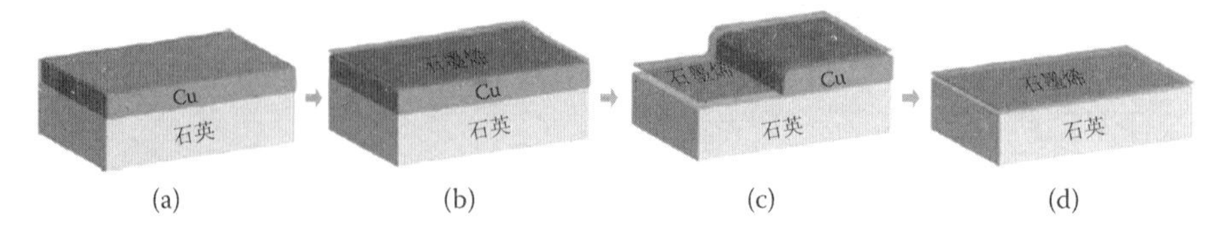

图2.18　直流介电基体表面化学气相沉积法制备石墨烯的生长示意图。(From A. Ismach, C. Druzgalski, S. Penwell, et al. Direct chemical vapor deposition of graphene on dielectric surfaces. Nano Letters 10, no. 5 (2010):1542-1548. With permission.)

因此,介质衬底上的石墨烯直接合成绕过石墨烯转移过程,从而避免了石墨烯缺陷和污染纳入。此外,通过化学气相沉积法低温合成石墨烯,将有利于实现现有的硅基 COMS 技术设备的集成。然而,石墨烯沉积介质表面上有待进一步探索实现有序的、大规模的、无缺陷的石墨烯的电子应用,最重要的是,实现带隙工程能力。

2.2.7.2　等离子体增强化学气相沉积

在一个真空容器内反应气体产生等离子体化学反应,从而致使薄膜的沉积在基板表面上的热化学气相沉积过程被称为等离子体增强化学气相沉积(PECVD)。图2.12(b)阐述在 PECVD 容器内合成石墨烯的过程。在 PECVD 系统内等离子体可以通过 RF(交流频率)、微波和感应耦合(电磁感应产生的电流)产生。PECVD 具有很多优于其他常规化学气相沉积方法的优点。这种技术对比其他热化学气相沉积工艺,可在相对低的温度下来进行,因此,它在工业规模中应用更可行。此外,Zhang 等在 2008 年通过控制工艺参数生长无催化剂石墨烯,通常可以影响最终石墨烯产品的性质。然而,这个过程是昂贵的,并且获得最终的产品只能使用气相的前驱体材料,这限制了其应用范围,也限制了工业产品的广泛合成。

采用 PECVD 合成薄石墨层被 Obraztsov 等首次证明(2003),他们在 10~150 Torr 下将 CH_4 和 H_2 混合气体(混合气体中 CH_4 的摩尔分数为 0~25%)直流放电化学气相沉积。在这份报告中,将硅晶片和镍、钨、钼等不同金属片用作生成纳米晶体石墨的基板。他们发现,将光学发射光谱嵌入 PECVD 系统中,在直流放电等离子体中有活性 H、H_2、CH 和 C 的存在。他们认为,CH_4 等离子体中 C_2 二聚体的存在,在石墨纳米结构的形成中起到了重要作用。然而,由此产生的石墨烯比单层石墨、多层石墨要薄很多。类似地,Wang 等(Wang、Zhu、Outlaw、Zhao、Manos 和 Holloway,2004;Wang、Zhu、Outlaw、Zhao、Manos、Holloway 等,2004)试图通过 PECVD 将单层、多层石墨沉积到 Si、SiO_2、Al_2O_3、Mo、Zr、Ti、Hf、Nb、W、Ta、Cu 和 304 不锈钢等基板上。在 900 W 的射频功率，10 mL/min 气体总流量，12 Pa 内膛压下，在 600 ~ 900 ℃不同的温度下通过改变甲烷的质量分数（5% ~ 100%）来沉积石墨。典型的沉积时间为 5 ~ 40 min。独立的石墨烯生长率随甲烷质量分数和基板温度的不同而变化。同时也发现增加甲烷质量分数和基板温度可导致石墨烯生长速率增加。最后，通过 HRTEM 发现厚度在 1 ~ 2 nm波纹状多层石墨烯纳米片晶，并在两石墨晶体边缘伴有黑暗褶皱的脊部和条纹。

Zhu 等进一步报道通过电感耦合射频 PECVD 系统，在多种无催化底物上合成垂直独立的石墨烯片（厚度为 1 nm）。他们通过电感耦合等离子生成碳纳米管（CNT）和垂直独立的石墨烯，发现与进料混合气体中烃和氢气浓度、碳纳米管和碳纳米片（CNS）生成有关。据他们所说，增加的前驱体气混合体中烃类和氢气的浓度会导致石墨烯的增长，因为活性炭的不断积累和垂直电场的增加加剧了表面物种扩散。

在这种情况下，从其他一些报告中也发现，通过微波等离子体合成石墨烯（Yuan 等，2009；Vitchev 等，2010），PECVD 法常压合成石墨烯（Jasek 等，2010），花瓣状的石墨结构（Qi 等，2009；Bhuvana 等，2010），氮掺杂石墨烯碳纳米管结构（Lee 等，2010）等。PECVD 工艺只能生产垂直取向的石墨烯，这种石墨烯尚未被证实可通过其他石墨烯合成方法合成。PECVD 法可生成高纯度和高结晶度的石墨烯。然而，使用这种方法生产均匀的大面积、单层石墨烯仍在研究中。PECVD 工艺的进一步研究需要更好地控制石墨烯层、形态、生长速度和高度（仅用于垂直取向的石墨烯）。

2.2.8 石墨烯在碳化硅表面的外延生长

单晶碳化硅（碳化硅）表面的外延热生长是石墨烯合成最受好评的方法之一，在过去一直用于研究氧化石墨。外延可被证实为一种在单晶基板上沉积单晶膜的方法。所沉积的薄膜被称为外延膜或单晶基板上的外延层，其过程被称为外延生长。外延石墨烯的生长是一个在单晶碳化硅基板上制备高结晶度石墨烯的过程。当沉积在基底上的膜是相同的材料，即同质外延层时，如果薄膜和衬底是不同的材料，它被称为异质外延层。例如，多层石墨或石墨烯在碳化硅上形成的称为异质外延层，这将在本小节中讨论。对石墨烯的电性质的研究有两个方向：一个方向是与基于剥离不同衬底上的石墨烯的设备制造有关；另一个方向是外延石墨烯晶片规模的合成，这对石墨烯基电子器件是最可行的和可扩展的方法。许多研究都集中在以下几个方面:①SiC 基板上合成的石墨烯的电性能;②带隙的形成;③石墨烯的生长机理;④石墨烯-SiC 界面,重点在大型石墨烯基电子器件的制备。

1975,Bommel 等(Van Bommel、Crombeen 和 Van Tooren,1975)首先报道了在 6H-SiC(0001)和(000$\bar{1}$)表面上合成石墨。这项研究表明,在超高真空(约为 10^{-10} mbar(1 bar=100 kPa))下热处理(1 000 ~ 1 500 ℃),可在 SiC 极面(0001)和(000$\bar{1}$)上生成石墨。

另一个报道详细介绍了 SiC 的晶体结构、晶面取向和晶面堆叠信息(Hass、de Heer 和 Conrad,2008)。2004 年,de Heer 小组报道了在单晶 6H-SiC 的硅终端面(0001)上,制备由 1 ~ 3 层单原子石墨烯层组成的超薄石墨烯,并分析了其电性能(Berger 等,2004)。他们详细说明了实验步骤:①采用氧化或H_2 刻蚀的表面处理;②在 1 000 ℃、10^{-10} Torr 的压力下用电子轰击清洗表面;③在 1 250 ~ 1 450 ℃下对样品热处理 1 ~ 20 min。2007 年,de Heer 等报道了通过热分解法在 6H-SiC 晶片的(0001)表面制备 1 ~ 2 层外延石墨烯层(de Heer 等,2007)。他们还开发了一种利用 X 射线光电子能谱(X-ray photoelectron spectroscopy, XPS)和角分辨光电子能谱(angle-resolved photoemission spectroscopy, ARPES)的定量表征方法来测量在 SiC 衬底上生成的外延石墨烯层数。同样,最近的一些研究也证明了在射频炉内在 10^{-4} ~ 10^{-3} Torr 下于 4H-SiC 的碳面上制备高质量的石墨烯。通过在 1 200 ℃下预热处理去除表面氧化物后,在 1 420 ℃下生成外延石墨烯,这明显比正常特高压石墨化高。然而,在 4H-SiC 上石墨烯的生长速率比在其他 SiC 表面高。因此,很难通过改变时间和温度来生产很薄的石墨烯,以及控制石墨烯层数。一般来说,可在 1 420 ℃下热分解 SiC,6 min后得到 4 到 5 层的石墨烯薄膜。

在这样的背景下,Juang 等(2009)报道了在低温下于镍薄膜包覆 SiC 衬底上生成石墨烯。作者阐述了在 SiC 衬底上低温石墨烯生长,并包覆了镍薄膜。这个过程包括在 750 ℃、10^{-7} Torr 的压力下在单晶 6H-SiC(0001)和 3C-SiC 衬底上沉积 200 nm 镍薄膜。石墨烯可在连续的镍薄膜表面生成,也可在表面图案化的镍薄膜生成。有关低温下石墨烯的形成过程的报道有:①快速加热,在 Ni-SiC 界面镍溶于 SiC;②生成镍硅化合物/碳;③随碳原子溶于镍薄膜矩阵(由于碳在镍中的低溶解度);④在降温过程中,与热化学气相沉积相似,碳原子被隔离在镍表面(解释见 2.3 节)。该过程被划定为一个多功能、大尺寸、简易的方法,因为与其他方法相比,它是一个在相对较低温度下的过程。进一步说,通过这种方法得到的石墨烯易移植到用于其他应用的任何基板上。石墨烯基 2-D 电子器件的可行性是基于制备圆片规模石墨烯,通过控制厚度、宽度和指定晶体学取向来实现控制石墨烯的电性能。研究 SiC 外延石墨烯引起了学术和工业的广泛关注,原因在于高质量石墨烯的可扩展性和产量。这个过程的主要优点是可在绝缘体或半导体表面大规模制造石墨烯,可用于以后 CMOS 基电子器件(Sutter,2009)。此外,在 SiC 衬底上外延多层石墨烯表现为一个独立的石墨烯,这是石墨烯基纳米元器件应用的一个优点。然而,高温和低压是这个过程的主要缺点。此外,通过热分解法生成的外延石墨烯具有更小的晶粒尺寸。然而,最近报道了在 6H-SiC (0001)上常压合成大分散相尺石墨烯的一个新方法(Emtsev 等,2009)。虽然已有报道高品质外延石墨烯的制备方法,但从 SiC 将石墨烯转移到其他基板上比较困难,这严重限制了其应用范围。

2.3 石墨烯生长机理

目前,化学气相沉积法是石墨烯主要的制造工艺,其中包括升高温度或在低压环境中在过渡金属表面上的碳沉积分解成烃类气体。在热化学气相淀积过程中,在高温条件下,烃类气体分解与氢反应分解,这就导致了碳原子的形成;当在金属表面沉积时,这些碳原子分离并形成单层或少层石墨片称为石墨烯。在 PECVD 工艺中,分解反应发生在等离子体和碳沉积的存在下,在较低的衬底温度下分离。因此,PECVD 是比传统的热化学气相沉积低温的过程。此外,分解反应的速率是完全依赖于等离子体源的功率和在衬底上的碳离子沉积速率。然而,这两个过程有几种常见的参数,如时间、温度、压力、气体流量和催化剂的类型,它们在石墨烯的形成过程中起重要的作用。镍分离石墨烯也取决于沉积过程的冷却速度,并且影响石墨烯的形貌和最终性能。此外,结晶度(无论是多晶或单晶)的金属也显著影响石墨烯的形成和晶粒的尺寸,并且表面粗糙度也影响石墨烯膜的均匀形成。下面介绍依据当前的研究影响石墨烯增长的主要参数。

如图 2.19 所示,通过详细的热力计算数据(Eizenberg 和 Blakely,1979)表明在镍中碳的溶解度。由图 2.19 可知,在较高温度下凝结的表面碳原子比例要比在较低温度下小。绘制了图 2.19 所示的溶解度曲线的绘制公式为式(2.2)和式(2.3)。

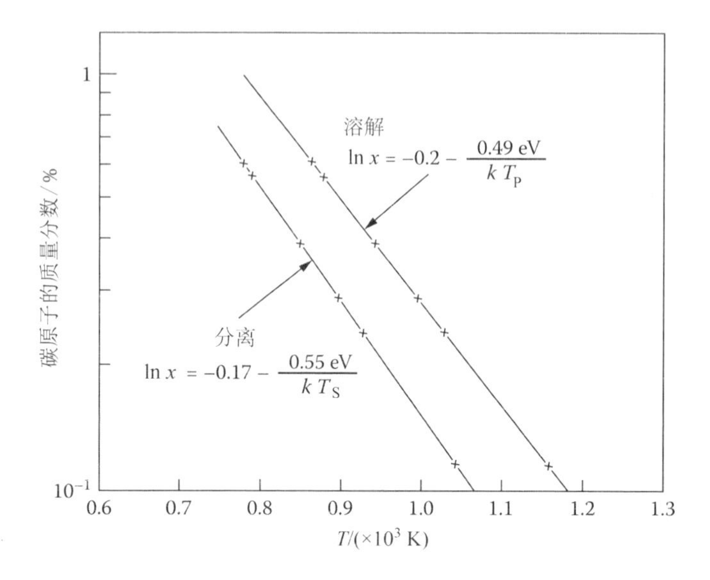

图 2.19　碳元素在镍中的溶解度曲线。(From M. Eizenberg and J. M. Blakely. Carbon monolayer phase condensation on Ni(111). Surface Science 82, no. 1 (1979):228-236.) Adapted from W. W. Dunn, R. B. McLellan, and W. A. Oates. Transactions of AIME 242(1968):2129.)

溶解:

$$\ln x = -0.2 - \frac{0.49\ \text{eV}}{kT_P} \tag{2.2}$$

分离:

$$\ln x = -0.17 - \frac{0.55\ \text{eV}}{kT_S} \tag{2.3}$$

其中,k 为玻耳兹曼常数;x 为碳原子的质量分数;T_S 和 T_P 分别为高温和低温(即 $T_S > T_P$)。

正如 Eizenberg 和 Blakely(1979)阐述的,该曲线的斜率和在 $1/T=0$ 的截距分别决定了局部原子热分离的值(ΔH_{seg})和分离的熵(ΔS_{seg})。ΔH_{seg} 为-55 eV,这比厚的石墨/碳原子的能量低 10%。因此,在高温下比在低温下更有利于在镍(111)上的单层凝结。然而,分离的熵 ΔS_{seg} 在值上并不显示出太大的差异。因此研究人员得出结论,单层和大体积的石墨具有相同程度的障碍。金属表面上石墨烯的形成是化学气相沉积过程中表面催化的过程。到目前为止,已经报道了几种表面形成石墨烯的过渡金属如 Ni (Eizenberg 和 Blakely,1979)、CO(Hamilton 和 Blakely,1980)、Cu(Li、Cai、An 等,2009; Li、Cai、Colombo 等,2009)、Ir (Coraux 等,2009)、Ru(Sutter

等,2009)、Rh(Castner、Sexton 和 Somorjai ,1978)、Pd(Hamilton 和 Blakely,1980)及 Pt(Lang,1975)。单晶和多晶的金属被用作石墨烯基板的制造。在高温条件下(并且存在等离子体,假设 PECVD),烃类气体与氢气反应、分解,形成碳。Obraztsov 等(2003)报道,直流放电等离子体的前驱气体混合物中含有二聚体(C_2),当它沉积到衬底上时,就形成了表面吸附的石墨层。当有广泛的环境压力条件下的烃类气体时(大气压从低压到超低压),石墨层容易成核并且生长在暴露的过渡金属表面。

镍是一种在高温条件下能将碳原子偏析在其表面的过渡金属催化剂。因此,镍的纳米颗粒和薄膜被广泛地当作化学气相沉积法中碳纳米管生长的催化剂使用。与此相关,在常压下镍被用作衬底催化烃类分解,通过偏析机制在镍的表面冷凝超薄石墨片。Eizenberg 等解释说,石墨的形成机制就是碳相的溶出并偏析于镍(111)平面。从低能电子衍射(LEED)斑点,他们发现石墨晶胞和镍晶胞具有相同尺寸,因此说明碳原子堆积在镍(111)的外延表面。另一份报道指出,通过原位透射电子显微镜分析和密度泛函理论(density functional theory, DFT)计算描述了在负载型镍基催化剂作用下石墨层的成核和生长机制。Helveg 等(2004)报道了通过在镍表面单原子台阶边缘的动态生成和重组方法研究石墨烯层的成核与生长机理。他们描述了甲烷解离以及碳吸附都在台阶边缘被促进,并优先在镍(111)台阶位置。以每个碳原子 0.7 eV 的能量增益,他们计算了在镍(111)上的石墨烯形成的驱动力。他们的结论是镍(111)台阶边缘作为石墨烯生长的积极优选生长点,这主要是由于与其他位置的碳原子相比这些位置上的碳原子具有较高的结合能。最近的一份报告显示他们比较了单晶和多晶石墨烯的形成机理(Zhang 等,2010)。他们提出,由于镍的原子级光滑表面和晶界缺失,在单晶镍表面单层和双层石墨烯的形成更可取。然而,多晶镍导致形成一个更高百分比的少层石墨烯(3 层),因为晶界的存在,它可以作为多层生长的成核位点。此外,微拉曼光谱表明,在相同的 CVD 条件下,单层和双层石墨烯在单晶和多晶表面形成等分别 91.4% 和 72.8%。最近的一项发现表明,石墨烯在镍(111)上的生长也伴随着在石墨烯-镍界面的复杂碳化物的形成。Lahiri 等(2011)提出了镍(111)的石墨烯形成机理,涉及:①密闭表面 Ni_2C 相界面处的 Ni 原子和 C 原子的交换;②通过 Ni_2C 相的碳外部源去除 Ni 原子。

铜是另一种过渡金属,与镍催化的偏析或沉淀机理不同,作为催化剂,在其表面通过表面吸附机理沉淀石墨烯。Ruoff 和他的同事首次报道了凭借碳在铜中的有限溶解度,通过表面催化,在高温下,在铜表面析出石墨烯

(Li、Cai、An 等,2009; Li、Cai、Colombo 等,2009;Li、Magnuson 等,2010)。Li、Cai、Colombo 等(2009)指出通过碳同位素标记,可以比较石墨烯在铜和镍上的生长机制。因此,石墨烯在铜表面上的沉淀机制不同于镍表面发生的碳偏析过程或沉淀机制。

Li 等(2009)提出的机制如图 2.20 所示。图 2.20 说明了石墨烯形成过程分为两步:①偏析和沉淀;②表面吸附或表面介导的增长。图 2.20 也说明了在镍基板上由偏析逐步形成石墨层的过程:①在高温、氢存在条件下甲烷的分解;②在金属基板上碳原子的溶解;③在金属表面碳原子的偏析;④在冷却过程中的析出。他们还解释了在铜表面生长石墨烯的表面介导机制,它包括以下步骤:①甲烷分解的碳的形成;②表面成核和生长;③进一步生长的核喷涂整个表面;④形成区域。该步骤描述了石墨烯生长的自限制过程,即铜表面被石墨烯完全覆盖,生长过程终止。最近的一个报告解释说,铜晶格对石墨烯生长的影响非常小,因此,单晶石墨烯可以很容易从多晶铜获得。Yu 等(2011)证实,沉积的石墨烯片与底层铜基板之间几乎没有明确的外延关系。因此,他们得出如下结论:①石墨烯与铜的相互作用非常弱(范德瓦耳斯力);②一个铜颗粒可以得到多取向的石墨烯颗粒;③石墨烯的晶粒可以连续跨越铜晶界生长。

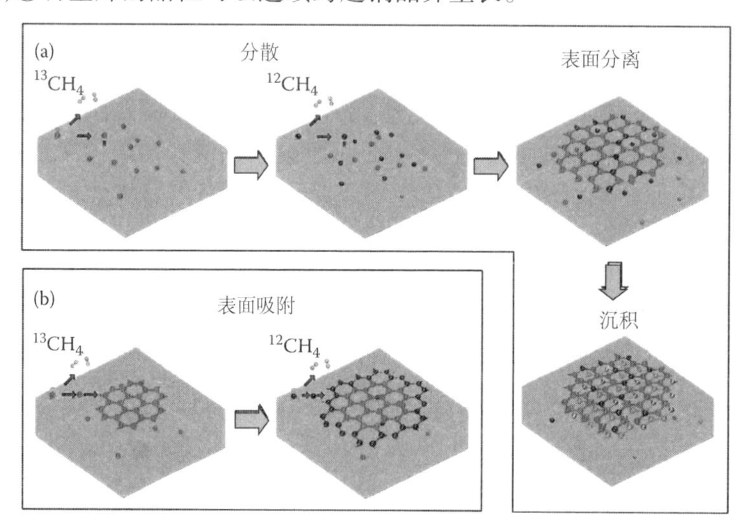

图 2.20 (a)表面偏析及预沉积形成石墨烯的机制。(b)Ruoff 等报道的表面吸附形成石墨烯的机制。(From X. S. Li, W. W. Cai, L. Colombo, and R. S. Ruoff. Evolution of graphene growth on Ni and Cu by carbon isotope labeling. Nano Letters 9, no. 12 (2009):4268-4272. With permission.)

根据镍-碳、铜-碳的二元相图,镍比铜具有较高的碳溶解度。因此,在高温条件下,镍的固溶体可以游离比铜更多的碳。在镍上试图获得均一的单层石墨烯,同时却很难控制镍表面上一些多余碳的析出。额外的碳在冷却过程中在镍表面会沉降形成厚的石墨烯而不是单原子层。为了控制更多的碳沉积,可以用更快的冷却速度(Yu 等, 2008)或更薄的镍膜(Reina 等,2008)。为了避免厚石墨烯的形成,Yu 等报道了快速冷却速度对镍薄膜石墨烯形成的影响。

当比较石墨烯在铜和镍上的生长时,我们需要首先比较铜和镍的原子和晶体结构。铜和镍都表现出相同的面心立方晶体结构、相等的配位数和几乎相等的凝集性,即铜和镍分别为 1.9 和 1.91,但基本的区别在于铜的镍的电子结构。铜拥有一个完全填充的 3D 带,而镍则显示了一个部分填充的 3D 带。最近的一份报告通过铜和镍表面吸附能的计算很好地关联了这些相关属性。Hu 等(2010)报道了使用 DFT 计算铜和镍表面低指数第一原理,即(100)、(110)和(111)。最近他们研究和比较了碳原子对这些稳定的低指数区域的吸附能。Bhaviripudi 等(2010) 报道了制得大面积均匀生长的石墨烯的动力学因素。热力学表明生长过程中压力和气体流速具有独立性,而动力学的生长过程则完全依赖于环境压力和气体流量。最终石墨烯的均匀性、厚度和缺陷密度的改变取决于气体流速。在实验结果的基础上,他们提出了低碳溶解度金属,如铜的石墨烯生长的一种稳态动力学模型。稳态动力学模型表明在边界层石墨烯的厚度变化,很容易影响分解活性炭的分散,铜、镍中碳元素的吸附能见表 2.1。他们的结论是:①(100)位点是镍和铜基底最稳定的吸附位点,最容易容纳碳原子;②(111)位点具有最低的扩散阻挡屏障,这有利于易吸附碳原子的运动;③碳对镍的吸附能量高于铜。根据他们的报道,d-带费米能级在铜和镍表面的碳吸附发挥重要作用,半满带的镍比满带的铜具有跟碳原子更强的杂化能。因此,碳对镍的结合能比铜强。最近,研究者比较了在大气压力或低压力下,在不同的气体流速下石墨烯生长的动力学因素。Bhaviripudi 等(2010)报道的动力学因素在形成大面积均匀石墨烯生长变化中的作用。生长的热力学过程表明了压力和气体流速的独立性,而动力学的过程则是完全依赖于环境压力和气体流量。根据气体流速,最终石墨烯的均匀性、厚度、缺陷密度也发生改变。他们在实验结果的基础上,针对低碳溶解性金属铜上的石墨烯生长提出了一个稳态动力学模型。稳态动力学模型表明,边界层中的厚度变化容易对分解活性碳的扩散系数产生影响,因此控制碳的沉积率。

表 2.1　铜、镍中碳元素的吸附能

吸附点	铜中的碳元素吸附能 E_{ads}/eV	镍中的碳元素吸附能 E_{ads}/eV
100(H)	-6.42	-8.48
110(H)	-5.57	-7.74
111 密堆六方	-4.88	-7.09
111 面心立方	-4.89	-7.14
111 桥面	-4.88	

来源：From Hu, T., Q. M. Zhang, J. C. Wells, X. G. Gong, and Z. Y. Zhang. A comparative first-principles study of the adsorption of a carbon atom on copper and nickel surfaces. Physics Letters A 374, no. 44 (2010):4563-4567. With permission.

2.4　小　　结

总之，迄今为止，石墨烯的合成方法已经完善地建立了采用自上而下和自下而上的方法。每种合成方法在各自的专业领域都受到研究者的高度评价，并与不同的应用相对应。用透明胶带机械剥离法是制造具有不同层数石墨烯第一法。这种技术简单、成本低，但是大规模的控制合成和相同的结构性再现性没有被证实。同样，化学合成是一种可以低温大规模合成石墨烯的方法，这种自由迁移过程能够在任何衬底上制备石墨烯薄膜。此外，溶液合成方法有利于制造官能化的石墨烯。但使用这些技术制备的石墨烯是有缺陷的，会部分产生还原氧化石墨烯，这严重影响了石墨烯的物理性质。其他几个报告关于可采用化学工艺直接制备石墨烯，但对通过这些方法得到的石墨烯的性质仍不满意。相比之下，化学气相沉积法已被证明是一个在工业上和可扩展性上更为可行的方法，在很多基底上可以获得各种形态的石墨烯。但这个过程是昂贵的，不能直接在聚合物基材上生产石墨烯，并涉及一个转移过程，并且在此过程中获得的石墨烯可能会引入缺陷和污染物。还需要进一步地探索以获得在生产中有价值的均匀可控制石墨烯层的数量与电气和光学特性的工艺。另外，外延生长 SiC 表面可产生高质量、高纯度并具有良好的电气性能的石墨烯。然而，由于缺乏在不同的基板上的重复性，此工艺无法广泛应用在电子和光电子器件的制造中。尽管如此，每一个石墨烯的合成工艺都有其在应用领域的优缺点。最后，这是一个不断成长的科学领域，需要更加严谨的科学研究（如通过控制工艺参数)和更容易的科学方法获得高质量的石墨烯。

2.5 展　　望

石墨烯是一种新发明的、有吸引力的材料,具有一些优异的物理性能,可适用于未来的电子和光电子器件。从合成方法到生长机制,再到其可能应用到的领域,这些问题仍然需要在学术邻域进行讨论。值得强调的是,虽然石墨烯的合成工艺路线已经建立,但是在工艺参数的调整上,例如更加准确地定义大小和带隙,稳定其重复性方面,仍具有长远的研究价值。同样,使用 CVD 方法详细分析石墨烯的生长机制,对其电性能的调控是非常好的方式。此外,最新发现的一些新石墨烯合成方法,可以生产更多的高纯度、高质量、能带定制的石墨烯。

本章参考文献

[1] Allen, M. J, V. C. Tung, and R. B. Kaner. 2010. Honeycomb carbon: A review of graphene. *Chemical Reviews* 110(1):132-145.

[2] Bae, S., H. Kim, Y. Lee, et al. 2010. Roll-to-roll production of 30-inch graphene films for transparent electrodes. *Nature Nanotechnology* 5 (8): 574-578.

[3] Berger, C., Z. M. Song, T. B. Li, et al. 2004. Ultrathin epitaxial graphite: 2D electron gas properties and a route toward graphene-based nanoelectronics. *Journal of Physical Chemistry B* 108(52):19912-19916.

[4] Bhaviripudi, S., X. T. Jia, M. S. Dresselhaus, and J. Kong. 2010. Role of kinetic factors in chemical vapor deposition synthesis of uniform large area graphene using copper catalyst. *Nano Letters* 10(10):4128-4133.

[5] Bhuvana, T., A. Kumar, A. Sood, et al. 2010. Contiguous petal-like carbon nanosheet outgrowths from graphite fibers by plasma CVD. *ACS Applied Materials & Interfaces* 2 (3):644-648.

[6] Boehm, H. P., A. Clauss, G. O. Fischer, and U. Das Hofmann. 1962. Adsorptionsverhalten sehr dunner Kohlenstoff-Folien. *Anorg. Allg. Chem.* 316:119-127.

[7] Brodie, B. C. 1860. Sur le poids atomique du graphite. *Annales des Chimie et des Physique* 59:466.

[8] Campos-Delgado, J. ,Y. A. Kim, T. Hayashi,et al. 2009. Thermal stability studies of CVD-grown graphene nanoribbons: Defect annealing and loop formation. *Chemical Physics Letters* 469(1-3):177-182.

[9] Campos-Delgado, J. ,J. M. Romo-Herrera, X. T. Jia, et al. 2008. Bulk production of a new form of sp(2) carbon: Crystalline graphene nanoribbons. *Nano Letters* 8 (9):2773-2778.

[10] Cano-Marquez, A. G. ,F. J. Rodriguez-Macias, J. Campos-Delgado. et al. 2009. Ex-MWNTs: Graphene sheets and ribbons produced by lithium intercalation and exfoliation of carbon nanotubes. *Nano Letters* 9(4): 1527-1533.

[11] Castner, D. G. , B. A. Sexton, and G. A. Somorjai. 1978. LEED and thermal desorption studies of small molecules (H_2, O_2, CO, CO_2, NO, C_2H_4, C_2H_2, AND C) chemisorbed on rhodium(111) and(100) surfaces. *Surface Science* 71 (3):519-540.

[12] Castro Neto. A. H. ,F. Guinea, N. M. R. Peres,K. S. Novoselov, and A. K. Geim. 2009. The electronic properties of graphene. *Reviews of Modern Physics* 81(1):109-162.

[13] Chen, S. Q. , and Y. Wang. 2010. Microwave-assisted synthesis of a Co_3O_4- graphene sheet-on-sheet nanocomposite as a superior anode material for Li-ion batteries. *Journal of Materials Chemistry* 20(43):9735-9739.

[14] Chen. Z. H. ,Y. M. Lin, M. J. Rooks, and P. Avouris. 2007. Graphene nano-ribbon electronics. *Physica E-Low-Dimensional Systems & Nanostructures* 40(2):228-232.

[15] Choi, Wonbong, Indranil Lahiri, Raghunandan Seelaboyina, and Yong Soo Kang. 2010. Synthesis of graphene and its applications: A review. *Critical Reviews in Solid State and Materials Sciences* 35(1):52-71

[16] Choucair. M. ,P. Thordarson, and J. A. Stride. 2009. Gram-scale production of graphene based on solvothermal synthesis and sonication. *Nature Nanotechnology* 4(1):30-33.

[17] Coraux,J. ,A. T. N'Diaye, M. Engler, et al. 2009. Growth of graphene on Ir(111). *New Journal of Physics* 11:22.

[18] Cote. Laura J. , Franklin Kim, and Jiaxing Huang. 2008. Langmuir-Blodgett assembly of graphite oxide single layers. *Journal of the American*

Chemical Society 131 (3):1043-1049.

[19] De Arco, L. G., Y. Zhang, C. W. Schlenker, K. Ryu, M. E. Thompson, and C. W. Zhou. 2010. Continuous, highly flexible, and transparent graphene films by chemical vapor deposition for organic photovoltaics. *ACS Nano* 4(5):2865-2873.

[20] de Heer, W. A., C. Berger, X. S. Wu, et al. 2007. Epitaxial graphene. *Solid State Communications* 143(1-2):92-100.

[21] de Parga, A. L. V., F. Calleja, B. Borca, et al. 2008. Periodically rippled graphene: Growth and spatially resolved electronic structure. *Physical Review Letters* 100 (5).

[22] Dreyer, D. R., S. Park, C. W. Bielawski, and R. S. Ruoff. 2010. The chemistry of graphene oxide. *Chemical Society Reviews* 39(1):228-240.

[23] Eizenberg, M., and J. M. Blakely. 1979. Carbon monolayer phase condensation on Ni(111). *Surface Science* 82(1):228-236.

[24] Emtsev, K. V., A. Bostwick, K. Horn, et al. 2009. Towards wafer-size graphene layers by atmospheric pressure graphitization of silicon carbide. *Nature Materials* 8 (3):203-207.

[25] Gao. L. B., w. C. Ren, J. P. Zhao, L. P. Ma, Z. P. Chen, and H. M. Cheng. 2010. Efficient growth of high-quality graphene films on Cu foils by ambient pressure chemical vapor deposition. *Applied Physics Letters* 97(18):3.

[26] Geim, A. et al. 2010. Many pioneers in graphene discovery. *APS News* 19, 4.

[27] Geim, A. K, and P. Kim. 2008. Carbon wonderland. *Scientific American* 298(4):90-97.

[28] Geim, A. K., and K. S. Novoselov. 2007. The rise of graphene. *Nature Materials* 6 (3):183-191.

[29] Hamilton, J. C., and J. M. Blakely. 1980. Carbon segregation to single-crystal surfaces of PT, PD, and CO. *Surface Science* 91(1):199-217.

[30] Hanns-Peter, Boehm. 2010. Graphen—wie eine Laborkuriosität plötzlichäuβerst interessant wurde. *Angewandte Chernie*: n/a.

[31] Hanns-Peter, Boehm. 2010. Graphene—How a laboratory curiosity suddenly became extremely interesting. *Angewandte Chemie International Edition*: n/a.

[32] Hasin, P. ,M. A. Alpuche-Aviles, and Y. Y. Wu. 2010. Electrocatalytic activity of graphene multi layers toward I-/I-3(−):Effect of preparation conditions and polyelectrolyte modification. *Journal of Physical Chemistry C* 114(37):15857-15861.

[33] Hass, J. ,W. A. de Heer, and E. H. Conrad. 2008. The growth and morphology of epitaxial multilayer graphene. *Journal of Physics-Condensed Matter* 20 (32):27.

[34] Hazra, K. S. ,et al. 2011. Thinning of multilayer graphene to monolayer graphene in a plasma environment. *Nanotechnology* 22 (2):025704.

[35] Helveg, S. ,C. Lopez-Cartes, J. Sehested, et al. 2004. Atomic-scale imaging of carbon nanofibre growth. *Nature* 427 (6973):426-429.

[36] Hernandez, Y. ,V. Nicolosi,M. Lotya, et al. 2008. High-yield production of graphene by liquid-phase exfoliation of graphite. *Nature Nanotechnology* 3 (9):563-568.

[37] Hu,T. ,Q. M. Zhang, J. C. Wells, X. G. Gong, and Z. Y. Zhang. 2010. A comparative first-principles study of the adsorption of a carbon atom on copper and nickel surfaces. *Physics Letters* A 374(44):4563-4567.

[38] Hummers,William S. ,and Richard E. Offeman. 1958. Preparation of graphitic oxide. *Journal of the American Chemical Society* 80 (6):1339.

[39] Ismach, A. ,C. Druzgalski,S. Penwell,et al. 2010. Direct chemical vapor deposition of graphene on dielectric surfaces. *Nano Letters* 10 (5):1542-1548.

[40] Jasek, O. ,P. Synek, L. Zajickova, M. Elias, and V. Kudrle. 2010. Synthesis of carbon nanostructures by plasma enhanced chemical vapour deposition at atmospheric pressure. *Journal of Electrical Engineering - Elektrotechnicky Casopis* 61 (5):311-313.

[41] Jeong, H. K. ,Y. P. Lee, Rjwe Lahaye, et al. 2008. Evidence of graphitic AB stacking order of graphite oxides. *Journal of the American Chemical Society* 130 (4):1362-1366.

[42] Jiao, L. Y. ,X. R. Wang, G. Diankov, H. L. Wang, and H. J. Dai. 2010. Facile synthesis of high-quality graphene nanoribbons. *Nature Nanotechnology* 5 (5):321-325.

[43] Jiao, L. Y. ,L. Zhang, X. R. Wang, G. Diankov, and H. J. Dai.

2009. Narrow graphene nanoribbons from carbon nanotubes. *Nature* 458 (7240):877-880.

[44] Juang, Z. Y. ,C. Y. Wu,C. W. Lo, et al. 2009. Synthesis of graphene on silicon carbide substrates at low temperature. *Carbon* 47 (8):2026-2031.

[45] Katsnelson, Mikhail I. 2007. Graphene: Carbon in two dimensions. *Materials Today* 10(1-2):20-27.

[46] Kim, K. S. ,Y. Zhao, H. Jang, et al. 2009,Large-scale pattern growth of graphene films for stretchable transparent electrodes. *Nature* 457 (7230):706-710.

[47] Kosynkin, D. V. ,A. L. Higginbotham, A. Sinitskii,et al. 2009. Longitudinal unzipping of carbon nanotubes to form graphene nanoribbons. *Nature* 458 (7240):872-876.

[48] Lahiri, J. , T. Miller, L. Adamska, I. I. Oleynik, and M. Batzill. 2011. Graphene growth on Ni(111) by transformation of a surface carbide. *Nano Letters* 11(2):518-522.

[49] Lang, B. 1975. A LEED study of the deposition of carbon on platinum crystal surfaces. *Surface Science* 53(1):317-329.

[50] Lee, C. ,X. D. Wei,J. W. Kysar, and J. Hone. 2008. Measurement of the elastic properties and intrinsic strength of monolayer graphene. *Science* 321 (5887):385-388.

[51] Lee, D. H. ,J. A. Lee, W. J. Lee, D. S. Choi,and S. O. Kim. 2010. Facile fabrication and field emission of metal-particle-decorated vertical N-doped carbon nanotube/graphene hybrid films. *Journal of Physical Chemistry C* 114 (49):21184-21189.

[52] Li, D. , M. B. Muller, S. Gilje, R. B. Kaner, and G. G. Wallace. 2008. Processable aqueous dispersions of graphene nanosheets. *Nature Nanotechnology* 3 (2):101-105.

[53] Li, G. L. , G. Liu, M. Li, D. Wan, K. G. Neoh, and E. T. Kang. 2010. Organo- and water dispersible graphene oxide-polymer nanosheets for organic electronic memory and gold nanocomposites. *Journal of Physical Chemistry C* 114 (29):12742-12748.

[54] Li S. S. , K. H. Tu, C. C. Lin, C. W. Chen, and M. Chhowalla. 2010. Solution-processable graphene oxide as an efficient hole transport

layer in polymer solar cells. *ACS Nano* 4 (6):3169-3174.

[55] Li. X. L, X. R. Wang, L. Zhang, S. W. Lee, and H. J. Dai. 2008. Chemically derived, ultrasmooth graphene nanoribbon semiconductors. *Science* 319 (5867):1229-1232.

[56] Li, X. L., G. Y. Zhang, X. D. Bai, et al. 2008. Highly conducting graphene sheets and Langmuir-Blodgett films. *Nature Nanotechnology* 3 (9):538-542.

[57] Li, X. S., W. W. Cai, J. H. An, et al. 2009. Large-area synthesis of high-quality and uniform graphene films on copper foils. *Science* 324 (5932):1312-1314.

[58] Li, X. S., W. W. Cai, L. Colombo, and R. S. Ruoff. 2009. Evolution of graphene growth on Ni and Cu by carbon isotope labeling. *Nano Letters* 9(12):4268-4272.

[59] Li, X. S., C. W. Magnuson, A. Venugopal, et al. 2010. Graphene films with large domain size by a two-step chemical vapor deposition process. *Nano Letters* 10(11):4328-4334.

[60] Li, X. S., Y W. Zhu, W. W. Cai, et al. 2009. Transfer of large-area graphene films for high-performance transparent conductive electrodes. *Nano Letters* 9(12):4359-4363.

[61] Liang, X., Z. Fu, and S · Y. Chou. 2007. Graphene transistors fabricated via transfer-printing in device active-areas on large wafer. *Nano Letters* 7(12):3840-3844.

[62] Liu, N., F. Luo, H. X. Wu, Y. H. Liu, C. Zhang, and J. Chen. 2008. One-step ionic-liquid-assisted electrochemical synthesis of ionic-liquid-functionalized graphene sheets directly from graphite. *Advanced Functional Materials* 18(10):1518-1525.

[63] Lu, X. K., M. F. Yu, H. Huang, and R. S. Ruoff. 1999. Tailoring graphite with the goal of achieving single sheets. *Nanotechnology* 10 (3):269-272.

[64] McAllister, M. J., J. L. Li, D. H. Adamson, et al. 2007. Single sheet functionalized graphene by oxidation and thermal expansion of graphite. *Chemistry of Materials* 19(18):4396-4404.

[65] Muszynski, R., B. Seger, and P. V. Kamat. 2008. Decorating graphene sheets with gold nanoparticles. *Journal of Physical Chemistry C*

112(14):5263-5266.

[66] Nair, R. R.,P. Blake, A. N. Grigorenko, et al. 2008. Fine structure constant defines visual transparency of graphene. *Science* 320 (5881): 1308.

[67] Novoselov, K. S.,A. K. Geim, S. V Morozov, et al. 2004. Electric field effect in atomically thin carbon films. *Science* 306(5696):666-669.

[68] Novoselov, K. S.,A. K. Geim, S. V Morozov, et al. 2005. Two-dimensional gas of massless Dirac fermions in graphene. *Nature* 438 (7065): 197-200.

[69] Novoselov, K. S.,D. Jiang, F. Schedin, et al. 2005. Two-dimensional atomic crystals. *Proceedings of the National Academy of Sciences USA* 102 (30):10451-10453.

[70] Obraztsov, A. N. 2009. Chemical vapour deposition: Making graphene on a large scale. *Nature Nanotechnology* 4 (4):212-213.

[71] Obraztsov, A. N.,E. A. Obraztsova, A. V. Tyurnina, and A. A. Zolotukhin. 2007. Chemical vapor deposition of thin graphite films of nanometer thickness. *Carbon* 45(10):2017-2021.

[72] Obraztsov, A. N.,A. A. Zolotukhin, A. O. Ustinov, A. P Volkov, Y. Svirko, and K. Jefimovs. 2003. DC discharge plasma studies for nanostructured carbon CVD. *Diamond and Related Materials* 12(3-7): 917-920.

[73] Park,S.,and R. S. Ruoff. 2009. Chemical methods for the production of graphenes. *Nature Nanotechnology* 4 (4):217-224.

[74] Qi, J. L.,X. Wang, W. T. Zheng, et al. 2009. Effects of total CH_4/Ar gas pressure on the structures and field electron emission properties of carbon nanomaterials grown by plasmaenhanced chemical vanor denosition. *Applied Surface Srienre* 256 (5)-1549-1547.

[75] Qian, Jiangfeng, Ping Liu, Yang Xiao, et al. 2009. TiO_2-coated multilayered SnO_2 hollow microsnheres for dve-sensitized solar cells. *Advanced Materials* 21(36):3663-3667.

[76] Reina, A.,X. T. Jia, J. Ho, et al. 2009. Large area, few-layer graphene films on arbitrary substrates by chemical vapor deposition. *Nano Letters* 9(1):30-35.

[77] Reina, A. ,S. Thiele, X. T. Jia, et al. 2009. Growth of large-area single- and bi-layer gra-phene by controlled carbon precipitation on polycrystalline Ni surfaces. *Nano Research* 2(6):509-516.

[78] Reina, Alfonso, Xiaoting Jia, John Ho, et al. 2008. Large area, few-layer graphene films on arbitrary substrates by chemical vapor deposition. *Nano Letters* 9(1):30-35.

[79] Roy-Mayhew, Joseph D. ,David J. Bozym, Christian Punckt, and Ilhan A. Aksay. 2010. Functionalized graphene as a catalytic counter electrode in dye-sensitized solar cells. *ACS Nano* 4(10):6203-6211.

[80] Rummeli. M. H. , A. Bachmatiuk, A. Scott, et al. 2010. Direct low-temperature nanographene CVD synthesis over a dielectric insulator. *ACS Nano* 4 (7):4206-4210.

[81] Schniepp, H. C. ,J. L. Li. M. J. McAllister, et al. 2006. Functionalized single graphene sheets derived from splitting graphite oxide. *Journal of Physical Chemistry B* 110(17):8535-8539.

[82] Shang, N. G. ,P Papakonstantinou, M. McMullan, et al,2008. Catalyst-free efficient growth, orientation and biosensing properties of multilayer graphene nanofiake films with sharp edge planes. *Advanced Functional Materials* 18(21):3506-3514.

[83] Sidorov, A. N. ,T. Bansal, P J. Ouseph, and G. Sumanasekera. 2010. Graphene nanoribbons exfoliated from graphite surface dislocation bands by electrostatic force. *Nanotechnology* 21(19).

[84] Somani, P. R. ,S. P. Somani, and M. Umeno. 2006. Planar nano-graphenes from camphor by CVD. *Chemical Physics Letters* 430(1-3):56-59.

[85] Sridhar, V. ,J. H. Jeon, and I. K. Oh. 2010. Synthesis of graphene nano-sheets using ecofriendly chemicals and microwave radiation. *Carbon* 48. (10):2953-2957.

[86] Stankovich, S. ,D. A. Dikin, G. H. B. Dommett, et al. 2006. Graphene-based composite materials. *Nature* 442(7100):282-286.

[87] Stankovich, S. ,R. D. Piner, S. T. Nguyen, and R. S. Ruoff. 2006. Synthesis and exfoliation of isocyanate-treated graphene oxide nanoplatelets. *Carbon* 44(15):3342-3347.

[88] Stankovich, Sasha, Dmitriy A. Dikin, Richard D. Piner, et al. 2007.

Synthesis of graphenebased nanosheets via chemical reduction of exfoliated graphite oxide. *Carbon* 45(7):1558-1565.

[89] Staudenmaier, L. 1898. Verfahren zur Darstellung der Graphitsaure. *Berichte der Deutschen Chemischen Gesellschaft* 31:1481-1499.

[90] Sun, Z. Z., Z. Yan, J. Yao, E. Beitler, Y. Zhu, and J. M. Tour. 2010. Growth of graphene from solid carbon sources. *Nature* 468 (7323):549-552.

[91] Sutter, P. 2009. Epitaxial graphene: How silicon leaves the scene. *Nature Materials* 8(3):171-172.

[92] Sutter, P., M. S. Hybertsen, J. T. Sadowski, and E. Sutter. 2009. Electronic structure of few-layer epitaxial graphene on Ru(0001). *Nano Letters* 9 (7):2654-2660.

[93] The rise and rise of graphene. 2010. *Nature Nanotechnology* 5(11): 755.

[94] Tung, V. C., M. J. Allen, Y. Yang, and R. B. Kaner. 2009. High-throughput solution processing of large-scale graphene. *Nature Nanotechnology* 4(1):25-29.

[95] Van Bommel, A. J., J. E. Crombeen, and A. Van Tooren. 1975. LEED and Auger electron observations of the SiC(0001) surface. *Surface Science* 48(2):463-472.

[96] Verma, V. P., S. Das, I. Lahiri, and W. Choi. 2010. Large-area graphene on polymer film for flexible and transparent anode in field emission device. *Applied Physics Letters* 96 (20).

[97] Viculis, Lisa M., Julia J. Mack, and Richard B. Kaner. 2003. A chemical route to carbon nanoscrolls. *Science* 299 (5611):1361.

[98] Viculis, Lisa M., Julia J. Mack, Oren M. Mayer, H. Thomas Hahn, and Richard B. Kaner 2005. Intercalation and exfoliation routes to graphite nanoplatelets. *Journal o Materials Chemistry* 15(9):974-978.

[99] Vitchev, R., A. Malesevic, R. H. Petrov, et al. 2010. Initial stages of few-layer graphene growth by microwave plasma-enhanced chemical vapour deposition. *Nanotechnology* 21 (9):7.

[100] Wang, J. J., M. Y. Zhu, R. A. Outlaw, X. Zhao, D. M. Manos, and B. C. Holloway. 2004. Synthesis of carbon nanosheets by inductively coupled radio-frequency plasma enhanced chemical vapor deposition.

Carbon 42(14):2867-2872.

[101] Wang, J. J., M. Y. Zhu, R. A. Outlaw, et al. 2004. Free-standing subnanometer graphite sheets. *Applied Physics Letters* 85 (7): 1265-1267.

[102] Wang, X. B., H. J. You, F. M. Liu, et al. 2009. Large-scale synthesis of few layered graphene using CVD. *Chemical Vapor Deposition* 15 (1-3):53-56.

[103] Xin, G. Q., W. Hwang, N. Kim, S. M. Cho, and H. Chae. 2010. A graphene sheet exfoliated with microwave irradiation and interlinked by carbon nanotubes for high-performance transparent flexible electrodes. *Nanotechnology* 21 (40).

[104] Xu, Y. X., H. Bai. G. W. Lu, C. Li, and G. Q. Shi. 2008. Flexible graphene films via the filtration of water-soluble noncovalent tunct-tonanzed grapnene sneets. *Journal of the American Chemical Society* 130 (18):5856+.

[105] Yang, N. L., J. Zhai, D. Wang, Y. S · Chen, and L. Jiang. 2010. Two-dimensional graphene bridges enhanced photoinduced charge transport in dye-sensitized solar cells. *ACS Nano* 4(2):887-894.

[106] Yu, Q. K., L. A. Jauregui, W. Wu, et al. 2011. Control and characterization of individual grains and grain boundaries in graphene grown by chemical vapour deposition. *Nature Materials* 10(6):443-449.

[107] Yu, Q. K., J. Lian, S. Siriponglert, H. Li, Y. P. Chen, and S. S. Pei. 2008. Graphene segregated on Ni surfaces and transferred to insulators. *Applied Physics Letters* 93(11).

[108] Yuan, G. D., W. J. Zhang, Y. Yang, et al. 2009. Graphene sheets via microwave chemical vapor deposition. *Chemical Physics Letters* 467 (4-6):361-364.

[109] Zhang, J. L., G. X. Shen, W. J. Wang, X. J. Zhou, and S. W. Guo. 2010. Individual nanocomposite sheets of chemically reduced graphene oxide and poly(N-vinyl pyrrolidone): Preparation and humidity sensing characteristics. *Journal of Materials Chemistry* 20(48):10824-10828.

[110] Zhang, Y., L. Gomez, F. N. Ishikawa, et al. 2010. Comparison of graphene growth on singlecrystalline and polycrystalline Ni by chemical

vapor deposition. *Journal of Physical Chemistry Letters* 1(20):3101-3107.

[111] Zhang, Y. B., J. P. Small, W. V. Pontius, and P. Kim. 2005. Fabrication and electric-field-dependent transport measurements of mesoscopic graphite devices. *Applied Physics Letters* 86 (7).

[112] Zheng, M., K. Takei, B. Hsia, et al. 2010. Metal-catalyzed crystallization of amorphous carbon to graphene. *Applied Physics Letters* 96 (6).

[113] Zhou, K. F., Y. H. Zhu, X. L. Yang, and C. Z. Li. 2010. One-pot preparation of graphene/Fe_3O_4 composites by a solvothermal reaction. *New Journal of Chemistry* 34(12):2950-2955.

[114] Zhu, J. W., G. Y. Zeng, F. D. Nie, et al. 2010. Decorating graphene oxide with CuO nanopar-ticles in a water-isopropanol system. *Nanoscale* 2 (6):988-994.

第3章 石墨烯基材料及其器件中的量子传输：从赝自旋效应到一个新的切换原理

3.1 概 述

对石墨烯的传输性质的认识已成为引人关注的焦点，这不仅是因为石墨烯潜在的物理性质，还因为以石墨烯为基础的技术在许多领域有着广泛的应用，如柔性显示、高频设备、复合材料和光伏应用。石墨烯在电荷（电子和空穴）传输方面有着特殊的能力，并且在现代凝聚体物理学方面也展示了最独特的量子传输特征（Geim 和 Novoselov，2007）。这些性质起源于低能电子（由布里渊区独立的 K 和 K' 谷发展而来）的线性带色散和自由的膺自旋，这两种性质与金属性的碳纳米管共享，它们一维相似（Charlier、Blase 和 Roche，2007；Castro Neto 等，2009）。低能电子激发行为和无质量的狄拉克费米子相似，会产生独特的量子现象，比如克莱因隧道（Katsnelson、Novoselov 和 Geim，2006）和反弱局域效应（McCann 等，2006）。通过空前的化学修饰方法对潜在的 π 共轭网络进行改进可以使纯石墨烯基材料的性质得以进一步调整和多样化（Loh 等，2010）。据报道，石墨烯层面的电荷迁移率可以达到 200 000 $cm^2 \cdot V^{-1} \cdot s^{-1}$，这远大于硅材料的几个数量级。然而，没有掺杂的单层石墨烯表现为零隙半导体，这对于制备具有竞争性的有效静电控制和进一步发展全部碳基的纳米电子学并不合适。实验测量表明电流导通状态与电流关闭状态的比率不大于一个数量级。减少器件的侧向尺寸可能使二维石墨烯单层（零）能隙增加，利用先进的电子光刻技术和氧等离子体刻蚀技术或离子印刷术，可以将石墨烯纳米带的宽度减小到几十纳米。石墨烯薄带可以通过化学解离碳纳米管的方法制造（Shimizu 等，2011）。此外，对于想象超越极限的互补金属氧化物半导体场效应晶体管（CMOS-FETs），理论模拟显示边缘重建和缺陷最易接受的能隙总保持特别小或者非常不稳定（Dubois 等，2010）。

本章首先讨论赝自旋效应对弱无序石墨烯的磁电导指纹的贡献，揭示弱损坏石墨烯大迁移和减少多重散射效应的起源的潜在机理，然后介绍超净石墨烯石墨纳米带基场效应晶体管的性质和局限。最后讨论使用化学掺杂引入可控制的迁称率间隙和电子空穴输运不对称性，以显著改善石墨烯晶体管的性能，其制作仍在系统技术范围内。

3.2 无序石墨烯的赝自旋效应及定位

石墨烯体系的量子传输特性源于两者的能量色散与动量 $E_k = \hbar v_F |K|$ 的线性关系和附加的赝自旋量子数（指的是 A 和 B 两个石墨烯亚晶格），即用电子态的描述 4 分量赝自旋子，其行为类似于无质量的相对论性粒子。电子光谱的完整的电子空穴对称性也可以模仿高能物理学中粒子/反粒子的电荷共轭对称和引入新奇的传输特性。这种在电中性点（或狄拉克点）附近能量窗口约 1 eV 的完美的电子空穴对称性使克莱因隧道效应机制成为可能，即当到来的费米子穿越潜在的高度和宽度的势垒时并没有量子传输反应（Katsnelson、Novoselov 和 Geim，2006）。

入射电子从左边通过占据空穴相反的动量和相同的赝自旋穿越势垒。赝自旋用箭头标记，A 和 B 表示石墨烯亚晶格。波函数在一个确定的弹性极限内的对称性附加赝自旋自由度描述为

$$|\Psi_P^K\rangle = \frac{1}{\sqrt{2}}\begin{pmatrix}\Psi_P^K(A)\\ \Psi_P^K(B)\end{pmatrix}, \text{定义} |\uparrow\rangle = \begin{pmatrix}1\\0\end{pmatrix} \text{和} |\downarrow\rangle = \begin{pmatrix}0\\1\end{pmatrix}$$

这一结果（最初被认为高能相对粒子）作为单个势垒依然有力，只要电荷传输限制在动量空间中的两个非等效能量维中的一个。图 3.1 示意性地示出了这样一个无反射传播。假设一个有明确的动量和赝自旋（仅在 B 亚晶格以对应的波函数传播）的入射电子从左向右传播，由于势垒引起的局部能量增加，具有相反的动量和相同的赝自旋的电子空穴作为壁通道（电子在没有被注意到的情况下穿越子屏障）。

然而，当处于多重散射场时，量子干涉产生了传导，最终让步于弱局域化（weak localization, WL）或反局域化（weak antilocalization, WAL）的效应（McCann 等，2006），WAL 效应与石墨烯的电子态的额外赝自旋对称性连接，并为潜在混乱提供了一些特定的对称性的可能性。受 Hikami、Larkin 和 Nagaoka（1980）为发展强自旋轨道耦合的传统金属的开创性工作的启发，提出了解理论用于解释赝自旋相关相位干扰的石墨烯中的电子电导的量子修正的符号反转的起源（McCann 等，2006）。但是这一理论将被迫引

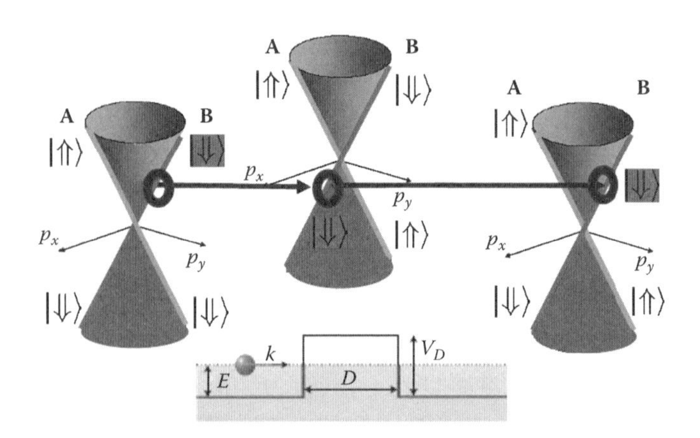

图3.1　通过一个潜在的高度为 V_D、宽度为 D(底板)的势垒的克莱因隧道效应过程的示意图(M. I. Katsnelson, K. S. Novoselov, and A. K. Geim. 石墨烯的手性隧道和克莱因佯谬 Nature Physics 2(2006): 620.)

入几个唯象参数(谷内和谷间的弹性散射次数)来切断与给定的无序对称类相关的协进子的贡献。对于现实的和复杂形式的无序势能,没有一种分析推导是可能的,即使发现在真实的材料中,它可以有许多不同的来源(可以俘获电荷的氧化物,波痕,吸附原子和分子,拓扑缺陷,空缺等)。

最近的实验(Tikhonenko 等,2009)报道了石墨烯中局域化现象中一个非常复杂的相图(关于温度、磁场能量或电荷、屏蔽效应),虽然使用前面提到的理论存在拟合的可能性,但是潜在的无序和不同的定位制度之间交叉的起源仍然存在完全难以捉摸的深刻联系。此外,澄清保持赝相关性能的条件是十分重要的,因为这也为清晰阐述安德森局域化规则提供可能,所有状态都以指数定位,并且与依赖温度的电导可用变范围跳跃行为描述(Moser 等,2010; Leconte 等,2010)。

为探索外部弱磁场下无序的石墨烯中量子传输,我们基于一个数值实现 n 阶 Kubo-Greenwood 实空间改进的一种有效的计算方法计算电导率 σ_{dc}(Roche 和 Mayou,1997; Roche,1999; Roche 和 Saito,2011; Ortmann,2011)。该方法解决了随时间变化的薛定谔方程并且计算扩散系数

$$D(E_F,t)=\frac{\partial}{\partial t}X^2(E_F,t)$$

和库布电导

$$\sigma_{dc}=\frac{e^2}{2}\rho(E_F)\lim_{t\to\infty}\frac{\partial}{\partial t}\Delta X^2(E_F,t)$$

式中，$\Delta X(E_F,t)$和$\rho(E_F)$分别表示费米能级中依赖于时间的电子波包的传播。n阶运算法则是通过扩展基于切比雪夫多项式和兰索斯递归程序的谱测度得到的。

我们基于筛选的长程库仑势考虑一个缺陷密度为n_i的无序模型，该库伦势被一个任意强度为$[-W/2,W/2]$和衰减长度为ξ的高斯势模仿（以图3.2(a)为例）。通过求解时间依赖性的薛定谔方程，得到一个遵循的动态量子波包和可计算的电导比例性质。图3.2(b)显示$D(E=0,t)$在3种不同缺陷密度下和$W=2\gamma_0$个不同的缺陷密度，并在没有外部磁场的情况下与γ_0的近邻能量耦合。在所有的情况下，经过初始增加的波包传播$D(E=0,t)$会被充满或衰减。这相当于从弹道规则到扩散规则的过渡，而D的最大值(E,T)允许我们推导出弹性的平均自由路径（和相应的半经典德鲁德电导率和电荷迁移率）。

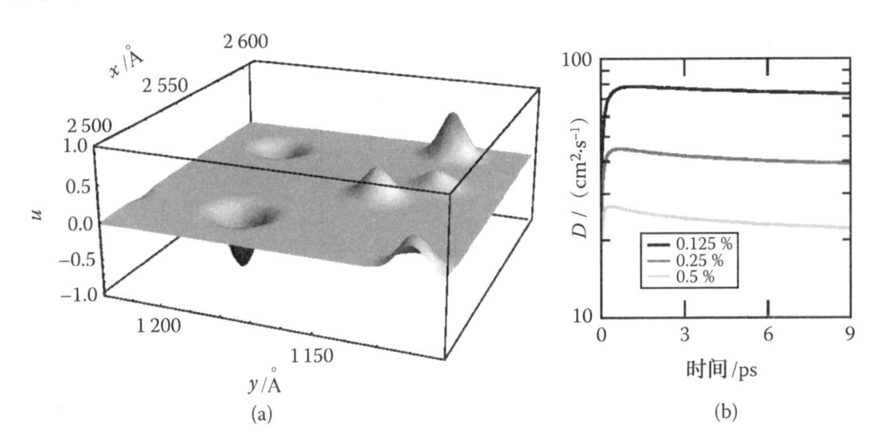

图3.2 (a)石墨烯由于长距离库仑杂质的无序势。(b)不同杂质密度和$W=2\gamma_0$时在狄拉克点的扩散系数的时间依赖性。

通过施加外部磁场，可以揭示WL和WAL之间的交叉起源。首先注意到在磁场$B=10$ T下由朗道能级证实的紧束缚模型的准确性（不在这里显示），是与分析结果完全一致的。

图3.3展示了这项研究的主要成果。面板顶部是扩散系数$D(t,B,W)$作为外部磁场强度和无序强度W的函数随时间的变化。当$W=2\gamma_0$时，弱局域化控制相应的磁传导指纹。当W从$W=2\gamma_0$降低到$W=1.5\gamma_0$时，磁传导从弱局域化指纹影响转变到一种反局域化影响贡献逐渐增加的传导行为。当W开始接近γ_0时，电子传导成为弹道模式，证实贡献克莱因隧道

和强烈抑制后向散射的贡献增加。注意在底部面板以虚线显示的磁导率是适合使用在麦卡恩等提出的现象学(2006),但保持一个额外的弹性散射时间(Ortmann 等,2011)。这种转变也与传导过程中谷间与谷内散射的相对贡献相关(Ortmann,2011)。

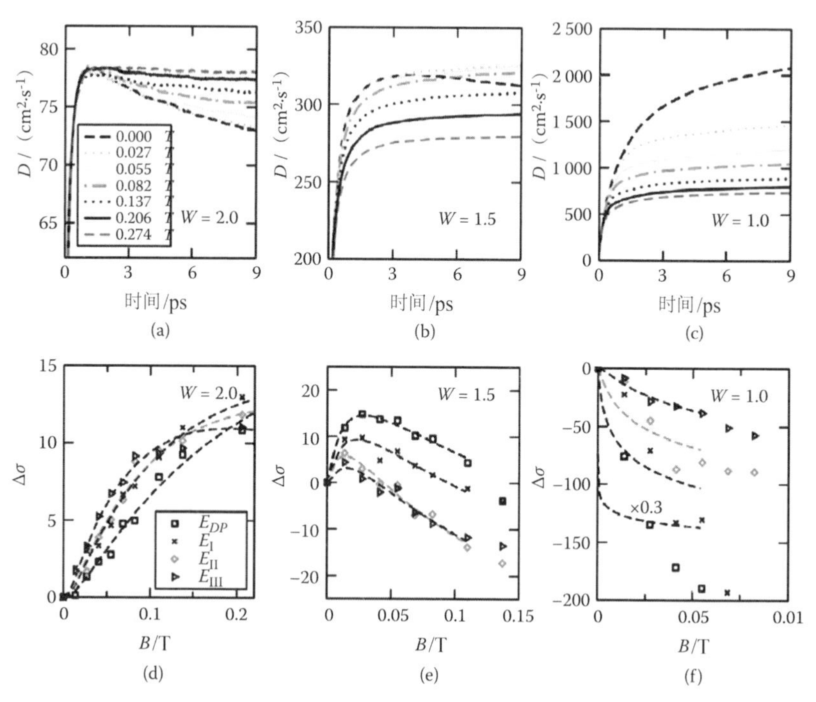

图 3.3 (a)~(c)狄拉克点的扩散系数随磁场强度和 W 的变化,$n_i=0.125\%$,$\xi=0.426$ nm。(d)~(f)4 种不同费米能级水平($E_{DP}=0$,$E_{I}=0.049$ eV,$E_{II}=0.097$ eV,$E_{III}=0.146$ eV)下的 $\Delta\sigma$。虚线符合文中的解释。图(f)中 $W=1.0$ 且为了清晰对应,E_{DP}已经被调节为 0.3。

样品边缘的贡献是通过探索石墨烯纳米带的案例分析(Cresti 等,2008)。这里我们关注杂质密度 $n_i=0.2\%$,$\xi=0.426$ nm,且 $W=0.5\gamma_0$ 的 10 nm宽的扶手带(84-aGNR)(图 3.4(a))。总透射系数的计算是通过 Landauer-büttiker 公式和 Green's function techniques 进行的。图 3.4(b)给出了 $T(E)$,100 以上无序配置的平均值,从中可以推导出弹性平均自由路径(ι_e)(Cresti 等,2008)。图 3.4(c)显示,ι_e 具有重要的能源依赖调制,即在每次出现新的电子子带时的系统衰减。在低能量,ι_e 达到预计低无序潜在价值的几微米($W=0.5\gamma_0$)。

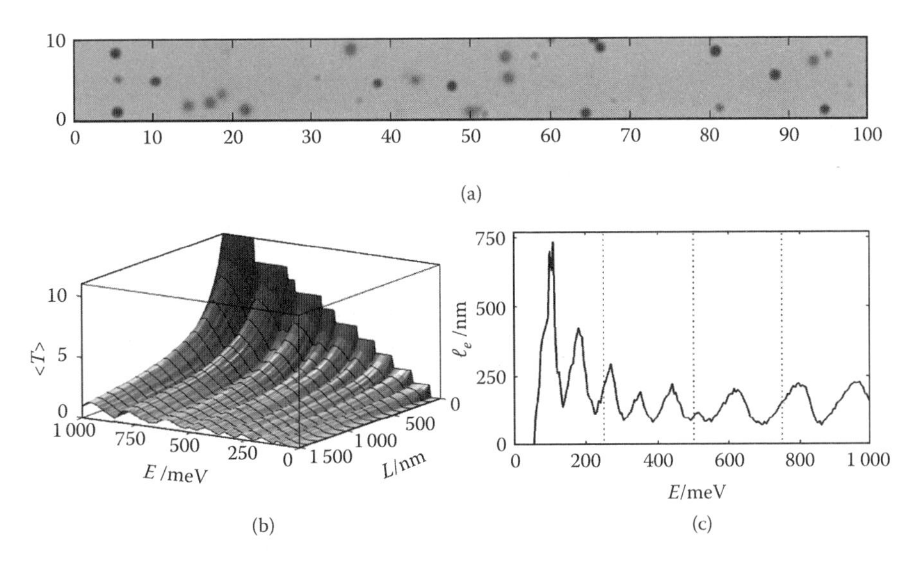

图 3.4 (a)长程散射下的短节段无序纳米带示意图(单位为 nm)。蓝(红)点对应的正(负)无序电势。(b)10 nm 宽椅式带(84-aGNR) $W=1/2\gamma_0$、$n_i=0.1\%$ 不同变化能量和长度(最高至 1.5 μm)无序区域的 3D 平均投射系数点。(c)能量依赖的平均自由路径 $n_i=0.2\%$。

因此,对于一个给定的系统长度磁传输指纹必须小心评估,零场的传导机制可以从弹道的强散布性机制切换而来。在零场的扩散机制下探测低场(最高 0.5 T)磁运特性,在零场情况下,带结构没有显著变化,在局部强化之前,磁印迹的主要调剂是由扩散状态下的量子干扰驱动的。

图 3.5 显示 $\Delta G(B)= G(B)-G(B=0)$ ($n_i=0.2\%$)在两个不同的选定能量的演变。这里考虑极小值 $W=0.5$ 可以阻止在二维情况下能谷的混合。当 $L/\iota_e>1$ 时,一个显著的正磁电导占主导地位($\Delta G(B)>0$),将与标准的弱局域化机制一致。大尺度下磁电导变异增加,对量子干扰施加一种强场驱动的抑制。带的边缘修改了能带结构并减少(如果不是完全抑制)与赝自旋相关的相位干扰的贡献(Ortmann 等,2011)。

我们已经说明,这些在 WL 和 WAL 之间的交叉可以被缺陷的原子电势分布图合理化。由一个长程无序电势引入一个光滑的无序,从正到负磁电导变化只由同无序强度(W)驱动。

注意,由 W 定义的潜在强度与库仑筛选强度直接相关,而这也解释了为什么磁指纹的变化受费米能级的位置变化影响显著。

这些结果理顺了最近获得的实验阶段的相图(Tikhonenko 等,2009)。

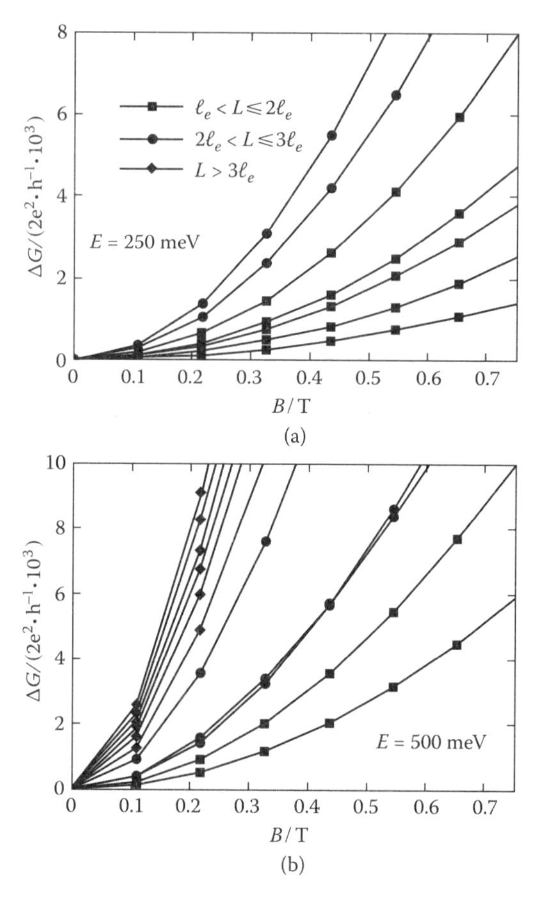

图 3.5 (a)对于无序带磁电导($W = 0.5$)在两个不同不同的带长度 L 下选定不同的能量。不同曲线的确定取决于 L/ι_e 的比。

3.3 石墨烯基场效应晶体管:纯净情况

本节介绍一个简单的模型来分析(和设计)石墨烯纳米带场效应晶体管(GNR-FETs) 中的电流-电压(I-V)特性中的功能的物理参数,如 GNR 宽度(W)和栅极绝缘膜厚度(t_{ins});电气参数,如肖特基势垒(Schottky barrier, SB)高度(φ_{SB}) (Jiménez,2008)。该模型的原则与一个按配方制造碳纳米管 FET 相似(Jiménez 等,2007)。这种方法可以防止由自洽的非平衡格林函数所需的方法(nonequilibrium Green's function-based methods, NEGFM)引起的计算负担,利用拉普拉斯方程的封闭形式的静电势。然而,这种简化相对于由 GNR 量子电容引起的相关限制的 NEGF(Ouyang、Yoon 和 Guo,2007)得到完全准确的结果(Guo、Yoon 和 Ouyang,2007)(C_{GNR})。注意,这方面出现在先进的应用领域相关的案例中,因为在通道中栅极控制势的能力是最大的。

3.3.1 石墨烯纳米带静电学

建立一个完整晶体管模型首先要考虑的问题是 GNR 的静电。假设半导体 GNR 担当一个与金属电极连接并服务于源漏(S/D)的晶体管通道(图 3.6(a)和图 3.6(b)),由此产生的沿运输方向的空间带图已被勾勒,如图 3.6(c)所示。对于一个长通道晶体管,在中央区域的势能完全受控于栅极电极并且假设:①CGNR 支配全部的栅极电容 $C_G^{-1}=C_{ins}^{-1}+C_{GNR}^{-1}\approx C_{GNR}^{-1}$,其中 C_{GNR}代表几何电容;②$C_{GNR}\approx 0$。后者的假设有效性取决于量子限制强度。降尺度 W 使能量密度的相邻峰越来越分离。因此,更难以引起移动的电荷(Q)为 GNR 的栅极电压提供合理值,然后 $C_{GNR}=\mathrm{d}Q/\mathrm{d}\varphi_S\to 0$。由于受量子电容限制,问题可以高度简化,因为静电取决于拉普拉斯方程,而不是更复杂的泊松方程。

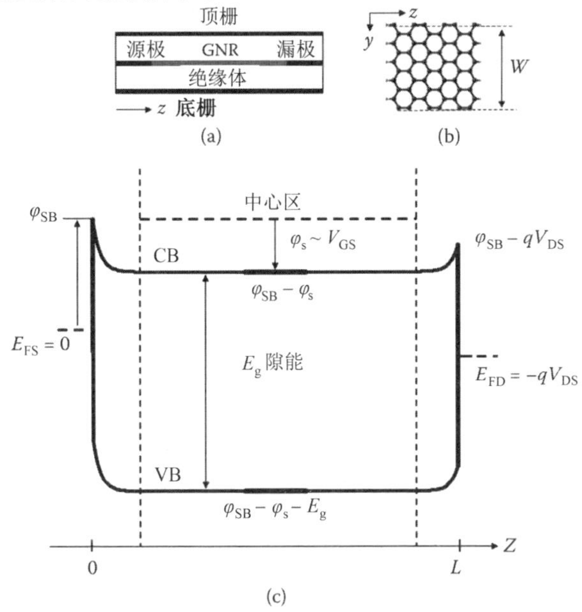

图 3.6 石墨烯晶体管的几何结构及能带谱图:(a)横截面。(b)扶手椅型 GNRs 形成通道的顶部视图。(c)沿传导方向的空间能带简图。

这对能带图有两个重要的影响:①中部区域跟随栅极电压以1∶1的比例,或等价地,$\varphi_S = V_{GS}$转移;②接触区附近的带边有一个简单的闭合形式的解析。例如,导带边缘的势能可以写成

$$\begin{cases} E_C(z) = \varphi_{SB} - \dfrac{2V_{GS}}{\pi}\arccos\left(e^{-\frac{z\pi}{2t_{ins}}}\right), 0 < z < \dfrac{L}{2} \\ E_C(z) = (\varphi_{SB} - \varphi_{DS}) - \dfrac{2(\varphi_{GS} - \varphi_{DS})}{\pi}\arccos\left(e^{-\frac{(z-L)\pi}{2t_{ins}}}\right), \dfrac{L}{2} < z < L \end{cases} \tag{3.1}$$

式中,L为通道长度。此表达式适用于双栅平面几何中的消失接触厚度的长通道的限制(Morse 和 Feshbach,1953)(图3.6(a))。价电子带可以表达为$E_V(z) = E_C(z) - E_g$,其中E_g为能隙电势。扶手椅型边缘GNRs任意手性解析表达式E_g已被导出(Son、Cohen和Louie,2006),为依赖W的倒数。

一个有趣的问题是为什么自洽性是不需要量子电容控制器件。自洽性的一个简单的模型表明,实际通道电势(U)是拉普拉斯电位(U_L)和需要保持通道中性的势能(U_N)之间的媒介(Datta,2005)。自洽性对决定U_N和U同等重要。在量子电容限制中,通道势能是简单的U_L,可以跳过自洽性。接下来解决的问题是关于量子电容限制相关的设计窗口。机理受量子电容支配满足条件$C_{GNR} < C_{ins}$,即

$$C_{ins} = N_G \varepsilon_r \varepsilon_0 \frac{W}{t_{ins}} + \alpha \tag{3.2}$$

式中,N_G是栅极数;ε_r是绝缘的相对介电常数;α是一个适宜的参数,$\alpha \approx 1$(Guo、Yoon 和 Ouyang,2007)。因此,量子电容支配栅极电容只要求

$$N_G \varepsilon_r \frac{W}{t_{ins}} + \alpha > \frac{C_{GNR}}{\varepsilon_0} \tag{3.3}$$

例如,使用量子电容(C_{GNR})为$W = 5$ nm纳米带值,约为10 pF/cm(Guo、Yoon 和 Ouyang,2007),整数$N_G = 2, k = 16$和$t_{ins} = 2$ nm恰好满足上述不等式,这意味着对于低厚度和高k的绝缘体,量子电容限制必须相关。

3.3.2 石墨烯纳米带传输模型

沿通道传播电流可以被计算,通过Landauer公式假设一维弹道通道与进一步连接到外部储层之间的接触,发生的耗散为

$$I = \frac{2q}{h}\sum_n \int_{-\infty}^{\infty} \mathrm{sgn}(E) T_n(E) \{ f[\mathrm{sgn}(E)(E - E_{FS})] - f[\mathrm{sgn}(E)(E - E_{FD})] \} \mathrm{d}E \tag{3.4}$$

式中,n 是标记次能带的自然数;$f(E)$ 是费米狄拉克分布函数;T_n 是第 n 级次能带的传输概率。这个表达式计算了注入载流子的自旋简并性。每个次能带所带的电流可以被分裂成隧道和热离子分量,分别在势垒和上方注入载流子。假设相位不连贯地传输,传输概率可以通过 S/D 规则分别计算,然后通过

$$T(E) = \frac{T_S T_D}{T_S + T_D + T_S T_D}$$

整合,获得总传输列入如 Landauer 公式(Datta,1995)。通过一个单一的 SB 的隧穿传输概率是采用 Wentzel - Kramers - Brillouin(WKB) 近似计算

$$T(E) = \exp\left[-2\int_{zi}^{zf} k(z)\,\mathrm{d}z\right]$$

式中,波矢 $k(z)$ 与石墨烯纳米带色散关系能量相关:

$$\pm(|E_{C,V}(z)| - |E|) + n\frac{E_g}{2} = \hbar v_F k(z) \tag{3.5}$$

式中,v_F 约为 10^6,相当于石墨烯的费米速度;"+"或"-"分别适用于计算隧道和热离子电流。在传输公式中出现的积分范围是经典的转折点。为了计算靠近接触源的隧道传输,注意只要 $|\varphi_S| < E_g$,转折点满足 $Z_i = 0$ 和 $E_{C,V}(Z_f) = E$(分别为导带和价带)。至于 $|\varphi_S| > E_g$,空间能带图的曲率变高到足以触发带 - 带隧穿(band-to-band tunneling,BTBT),并且对于 BTBT 洞转折点满足:$E_V(z_i) = E$ 和 $E_C(z_f) = E$。对于漏极接触势垒隧穿必须有类似的考虑,但 φ_s 更换为 $\varphi_s - V_{DS}$。对于 SB 以上的能量 $|E|$,热传输的概率可以用 WKB 方法趋近(John,2006):

$$T(E) = \frac{16 k_C k_{GNR}^3}{(k_{GNR})^2 + 4(k_{GNR}^2 + k_C k_{GNR})^2} \tag{3.6}$$

式中,k_C 和 k_{GNR} 分别是接触区和靠近接触区的石墨烯纳米带的波矢;开头的符号代表 z 的一阶导数。假设石墨烯金属接触 $k_C = (|E| - EF)/\hbar v_F$,接触区 $E_F = E_{FS} = 0$ 并且漏电极接触区 $E_F = E_{FD} = -qV_{DS}$。当 $z = 0(Z = L)$ 时,在 S/GNR(D/GNR) 界面的波矢 k_{GNR} 可以很容易从方程(3.1) 和方程(3.5) 得到。对于 S/GNR 界面,使用近似

$$E_C(z) = SB - \varphi_s\left(1 - \mathrm{e}^{-\frac{\sqrt{2}z}{t_{ox}}}\right)$$

$k(z)$ 沿 z 方向的导数为

$$|k_{GNR}| = \left|\frac{\mathrm{d}E_{C,V}(z)/\mathrm{d}z}{\hbar v_F}\right| \approx \frac{\sqrt{2}\,|s|}{\hbar v_F t_{ins}} \tag{3.7}$$

对于 D/GNR 也是同样的表达式,只是将 φ_S 替换为 $\varphi_S - V_{DS}$。

3.3.3　模型评估

为了评估现有模型，我们又模拟同样的用于 Ouyang、Yoon 和 Guo(2007) 的器件。它是由一个带指数 $N = 12$ 扶手椅边缘 GNR 通道形成，呈现出一种宽度 $W = 3d_{CC}(N - 1)/2 \approx 1.35$ nm(其中，$d_{CC} = 0.142$ nm，指碳碳键的距离)。室温和 0.83 eV 的带隙被假定为了在 NEGF 方法下对比(Ouyang、Yoon 和 Guo，2007)。这个值是用紧束缚方法估计，尽管不同的带隙 $E_g \approx 0.6$ eV 的结果是从第一原理方法趋近的(Son、Cohen 和 Louie，2006)。假定栅极绝缘厚度 $t_{ins} = 2$ nm。注意，该模型是基于拉普拉斯方程给出的结果，不依赖于介电常数。

金属 S/D 是直接连接到 GNR 通道，S/D 与通道之间的电子和空穴边带高度应该是 GNR 的带隙的一半 $\varphi_{SB} = E_g/2$。平带电压为零。供电电源 $V_{DS} = 0.5$ V。为了探索不同的缩放尺度，改变标称的器件参数。从最小的电流状态开始，转移特性表现出两个左右分支(图 3.7)。最小值出现在 $V_{GS} = V_{DS}/2$ 的半间隙边带 SB 高度，与电子和空穴的空间能带图对称，并且各自的电流是相同的。这个偏置点被命名为双极性传导点(ambipolar conductionpoint)。当 V_{GS} 显著大于(小于)$V_{DS}/2$ 时，电子(空穴) 的边带宽

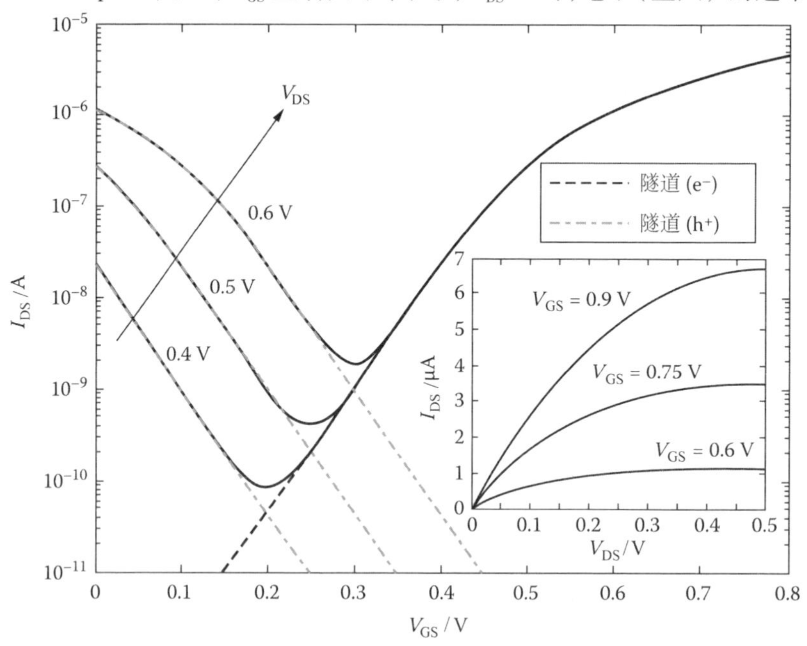

图 3.7　标称 GNR – FET 的转移和输出特性(插图)。总电流分解为电子和空穴隧穿的贡献。

度会减小,产生占优势的电子(空穴)隧道电流。电源的放大会进一步降低漏侧边带的宽度,从而使它更易通过,并允许更多的导通电流流动。

图 3.7 中插图所示为边带石墨烯纳米带晶体管的输出特性,与基于 NEGF 的模型相比,电流被过高估计了 2 倍。标称器件中占主导地位的电流来源于电子隧穿,并且具有线性和饱和性。增加 V_{GS}将产生更大的饱和电流和电压,这是由于边带更强的透过性和扩展的能量窗口使注入载流子易流向通道。此外,模拟中 W 减小带隙增加且 φ_{SB}增强(假定为 $E_g/2$),进一步降低的电流是由于减少了较高能量的填充(图 3.8(a))。然而,由此产生的开关电流比数字电路的品质因数大大提高。至于半隙情况,减少边

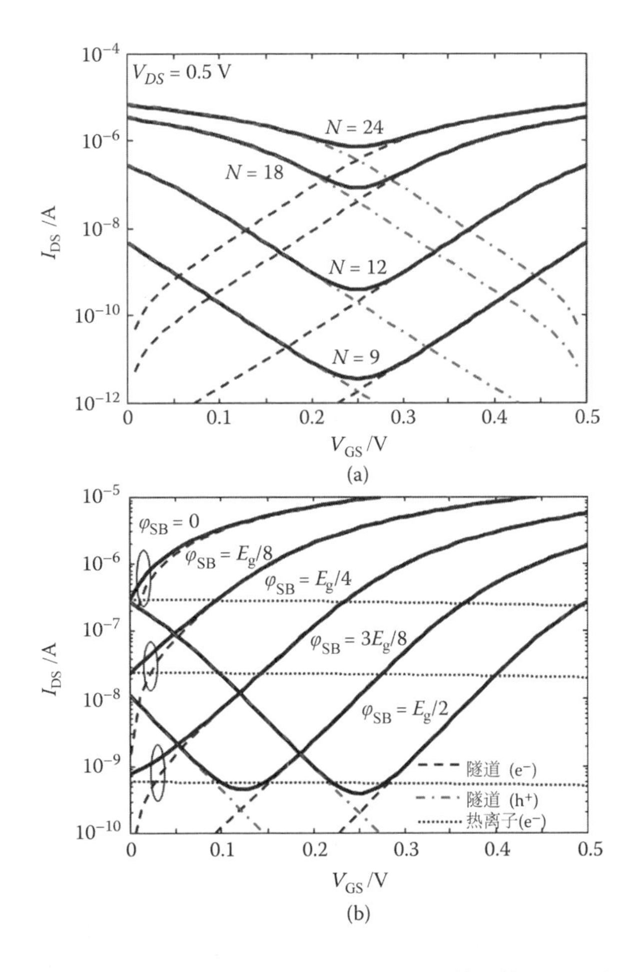

图 3.8　GNR 宽度(a)和 GSB 高度(b)对传递特性的影响

带高度有利于电子传输,会导致双极传导点向更小的栅极电压的平行移动,且转移特性曲线的左右分支不对称(图 3.8(b))。

我们也注意到,在低 φ_{SB} 和 V_{GS} 条件下,热电子电流超过隧穿电子流,这应该用来计算关态电流。值得指出的是,薄的绝缘体(这里指边带)的厚度大致是绝缘栅极的厚度,几乎是通透的,对传输特性的定性特征产生一个小的影响(只有一个平行移位)。因此,通过加工边带高度以进一步降低关闭状态的电流是不可行的。调节栅极绝缘膜的厚度比例,改善静电栅极电控制,以产生较大的跨导和较小的亚阈值波动,如图 3.9 所示。还应注意到一个较薄的氧化物会产生较大的电流和通断电流比。图 3.7 ~ 3.9 显示所有的结果都与 NEGF 方法获得的结果密切吻合,虽然我们假设在图 3.7 ~ 3.9 中以几何双栅极代替几何单栅模拟(Ouyang、Yoon 和 Guo,2007)。这一发现指出的量子电容控制器件的栅极几何形状的影响有限。

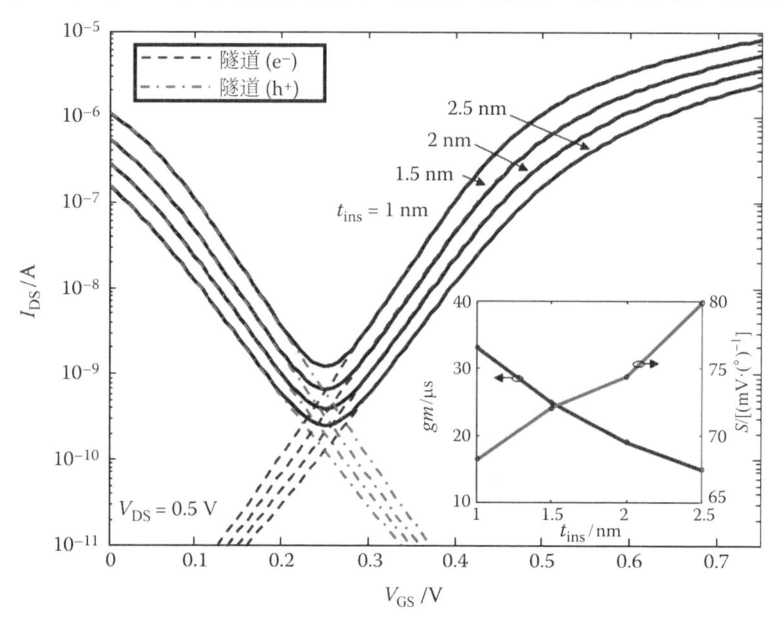

图 3.9　栅极绝缘层厚度对传输特性的影响

总之,本节提供了一个边带石墨烯场晶体管的 $I-V$ 特性模型,其模拟控制这些器件操作的主要物理效应。由提供该模型的原型器件中所得到的结果与更为严格处理的基于 NEGF 方法得到的结果接近一致,从而验证了近似。该模型也可以协助定量认识在设计阶段涉及石墨烯晶体管的实验。然而,我们注意到与其他金属氧化物半导体场效应晶体管(MOSFET)

相比,纯石墨烯纳米带基场效应晶体管有一些缺点。因此,我们提出了一种替代,以提高石墨烯为基础的器件。

3.4　器件性能的改善:流动能隙工程

我们提出了一个基于化学修饰石墨烯层并结合化学替换(硼、氮、磷)的新的器件原理(Biel 等,2009a,;Biel 等,2009b;Roche 等,2011)。新的器件原理是基于制备的电子-空穴传输的不对称性和流动性能隙。基本概念延伸到其他类型,控制官能化或嵌入任何其他的单原子分子或分子单位,相对于碳,提供了诱导杂质能级,呈现供体或受体类型。开关行为效率和化学修饰的石墨烯基材料的 ON/OFF 比将由诱导迁移率(或传输)能隙监测,相对于可能产生周期性紊乱情况的由周期性晶体引发的电子带隙,这有本质的不同。取决于化学杂质的选择,无论是空穴或电子的电荷迁移率都会显著降低,因此,允许增强电流密度调制下静电门控。这是不同于小的宽石墨烯纳米带的自然缺陷所引发的电导波动。事实上,就像我们展示的,当侧向尺寸变得太小时,运输性能和器件到器件的波动就成为占主导地位的边缘混乱。

在图 3.10 中,我们说明了几个边缘无序分布的量子电导的波动,尽管保持相同密度的去除的边缘碳原子。这些波动会影响所产生的弹性(和非弹性)平均自由路径,这将使石墨烯器件由弹道的散机制转变围墙弥散机制,这具有相当大的变异型(Cresti 和 Roche,2009;Roche,2011)。这是由于引进某些类型的短程散射效应,使量子输运降低维数和对称性破缺,进而增加了灵敏度。此外,有证据表明,在大电流下流动,石墨烯带的边缘几何结构显著重建。这种现象已被拉曼光谱(Xu 等,2011)和输运测量(Shimizu 等,2011)进行了实验观测,而详细的边缘重构和边缘化学钝化效果的计算已在理论上进行了探讨(Dubois 等,2010)。这种复杂的边缘轮廓重建可以看作一个发生在强大的能量耗散的情况下的自然的过程。相对于散装石墨或碳纳米管,石墨烯纳米带的边缘对的化学的悬挂键非常敏感,且在电流流动中,高电子-声子耦合可产生局部几何(拓扑)重排。相反,化学替换对于能量耗散和电流流动是稳定的和不敏感的。在这个角度来看,在接下来讨论的流动性能隙将是强大的控制器件,直到室温和高偏置电压。

硼或氮取代(掺杂)和边缘障碍的影响,已利用基于密度泛函理论(DFT)的第一原理方法以 SIESTA 码方式研究(Sánchez-Portal 等,1997)。

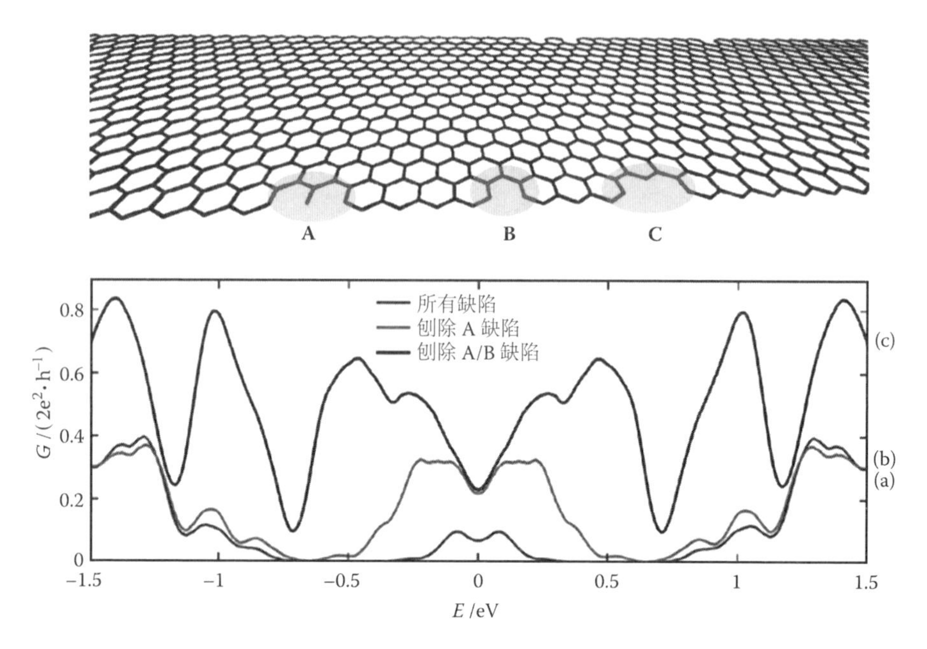

图3.10　顶部:边缘无序带的缺陷简明示意图。A 为悬挂键;B 为单角消失六角形;C 为双角消失六角形。底部:一个无序的 16 z-GNR 电导(长度 $L=500$ nm)与随机移除边缘碳原子 7.5%。案例(a)包括 A、B 和 C 缺陷,案例(b)不存在 A 缺陷,案例(c)不存在 A、B 缺陷。

一种自洽计算提供了对杂质周围或边缘缺陷的散射势垒的扼要描述,这通常产生束缚态局域能量(Biel 等,2009b)。为了复制单杂质从头开始的电导指纹,一种紧束缚模型通过调整现场和跳频自洽的哈密顿矩阵元素(在一个局部基础上设置)得以进一步阐述(Biel 等,2009b;Cresti 和 Roche,2009)。因此,这种方法结合了从头计算的准确性与紧束缚(tight-binding,TB)哈密顿计算成本适中性。

我们模拟了大宽度的石墨烯纳米带(10 nm 以上的横向尺寸),由于带隙通过化学掺杂触发移动性的能隙缩小,有可能补偿增益的损失。所有计算都是在 Landauer-Büttiker 体系内进行的,和标准顺序(N)的抽取程序已被用于通过组合孤立杂质的散射势垒,快速计算无序带到微米尺度的电导。

它已经表明,一个单一的杂质散射势垒(由准结合状态因杂质引起的能量位置为主)在很大程度上取决于带边缘掺杂的位置,所以单掺杂的电导率将因为杂质位置不同而不同(Biel 等,2009b)。

在受体类掺杂剂的情况下,例如硼,准结合状态主要位于价带,在接近费米能级的能量上,导带影响不大。在第一个电导稳定期,随机掺硼带有流动性带隙的色带,具有独特的结果,即在整个价带上广泛分布量子态(受体型杂质)。掺杂剂的随机分布不仅是沿色带长度的随机分布而且是跨越色带宽度的随机分布。

图3.11显示了低硼掺杂的一个10 nm宽的扶手椅型石墨烯纳米带的电导。对于约0.2%的掺杂浓度,系统显示移动性能隙达到1 eV,这是因为价带空穴电导的衰减和保存良好的导带的电子传输。当降低掺杂水平到0.05%,移动性能隙减小到约0.5 eV,并且最终变为小于0.1 eV的较低的密度。有0.2%的情况是得到一个固定纳米带的宽度和长度,这样的调整需要放大或横向或纵向尺寸进行,一旦传输尺度(平均自由路径,定位长度)确定,创造带隙的创建方法就很简单了(Bielet 等,2009a)。

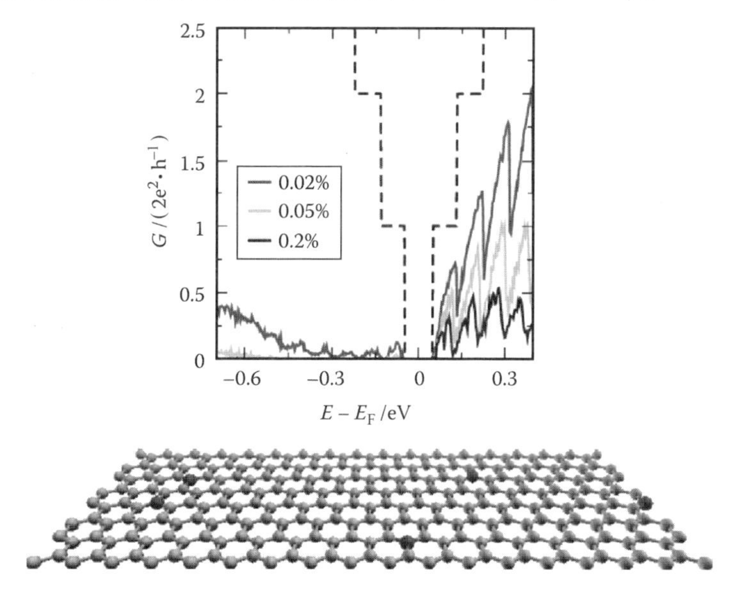

图3.11　顶部:半导体81 -aGNR的平均电导的能量函数,选择3个掺杂率(从底部到顶部依次为0.02%、0.05%和0.2%)。底部:随机掺杂的34-aGNR的简明示意图。

3.5 小　结

纯的化学改性的石墨烯基材料与器件(场效应晶体管)的几个电子的和输运的特性和已被讨论,包括在弱无序石墨烯材料的赝自旋效应,以及采用化学掺杂调整石墨烯带输运性质的可能性。本章对纯石墨烯纳米带场效应晶体管的基本性能进行了讨论，同时提出了移动性能隙，打开了高效的基于石墨烯的纳米电子学的新视角。

本章参考文献

[1] Biel, B., Triozon, F., Blase, X., and Roche, S. 2009a. Chemically induced mobility gaps in graphene nanoribbons. *Nano Lett.* 9, 2725-2728.

[2] Biel, B., Blase, X., Triozon, F., and Roche, S. 2009b. Anomalous doping effects on charge transport in graphene nanoribbons. *Phys. Rev. Lett.* 102, 096803.

[3] Castro Neto, A. H., Guinea, F., Peres, N. M. R., Novoselov, K. S., and Geim, A. K. 2009. The electronic properties of graphene. *Rev. Mod. Phys.* 81, 109.

[4] Charlier, J. C., Blase, X., and S. Roche. 2007. Electronic and transport properties of carbon nanotubes. *Rev. Mod. Phys.* 79, 677.

[5] Cresti, A., Nemec, N., Biel, B., Niebler, G., Triozon, F, Cuniberti, G., and Roche, S. 2008. Charge transport in disordered graphene-based low dimensional materials. *Nano Research* 1, 361.

[6] Cresti, A., and Roche, S. 2009. Edge-disorder-dependent transport length scales in graphene nanoribbons: From Klein defects to the superlattice limit. *Phys. Rev. B* 79, 233404.

[7] Datta, S. 1995. Electronic transport in mesoscopic systems, 63. Cambridge: Cambridge University Press.

[8] Datta, S. 2005. Quantum transport: Atom to transistor, 172-173. Cambridge: Cambridge University Press.

[9] Dubois, S. M. M., Lopez-Bezanilla, A., Cresti, A., Triozon, F., Biel, B., Charlier, J. C., and Roche, S. 2010. Quantum transport in graphene nanoribbons: Effects of edge reconstruction and chemical reactivity. *ACS Nano* 4, 1971-1976.

[10] Geim, A. K., and Novoselov, K. S. 2007. The rise of graphene. *Nat. Mater.* 6, 183.

[11] Guo, J., Yoon, Y. and Ouyang, Y. 2007. Gate electrostatics and quantum capacitance of graphene nanoribbons. *Nano Lett.* 7, 1935.

[12] Hikami, A., Larkin, I., and Nagaoka, Y. 1980. Spin-orbit interaction

and magnetoresistance in the two-dimensional random system. *Prog. Theor Phys.* 63,707.

[13] Jiménez, D. 2008. A current-voltage model for Schottky-barrier graphene-based transistors. *Nanotechnology* 19, 345204.

[14] Jiménez,D. ,Cartoixá. X. ,Miranda,E. ,Suñé. J. ,Chaves,F. A. , and Roche S. 2007. A simple drain current model for Schottky-barrier carbon nanotube field effect transistors. *Nanotechnology* 18,025201.

[15] John. D. L. , 2006. Simulation studies of carbon nanotube field-effect transistors,chap. 4, 23. PhD thesis, University of British Columbia.

[16] Katsnelson, M. I. ,Novoselov, K. S. , and Geim, A. K. 2006. Chiral tunnelling and the Klein paradox in graphene. *Nut. Phys.* 2. 620.

[17] Leconte,N. ,Moser, J. Ordejon,P. ,Tao, H. ,Lherbier. A. ,Bachtold, A. ,Alzina, F. ,Sotomayor Torres,C. M. ,Charlier, J. C. ,and Roche. S. ,2010. Damaging graphene with ozone treatment:A chemically tunable metal–insulator transition. *ACS Nnno* 4(7),4033-4038.

[18] Lemme, M. 2010. Graphene transistors. *Sol. State Phen.* 156-158,499-509.

[19] Loh. K. P. , Bao, Q. , Ang, P. K. , and Yang. J. 2010. The chemistry of graphene. *J. Mat. Chem.* ,20, 2277-2289.

[20] McCann, E. , Kechedzhi,K. ,Falko. V. ,Suzuura,H. Ando,T. ,and Altshuler, B. L. 2006. Weak-localization magnetoresistance and valley symmetry in graphene. *Phys. Rev. Lett.* 97,146805.

[21] Morse. P. M. , and Feshbach,H. 1953. *Methods of theoretical phtysics*, New York: McGraw-Hill.

[22] Moser, J. ,Tao, H. ,Roche, S. ,Alzina, F. ,Sotomayor Torres, C. M. , and Bachtold, A. 2010. Magnetotransport in disordered graphene exposed to ozone: From weak to strong local-ization. *Phys. Rev. B* 81, 205445.

[23] Ortmann, F. , Cresti,A. ,Montambaux, G. ,and Roche, S. 2011. Magnetoresistance in disordered graphene: The role of pseudospin and dimensionality effects unravelled. *Eur. Phys. Lett.* 94, 47006.

[24] Ouyang, Y. ,Yoon, Y. and Guo, J. 2007. Scaling behaviors of graphene nanoribbon FETs: A 3D quantum simulation. *IEEE Trans. Electron Devices* 54,2223.

[25] Roche, S. 1999. Quantum transport by means of O(N) real-space methods. *Phys. Rev. B* 59, 2284.

[26] Roche, S. 2011. Graphene gets a better gap. *Nat. Nano.* 6,8.

[27] Roche, S., Biel, B., Cresti, A., and Triozon, F. 2011. Chemically enriched graphene-based switching devices: A novel principle driven by impurity-induced quasi-bound states and quantum coherence. *Physica E* (in press).

[28] Roche, S., and Mayou, D. 1997. Conductivity of quasiperiodic systems: A numerical study. *Phys. Rev. Lett.* 79,2518.

[29] Roche, S., and Saito, R. 2011. Magnetoresistance of carbon nanotubes: From molecular to mesoscopic fingerprints. *Phys. Rev. Lett.* 87,246803.

[30] Sánchez-Portal, D., Ordejón, P., Artacho, E., and Soler, J. M. 1997. Density-functional method for very large systems with LCAO basis sets. *Int. J. Quant. Chem.* 65,453.

[31] Shimizu, T., Haruyama, J., Marcano, D. C., Kosinkin, D. V., Tour, J. M., Hirose, K., and Suenaga, K. 2011. Large intrinsic energy band gaps in annealed nanotube-derived graphene nanoribbons. *Nat. Nano.* 6,45.

[32] Son, Y. W., Cohen, M. L., and Louie, S. G. 2006. Energy gaps in graphene nanoribbons. *Phys. Rev. Lett.* 97,216803.

[33] Tikhonenko, F. V, Kozikov, A. A., Savchenko, A. K., and Gorbachev, R. V. 2009. Transition between electron localization and antilocalization in graphene. *Phys. Rev. Lett.* 103, 226801.

[34] XU, Y. N., Zban, D., Liu, L., Suo, H., Ni, Z. H., Nguyen, T. T., Zhao, C., and Shen, Z. X. 2011. Thermal dynamics of graphene edges investigated by polarized raman spectroscopy. *ACS Nano* 5(1):147-52.

第4章　超高频率石墨烯器件的电子和光子应用

4.1 概　　述

石墨烯,以 sp^2 键合并位于蜂窝晶格中的单层碳原子,由于其独特的载流子输运性质和光学性质已经引起了相当的关注[1-4]。图4.1描述了石墨烯的能带结构和色散关系。石墨烯的导带和价带在 K 点和 K' 点周围呈圆锥形对称并在 K 点和 K' 点处相互接触。石墨烯中的电子和空穴与零带隙保持线性色散关系,使其具有特有的功能,如后向散射超快运输无质量相对论费米子[2-8]以及在光泵浦太赫兹(THz)频率范围内的负动态传导性[9-11]。

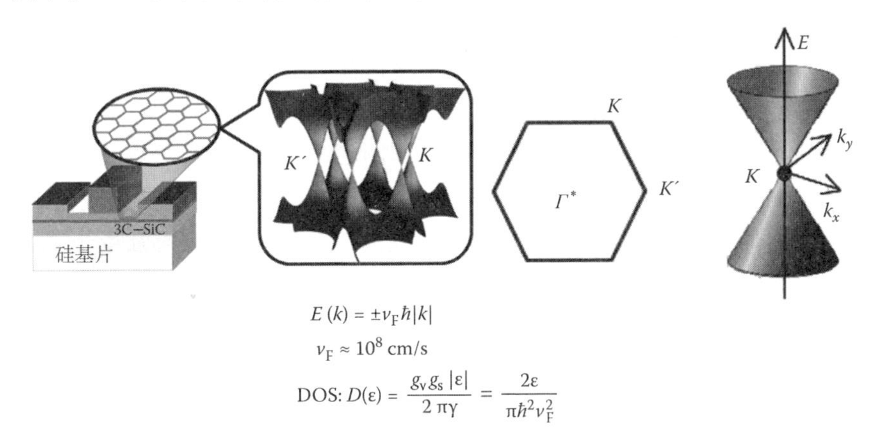

图4.1　石墨烯的能带结构及色散关系

使用在SiC衬底上外延生长热解SiC的方法[12]合成石墨烯始于20世纪90年代后期,而早在20世纪60年代后期,就有人使用金属催化剂化学气相沉积法[13]合成石墨烯。单层石墨烯是由A. Geim和K. Novoselov在2004年第一次合成成功的,他们采用的是机械剥离块状石墨的方法[1]。剥离的单层石墨烯的独特性质在理论上研究已经超过了60年[5-8,14-17],终于在2005年几乎同时被A. Geim等[2]和P. Kim等[3]实验观察到并进行了验证。这些开创性的成就引发了石墨烯基的电子、光电子及光子器件的研究与开发。

无质量的电子/空穴的有效迁移率（源于其显著的线性色散带结构）和真正的二维电子/空穴体系（源于其薄的单层结构）等石墨烯的电子性质，表现出了超越任何其他半导体材料卓越的优势[1-8]。由于线性色散关系，石墨烯中的态密度是正比于能量，这建立了非常高的电子和空穴的饱和密度。薄片的电子/空穴密度很容易达到 10^{13} cm^{-2} 数量级，这比传统半导体材料高出一个数量级的幅度。此外，电子和空穴的饱和速度是相当高的，这是因为在 K 点和 K' 点周围没有谷存在且光学声子的能量足够高（光学声子散射在传统的半导体材料中会变得弱于其内散射）。当石墨烯作为通道材料被引入场效应晶体管（FETs）时，它将突破传统二维晶体管性能的极限，进而可以形成制备短通道自由快速晶体管的增压技术。

然而，石墨烯的无间隙的能谱是创建基于石墨烯通道 FET（G-FETs）晶体管数字电路的一个障碍，该障碍来源于双极性行为的本性和 FET 关闭状态下较强的带间隧道效应[18-20]及其合闸电流极低的开/关比。因此，应该引入如石墨烯纳米带[5, 21-23]、石墨烯纳米网[24]及双层石墨烯[25-27]等基于石墨烯的结构，这些结构可以打开带隙，从而制备出具有足够大开/关比的 G-FETs。带隙的打开会牺牲电子输运的性质，其能量色散关系变为抛物线型，产生非零有效质量。

让我们看一下石墨烯的光子性质。当考虑到光泵浦石墨烯非平衡载流子松弛-重组动力学时，一种非常快的通过光学声子发射的光激发电子/空穴能量弛豫和一种相对缓慢的重组将导致在足够高的泵浦强度下宽太赫兹范围的粒子数反转，这将使在太赫兹范围得到负动态电导率或增益成为可能[9-10]。这样的活动机制，可以用于创建基于石墨烯的太赫兹辐射相干源。

本章将主要介绍，由本章作者的研究团队已完成的电子和光子器件石墨烯材料的理论与实验研究的最新进展。

4.2　石墨烯基电子器件

4.2.1　石墨烯的带隙工程

在电子和空穴相对于费米能级（也称狄拉克点）对称共存处，单层石墨烯表现出有所谓的双极特性。因此，当单层石墨烯作为 FET 通道材料时,通道电流不能关闭。为解决这个问题,带隙的形成是必要的。将单层石墨烯制备成纳米带,可以通过电子的空间限制打开带隙。将单层石墨烯手性堆叠成多层是另一种打开带隙的方法,它是通过石墨烯与石墨烯或石墨烯和基质之间的界面电位差强迫扭曲 π 电子轨道来完成打开带隙的。

由于蜂窝晶格结构,石墨烯具有两种类型的载流子传输:一个是沿与扶手椅型边缘,另一个是沿锯齿性边缘,如图 4.2(a)所示。扶手椅型石墨烯纳米带表现出具有位于价带和导带之间带隙的能谱,带隙的大小依赖于纳米带的宽度 d_r[19]:

$$\varepsilon_{p,n}^{\mp} = \pm v\sqrt{p^2 + (\pi\hbar/d_r)^2 n^2} \tag{4.1}$$

其中,电子(上标)和空穴(下标)的特征速度为 $v \approx 10^8$ cm/s 范围;p 为沿纳米带的动量;$\hbar$ 为约化普朗克常数;n 为次能带数,$n=1,2,3,\cdots$。由于电子和空穴被限制在一个横向方向,对应纳米带中电子和空穴的能量谱的量化方程(4.1)表达的是价带和导带之间的带隙与特定态密度(density of states, DOS)对于能量的函数。

另外,如图 4.2(b)所示,手性 A-B 堆叠的双层石墨烯具有价带和导带之间的能隙 E_g[28]:

$$E_g = \frac{edV_g}{W} \tag{4.2}$$

其中,d 为双层石墨(GBL)层之间电场的屏蔽的有效间距($d \approx 0.36$ nm);W 为栅极和石墨烯层之间的距离;V_g 为栅极电压。

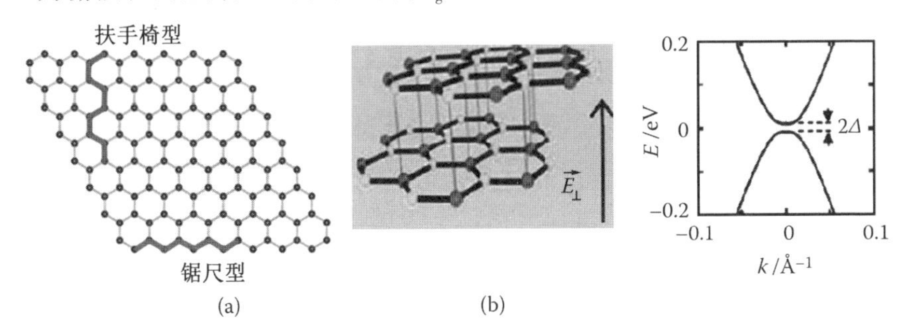

图 4.2 (a)单层石墨烯的载流输送和(b)带隙开放手性堆积双层石墨烯。(J. B. Oostriga et al,2008,Nature Materiats 7:151. with permission)

人们采用两个截然不同的模型[层间耦合(ILC)模型[29]和底物诱导不对称(SIS)模型[30]]的最近邻紧束缚近似对能带结构、单分子层相对应的电子有效质量以及 SiC 衬底上外延生长的双层手扶椅型石墨烯纳米带进行了数值模拟。其结果如图 4.3 所示[31]。在石墨烯的为单层时,甚至在更宽的色带宽度条件下具有更窄的小于100 MeV 的带隙的条件下，根据纳米带宽度方向的碳原子数 n 的 ILC 模型中，强带隙跳频仍清晰可见[31]。这表明，如果 ILC 模型几乎不可能通过原子的数量有效控制，那么当前的制造技术也就几乎不能完成单层石墨烯纳米带设计。另外，在双层石墨烯的情况下，带隙跳频随带宽度的增加而减小。在更宽的范围内，$n>80$（带宽度大于20 nm），饱和带隙为180 meV 的 SIS 模型中带隙跳跃消失，或者在饱和带隙为135或180 meV 时缩小到30 meV。因此，建议 FET 通道应在 SiC 衬底上构成的宽双层扶手型石墨烯薄膜的基础上建立。

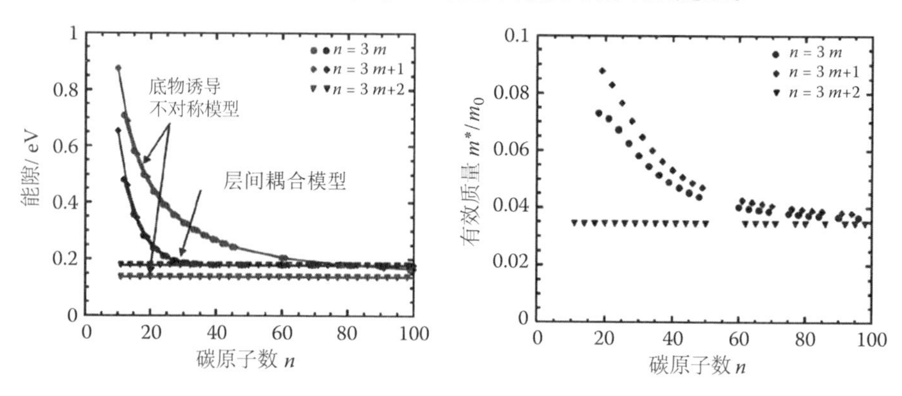

图4.3 (a)能量带隙。(b)手性叠双层石墨烯的有效质量对纳米带宽度依赖性。水平轴表示纳米带宽度方向碳原子的数目。(After E. Sano and T. Otsuji. 2009. Japanese Journal of Applied Physics 48: 041202. With permission.)

4.2.2 G-FETs 的解析模型

我们考虑高导电基板作为 G-FET 背栅、顶栅以及通道的两个触点（源极和漏极），如图4.4所示。石墨烯中电子和空穴的能量分布类似于那些在正常半导体并由费米-狄拉克统计给出的。因为是标准半导体，石墨烯中的电子和空穴密度的空间分布也可通过泊松方程给出。假设栅极宽度 L_w（y 轴）相对于栅极长度 L_g 足够宽（x 轴），电子和空穴的输运过程可由半经典玻尔兹曼动力学方程建立[28]：

$$\frac{\partial f_p}{\partial t} + v_x \frac{\partial f_p}{\partial x} = \int d^2 \boldsymbol{q} w(q)(f_{p+q} - f_p)\delta(\varepsilon_{p+q} - \varepsilon_p) \tag{4.3}$$

式中，$f_p(x,t)$ 为电子/空穴分布函数；v_x 为电子/空穴特征速度；$w(q)$ 为电子/空穴无序分散及声学声子概率随电子/空穴动量 q 变化的函数；而动量为 $\boldsymbol{p}$ 的电子/空穴的能量为 ε_p。通道栅极截面的电流(热)密度为 $J=J(x,t)$，

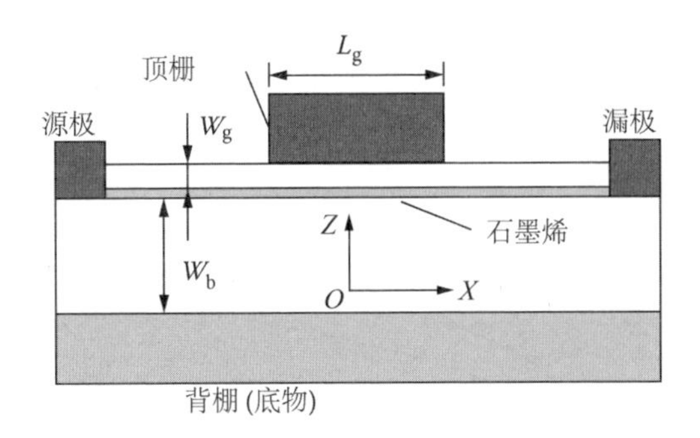

图 4.4　一种石墨烯通道 FETs 模型的剖视图

可通过下列公式计算[28]：

$$J = \frac{4e}{(2\pi\hbar)^2}\int d^2\boldsymbol{p} v_x f_p \tag{4.4}$$

当栅偏压 V_g 低于阈值电压（狄拉克电压 V_{th}）且考虑漏极电压 V_d（$V_d >$ 0）时，G - FET 通道将构成横向 n - p - n 型结构。当带隙宽度不够大时，隧穿电流 J_T 被认为服从下列公式[18]：

$$J_T = G_T V, G_T = \frac{2e^2}{\pi\hbar}\frac{L_w}{4\pi}\sqrt{\frac{F}{\hbar v_x}}$$

$$V = V_d - \frac{\pi}{4\sqrt{3}}\frac{\sqrt{W_b W_g}}{e\hbar v}E_g^2 \tag{4.5}$$

式中

$$F = e\left|\frac{d\varphi}{dx}\right|$$

F 为在隧道点的势能曲线的斜率；W_b 和 W_g 分别为通道与背栅和顶栅的距离；E_g 为带隙能。

根据前面提到的公式，是 V. Ryzhii 和他的合作伙伴推导出的石墨烯纳米带 FETs（GNR-FETs）和双层石墨烯 FETs（GNR-FETs）直流和交流特性器件模型[28,32-34]。图 4.5 和图 4.6 显示了具有相对较薄的栅极堆叠的 GBL-FET 典型的直流伏安特性和最大跨导模拟，其中 $W_t = W_b = 5$ nm 或 10 nm[34]。如图 4.5 所示，由于通道中的背栅偏置高背景载流子浓度，甚至在尺寸放宽到 $L_g = 100$ nm、$W_t = W_b = 10$ nm 的情况下，仍可得到一个极好的超过 3 A/mm 电流密度，与此同时得到超过两个数量级高开/关电流比。相应地，如图 4.6 所示，可预期到一个大于 1.5 s/mm 最大跨导。在 W_g 约为 1 nm 的超薄叠顶栅情况下，可预测到一个非常高的 $I_d \approx 10$ A/mm 的漏

电流密度以及 $G_m \approx 10$ S/mm 的最大跨导。相比于 GNR-FETs 的性能预测,GBL-FETs 的预测值更优。这是由于 GBL-FETs 比 GNR-FETs 具有更高的通道面密度。

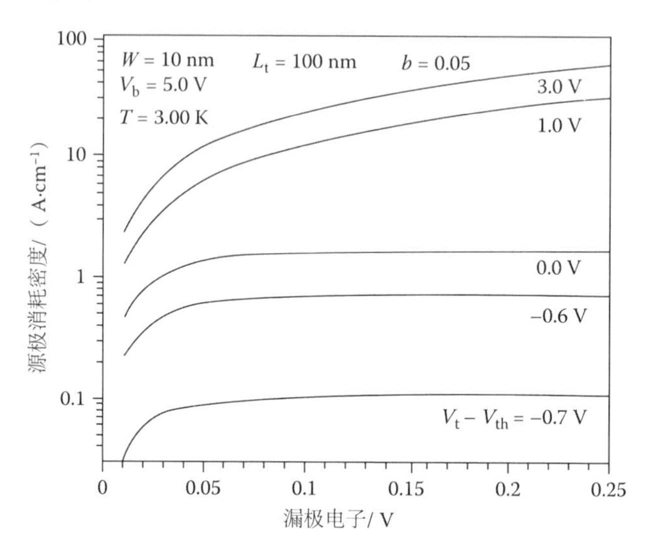

图 4.5 GBL-FETs 中直流伏安特性模拟。W_b:背栅绝缘厚度;W_t:顶栅绝缘厚度;L_t:顶栅长度;V_b:背栅偏置;V_t:顶栅偏置;V_{th}:阈值水平。(After V. Ryzhii et al. 2011. Journal of Applied Physics 109: 064508. With permission.)

4.2.3 先进 G-FETs 进展

IBM 引领了高频 G-FETs 发展。他们发表了通过使用长度为240 nm 的外延石墨烯通道得到 100 GHz 的最高电流增益截止频率 f_T[35]。石墨烯通道层是通过生长在一块碳化硅晶片的碳化硅外延层热分解制备的。通过原子层沉积技术形成 10 nm 厚的 HfO_2 栅绝缘层。虽然石墨烯通道被指定为是单层的或双层的,但源于带隙开的漏极电流饱和的特性并没有被明确证实。场效应特征迁移率约为 1 500 cm^2/(V · s)。

最近,UCLA 演示了采用由带有 5 nm 厚 Al_2O_3 绝缘层包覆的 Co_2/Si 复合纳米线栅极的 G-FET 得到了 300 GHz 的截止频率 f_T[36]。他们从体型石墨机械剥离出石墨烯并将其转移到 SiO_2/Si 衬底上形成通道。对石墨烯通道上的 Co_2/Si/Al_2O_3 核壳线进行调整后在活性区沉积 10 nm 厚的铂。于是源极和漏极以自对准的方式形成,这是最大限度地减少能够严重恶化 FET 性能的寄生接入电阻的关键。等效栅极特征长度为 140 nm。由于惰性纳米线栅极堆叠，同时可以得到高达20 000 $cm^2/(V \cdot s)$的高场效应迁移率。虽然这种特殊栅极堆叠技术相对于标准平面工艺技术过于超前，但其结果扩展了G-FETs的高频性能，使其接近了InP基高电子迁移率晶体管(HEMTs)的水平。

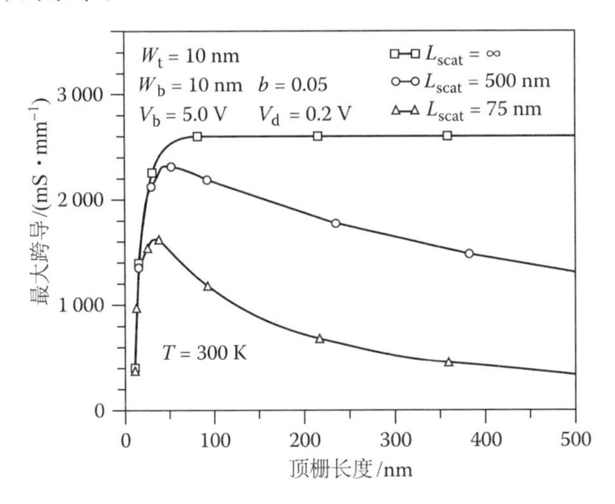

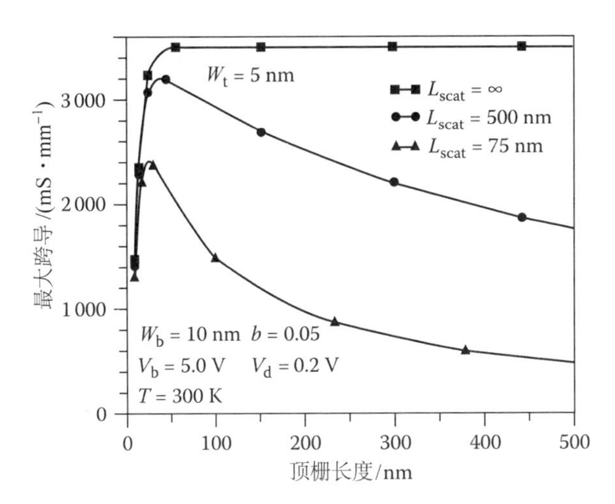

图4.6 相对于GBL-FETs顶栅长度的最大跨导模拟。W_b：背栅绝缘层厚度；W_t：顶栅绝缘层厚度；L_{scat}：特征散射长度；V_b：背栅偏置；V_d：漏极偏压；V_{th}：阈值水平。(AfterV. Ryzhii et al. 2011. Journal of Applied Physics 109: 064508. With permission.)

图4.7图为各种类型的FETs相对于L_g的f_T值。图中Schwierz的原始图[37]根据与前面提到的G-FETs附加条件得到修正。可以清楚地看到，G-FETs真实性能目前只处于与InP基HEMT相同的水平，因此我们需要研究石由墨烯的本征特性来证明其预期的优越性能。

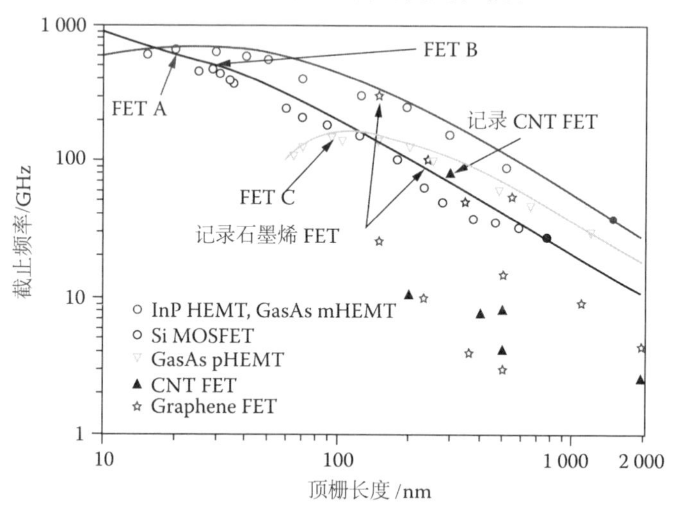

图4.7　相对于各种类型的FETs栅极长度的截止频率技术趋势。(Datafor graphene channel FETs were added to the original figure in F. Schwierz. 2010. NatureNanotechnology 5: 487-496. Used with permission.)

4.2.4　硅基底石墨烯FETs

4.2.4.1　外延硅基底石墨烯生长技术

从高定向热解石墨和SiC外延表面分解剥离是众所周知的石墨烯形成技术[38]。然而，当该技术被应用于后互补金属氧化物半导体超大规模集成电路(CMOS VLSIs)中时，该技术就必须具备硅基底的低温可重复增长的特性。近年来，在金属催化剂的作用下化学气相沉积石墨烯已使在硅基底上合成大面积石墨烯变成可能[39-41]。然而，金属催化剂如Fe、Ni、Cu会在FET的制备过程中遭到污染。

为了应对这些问题，异质外延硅基底石墨烯(GOS)技术已得到发展[42]。外延石墨烯可在掺杂了硼的p型Si(110)基底上生长的3C-SiC(110)的表面上形成。3C-SiC可用甲基硅烷(MMS)通过气态源分子束外延(gas-source molecular beam epitaxy, GSMBE)生长[43]，压力条件为3.3×10^{-3} Pa。SiC的生长过程分为两个阶段。首先，形成缓冲层(5 min)随后碳化硅增长(120 min)。在这种生长条件下,SiC 层的厚度通常为 80 nm。之后,将样品至于真空中 1 200 ℃退火 30 min,使 SiC 形成石墨烯薄膜。我们通过对装配式外延石墨烯样品的测试,证实了少层石墨烯(FLG)可在 SiC 表面形成:①使用 Normarski 显微镜和拉曼散射显微镜(Renishaw, Ar 514 nm)观察样品表面[44];②使用透射电子显微镜(TEM)观察样品横截面。拉曼光谱及 TEM 图像如图 4.8 所示。拉曼光谱中的 G 峰反映了石墨烯的直接晶格结构。D 波段是因为石墨烯中的缺陷。谱峰强度的比值 G 峰与 D 峰的比值,相当于晶粒尺寸,被证实约为 20 nm。G 波段提供了关于石墨烯中 pi 电子波函数的重要信息,这是通过 K 点和 K'点的光学声子双共振得到的。如果 G′包含一个单峰,那就证明了单层石墨烯的存在。如果 G′在略微不同的波数上有包含多峰,就证明 A-B 手性堆叠多层石墨的存在。如图 4.8 所示,在 3C-SiC(110)/Si(110)上生成的石墨烯所测定的 G′峰显示了单峰形状。这与外延生长在 6H-SiC C 面的石墨烯非常相似[38]。相信这就是所谓的单层石墨烯的多层 non-Bernal 堆垛。由上述可知,生成的 GOS 样品为无具有间隙和线性分散带结构的 non-Bernal 堆垛的多层石墨烯。

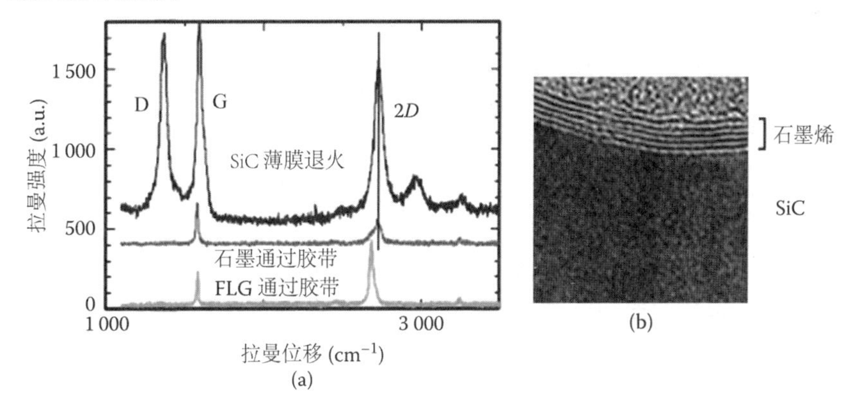

图 4.8 (a)氧化石墨烯(上)与石墨(中)及机械剥离少层石墨烯(下)的拉曼光谱;(b)氧化石墨烯的透射电镜照片。

GOS 生长技术的未来研究,从手性和结晶取向而言,已由 M. Suemitsu 和他的同事们完成了。从这发现石墨烯可生长有多种结晶取向:3C-SiC(111)/Si(111)、3C-SiC(110)/Si(110)、3C-SiC(100)/Si(110)和 3C-SiC(111)/Si(110),并且在 3C-SiC(111)/Si(111)上生长的石墨烯只有手性(Bernal)堆垛,而其他结晶取向的石墨烯有 non-Bernal 堆垛[45]。从技术的角度而言,这是相当重要的发现。这是因为大多数电子器件如 FETs 需要带隙，而大多数光子器件如激光器不需要带隙，并且 GOS 技术能有选择地控制堆垛形成，Bernal 或 non-Bernal。

4.2.4.2　背栅 GOS-FETs

通过运用 GOS 材料，石墨烯通道的背栅 FET 最先被生产[46-48]。器件横截面示意图如图 4.9 所示。器件工艺从接触电阻的形成开始。Ti/Au 被蒸发和剥落。通过标准光学光刻定义通道模式后，样品在置于氧等离子中以去除通道范围外的石墨烯层。石墨烯通道的典型尺寸：长为 11 μm（源-漏分离）；宽为 10 μm。

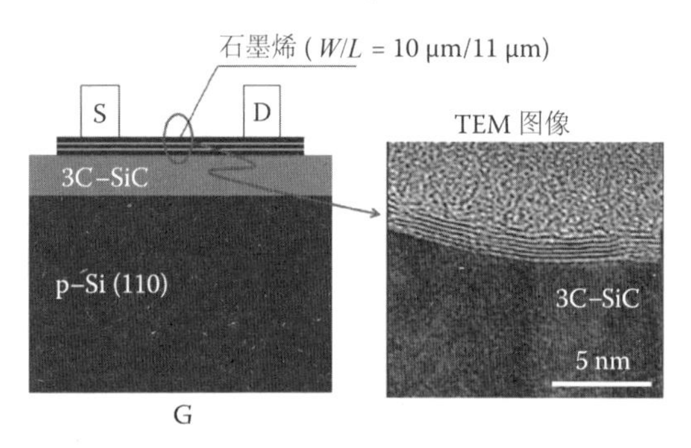

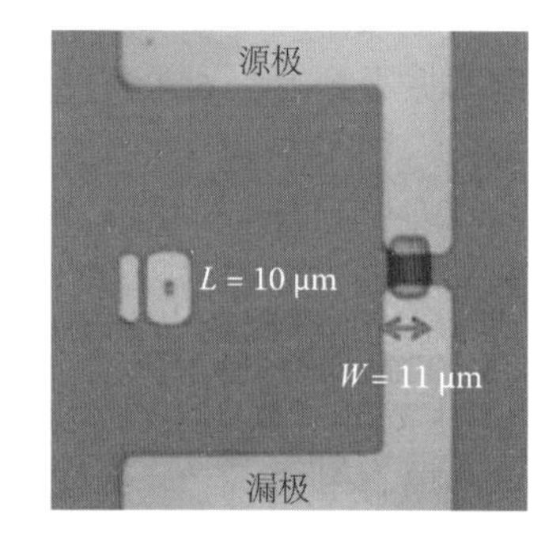

图 4.9　器件的截面图和 GOS-FET 的顶视图

样品表现出严重的背栅泄漏电流，这可能是由于石墨化（退火在 1 200 ℃下）过程中，3C-SiC 层中出现渐成缺陷（如孔隙）。该退火温度比 3C-SiC 层的生长温度高得多[42]。最近的栅极漏电流已减少，这是由于 SiC 外延层比以往生长得更厚。可以想象，绝缘硅（SOI）晶片可以作为起始衬底形成石墨烯。测得的 GOS-FET 的漏电流 I_D不仅包括本征沟道电流 I_{DS}，而且还包括背栅漏电流 I_{BG}。为了表征 FET 的本征性能，I_{BG}是从总漏极电流 I_D解镶嵌。Kang 等[48]详细叙述了去嵌入 I_{BG}的详细步骤和等效电路模型。

图 4.10(a)示出了在狄拉克电压附近[47]，确定的正常的石墨烯沟道电导的 I_{DS}-V_{BG}特征曲线中的典型双极行为。结果显示出相当大的不对称性，V_{BG}是较大/较小狄拉克电压 V_{Dirac}（最小 I_{DS}为 V_{BG}点）却在电子/空穴模式下有放大/较小的 I_{DS}。空穴模式下的较小 I_{DS}是背栅漏电引起的；由于 p 型 Si 衬底的带偏和 3C-SiC 漏薄，空穴载流子容易隧道通过石墨烯/3C-SiC 的/p-Si 异质结[47]。

图 4.10(b)示出用于不同 VGS 条件的 GOS-FET 在电子模式下的 I_{DS}-V_{DS}的特性。尽管 GOS 质量差，为 20～50 nm 的粒度，但仍获得了较好的信

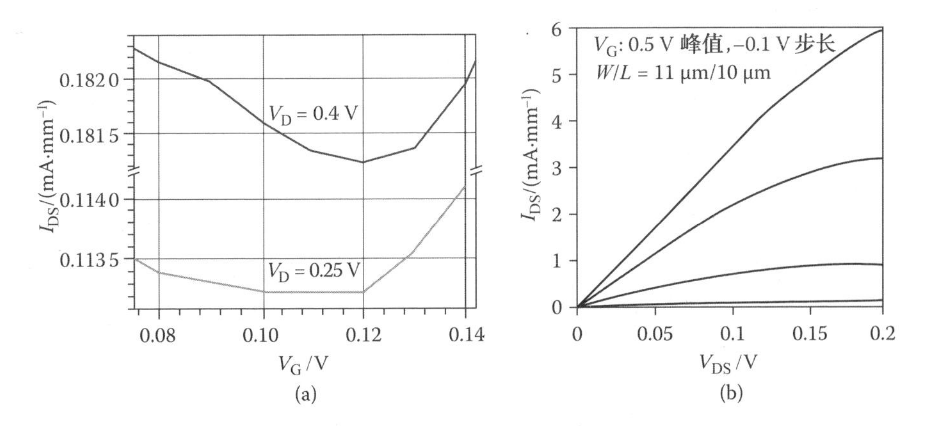

图4.10 (a)双极性行为的测量结果(R. Olac-bow et al. 2010. Japanese Journal of Applied Physics 49: 06GG01)。(b)漏极的伏-安特性曲线(H. -C. Kang et al. 2010. Japanese Journal of Applied Physics 49: 04DF17.)(已授权数据使用)。

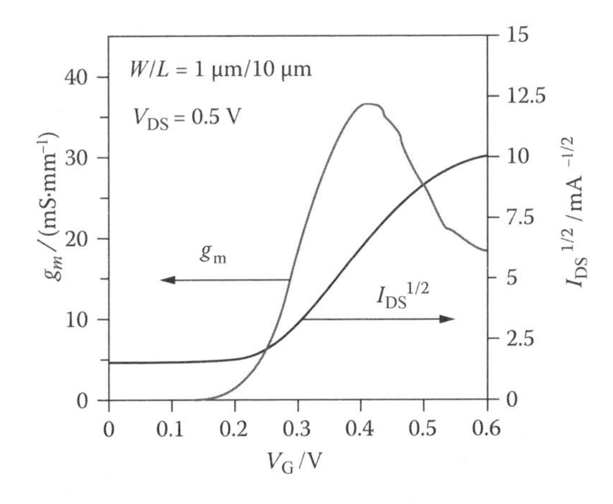

图4.11 GOS-FET的本征部分的转移特性。(After H. -C. Kang et al. 2010. Solid-State Electronics 54: 1010.)(已授权数据使用)。

道电流(在毫安/毫米数量级上)。进一步增加 V_{BG}不会改变 I_{DS}。在一般情况下,带有单层石墨烯或非贝纳尔层叠多层石墨烯的 G-FET 不显示饱和电流 I_{DS},这是由于这些类型的石墨烯的无缝带结构。与此相反,在图 4.10(b)所示的沟道电流 I_{DS}随 V_{DS}增加似乎是饱和的。有 3 个可能的因素造成的漏极电流饱和:第一是过高估计了在高 V_{DS} 区域中的 I_{BC}的去嵌,这可能发生在源/漏接触/接入电阻不能忽略的时候。第二个因素是在石墨烯-基板界面上的光声子散射,它足以使在高 V_{DS}条件下的电子漂移速度饱和。第三个因素是由于无意的过程相关因素而产生的带隙开口。这些因素的定量讨论还需要进一步研究。

图4.11显示了当 $V_{DS}=0.5$ V 时的FET的传递特性。可见，GOS-FET的最大跨导 G_m 为37 mS/mm。假设在 L_g 上做一个简单的线性缩放性，将 L_g 缩小到100 nm就可以使 G_m 增加到超过4 S/mm，这比同等 L_g 值的最先进的 *Inp* 基HEMTs大两倍多。

由测量数据提取GOS-FET的场效应迁移率。当我们考虑栅极长度为 L 和宽度为 W 的 n 沟道金属-氧化物-半导体场效应晶体管，漏极-源极电流 I_{DS} 被计算为漂移和扩散电流的组合：

$$I_{DS}=\frac{W_{eff}en_sV_{DS}}{L}-W_{eff}\frac{kT}{e}\frac{d(en_s)}{ds} \tag{4.6}$$

其中，n_s 是移动片的载流子密度，cm^{-2}；μ_{eff} 是有效迁移数。u_{eff} 通常在50～100 mV低漏极电压下测定，因为通道电荷从源极到漏极更均匀的分布，准许第二项被舍弃：

$$u_{eff}=\frac{LI_{DS}}{Wen_sV_{DS}}\approx\frac{1}{en_s}\frac{W}{L}\cdot\left.\frac{dV_{DS}}{dI_{DS}}\right|_{V_{GS=const}}\equiv\frac{1}{\rho_{sh}en_s} \tag{4.7}$$

其中，ρ_{sh} 是FET通道的表面电阻。从图4.10(b) $I_{DS}-V_{DS}$ 的数据可以看出，计算 ρ_{sh} 为2.84～215 kΩ/m^2，与取值范围为0.1～0.5 V的 V_G 有关。载流子面密度 n_s 被近似为一个理想的平行板MOS电容器：

$$n_s=\frac{C_{SiC}\mid V_{GS}-V_T\mid}{e} \tag{4.8}$$

式中，C_{SiC} 是GOS-FET每个单位面积的栅电容；V_T 是所述阈值电压。计算得 C_{SiC} 为107 nF/cm^2，假设3C-SiC结构的相对介电常数为9.72且碳化硅的厚度为80 nm，那么 n_s 的取值范围为(0.67×10^{11})～$(4.46\times10^{11})cm^2$，依赖于值为0.1～0.5 V的 V_G。其结果如图4.12所示，随着 V_G 从0.1 V增加到0.5 V，μ_{eff} 也从430 $cm^2/(V\cdot s)$ 增加到6 200 $cm^2/(V\cdot s)$。应当指出的是尽管GOS质量小且晶粒尺寸约为20 nm，从而获得相当大的流动性[1 200～6 000 $cm^2/(V\cdot S)$]。毫无疑问，未来GOS质量提高使得我们对期待中的FET性能带来了更高的期望。

4.2.4.3 顶栅GOS-FETs

顶栅GOS-FET用3C-SiC(110)/Si(110)和3C-SiC(111)/Si(111)中生成的GOS材料制造[49]。横截面示意图和生成样品俯视图分别如图4.13(a)和图4.13(b)所示。器件制造用Ti/Au开始剥离欧姆电极。石墨烯通道被定义并且氧等离子体灰化被用来蚀刻活性器件区域的石墨烯。至于栅叠层，SiN通过等离子体增强化学气相沉积(PECVD)法沉积。栅金

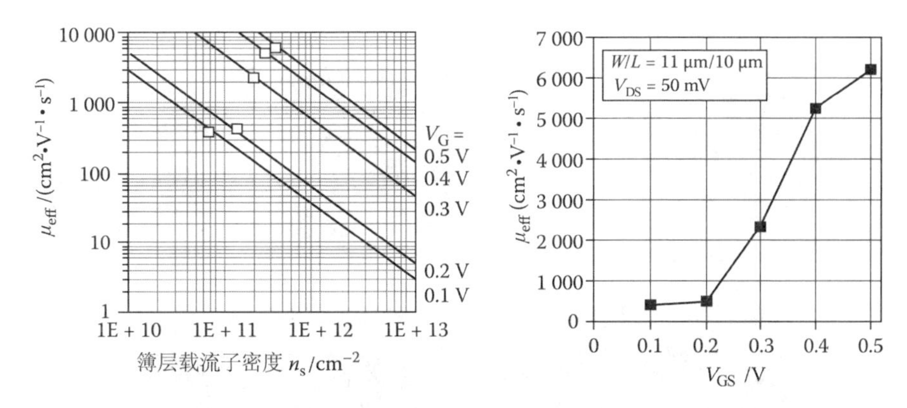

图 4.12 GOS-FET 的场效应迁移率 μ_{eff}。(a)μ_{eff}是载流子面密度。(b)μ_{eff}是栅偏压。

属化是通过的 Ti/Au 电子束蒸发和剥离工艺来完成的。传统栅长度为 10 μm和 0.5 μm 时分别由光刻和电子束光刻定义。10 μm 顶栅 GOS-FET 中 SiN 厚度被设定在 200 nm,0.5 μm 顶栅 GOS-FET 中 SiN 厚度被设定在 50 nm。其他所有部件模式定义过程通过光刻机由传统光学光刻技术完成。在 Si(110)和 Si(111)基底上,10 μm 顶栅 GOS-FET 的横截面 TEM 如图 4.13(c)所示。从图中可以看出,石墨烯层数不含界面层(第 0 层),大概为 2 倍于 Si(110)和 3 倍于 Si(111)。通过拉曼光谱和 TEM 表征的石墨烯样品详细结构表明,形成于两种类型的硅基底上的所有石墨烯样品具有约 20 nm 的晶粒尺寸[14]。

图 4.14(a)和图 4.14(b)分别显示 Si(110)和 Si(111)基底的 10 μm 顶栅 GOS-FET 的输出特性。这两个设备中顶栅的电压(V_G)是从 60 ~ -60 V,间隔为-20 V。在两个设备上,V_G进一步降低并没有改变 I_{DS}。结果显示在两种类型的硅基底上的所有 GOS-FET 中,由 V_G调制的 n 型晶体管运行。以硅衬底的的的结果。需要注意的是的 Si(111)上 GOS-GET 的漏极电流比在 Si(111)上的大一个数量级。这一结果与测得的薄层电阻一致。

狄拉克电压(相当于单极 FETs 的阈值电压)在两个设备中是向负向移到-40 V。这可能是由于在石墨烯中 SiN 栅极绝缘体和/或含 n 型掺杂的基材中的固定正电荷[50]。另外,如图 4.15 所示,0.5 μm 顶栅 GOS-FET, 50 nm 厚的 SiN 栅极绝缘体的狄拉克电压保持在中性点附近。我们认为,薄更的 SiN 可以极大地减少不良的固定电荷。与图 4.11 表示的背栅 GOS-FET 相比,估计的互导 G_m 比背栅 GOS-FET 小两个数量级。这被认为是归因于在 SiN 沉淀的缺陷;在 PECVD 腔内残余的氧可能会损坏石墨烯和/或界面缺陷或界面陷阱可能增加在载流子传输的散射。

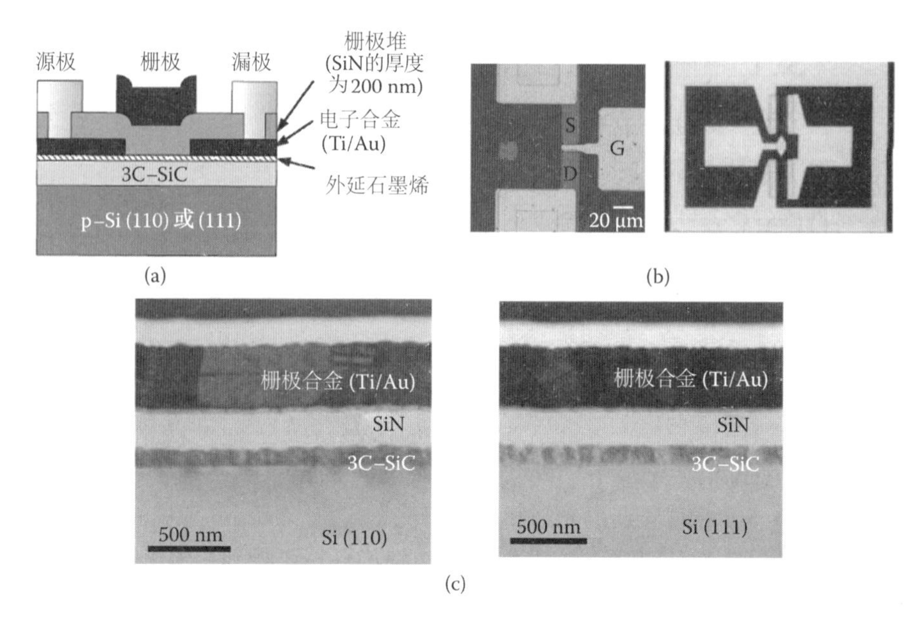

图 4.13　顶栅 GOSFET。(a)横截面的表征。(R. Olac–bow et al. 2010. Japanese Journal of Applied Physics 49: 06GG01. With permission.)。(b)照片图像为 10 μm 顶栅场效应晶体管(左)和 0.5 μm 的顶栅 FET 的顶视图。(c)10 μm 的栅 FET 样品以 Si(110)为衬底(左)和以 Si(111)为衬底(右)的 TEM 图像。(H. –C. Kang et al. 2010. Solid–State Electronics 54: 1071. With permission.)

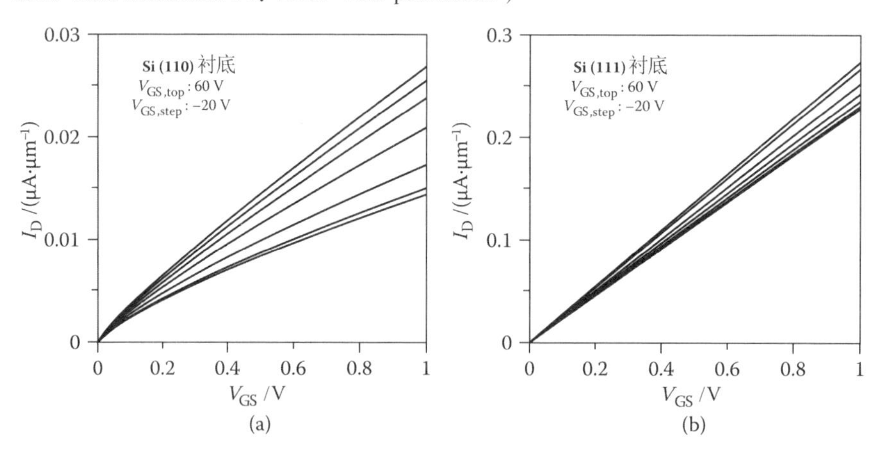

图 4.14　漏电流–电压特性的测量从 10 μm 顶栅 GOSFETs。(a)以 Si(110)衬底。(b)以 Si(111)衬底。(H. –C. Kang et al. 2010. Solid–State Electronics 54: 1071. With permission.)

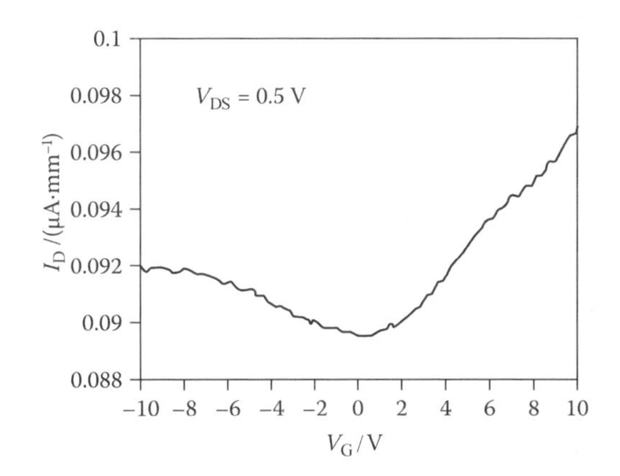

图4.15 从0.5微米测量顶栅GOS-FET的双极特性。

4.2.5 G-FETs设备/工艺技术问题

4.2.5.1 栅极堆叠/绝缘体

因为石墨烯是非常容易氧化,如将二氧化硅或 HfO_2 等氧化性材料直接沉淀到石墨烯,可能会导致费米能级牵制,阻碍了通道电导的栅调制。最近已经开发了使用的一种惰性、非反应性的通过原子层沉积(atomic-layer deposition, ALD)的栅极绝缘技术,在这项技术中,薄的非共价官能化的催化聚合物层(noncovalent function alization catalytic polymer layer, NCFL)被引入作为石墨烯和 Al_2O_3 或 HfO_2 等薄的高 k 值氧化物绝缘体之间无相互作用的膜[51-52]。由IBM公司的最新研究结果表明通道电流成功调制和带有1.6 nm HfO_2 的有效氧化物厚度(effective oxide thickness, EOT)的0.24 μm栅极G-FET所得到的 G_m 约为150 mS/mm[35]。所获得的 G_m 与EOT性能相比仍不及目前的Si-CMOS技术。其主要缺点是低 k 和纳米厚的NCFL的存在妨碍了高 k 电介质的有效性。

另外,推翻前面提到的常识,最近HRL实验室的一个团队演示了通过电子束蒸发将35 nm EOT SiO_2 绝缘体沉积在3 μm栅极GFET ,其拥有600 mS/mm的高 G_m 值[53]。非反应的物理/化学机制应加以澄清。

作者最近成功地制造含碳G-FET,其中,引入类金刚石碳(DLC)作为直接堆叠到所述石墨烯通道的栅极绝缘体。光电发射辅助的等离子体增强CVD(PA-PECVD)是高品质DLC沉积的关键[54]。带有100 nm的DLC (EOT 76 nm)10 μm的栅G-FET产生了37 mS/mm的最大 G_m 值。通过简单的线性等比缩放,可以期待具有100 nm栅和50 nm DLC的G-FET拥有极高的大于 10 S/mm 的 G_m 的价值。进一步细化了短通道 G-FET 的 DLC 绝缘体将是未来发展的方向。

4.2.5.2　源极/漏极接触电阻

源/漏接触电阻的形成是在 G-FET 制造工艺中最根本的和最困难的关键问题之一。相比其优异的面内导电性,石墨烯具有极低的面外电导率。因此,电流传导集中在金属 - 石墨烯界面的边缘,从而导致高电阻率。正常半导体利用重掺杂技术使金属-半导体肖特基接触电阻,但这种技术不能被用于石墨烯,因为这是化学、机械和电稳定的掺杂技术尚未被开发出来。由于在金属-石墨烯之间接触的无意掺杂而造成的材料逸出功的差异,是目前制造低阻率接触电阻的方法之一。如果在金属-石墨烯接触上没有形成界面相,当金属的逸 出功大于(或小于)石墨烯时,电子(或电空穴)会被无意地从金属掺杂到石墨烯中。

最近关于 X 金属如 Pd、Ni 和 Pt 的理论研究提出那些金属与石墨烯接触时会形成界面相,以致于费米能级可能被固定并且得到无掺杂效应[55-56]。实验证据的研究将是未来研究的主要对象。

4.2.5.3　开关比

Nagashio 等报道了无间隙单层石墨烯 G-FETs 可得到比双层石墨烯更高的开关电流比[57];双层石墨烯中大量载流子使开电流减小,这可使它超过由于带隙打开而减小的关电流。然而,如图 4.5 所讨论的,希望通过提高背景载流子浓度及高背栅偏置得到更高的双层石墨烯 G-FETs 开关电流比。最近 IBM 公司证实双层石墨烯 G-FET 高于 100 的高开关电流比[58],这支持了先前的讨论。

4.2.5.4　载流子掺杂和单极运行

石墨烯双极特性在理论上可被抑制,通过打开带隙和掺杂受体/供体杂质而起源于单极。然而,目前载流子掺杂的可用方法是将碱金属如钾[59]以及 NH_3 和 NO_2 气体的气相来化学掺杂,或浸渍在聚乙烯亚胺有机溶液中[61]。没有提供热、化学、力学稳定载流子掺杂的有用技术,如杂质置换的热扩散和/或离子注入。这是关键问题之一。根据掺杂急速的未成熟能级,单边载流子的电势垒形成,异质结构带工程的漏/源电极的电子或空穴对得到单极运行有效[62]。

4.3 石墨烯基光电子器件

4.3.1 光抽运石墨烯的载流子弛豫和复合动力学

石墨烯基体系在太赫兹到远红外光谱范围内的光学导纳一成为焦点，这是因为正在进行的对可行的太赫兹检测器和发射器的研究。对石墨烯在科学与技术中应用的研究已经进行并提出石墨烯可用于建立太赫兹光电子新型器件。石墨烯中电子和空穴的无间隙与线性能谱会导致非平凡性，如在太赫兹频谱范围内负动态导电性，这或许能促进新型太赫兹激光器的发展[63-64]。

为实现如太赫兹石墨烯基器件，理解非平衡态的载流子弛豫和复合动力学是关键。图4.16表现了光抽运石墨烯在抽运后从大约10 fs到皮秒的特定时间内载流子弛豫/复合动力学过程和光电子/空穴的非平衡态能量分布。激发态载流子最先冷却，并在飞秒到亚皮秒时间尺度下主要通过带内松弛过程热化，然后通过带间复合处理。最近，快速非平衡载流子松弛动力学的时间分辨测量被用于在SIC上外延生长的多层和单层石墨烯[65-69]，从高定向热解石墨(HOPG)[69-70]脱落。观察松弛过程的一些方法已经被报道。Dawlaty等[65]和Sun等[66]用光抽运/激光探针技术和George等[67]用光抽运/太赫兹探针技术来评估主要由最初的150 fs内载流子-载流子(cc)散射贡献的动力学，随后在皮秒时间尺度下观察载流子-声子散射(cp)。通过光学声子的光生载流子超快散射已被Ando[72]，Suzuura和Ando[73]，Rana[74]等在理论上预测。Kampfrath[70]等用光抽运/太赫兹探针谱观察了500 fs时间内超快载流子动力学下的强耦合光学声子。Wang等[69]也在500 fs内用光抽运/光探针技术通过发射热光学探针观察了超快载流子松弛。他们研究中光学探针寿命分别在约7 ps[70]，2~2.5 ps[69]和约1 ps[67]，其中一些与Bonini等[75]的理论计算相符较好。Breusing等[71]最近的一项研究更精确显示了10 fs时间分辨率下外延石墨烯和石墨的超快载流子动力学。

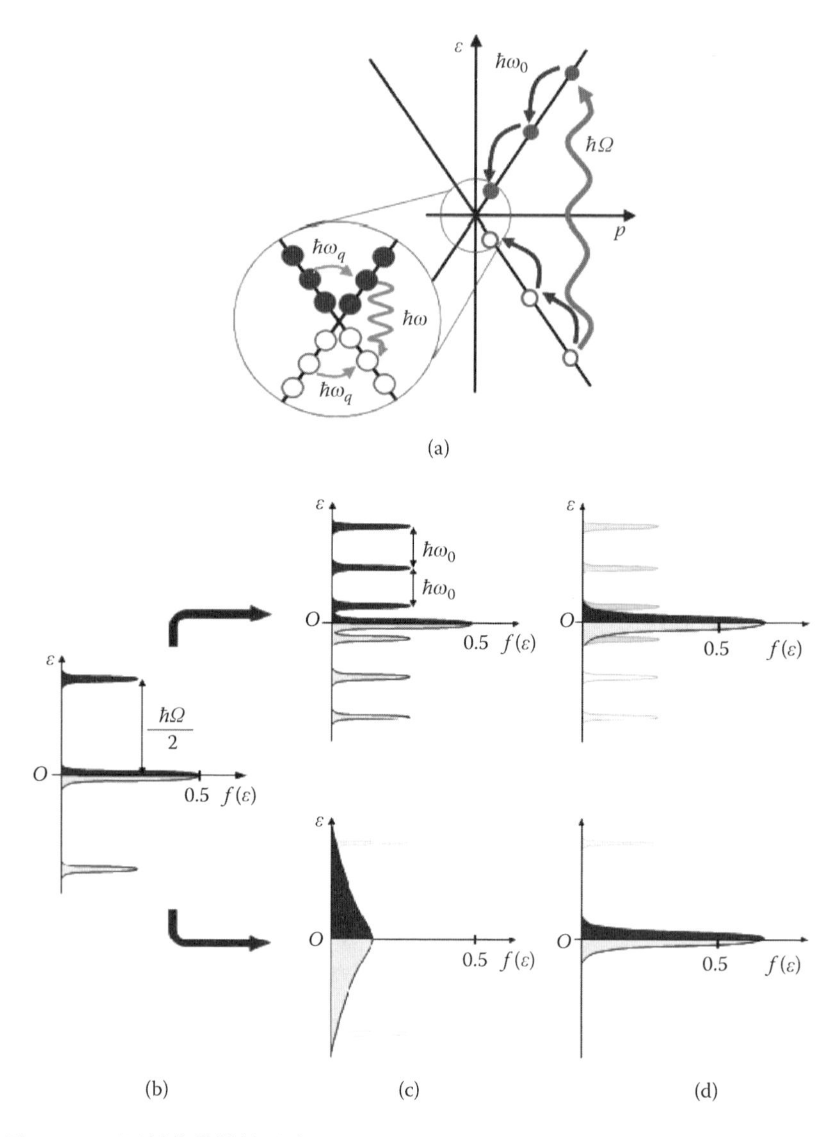

图4.16　石墨烯能带结构示意图。(a)和光生电荷、空穴的能量分布(b)~(d)。箭头表示转换,相当于通过能量 $\hbar\Omega$ 光激活,能量 $\hbar\Omega$ 的光学声子的级联发射,发射声子能量为 $\hbar\omega$ 的辐射复合。(b)光抽运后20 fs。(c)光抽运后200~300 fs,上层:声子级联发射占优的例子;下层:高电子温度下cc散射占优的例子。(d)几皮秒后光抽运,上层:声子级联发射占优的例子;下层:高电子温度下cc散射占优的例子。

4.3.2 光抽运石墨烯的粒子数反转和负电导率

4.3.2.1 低电子温度情况

首先,我们考虑了低电子温度条件(如弱光抽运下的低温环境)的案例。已显示光激发石墨烯(抽运光子能量为 $\hbar\Omega$)带内载流子平衡先在电子和空穴在激发后 20~30 fs 内在 $\pm\hbar\Omega/2$ 水平左右的形成了准平衡分散(图 4.16)。随后冷却这些电子和空穴,主要在 200~300 fs 内通过发射级联(N 次)光学声子($\hbar\omega_0$)来占据 $\varepsilon_N \approx \pm\hbar(\Omega/2-N\omega_0)$,$\varepsilon_N<\hbar\omega_0$ 相(图 4.16(c)上层)。然后,进一步平衡发生在电子-空穴复合和带内费米化,这是因为在几皮秒(图 4.16(d)上层)内 cc 散射和 cp 散射(能量 $\hbar\omega_q$ 如图 4.16(a)),而带间 cc 散射和 cp 散射被态效应密度与泡里阻塞效应所减慢。

再来考虑太赫兹光电导率,这是由于载流子停留在 $\hbar\omega/2$ 的松弛/复合过程。电子和空穴分布函数在 Dirac 点是 $f_e(0)=f_h(0)=1/2$。这表示即使是弱光致激发,在低能量 ε 的分布函数值可能是 $f_e(0)=f_h(0)>1/2$,与粒子数反转相对应[9]。这样的粒子数反转可能导致与太赫兹频率下负 AC 电导率有关的带间迁跃。然而,带间过程由德鲁德电导率对 AC 电导率起积极作用而决定。人们可能认为,在足够强的光学激发下会产生电子空穴时,总的变流电导率变为"负"。

电导率的实部 Re σ_ω 的实数部分(Re σ_ω)与吸收光的频率 ω 是成比例的,并且包括两个带间和带内跃迁[9]的贡献:

$$\mathrm{Re}\,\sigma_\omega = \mathrm{Re}\,\sigma_\omega^{\mathrm{inter}} + \mathrm{Re}\,\sigma_\omega^{\mathrm{intra}}$$

我们假设一个相对较弱的光激发 $\varepsilon_F < k_B T$ 的,其中 ε_F 是非平衡准费米能量;$k_B T$ 是热能。在这种情况下,对于兆赫兹频率 $\omega < 2k_B T/\hbar$,Re $\sigma_\omega^{\mathrm{inter}}$ 可被表示为

$$\mathrm{Re}\,\sigma_\omega^{\mathrm{inter}} = \frac{e^2}{4\hbar}\left[1 - f_e\left(\frac{\hbar\omega}{2}\right) - f_h\left(\frac{\hbar\omega}{2}\right)\right] \approx \frac{e^2}{8\hbar}\left(\frac{\hbar\omega}{2k_B T} - \eta_F\right)$$

式中,e 是元电荷;η_F 是归一化的准费米能量,$\eta_F \equiv \varepsilon_F/kT_B$[9]。另外,Re $\sigma_\omega^{\mathrm{intra}}$ 可以表示为

$$\mathrm{Re}\,\sigma_\omega^{\mathrm{intra}} \approx \frac{(\ln 2 + \eta_F/2)e^2}{\pi\hbar}\,\frac{T\tau}{\hbar(1+\omega^2\tau^2)}$$

式中,τ 是电子/空穴的动量松弛时间[9]。因为 η_F 相当于过量的电子/空穴浓度 δn(相当于光电子/光穴浓度)与热平衡电子/空穴浓度 η_0 的比值,η_F 可以表示为

$$\eta_F = \frac{\delta n}{n_0} = \frac{\tau_R \alpha_\Omega I}{n_0} \approx \frac{12e^2}{\hbar c}\left(\frac{\hbar v_F}{k_B T}\right)^2 \frac{\tau_R I_\Omega}{\hbar \Omega}$$

式中，τ_R 是电子／空穴重组时间；α_Ω 是带间吸收系数；I_Ω 是泵送强度；c 是光速；v_F 是费米速度[9]。

其结果是，Re σ_ω 变形为

$$\mathrm{Re}\,\sigma_\omega \approx \frac{e^2}{8\hbar}\left[\frac{\hbar\omega}{2k_B T} + \frac{8\ln 2}{\pi}\frac{k_B T\tau}{\hbar(1+\omega^2\tau^2)} - \frac{12e^2}{\hbar c}\left(\frac{\hbar v_F}{k_B T}\right)^2\frac{\tau_R I_\Omega}{\hbar\Omega}\right] = \frac{e^2\bar{g}}{8\hbar}\left[1 + \left(\frac{3}{2}\frac{\omega-\bar{\omega}}{\bar{\omega}}^2\right)^2 - \frac{I_\Omega}{\bar{I}_\Omega}\right]$$

其中

$$\bar{\omega} = \left(\frac{k_B T\tau^{2/3}}{\hbar}\right)\frac{1.92}{\tau}, \bar{I}_\Omega = 11\left(\frac{\hbar^{1/3}}{k_B T\tau}\right)\left(\frac{k_B T^2}{\hbar v_F}\right)^2\frac{\hbar}{\tau_R}$$

当泵送强度超过该阈值时 $I>\bar{I}$，在约为 $\bar{\omega}$ 的范围内 Re σ_ω 取负值。当 $T=300$ K、$\tau=10^{-12}$S、$\tau_R=10^{-9}\sim10^{-11}$S、$\bar{I}\approx600\sim600$ W/cm^2 时，我们发现，假定的器件尺寸为100 μm×100 μm，为了提供负的动态电导率所需的泵送强度，$I\approx6\sim600$ mW。

图4.17 给出了当 $\tau=10^{-12}$s、$\tau_R=10^{-9}$s 情况下 $T=77$ K[9]和300 K[76]的各种泵送强度下的 Re σ_ω 的计算结果。纵坐标是归一化的特征电导率 $e^2/2\hbar$。可以清楚地看到，电导率变为负值的频率范围随着泵送强度变宽。

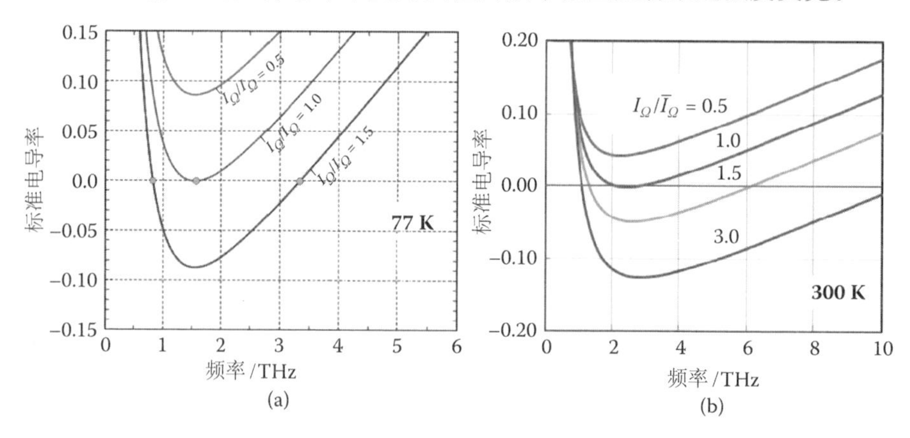

图4.17　计算各种泵送强度下交流电导率。(a)在77 K温度下(V. Ryzhii, M. Ryzhii, and T. Otsuji. 2007. J. Appl. Phys. 101：083114.)。(b)在300 K温度下(T. Otsuji, H. Karasawa, T. Watanabe, T. Suemitsu, M. Suemitsu, E. Sano, W. Knap, and V. Ryzhii. 2010. C. R. Phys. 11：421-432.)

4.3.2.2 高电子温度情况

当光生电子和空穴是在室温环境和/或强泵送下加热时，由载流子载波(cc)的散射引发的集体激发，例如带内等离子体，应该在随能量进行超快载体再分配中起到主导作用，如图 4.16(b)和图 4.16(c)的上部分图及图 4.16(d)的上部分所示。然后光学声子(optical phonons, OPS)在有电子和空穴分布的高能尾上由载体发射。这种能量松弛过程使得狄拉克点周围积聚了非平衡载流子，如图 4.16(d)的上部分所示。由于光电子/空穴的快速带内松弛(在 1 ps 以下)和相对慢的带间重组(远远大于 1 ps)，我们可以在足够高的泵送强度下得到粒子数反转[9]。由于石墨烯的无间隙对称带结构，如果选择适当的泵送红外(IR)光子能量，在宽的兆赫兹的频率范围内能预测到光子发射。

在 cc 散射是占主导地位，并且载流子始终处于准平衡状态[77-78]的情况下，我们认为本征石墨烯处于光脉冲激发态。我们把区域内和带间光学声子(OPS)都考虑在内[73-74]。载流子分布(相当于电子和空穴的分布)取决于下式中载流子的总能量和浓度：

$$\frac{\mathrm{d}\Sigma}{\mathrm{d}t}=\frac{1}{\pi^2}\sum_{i=\Gamma,K}\int \mathrm{d}\boldsymbol{k}[(1-f_{\hbar\omega_i-v_\omega\hbar k})(1-f_{v_w\hbar k})/\tau^{(+)}_{iO,\mathrm{inter}}-f_{v_w\hbar k}f_{\hbar\omega_i-v_w\hbar k}/\tau^{(-)}_{iO,\mathrm{inter}}]$$

$$\frac{\mathrm{d}E}{\mathrm{d}t}=\frac{1}{\pi^2}\sum_{i=\Gamma,K}\int \mathrm{d}\boldsymbol{k}v_w\hbar k[(1-f_{\hbar\omega_i-v_w\hbar k})(1-f_{v_w\hbar k})/\tau^{(+)}_{iO,\mathrm{inter}}-f_{v_w hk}f_{\hbar\omega_i-v_w\hbar k}/\hbar^{(-)}_{iO,\mathrm{inter}}]+$$
$$\frac{1}{\pi^2}\sum_{i=\Gamma,K}\mathrm{d}\boldsymbol{k}\hbar\omega_i[f_{v_w\hbar k}(1-f_{v_w\hbar k+\hbar\omega_i})/\tau^{(+)}_{iO,\mathrm{intra}}-f_{v_w\hbar k}(1-f_{v_w\hbar k-\hbar\omega_i})/\tau^{(-)}_{iO,\mathrm{intra}}]$$

式中，Σ 和 E 分别是载流子浓度和能量密度；f_ε 是准费米分布；$\tau^{(\pm)}_{iO,\mathrm{inter}}$ 和 $\tau^{(\pm)}_{iO,\mathrm{intra}}$ 分别是逆间和带间 OPS 的散射率，是一对倒数($i=\Gamma$，表示 $\omega_\Gamma=196$ meV 的 Γ 点附近的 OPS，$i=K$ 表示 $\omega_\Gamma=161$ meV 的区域边界附近的 OPS，"+"表示吸收，"-"表示放射)。这些方法确定了含时准费米能 ε_F 和载流子温度 T_c。图 4.18 给出了光子能量为 0.8 eV 泵送的飞秒脉冲激光[78]的标准结果。可以清楚地看出，当载流子被冷却时 ε_F 会迅速增加，且当泵送强度超过一定阈值时 ε_F 变为正值。该结果证明了粒子数反转的发生。在此之后，重组过程变得更缓慢(约为 10 ps)。

4.3.3 光泵浦石墨烯的增益受激兆赫放射的观测

我们使用基于光学泵/兆赫兹和光探针技术[67]的兆赫兹时域光谱去观测光泵石墨的载流子松弛与复合动力学[11,76,79]。一个剥离型单层石墨烯/二氧化硅/硅的样品或异质外延石墨烯/3C-SiC/Si 的样品被放置在台

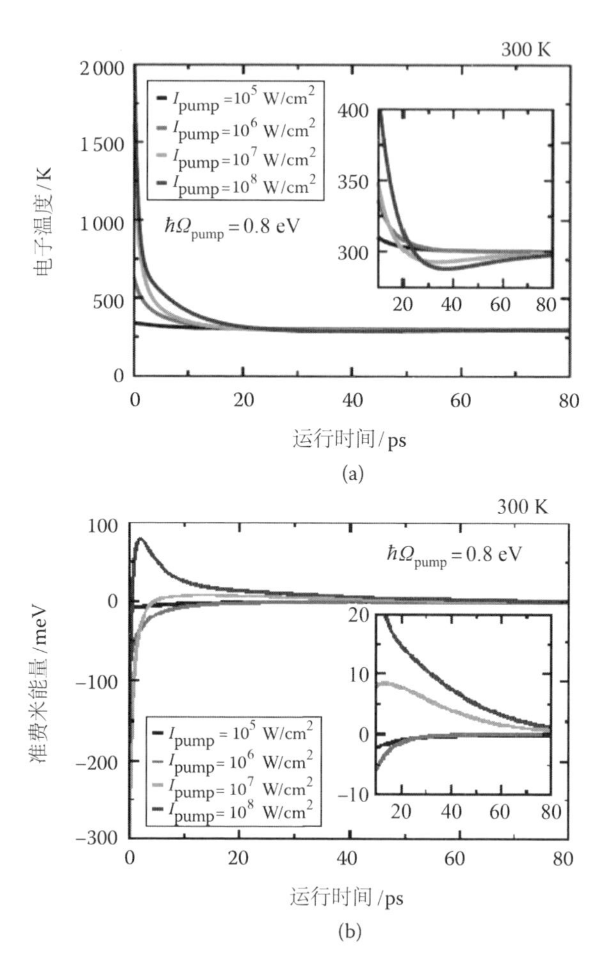

图4.18 随时间变化。(a)表示电子温度而。(b)表示脉冲泵送后的准费米能级。(After A. Satou, T. Otsuji, and V. Ryzhii. 2010. Theoretical study of population inversion in graphene under pulse excitation. Technical Digest of the International Symposium on Graphene Devices (ISGD, Sendai, Japan, October): 80-81. With permission.)

上，一个0.12 mm厚的(100)取向碲化镉(CdTe)晶体被放置在样品上，作为一个兆赫兹探测脉冲发射器和电光传感器。具有4 mW平均功率和20 MHz的重复性的单个80 fs、1 550 nm纤维的激光束被分为两种：一种为CdTe晶体中光泵送和光致的兆赫兹探测光束；另一种为光学探针。线性偏振的泵浦激光器同时聚焦在石墨烯样品背面上垂直入射以诱导粒子数反转，并在CdTe以诱导光学整流和兆赫兹脉冲的发射(图4.19中主脉冲被标记为“1”)。

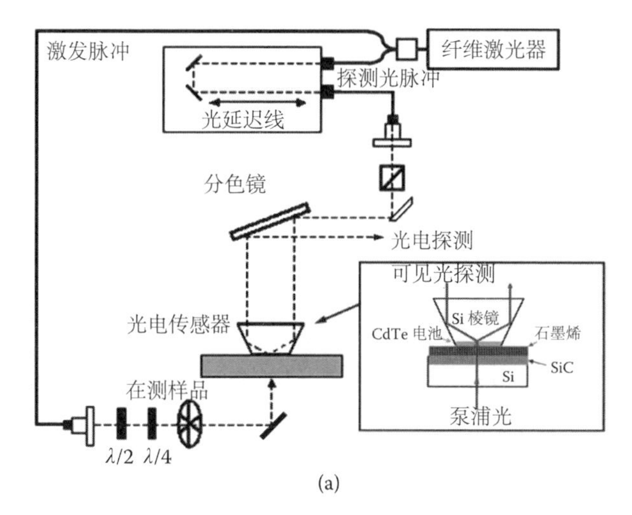

(a)

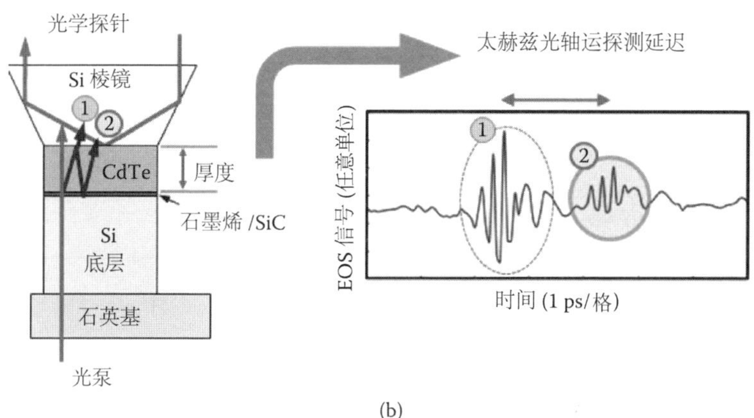

(b)

图 4.19 (a)通过光泵/太赫兹探针技术从石墨烯相干发射的实验装置。(b)泵送探针几何结构。在探测光束贯穿整个 CdTe 传感器晶体时的全反射几何结构中,对随时间改变的电场强度进行电光采样。CdTe 也可用作兆赫兹探测光束源。二次脉动是辐射光子的回波信号,表示石墨烯中兆赫兹辐射的受激放射。

CdTe 上表面部分局部反射回来的兆赫兹光束,激发了石墨烯中的兆赫兹放射,这被电光学检测为兆赫兹光子回波信号(在图 4.19 中二次脉冲被标记为“2”)。

第一个实验进行的是脱落单层石墨烯样品的制备。图 4.20(a)和 4.20(b)绘制了测量的结果[79]。图 4.20(a)给出了在 3×10^{7} W/cm^{2} 的最大泵送强度下的典型的瞬时响应。黑/灰曲线是当泵浦光束聚焦到有或没有石墨烯样品上时的反映。与没有石墨烯样品的相比,有石墨烯样品时所

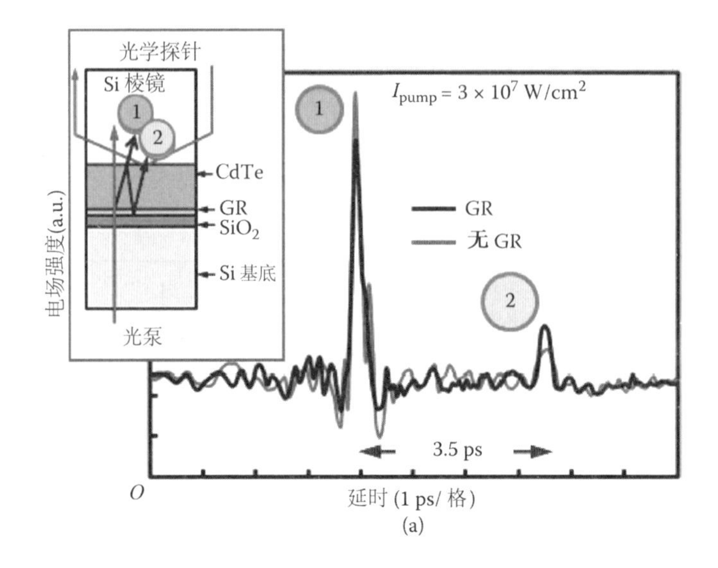

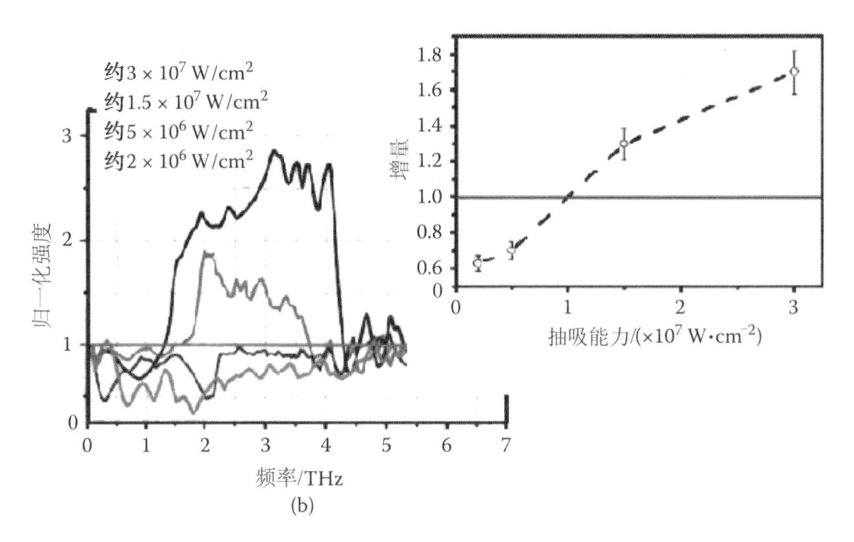

图4.20　剥离单层石墨烯样品的实测结果。(a)时间谱。二次脉冲是通过石墨烯反射和透射的兆赫兹光子回波。(b)标准化的傅里叶光谱和增益分布。(After S. Boubanga Tombet, S. Chan, A. Satou, T. Watanabe, V. Ryzhii, and T. Otsuji. 2010. Amplified stimulated terahertz emission at room temperature from optically pumped graphene. Paper presented at EOS Annual Meeting, TOM2_4011_10, Paris, France, October 27, 2010. With permission.)

测得的二次脉冲(兆赫兹光子回波信号)较为激烈。

这表明石墨是作为增益介质的。图 4.20(b)表示从正常到没有石墨烯之后的石墨烯的发光光谱。图 4.20(b)的插图给出了所测量的增益与泵浦功率的函数关系。当光泵浦功率减小时放射大幅度减少。人们也可注意到,低于 1×10^5 W/cm^2 时放射完全消失,且只有衰减可以被看到。所测量的增益对泵浦功率的依赖关系如图 4.20(b)所示。我们可以观测到类阈值现象,这证实了由受激辐射引发的负导电性和兆赫兹光增益的发生。

然后,对异质外延硅基体石墨烯(GOS)样品进行了相似的测试[11,76]。光泵浦强度条件被设置在了最高标准中。标准的测量结果如图 4.21 所示。没有石墨烯的 CdTe 的放射显示出了类似于具有约 1 Hz 处的单峰和延伸到约 7 MHz 的上弱旁瓣(图 4.21 中实心黑色线)的光学整流的瞬态响应。

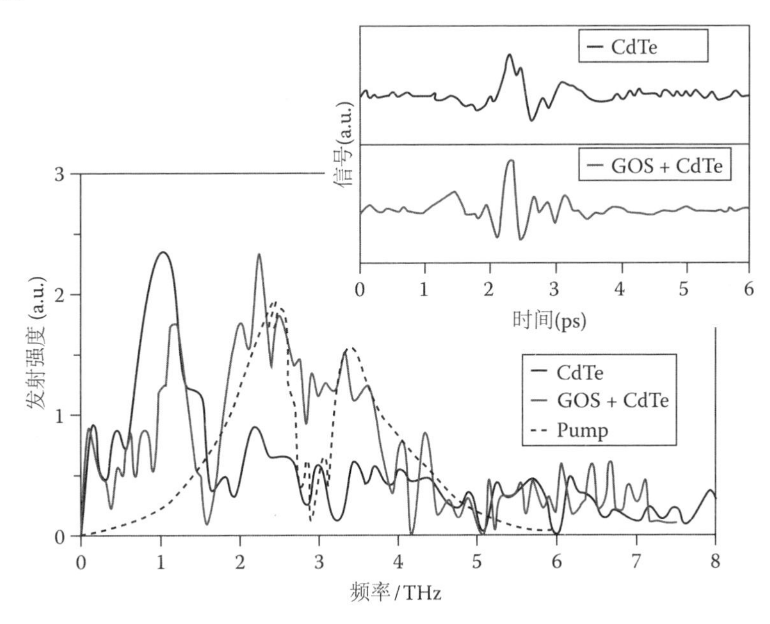

图 4.21 异质外延硅上石墨烯样品的测量结果(插图:时间响应;主区:傅里叶频谱)。虚线为由泵送激光光谱预测的光电子光谱。(After T. Otsuji, H. Karasawa, T. Watanabe, T. Suemitsu, M. Suemitsu, E. Sano, W. Knap, and V. Ryzhii. 2010. Emission of terahertz radiation from two-dimensional electron systems in semiconductor nano-heterostructures. C. R. Physique 11: 421-432. With permission.)

另外,石墨烯的测试结果与泵送光子谱基本吻合,且在原始 CdTe 光谱中大约 1 THz 处具有一个附加峰(在图 4.21 中的灰线)。所得到的时间谱与剥离单层石墨烯的是不相同的,它是杂乱或粗糙的。这是因为受到测试的 GOS 样品具有不同于剥离单层石墨烯样品的以下几个因素:①一个薄的吸收或整流兆赫兹辐射的 3C-SiC 外延层,这可能会使瞬时响应产生额外的假象;②具有约 20 nm 的小晶粒的多层非贝尔纳尔堆叠无间隙石墨烯。然而,它们的傅里叶光谱显示出与剥离石墨烯样品相似的趋势。人们认为,石墨烯的兆赫兹放射是被源自 CdTe 的由泵激光束激发的相干兆赫兹探针辐射激发的。兆赫兹辐射因负动态电导率范围内的光电子 - 空穴的重组而被放大。

从这些结果和讨论中,我们已经成功地观测到来自石墨烯的载流子松弛重组动力学产生的相干扩增刺激的太赫兹放射。其结果提供了负动态导电率产生的证据,这可能被应用到一种新型的兆赫兹激光器中。

4.4　概要及更多

本章涵盖了作者对石墨烯材料在电子和光子设备中应用的最近理论与实验研究进展。由于其独特的载流子传输和光学性质,包括无质量和无间隙的能量光谱,石墨烯将会突破传统电子和光子器件中的许多技术限制。石墨烯在电子设备中最有前途的用途之一是作为场效应晶体管的信道材料。尽管有几个涉及工艺技术的关键问题,包括载体掺杂、栅极堆叠等,必须得到解决,在不久的将来,石墨烯信道场效应晶体管仍将会突破任何类型的传统半导体场效应管的速度限制。石墨烯的光学特性可在光电应用种提供许多优势。一个典型的例子是超灵敏、超高速的光电探测器和连接点处及石墨烯信道场效应晶体管中的石墨烯光电晶体管操作。在 Ryzhii 等的工作中可以看到详细的讨论[80-82]和实验研究[83]。另外,当我们考虑光学泵浦石墨烯的超快载流子松弛和相对慢的重组动力学时,一个在兆赫兹范围内的显著特性——负动态电导率可被衍生出来。通过实验,我们成功地观测到了飞秒激光泵浦石墨烯的兆赫辐射的增益受激辐射。尽管观测到的受激兆赫辐射是一种由于缺乏激光器腔体结构[62-63]的非平衡超快现象,但这些结果鼓励我们继续努力制造出一种新型的能够在室温下工作的真正的兆赫激光器。除了光泵浦,电流注入型激射也是可行的。有鉴于此[84],一种双栅型石墨烯信道场效应晶体管结构已经被提出。在光学频率范围内,一个新的基于石墨烯的设备开发的浪潮正在形成,那就是石墨烯可饱和吸收体[85-86]。石墨烯自然地表现出一个2.3%恒定吸光度的宽频光感应,这仅是由通用物理常数[87]所决定的。但是,如果由于泡利阻挡具有特定光子能量的强辐射使得吸光度饱和,对于光子辐射石墨烯变为透明,从而形成一个饱和吸收体。因此,它可以为飞秒脉冲压缩机工作。这些都是石墨烯在电子和光子装置中一些更广泛的可能性应用的典型实例。

本章参考文献

[1] K. S. Novoselov et al. 2004. Electric field effect on atomically thin carbon films. *Science* 306: 666.

[2] K. S. Novoselov et al. 2005. Two-dimensional gas of massless Dirac fermions in graphene. *Nature* 438:197.

[3] P. Kim et al. 2005. Experimental observation of the quantum Hall effect and Berry's phase in graphene. *Nature* 438:201-204.

[4] A. K. Geim and K. S. Novoselov. 2007. The rise of graohene. *Nat. Mater.* 6:183.

[5] M. Fujita et al. 1996. Pecunar iocanzea state at zigzag grapnite edge. *J. Phys. Soc. Jpn.* 65:1920.

[6] T. Ando et al. 1998. Berry's phase and absence of back scattering in carbon nanotubes. *J. Phys. Soc. Jpn.* 67: 2857.

[7] R. Saito et al. 1998. Raman intensity of single-wall carbon nanodes. *Phys. Rev. B* 57:4145.

[8] K. Wakabayashi et al. 1998. Spin wave mode of edge-localized magnetic states in nanographite zigzag ribbons. *J. Phys. Soc. Jpn.* 67:2089.

[9] V. Ryzhii, M. Ryzhii, and T. Otsuji. 2007. Negative dynamic conductivity of graphene with optical pumping, *J. Appl. Phys.* 101:083114.

[10] V. Ryzhii et al. 2008. Population inversion of photoexcited electrons and holes in graphene and its negative terahertz conductivity. *Phys. Stat. Sol.* (c) 5: 261.

[11] H. Karasawa et al. 2011. Observation of amplified stimulated terahertz emission from optically pumped heteroepitaxial granhene-on-silicon materials *J. Infrared Milli. Terahz. Waves* 32:655-665.

[12] I. Forbeaux et al. 1998. Heteroepitaxial graphite on 6H-SiC(0001):

Interface formation through conduction-band electronic structure. *Phys. Rev. B* 58: 16396.

[13] J. W. May. 1969. Platinum surface LEED rings. *Surf. Sci.* 17:267-270.

[14] P. R. Wallace. 1947. The band structure of graphite. *Phys. Rev.* 71: 622-634.

[15] H. P. Boehm, A. Clauss, G. O. Fischer, and U. Hofmann. 1962. Das Adsorptionsverhalten sehr dunner Kohlenstoffolien. *Zeitschrift für anorganische und allgemeine Chemie* 316(3-4):119-127.

[16] G. W. Semenoff. 1984. Condensed-matter simulation of a three-dimensional anomaly. *Phys. Rev. Lett.* 53: 5449.

[17] D. P. DiVincenzo and E. J. Mele. 1984. Self-consistent effective mass theory for intra-layer screening in graphite intercalation compounds. *Phys. Rev. B* 295:1685.

[18] V Ryzhii, M. Ryzhii, and T. Otsuji. 2008. Tunneling current-voltage characteristics of graphene field-effect transistor. *Appl. Phys. Express* 1: 013001.

[19] V. Ryzhii, M. Ryzhii, A. Satou, and T. Otsuji. 2008. Current-Voltage Characteristics of a Graphene Nanoribbon Field-Effect Transistor. *J. Appl. Phys.* 103:094510.

[20] V. Ryzhii, M. Ryzhii, T. Otsuji. 2008. Thermionic and tunneling transport mechanisms in graphene field-effect transistors. *Phys. Stat. Sol.* (*a*) 205:1527-1533.

[21] K. Nakada et al. 1996. Edge state in graphene ribbons: Nanometer size effect and edge shape dependence. *Phys. Rev. B* 54: 17954.

[22] B. Obradovic et al. 2006. Analysis of graphene nanoribbons as a channel material for field-effect transistors. *Appl. Phys. Lett.* 88:142102.

[23] G. Liang et al. 2007. Performance projections for ballistic graphene nanoribbon field-effect transistors. *IEEE Trans. Electron Devices* 54: 677-682.

[24] J. Bai et al. 2010. Graphene nanomesh. *Nat. Nanotech.* 5:190-194.

[25] T. Ohta et al. 2006. Controlling the electronic structure of bilayer graphene. *Science* 313:951-954.

[26] E. McCann. 2006. Asymmetry gap in the electronic band structure of bi-

layer graphenc. *Phvs. Rev. B* 74: 161403(R).

[27] J. B. Oostinga et al. 2088. Gate-induced insulating state in bilayer graphene devices. *Nat. Mater.* 7:151-157.

[28] V. Ryzhii, M. Ryzhii, A. Satou, T. Otsuji, and N. Kirova. 2009. Device model for graphene bilayer field-effect transistor. *J. Appl. Phys.* 105:104510.

[29] S. Y. Zhou, G. -H. Gweon, A. V Fedorov, P N. First, W. A. De Heer, D. -H. Lee, F Guinea, A. H. Castro Neto, and A. Lanzara. 2007. Substrate-induced bandgap opening in epitaxial graphene. *Nat. Mater.* 6: 770-775.

[30] A. Bostwick, T. Ohta, J. L. McChesney, K. V. Emtsev, T. Seyller, K. Horn, and F. Rotenberg. 2008. Symmetry breaking in few layer graphene films. *New J Phys.* 9:385.

[31] E. Sano and T. Otsuji. 2009. Theoretical evaluation of channel structure in graphene field-effect transistors. *Jpn. J. Appl. Phys.* 48:041202.

[32] M. Ryzhii, A. Satou, V. Ryzhii, and T. Otsuji. 2008. High-frequency properties of a graphene nanoribbon field-effect transistor. *J. Appl. Phys.* 104:114505.

[33] V. Ryzhii, M. Ryzhii, A. Satou, T. Otsuji, and N. Kirova. 2009. Device model for graphene bilayer field-effect transistor. *J. Appl. Phys.* 105: 104510.

[34] V. Ryzhii, M. Ryzhii, A. Satou, T. Otsuji, and V Mitin. 2011. Analytical device model for graphene bilayer field-effect transistors using weak nonlocality approximation. *J Appl. Phys.* 109:064508.

[35] Y. -M. Lin et al. 2010. 100-GHz transistors from wafer-scale epitaxial graphene. *Science* 327: 662.

[36] L. Liao, Y. -C. Lin, M. Bao, R. Cheng, J. Bai, Y. Liu, Y. Qu, K. L. Wang, Y. Huang, and X. Duan. 2010. High-speed graphene transistors with a self-aligned nanowire gate. *Nature* 467:305-308.

[37] F. Schwierz, 2010. Graphene transistors. *Nature Nanotech.* 5:487-496.

[38] W. A. de Heer et al. 2007. Epitaxial graphene. *Solid state Comm.* 143: 92-100.

[39] Y Gamo et al. ,1997. Atomic structure of monolayer graphite formed on Ni(111). *Surf. Sci.* 374: 61-64.

[40] D. Kondo et al. 2010. Low-temperature synthesis of graphene and fabrication of top-gated field effect transistors without using transfer processes. Appl. Phys. Express 3:025102.

[41] S. Bae et al. 2010. Roll-to-roll production of 30-inch graphene films for transparent electrodes. Nature Nanotech. 5:574-578.

[42] M. Suemitsu et al. 2009. Graphene formation on a 3C-SiC(111) thin film grown on Si(110) substrate. *e-J Surface Sci. and Nanotech.* 71: 311-313.

[43] H. Nakazawa and M. Suemitsu. 2003. Formation of quasi-single-domain sc:-mt- on nominally on-axis Si(001)... substrate using organosilane buffer layer. *J. Appl. Phys.* 93: 5282-5286.

[44] Y. Miyamoto et al. 2009. Raman-scattering spectroscopy of epitaxial graphene formed on SiC film on Si substrate. *e-J Surface Sci. and Nanotech.* 7: 107-109.

[45] M. Suemitsu and H. Fukidome. 2010. Epitaxial graphene on silicon substrates. *J. Phys. D: Appl. Phys.* 43:374012.

[46] H.-C. Kang et al. 2010. Extraction of drain current and effective mobility in epitaxial graphene channel field-effect transistors on SiC layer grown on silicon substrates. *Jpn. J. Appl. Phys.* 49: 06DF17.

[47] R. Olac-bow et al. 2010. Ambipolar behavior in epitaxial graphene-based field-effect transistors on Si substrate. *Jpn. J. Appl. Phys.* 49: 06GG01.

[48] H.-C. Kang et al. 2010. Epitaxial graphene field-effect transistors on silicon substrates. *Solid State Electron.* 54: 1010-1014.

[49] H.-C. Kang et al. 2010. Epitaxial graphene top-gate FETs on silicon substrates. *Solid State Electron.* 54: 1071-1075.

[50] S. Takabayashi et al. private communication.

[51] D. B. Farmer and R. G. Gordon. 2006. Atomic layer deposition on suspended singte-walled carbon nanotubes via gas-phase noncovalent functionalization. *Nano Lett.* 6:699-703.

[52] D. B. Farmer et al. 2009. Utilization of a buffered dielectric to achieve high field-effect carrier mobility in graphene transistors. *Nano Lett.* 9: 4474-4478.

[53] J. S. Moon et al. 2010. Top-gated epitaxial graphene FETSs on Si-face

SiC wafers with a peak transconductance of 600 mS/mm, *IEEE Electron Device Lett.* 31:260-262.

[54] H. Sumi, S. Ogawa, M. Sato, A. Saikubo, E. Ikegami, M. Nihei, Y. Takakuwa. 2010. Effect of the carrier gas on the crystallographic quality of network nanographite grown on Si substrates by photoemission-assisted plasma-enhanced chemical vapor deposition. *Jpn. J. Appl. Phys.* 49: 076201.

[55] G. Giovannetti et al. 2008. Doping graphene with metal contacts. *Phys. Rev. Lett.* 101:026803.

[56] T. Mueller et al. 2009. Role of contacts in graphene transistors: a scanning photocurrent study. *PhYs. Rev. B* 79:245430.

[57] K. Nagashio et al. 2010. Systematic investigation of the intrinsic channel properties and contact resistance of monolayer and multilayer graphene field-effect transistor. *Jpn. J. ,Appl. Phys.* 49:051304.

[58] F. Xia et al. 2010. Graphene field-effect transistors with high on/off current ratio and large transport band gap at room temperature. *Nano Lett.* 10: 715-718.

[59] J. -H. Chen et al. 2008. Charged-impurity scattering in graphene. *Nature Phys.* 4: 377-381.

[60] F Schedin et al. 2007. Detection of individual gas molecules adsorbed on graphene. *Nature Mat.* 6: 652-655.

[61] D. B. Farmer et al. 2009. Chemical doping and electron-hole conduction asymmetry in graphene devices. *Nato Lett.* 9: 388-392.

[62] E. Sano and T. Otsuji, 2009. Source and drain structures for suppressing ambipolar characteristics of graphene field-effect transistors. *Appl. Phys. Express* 2: 061601.

[63] A. A. Dubinov, V. Y. Aleshkin, M. Ryzhii, T. Otsuji, and V. Ryzhii. 2009. Terahertz laser with optically pumped graphene layers and Fabri-Perot resonator. *Appl. PhYs. Express* 2:092301.

[64] V. Ryzhii, M. Ryzhii, A. Satou, T. Otsuji, A. A. Dubinov, and V. Y. Aleshkin. 2009. Feasibility of terahertz lasing in optically pumped epitaxial multiple graphene layer structures. *J. Appl. Phys.* 106:084507.

[65] J. M. Dawlaty, S. Shivaraman, M. Chandrashekhar, F. Rana, and M. G. Spencer. 2008. Measurement of ultrafast carrier dynamics in epitaxi-

al graphene. *Appl. Phys. Lett.* 92:042116.

[66] D. Sun, Z.-K. Wu, C. Divin. X. Li, C. Berger, W. A. de Heer, P. N. First, and T. B, Norris. 2008. Ultrafast relaxation of excited Dirac fermions in epitaxial graphene using optical differential transmission spectroscopy. *Phys. Rev. Lett.* 101: 157402.

[67] P. A. George, J. Strait, J. Dawlaty, S. Shivaraman, M. Chandrashekhar, F. Rana, and M. G. Spencer. 2008. Ultrafast optical-pump terahertz-probe spectroscopy of the carrier relaxation and recombination dynamics in epitaxial graphene. *Nano Lett.* 8:4248.

[68] H. Choi, F. Borondics, D. A. Siegel, S. Y. Zhou. M. C. Martin, A. Lanzara, and R. A. Kaindl. 2009. Broadband electromagnetic response and ultrafast dynamics of few-layer epitaxial graphene. *Appl. Phys. Lett.* 94:172102.

[69] H. Wang, J. H. Strait, P. A. George, S. Shivaraman, V. B. Shields, M. Chandrashekhar, J. Hwang, F. Rana, M. G. Spencer, C. S. Ruiz-Vargas, and J. Park. 2009. Ultrafast relaxation dynamics of hot optical phonons in graphene. *Arxiv* 0909:4912.

[70] T. Kampfrath, L. Perfetti, F. Schapper, C. Frischkorn. and M. Wolf. 2005. Strongly coupled optical phonons in the ultrafast dynamics of the electronic energy and current relaxation in graphite. *Phros. Rev. Lett.* 95:187403.

[71] M. Breusing, C. Ropers, and T. Elsaesser. 2009. Ultrafast carrier dynamics in graphite. *Phys. Rev. Lett.* 102: 086809.

[72] T. Ando 2006. Anomaly of optical phonon in monolayer graphene. *J. Phys. Soc. Jpn.* 75:124701.

[73] H. Suzuura and T. Ando. 2008. Zone-boundary phonon in graphene and nanotube. *J Phys. Soc. Jpn.* 77:044703.

[74] F. Rana. P. A. George, J. H. Strait, J. Dawlaty, S. Shivaraman, M. Chandrashekhar, and M. G. Spencer. 2009. Carrier recombination and generation rates for intravalley and intervalley phonon scattering in graphene. *Phys. Rev. B* 79: 115447.

[75] N. Bonini, M. Lazzeri, N. Marzari, and F. Mauri. 2007. Phonon anharmonicities in graphite and graphene. *Phys. Rev. Lett.* 99:176802.

[76] T. Otsuji, H. Karasawa, T. Watanabe, T. Suemitsu, M. Suemitsu, E. Sa-

no, W. Knap, and V Ryzhii. 2010. Emission of terahertz radiation from two-dimensional electron systems in semiconductor nano-heterostructures. *C. R. Phys.* 11:421-432.

[77] A. Satou, T. Otsuji, and V. Ryzhii. 2010. Study of hot carriers in optically pumped graphene. *Ext. Abstract Int.* Conf. *Solide State Devices and Materials* (JSAP, Tokyo, Japan, September):882-883.

[78] A. Satou, T. Otsuji, and V. Ryzhii. 2010. Theoretical study of population inversion in graphene under pulse excitation. *Tech. Dig. Int. Symp. Graphene Devices* (ISGD,Sendai,Japan, October):80-81.

[79] S. Boubanga Tombet, S. Chan, A. Satou, T. Watanabe, V. Ryzhii, and T. Otsuji. 2010. Amplified stimulated terahertz emission at room temperature from optically pumped graphene. *Paper presented at EOS Annual Meeting*, *TOM*2 4011_10, *Paris*, *France*, *October* 27, 2010.

[80] V Ryzhii,V Mitin, M. Ryzhii, N. Ryzbova, and T. Otsuji. 2008. Device model for graphene nanoribbon phototransistor. *Appl. Phys. Express* 1(6):063002.

[81] V Ryzhii, M. Ryzhii,N. Ryabova, V. Mitin, and T Otsuji. 2009. Graphene nanoribbon phototransistor: Proposal and analysis. *Jpn. J. Appl. Phys.* 48(4): Part 2, 04C144-1-5.

[82] V Ryzhii,M. Ryzhii,V. Mitin, and T Otsuji. 2010. Terahertz and infrared photodetection using p-i-n multiple-graphene-layer structures. *J. Appl. Phys.* 107(5): 054512-1-7.

[83] F Xia, T. Mueller, Y.-M. Lin, A. Valdes-Garcia, and P Avouris. 2009. Ultrafast graphene photodetector. *Nature Nanotech.* 4: 839-843.

[84] M. Ryzhii and V. Ryzhii. 2007. Injection and population inversion in electrically induced p-n junction in graphene with split gates. *Jpn. J. Appl. Phys.* 46(8):L151-L153.

[85] G. Xing et al. 2010. The physics of ultrafast saturable absorption in graphene. *Opt. Express* 18:4564-4573.

[86] Z. Sun et al. 2010. Graphene modelocked ultrafast lasers. *ACS Nano* 4: 803-810.

[87] R. R. Nair, P. Blake, A. N. Grigorenko, K. S. Novoselov, T. J. Booth, T. Stauber, N. M. R. Peres, and A. K. Geim. 2008. Fine structure constant defines visual transparency of graphene. *Science* 320-1308.

第5章　用于非常态电子的石墨烯薄膜

5.1 概　　述

作为最薄的弹性材料,石墨烯凭借其出色的电气性能、机械性能、光学性能和热性能引起了很高的关注[1-7]。石墨烯优异的载流子迁移率[室温下高达200 000 $cm^2/(V \cdot s)$][2]和电阻率(最高为30 Ω/□)[5]在高速晶体管和透明导电薄膜中的特定应用中所展现的潜力超过了既定的无机材料。许多专家相信二维石墨烯薄膜与一维碳纳米管相比,可提供与批量微细加工工艺兼容的制备方法,这对实现实用的设备和系统都是必需的。此外,石墨烯具有独特的力学性能,它的断裂应变约达到25%,弹性模量约达到1 TPa[4],远好于其他一些已知的电子材料。所以,石墨烯特别适合于非常态电子体系,如在给定高力学要求下可弯曲的、共形的、可伸展的电子设备。尤其是石墨烯具有与有机电子材料相似的分子结构,它与有机材料间强相互作用可形成优良的层间接触。这意味着石墨烯可用于可弯柔性有机设备的透明电极,如有机光伏发电和有机发光二极管[8-15]。

本章对石墨烯薄膜电子应用进行了介绍,主要介绍可以用来合成、制备特殊基底薄膜(如可弯曲的、可伸缩的基底)的生长和转移技术。本章内容分为6大部分。5.1节介绍已在高性能电子产品中探讨的石墨烯及其应用。5.2节概述大尺寸电子器件中高质量石墨烯薄膜的生产,这些石墨烯是通过化学气相沉积法和高通量转移印刷方式制备的。5.3节描述高性能射频晶体管和柔性电子系统中关于塑料基片的一些具有代表性的结论。5.4节描述石墨烯导电薄膜在电子设备布局的集成,包括触摸屏面板到有机太阳能电池和发光二极管。5.5节描述的石墨烯气阻薄膜不仅应用于电子设备,还能用于食品保鲜或活性金属表面的抗氧化涂层。最后一节综述所有内容并对未来工作的趋势提出一些观点。

5.2 石墨烯薄膜的大尺寸生产

5.2.1 大尺寸石墨烯合成

生产大尺寸石墨烯中最引人观注的技术是在镍或铜基底上的化学气相沉积(CVD)。在化学气相沉积法中,烃类气相前驱体被注入到高温室中,温度在1 000 ℃左右。在高温下,烃类原子被吸附在催化层上,留下参碳原子。在冷却处理过程中,碳原子得到形成二维原子结构的能量[5,6,16-18]。图5.1(a)显示了在镍催化层生成的多层石墨烯的扫描电镜图,通过多层石墨烯可以指导其他各种石墨烯层。石墨烯层的数量可通过图5.1(b)的透射电镜图估算。石墨烯层的数量取决于镍催化剂上碳原子的溶解度[6,16]。有大量碳原子的镍颗粒会导致石墨层变厚。为避免石墨结晶,应通过控制镍厚度和高温下的反应时间使吸附在镍上的碳源数目减小。图5.1(c)和图5.1(d)显示了石墨烯的分布。将石墨烯膜转移到SiO_2(300 nm)/镍基底上之后,得到了光学显微镜图像和共焦扫描拉曼显微镜图像。图5.1(d)中最明亮的区域相当于单分子层,最暗的区域代表大于10层石墨烯层的厚度。拉曼光谱数据(图5.1(e))展现了石墨烯数量和质量的特征。所有的光谱数据表明不尖锐的D峰意味着低缺陷密度。G/2D中的相对峰比表明了图5.1(c)中测量点的石墨烯层数目。转移在镍层生成的多层石墨烯的两种方法已经在文献中介绍了。第一种方法包括当催化层被腐蚀时石墨烯膜中聚甲基硅氧烷(PDMS)或聚甲基丙烯酸甲酯(PMMA)支撑层的应用。将石墨烯冲压到有用的基底后,石墨烯膜上的支撑层被移除了[18-19]。第二种方法是在腐蚀和净化过程中将没有支撑层的石墨烯膜转移。通过这种方法可以得到清洁的表面,尽管在此过程中石墨烯膜容易被破坏。

为得到高质量石墨烯膜产品,应该发展能生产同一厚度分布的技术。用于在镍上生成石墨烯的场效应晶体管几乎不可能直接生产,尽管它可以大规模合成。对于这些应用,应该发展单层厚度的均匀大尺寸石墨烯。与之前的催化剂镍相比,铜的碳原子溶解度较小[6,16-17]。单层石墨烯膜可在类似CVD生长过程下通过铜催化层合,这在之前已经提到了。因为铜蒸

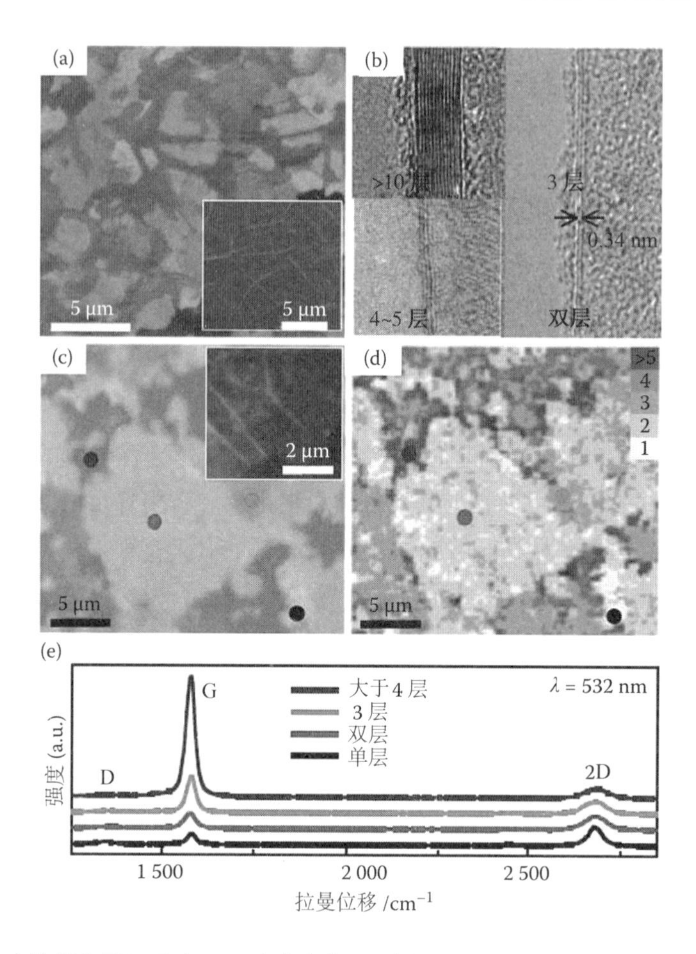

图 5.1 在镍催化层上通过 CVD 法合成的石墨烯层。(a)在镍层上生成的石墨烯膜。(b)通过高分辨透射电镜估计石墨烯膜的厚度和层间距。(c)将石墨烯膜转移至 SiO_2(300 nm)层的光学显微镜图。(d)共焦扫描拉曼图,与(c)一致。(e)各个点的拉曼光谱表明石墨烯层的不同数目(Kim K. S. ,Zhao Y. ,Jang H. ,Lee S. Y. ,Kim J. M. ,Kim K. S. ,Ahn J. -H. ,Kim P. ,Choi J. -Y. ,Hong B. H. 2009. Large-scale pattern growth of graphene films for stretchable transparent electrodes. Nature 457(7230):706-710. Copyright 2009 Nature Publishing Group. With permission.)

发发生在相对较低的温度,所以厚铜箔被用于 1 000 ℃下 CVD 生长。真空处理会导致铜表面无定形碳的低积累。图 5.2(a)和图 5.2(c)显示了在铜膜上合成的石墨烯的扫描电镜图和光学显微镜图。这些图片展现了单层石墨烯的均匀分布。图 5.2(a)和图 5.2(c)上方圈出的黑暗部分代表双层石墨烯，图 5.2(a)和图 5.2(c)下方的箭头表示三层石墨烯膜。石墨烯膜的表面形貌非常依赖于铜表面的形貌。在图 5.2(d)中，从下往上的拉曼光谱分别来自于图 5.2(a)和图 5.2(c)中中间圆圈、上方圆圈和下方箭头这些标记过的地方。石墨烯膜的均匀性可在光学显微镜和拉曼光谱下的颜色对比来评估。所有试样及其拉曼光谱的光学图像强度分析可知单层石墨烯分布在超过 95% 的铜表面上[17,20-21]。

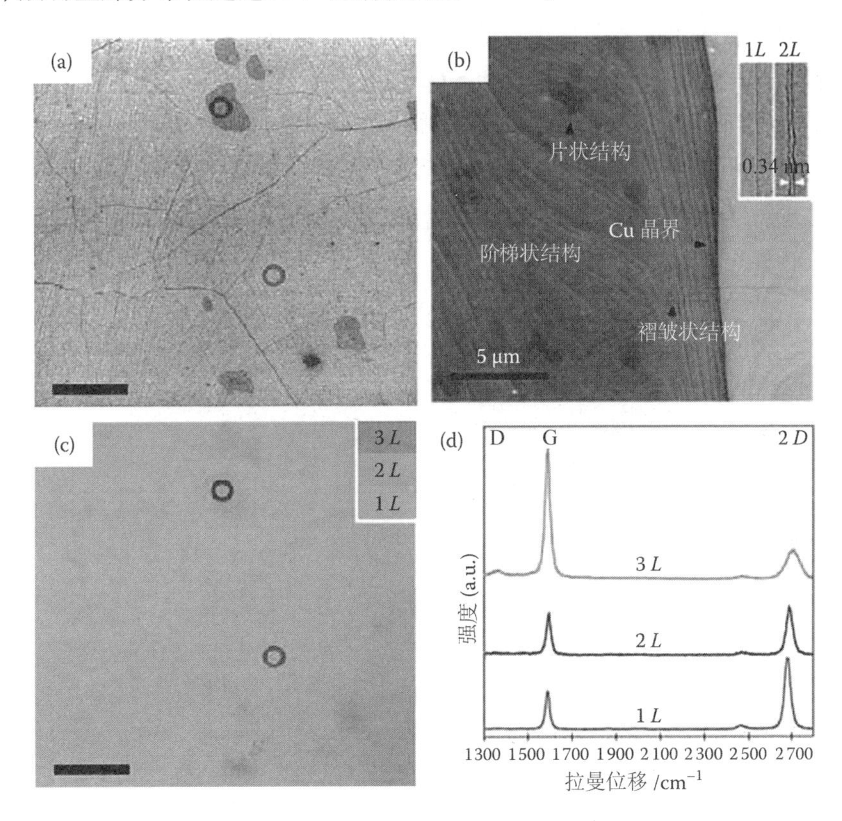

图5.2　用化学气相沉积法在铜催化层表面合成的石墨烯方法。(a)生长在铜箔上的石墨烯膜的 SEM 图。(b)在铜表面流动条件件的石墨烯膜的形态图像(通过 TEM 得知嵌入物表示单层和双层石墨烯)。(c)SiO_2 层上被转移的石墨烯膜的光学显微镜图，不同颜色代表不同层数。(d)在 300 nm SiO_2 层上对不同层数的石墨烯层的拉曼光谱。(彩图见附录)

5.2.2　大尺寸石墨烯转移方法

制作大尺寸、高质量石墨烯已经通过在碳化硅(SiC)基底外延生长并在 Cu、Ni 等金属表面化学气相沉积的方法实现。然而，大多数应用需要石墨烯附在绝缘体上。这意味着如果石墨烯在金属上合成，那么石墨烯必须转移到其他合适的基底或用其他方法处理。关键是在处理过程转移石墨烯不能有大变形。将大面积石墨烯转移到目标基底上，过程中不能进一步降解，这非常具有挑战性。这一领域已经吸引了很多观注。

图 5.3 是晶片规模石墨烯转移过程示意图[18]。晶片中在镍催化层上生长的石墨烯要求将催化层有效去除。这里，从 SiO_2/Si 基底中拆分石墨烯膜和催化层可以通过催化层和 SiO_2 浸润性差异来解释。因为纳米级催化层接触到蚀刻剂使得催化层可以瞬间去除。然后附在高分子载体的石墨烯处于准备转移至有用基底上的状态。在石墨烯膜转移到目标基底后，可通过短氧等离子体刻蚀光刻图形化。图形化前石墨烯膜也可通过这种方法转移。

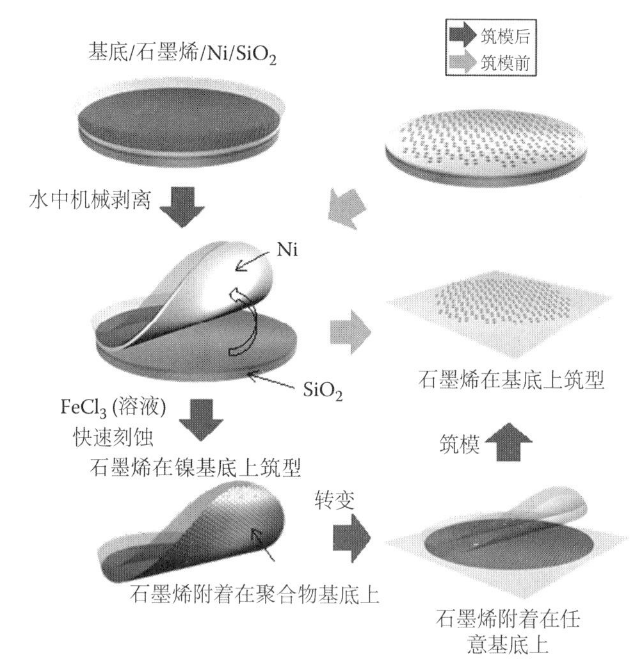

图 5.3　大尺寸石墨烯转移过程示意图。将干净的石墨烯膜和图形化的石墨烯膜在晶片规模下转移至目标基底，可通过高分子支撑层干式转印实现。

另外一种转移打印方法已成功开发，这种方法通过 PMMA 辅助转移在铜箔上生成的石墨烯至目标基底[16-18]。在石墨烯在铜箔上生成后，将

PMMA 旋转涂布在顶部并烘烤一小会儿。之后铜箔被刻蚀去除，剩余的 PMMA/石墨烯膜用去离子水冲洗以去除残留刻蚀剂。在这个阶段，用丙酮将 PMMA 去除前，PMMA/石墨烯薄膜可以转移到任意基底。为使转移过程中产生的裂纹的密度最小，大尺寸石墨烯膜的一种改进后的转移工艺被探讨，如图 5.4(a)所示。

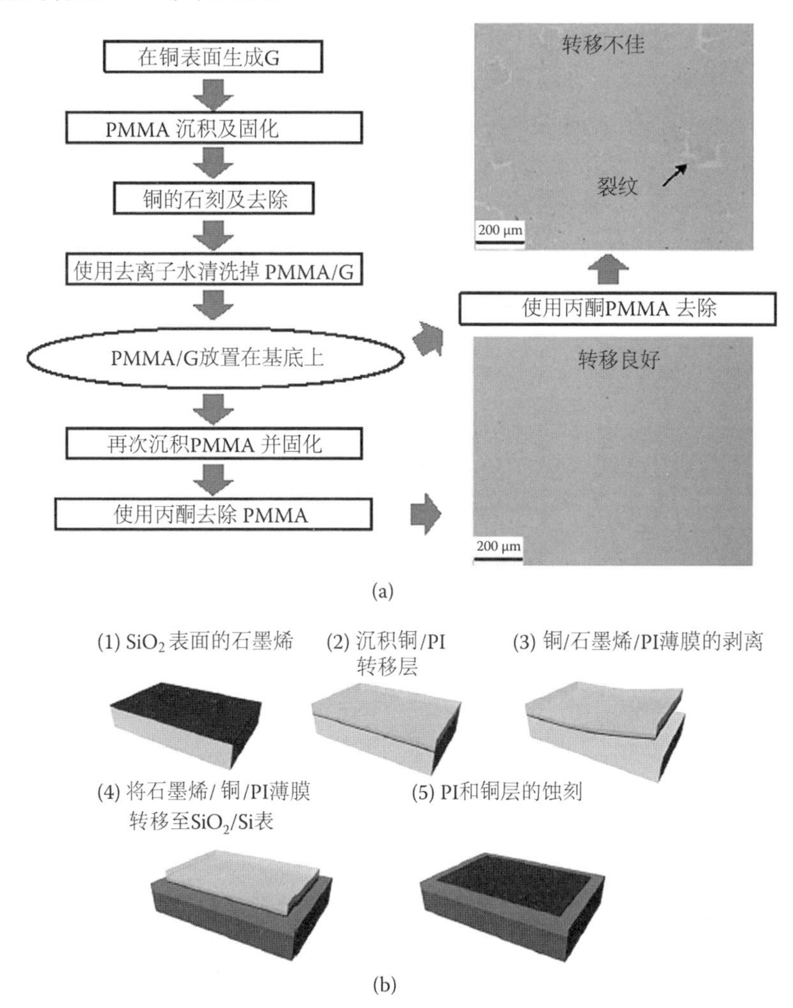

图 5.4 (a)石墨烯膜的转移过程。右边的两个插图是转移至 SiO_2/Si 晶片(285 nm 厚的 SiO_2 层)的石墨烯的光学显微镜图，分别用“坏”(顶部)“好”(底部)标记。(b)在 SiC 晶片生长的石墨烯转移到另一个基底(本书中即 SiO_2/Si)步骤的示意图。

将石墨烯从 SiC 生长晶片转移至另一种基底的步骤,如图 5.4(b)所示,与那些报道过的随机网络和单壁碳纳米管排列的转移相似[24]。首先,将石墨烯/SiC 样品沉积在铜(或铅)和聚酰亚胺层上。将烘过的聚酰亚胺薄层作为机械剥离过程的有力支撑物。在转移到目标基底后,用氧等离子体反应离子和湿法化学刻蚀去除聚酰亚胺与铜。

大尺寸(30 in)卷对卷转移法在近期被开发[5]。图 5.5 为石墨烯膜轧辊产品的示意图。这种卷对卷方法可以连续生产大尺寸石墨烯。第一步用轧辊工艺将铜箔表面生成的石墨烯膜与热释带粘合。然后铜箔用铜蚀刻剂去除,并用去离子水漂洗以去除残留蚀刻剂。最后,通过辐照使热释带达到释放温度,从而将热释带上的石墨烯膜被转移到设计好的基底上。利用 CVD 法在铜基底生成的石墨烯膜可通过湿法化学掺杂来大大提高其电性能。湿法化学掺杂了通过类似蚀刻的方式来实现。此工艺的重复导致随机堆积的石墨烯。这些石墨烯膜的电阻率会在后面提到。

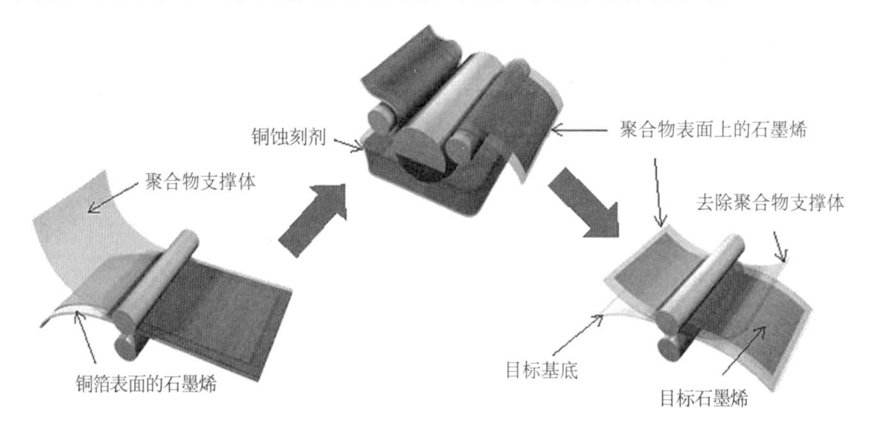

图 5.5　大尺寸石墨烯转移工艺示意图。在铜箔上生成的石墨烯通过热释带卷对卷转移。

图 5.6 表示晶片上的石墨烯膜和各种转移后的目标基底的图像。图 5.6(a)表示在镍或铜层上合成晶片规模的石墨烯。图 5.6(b)证明了石墨烯膜的透明度。转移至可伸缩、可弯曲基底上的石墨烯膜在图 5.6(c)和图 5.6(d)中表示。

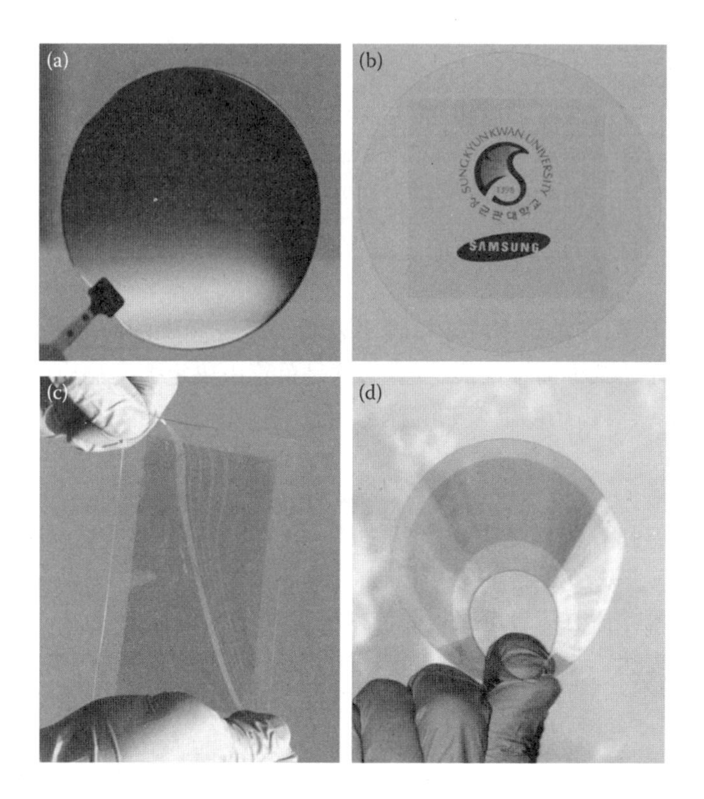

图 5.6 (a)在 Ni 或 Cu 层上合成晶片规模的石墨烯。(b)转移至透明基底上的石墨烯膜。(c)可伸缩 PMDS 基底上的石墨烯膜。(d)在可弯曲基底上形成的石墨烯膜。

5.3 场效应晶体管

第一个石墨烯基场效应晶体管(FET)已在 2004 年实现生产,从而引起对石墨烯电性能的极大兴趣[1]。石墨烯场效应晶体管的载流子在栅极电压的应用下可以从电子改变到空穴。石墨烯展现了高于 200 000 $cm^2/(V \cdot s)$的高本征迁移率[2,25]和高达 5.5×10^7 cm/s 高饱和漂移速度[26]。这使得石墨烯成为制作高速电子元器件的优异材料,尤其是那些提供极好的射频特性并带有极高的截止频率(f_T)的材料。石墨烯的出色力学特性使可弯曲、可伸缩电子元器件的制造变为可能。

5.3.1 射频晶体管

石墨烯有许多优点,如在室温下高过碳纳米管的高本征迁移率[27]。

许多理论研究都是在碳基材料上完成的,并提出皮秒时间尺度内回应的可能性,这相当于太赫兹频率制度[28]。具有在太赫兹范围内运行速度的晶体管要求有高电流放大倍数,并在成像和传感器方面引起很多兴趣。虽然石墨烯场效应晶体管显示了与 Si 不同的直流电特性,包括开关比值。这是因为它们的机理不同,与石墨烯交流电特性非常相似。例外,石墨烯的高迁移率和材料的二维性质使之成为高频率运行的最佳材料,这不同于碳纳米管[29]。

截止频率、转角频率或转角频率表明了系统频率响应的界限,流过系统的能量开始减少而不仅仅是通过,这是单管中决定平率响应的最能接受的步骤之一,可以用以下公式解释[29]:

$$f_{\mathrm{T}}=\frac{g_{\mathrm{m}}}{2\pi C}$$

式中,f_{T}、g_{m} 和 C 分别是截止频率、跨导和栅电容。从这个公式可以看出,提高跨导 g_{m}、减小栅电容 C,可以提高截止频率,这意味着在高频下实现的可能性。跨导值意味着电路提高输入电流和输出电流的能力。g_{m} 值可用下面公式表达[30]:

$$g_{\mathrm{m}}=\mu\times\frac{W}{L}\times C_{\mathrm{OX}}\times V_{\mathrm{D}}=\mu\times\varepsilon\times\frac{t_{\mathrm{ox}}\times W}{L}\times V_{\mathrm{D}}$$

式中,μ、W/L、C_{OX}、V_{D}、ε、t_{ox} 分别指迁移率、宽长比、栅电容、漏电压、介电常数和厚度。

三种参数组成这个公式:材料特性、几何形状和漏电压。石墨烯在材料和几何特性上具有很大的优点,而碳纳米管在高频射频晶体管中在适合的几何形状上遇到问题,即大通道宽度。从以上两个公式可以发现,晶体管在高频、毛迁移率、高栅电容、低总电容下可以得到高的 W/L 值[31]。

高介电常数和薄介电层可被用于形成高栅电容,在去除寄生电容来减少总电容需要精确光刻技术,这是通过去除栅和源/漏源(S/D)的重叠区来实现。另外,双触点或多触点模式可用于得到高的 W/L 值。石墨烯和碳纳米管的主要差别是 W/L 比的形成。这是因为石墨烯是二维材料,它有大通道宽度,而碳纳米管是一维材料,通道太窄而不能形成宽通道。

在处理过程中,问题在于用高 k 材料形成薄介电层,这是由于生成泄漏电流的小孔。研究者们尝试生成顶栅石墨烯场效应晶体管并提出设计改变材料或用化学药品功能化或单分子层自组装的方法。

这些方法实现了高频元器件在吉赫兹频率范围内的突破。图 5.7 显示了在 26 GHz 下的石墨烯晶体管[29]。通过机械剥离得到单层石墨烯并用拉曼光谱证实。由 1 nm Ti 和 50 nm Pd 组成的源漏电极通过电子束光刻来形成。由 50 个循环的 NO_2-TMA 组成的功能化层沉积，并伴随 12 nm Al_2O_3 原子层沉积作为栅介质。10 nm 和 50 nm 的 Pd 和 Au 沉积作为栅电极，栅电极的宽为 40 μm，长为 500 nm(图 5.7(a))。

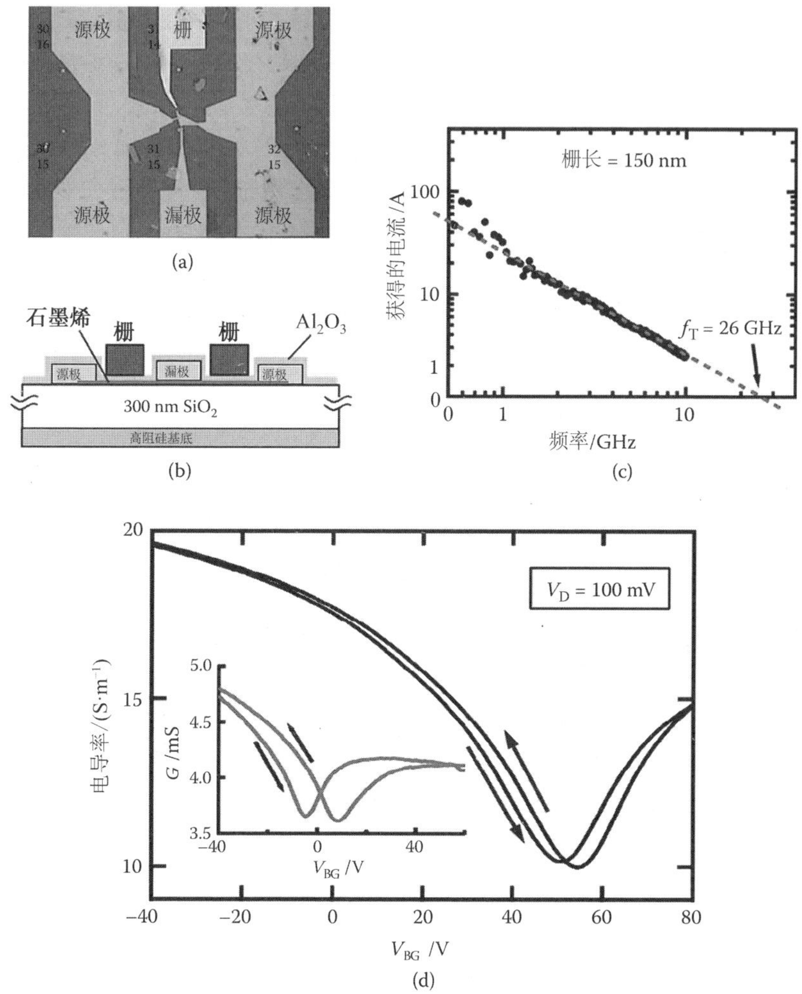

图 5.7 (a)顶栅地面-信号-地面途径的器件结构的光学图。(b)石墨烯晶体管交叉部分示意图。记下由单栅控制的两平行通道组成的元器件是为了提高激励电流和元器件跨导。(c)GFET 中测定的电流增益 h_{21} 与频率的函数关系，显示了截止频率为 26 GHz，其中 L_G = 150 nm。虚线部分相当于理想 $1/f$ 与 h_{21} 的依赖关系。(d)石墨烯在沉积顶栅电介质之前的电导率与背栅电压 V_{BG} 的函数关系。插图显示了 Al_2O_3 通过 ALD 沉积后的相同元器件。两个箭头代表栅电压趋势。

图5.7(c)显示了电导率和栅电压在沉积顶栅电介质前后的函数关系。狄拉克电压(电导率最小时的栅电压所表示的点)明显在移动。在沉积前的迁移率为400 $cm^2/(V \cdot s)$,沉积后明显减小了。迁移率的减小是因为在界面上 NO_2 层和声子散射的带电杂质散射。

通过外延生长也成功制得晶片尺寸的石墨烯射频(PF)晶体管[32]。石墨烯是在SiC半绝缘晶片上退火处理,然后外延生长得到,其霍尔效应迁移率超过1 000 $cm^2/(V \cdot s)$。在10 nm HfO_2 绝缘层沉积前,聚羟基苯乙烯被用作界面高聚物层。薄的高介电常数材料的沉积保持霍尔效应迁移率超过900 $cm^2/(V \cdot s)$,得到100 GHz的截止频率,这与具有类似结构硅基元器件相比是一个很大的值。图5.8显示了在100 GHz频率下运行的石墨烯晶体管阵列。通过石墨烯在SiC绝缘晶片上外延生长生产元器件阵列。另外,100 GHz的实际频率就几何和迁移率而言,意味着运行频率有提升到太赫兹的可能性。因此,太赫兹元器件中,石墨烯有许多可能。

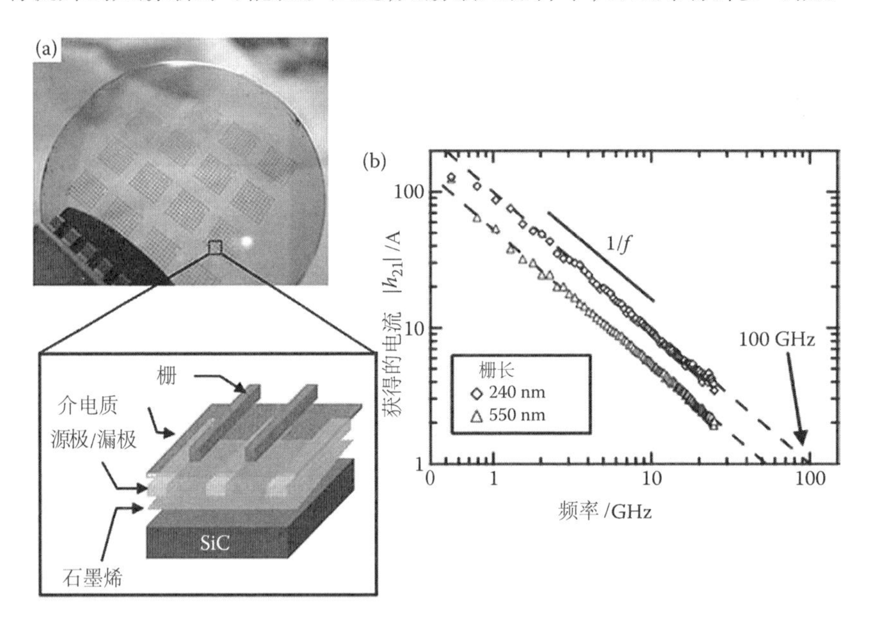

图5.8　(a)用2 in石墨烯晶片制作的元器件图及顶栅石墨烯场效应晶体管的横截面示意图。(b)在 V_D=2.5 V时240 nm栅与550 nm栅的石墨烯场效应晶体管的微弱信号电流增益 h_{21} 与频率的函数关系。240 nm与550 nm元器件的截止频率 f_T 分别为53 GHz和100 GHz。

5.3.2 柔性石墨烯晶体管

石墨烯是一种在许多应用领域中极具吸引力的材料,包括显示器、传感器和太阳能电池,这是因为石墨烯出色的力学、光学和电学性能[33-36]。因此,多石墨烯晶体管的基底、电极和电介质做了许多研究[17,37-39]。自从解决了合成大尺寸、高质量石墨烯的问题后,现在石墨烯膜被用于许多应用中,如场效应晶体管、透明电极和柔性可伸缩电极[6,16-17]。

图 5.9 显示了第一个 3 in 晶片尺寸的石墨烯晶体管阵列,它的迁移率为 2 000 $cm^2/(V \cdot s)$ 左右[18]。总体来说,有两种方法来大规模合成用于 FET 应用的高质量石墨烯[18,32,40]。第一种方法是直接用生长在 SiC 晶片上的石墨烯。第二种方法涉及将在金属催化层的石墨烯膜转移到有用的基底上,如柔性基底。后一种方法在实现大尺寸、柔性基底的元器件生产的可能性上更加有吸引力。虽然一些研究已经报道了柔性石墨烯场效应晶体管[41],但在生产大尺寸柔性石墨烯场效应晶体管上仍有许多问题。

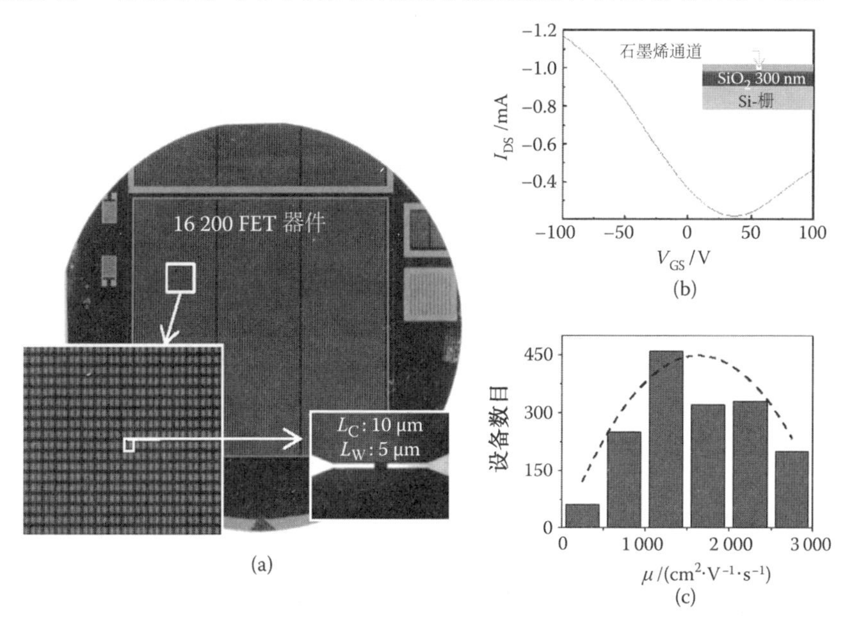

图 5.9 石墨烯场效应晶体管的电学特性和应变传感器。(a)在 3 in SiO_2/Si 晶片上生成的石墨烯场效应晶体管阵列(16 200 个元器件)图。源漏电极在 100 nm 厚的铜上形成。插图表示代表性晶体管的图。(b)通道长宽为 5 μm 的晶体管的转移曲线。插图表示元器件横截面示意图。(c)石墨烯场效应晶体管的空穴和电子迁移率的分散。

为生成石墨烯场效应晶体管,可以与石墨烯膜形成良好界面的高电容栅介质是必需的。虽然一些高介电常数,如 HfO_2、Al_2O_3、ZrO_2 已经被应用于石墨烯场效应晶体管,但并不适用于基于塑性基底的柔性器件,这是因为它的高加工温度[29,32,42]。因此,需要通过低温处理与石墨烯膜形成良好界面的高电容栅介质。这个问题可通过高电容可溶液加工的离子凝胶栅介质来解决[43-45]。

图5.10显示了在聚对苯二甲酸乙二酯(PET)基底上通过离子凝胶栅介质生产柔性石墨烯场效应晶体管[46]。首先,通过常规光刻用Cr/Au形成漏源电极。在铜箔上合成的石墨烯膜被分离孤立而形成沟道区。将凝胶嵌段共聚物的离子液体抛投,形成离子凝胶电介质层,再通过荫罩使铜沉积而形成栅电极。

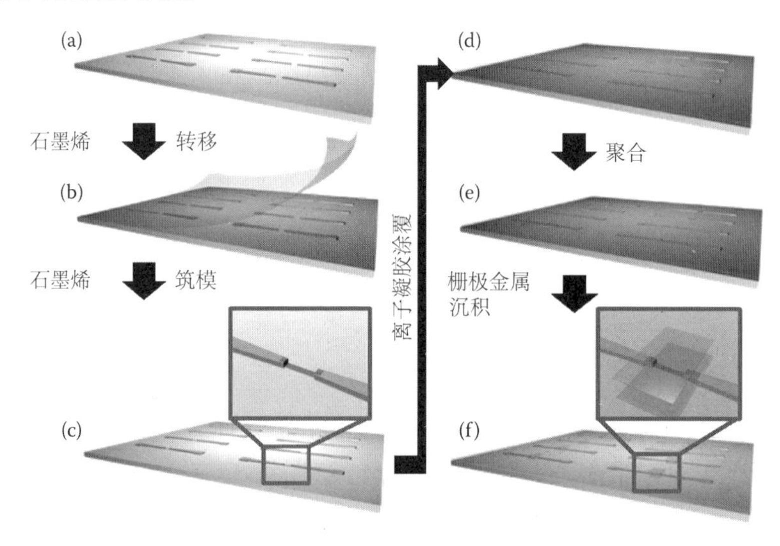

图5.10　在塑性基底上用于生产离子凝胶山石墨烯晶体管阵列的示意图

图5.11显示了柔性石墨烯场效应晶体管的性能。图5.11(a)是弯曲器件阵列图。元器件转移和电流-电压特性显示了低压工作以及产生较大的导通电流(图5.11(b))。这是因为大电容离子凝胶由室温离子液体和具有高电容值的凝胶化三嵌段共聚物组成,这使得离子凝胶的电容高达5.17 μF/cm²。另外,不像其他氧化物基电介质材料,离子凝胶的柔性提供了更高的柔性,如图5.11(c)所示。器件的稳定运行产生了高至5 mm的弯曲半径。图5.11(d)显示了空穴和电子迁移率分别在200 cm²/(V·s)和100 cm²/(V·s)左右的统计分布。器件中的石墨烯需要非同一般的形

成因素，而结论提供了这一可能性，包括力学柔性和伸缩性。

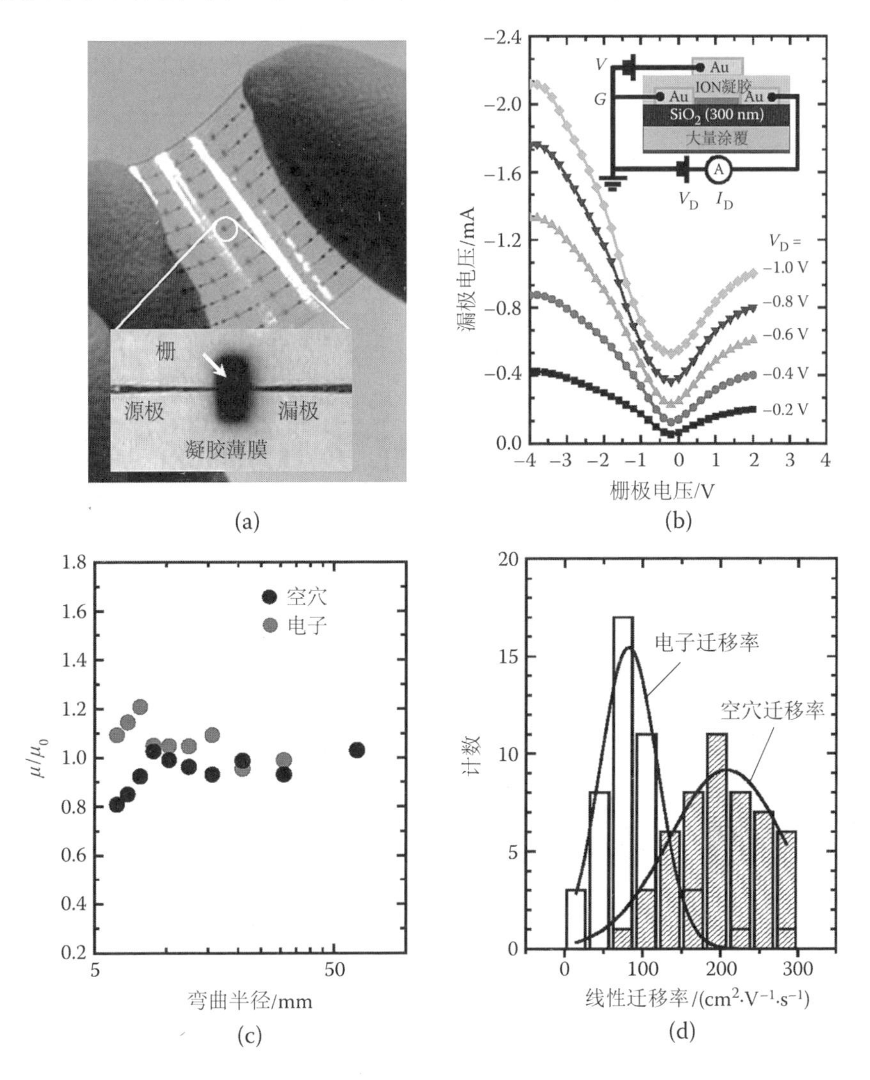

图 5.11 在柔性塑性基底上生成的离子凝胶栅石墨烯场效应晶体管的电学特性和力学特性。(a)塑性基底上器件阵列的光学图像。(b)塑性基底上的石墨烯场效应晶体管的转移特性。在输出曲线中，栅电压在−4 ~ +2 V 之间，间隔为−1 V。插图是柔性场效应晶体管结构示意图。(c)归一化有效迁移率(μ/μ_0)与弯曲半径的函数关系。(d)石墨烯场效应晶体管空穴迁移率和电子迁移率的分布。

未来电子元器件需要良好的机械性能以及光学透过性。当金属膜用作电机，这可能会建立柔性透明器件系统。近期，有人研发了将石墨烯用作导电电极、单壁碳纳米管(SWNTs)用作半导体通道的透明薄膜晶体管(TFT)[47]。将这些SWNTs和石墨烯膜用打印的方法打印在柔性塑性基底上。结果器件展现了极好的光学透过性和电性能。图5.12(a)和图5.12(b)分别是透明薄膜晶体管(TFT)和形态的示意图。图5.12(c)证明了杰出的光学透过性和力学弯曲性,导致TFT器件的迁移率约为2 $cm^2/(V \cdot s)$,开关比约为10^2,并且其性能不依赖于各个通道长度(图5.12(d))。

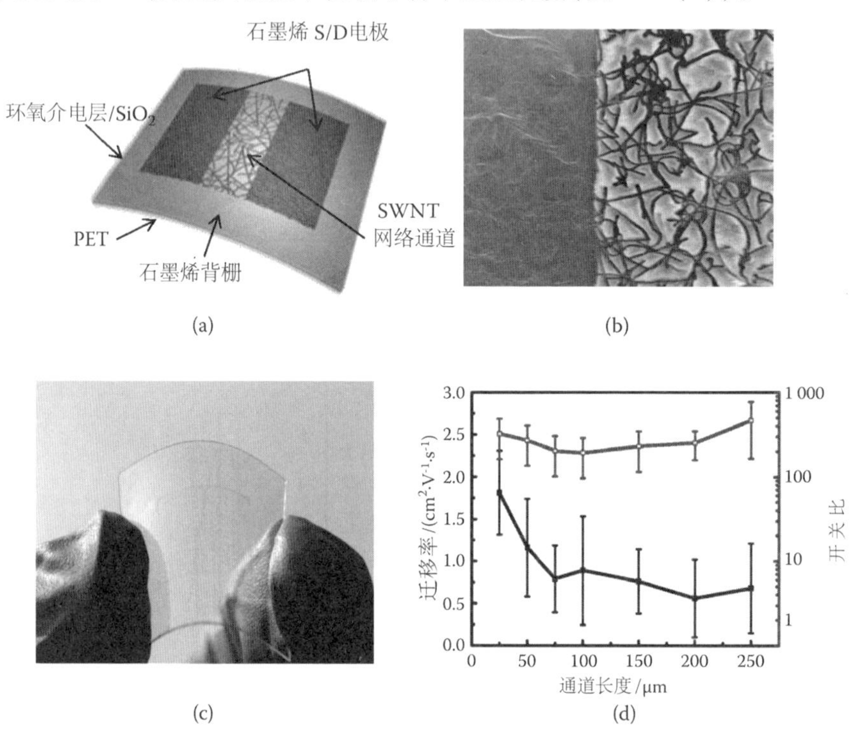

图5.12　(a)塑性基底上的柔性TTFTs的结构示意图。(b)漏源石墨烯电极(左)和SWNT网络通道层(右)间界面的SEM图。(c)在PET基底上的TTFEs阵列光学图像。(d)有效迁移率和开/关比与通道长度的函数关系。

5.4　透明电极

下一代光电器件的透明导电电极除了具有导电和透明的特点外,还需具备轻便、灵活、价格便宜且能大规模生产的特点。因有机电子装置中低表面电阻和高透明性是必不可少的,石墨烯在有机电子装置的电极应用中具有巨大潜力。用于光电子器件的常规透明电极是由铟锡氧化物(ITO)

或氟掺杂的氧化锡制成,稀缺的铟储量和金属氧化物的脆性限制了该电极的发展[12,48-49]。碳纳米管和纳米线已被用于光电器件透明电极的替代材料[50-52]。然而,这样的膜的显著粗糙度强加其应用严重的局限性。例如,有机光伏(OPV)透明电极的形态在减少漏电流和短路的发生几率与提高性能方面起着非常重要的作用。通过化学气相沉积法(CVD)生长的石墨烯的粗糙度小于 1 nm,这与商业导电玻璃(ITO)相当,比碳纳米管更平滑。

大尺寸的石墨烯薄膜的光学和电学特性如图 5.13 所示。随机堆叠的石墨烯层表明,光学透明度随石墨烯层数目的增加成比例地减少[5,6,19,52-53]。在波长为 550 nm 处,1 ~4 层石墨烯薄膜的透光率从 97.4% 降到 90.1%,每层减少约 2.5%。在传递过程后用酸(如硝酸)对石墨烯薄膜进行掺杂,以提高其电导率。这种掺杂方法可能会导致透射率的微弱下降,如图 5.13(c)所示。图 5.13(b)表示随着堆叠的石墨烯层的数目的增加,电阻有升高的趋势。

因为当另一层堆叠在它之上时,在传输过程中产生的缺陷被校正,所以电阻显著降低。当石墨烯堆叠到 4 层时,使用不同方法改性的石墨烯薄膜的电阻被因具有大约 50 Ω/□的相似值分组,它是独立的改性方法。图 5.13(c)总结了通过不同技术制备的导电玻璃(ITO)、碳纳米管和石墨烯的方块电阻与其透明性之间的关系。如图 5.13(c)所示,透光率为 90% 时,无论是否掺杂,4 层石墨烯的电阻比的导电玻璃(ITO)和碳纳米管的都低。与导电玻璃(ITO)相比,通过化学气相沉积法(CVD)制得的透明电极在可见光和红外(IR)区域中有更高的透过率以及在弯曲时更具稳定性。而导电玻璃(ITO)的表面电阻为 5 ~60 Ω/□,在波长为 400 ~900 nm 时其透射率约为 85%。人们普遍认为,石墨烯至少具有小于 100 Ω/□的表面电阻以及在可见光范围内 90% 以上的透射率,才可以替代 ITO 电极[52,54-55]。凭此结果我们可以得出,在不久的将来用来取代 ITO,石墨烯薄膜将是一个恰当的材料。而且,石墨烯的电阻计算值比掺杂石墨烯的滚轧薄膜低得多。如果石墨烯和传递过程的质量都能连续提高,适用于所需的高导电性的透明电极将得以实现。

5.4.1 触摸屏面板

透明电极的代表典型性应用就是触摸屏,触摸屏已经被应用于多种电气装置中,例如手机和监视器。电阻式触摸屏是通过当机械力被施加到系统时顶部和底部之间短的透明电极被激活而进行操作的[56]。这种类型的触摸屏所需的方阻值高达 550 Ω/□,这可以用单层石墨烯来制造。可以

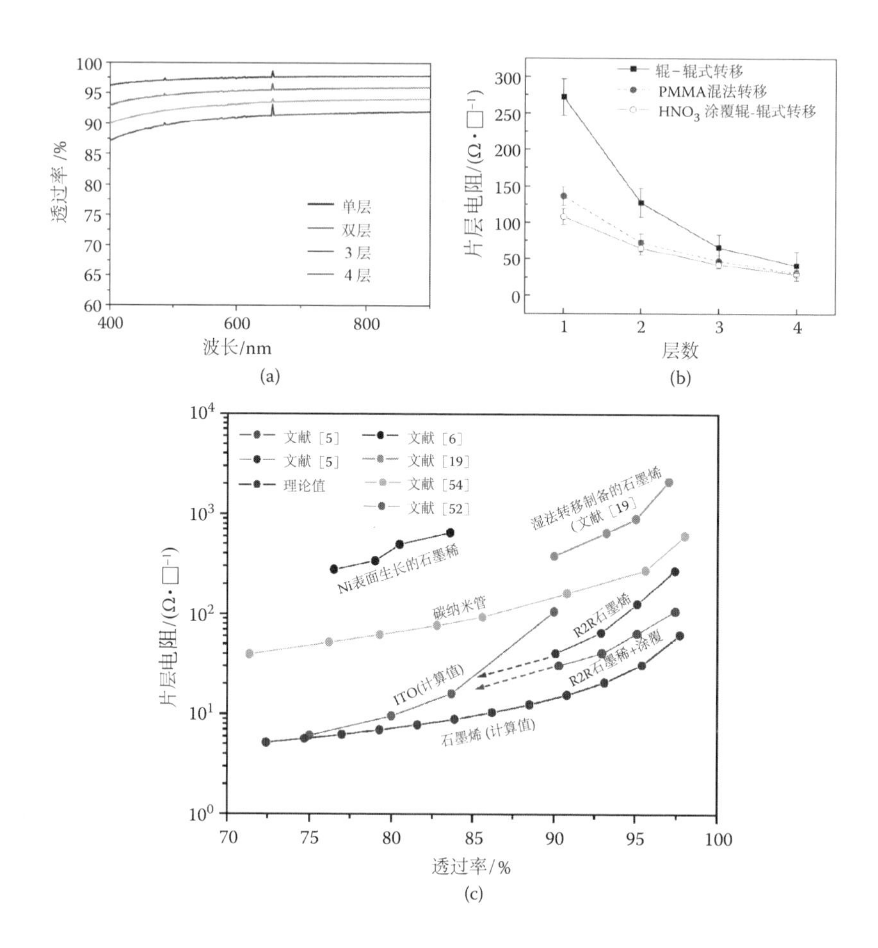

图5.13 (a)在石英晶体上随机堆积的石墨烯片的透光率。(b)使用卷装进出式改性的、酸掺杂与卷装进出式改性结合法的以及湿转改性PMMA支撑层的石墨烯片的方块电阻(方阻)。(c)对比其他引用和理论中的方块电阻。(Bae, S., Kim, H., Lee, Y., Xu, X., Park, J.-S., Zheng, Y., Balakrishnan, J., Lei, T., Ri Kim, H., Song, Y. I., Kim, Y.-J., Kim, K. S., Ozyilmaz, B., Ahn, J.-H., Hong, B. H., and Iijima, S. 2010. Roll-to-roll production of 30-inch graphene films for transparent electrodes. Nature Nanotechnology 5 (8): 574-578. Copyright 2010 Nature Publishing Group. With permission.)

在几秒钟内用氧等离子体蚀刻法通过光刻或影饰对石墨烯电极区域进行限定。丝网印刷(使用银糊)后确定了石墨烯/PET膜的顶部和底部的使x轴和y轴,再将辐射固化(UV)或热固化间隔物点涂覆在石墨烯电极的底部,以防止层间短路问题。粘贴顶部和底部的薄膜之前,需要形成一个孔接触以提取信号。最后,将顶部和底部的胶片连接,即制备了基于石墨烯的触摸屏,如图 5.14 所示[5]。

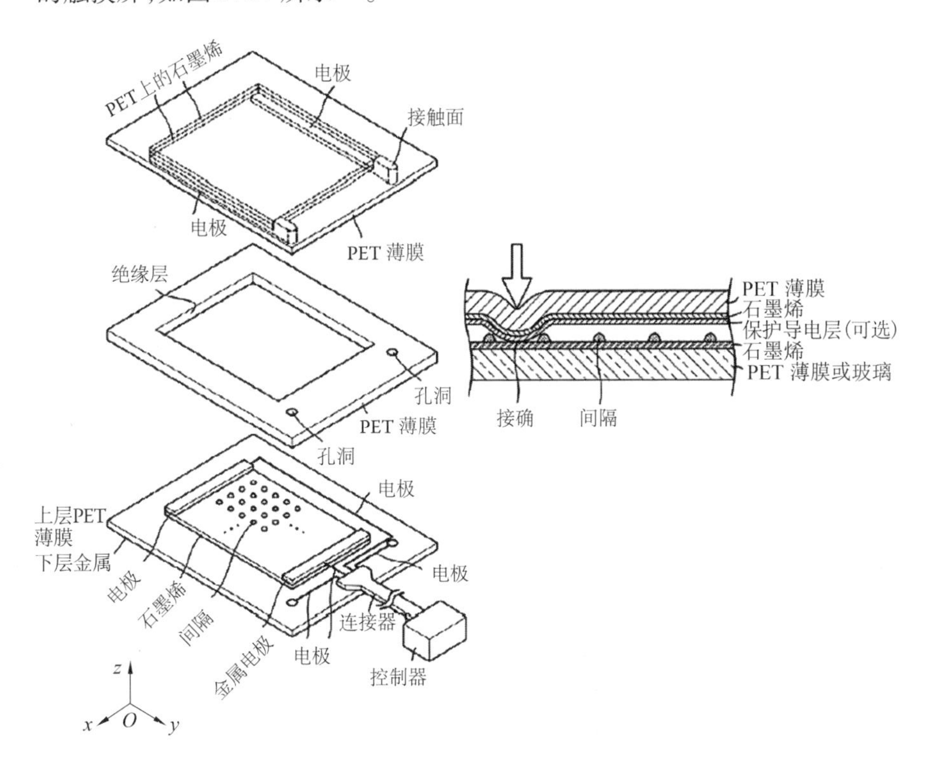

图 5.14 石墨烯薄膜式触摸屏的结构和工作原理(From Bae, S., Kim, H., Lee, Y., Xu, X., Park, J.-S., Zheng, Y., Balakrishnan, J., Lei, T., Ri Kim, H., Song, Y. I., Kim, Y.-J., Kim, K. S., Ozyilmaz, B., Ahn, J.-H., Hong, B. H., and Iijima, S. 2010. Roll-to-roll production of 30-inch graphene films for transparent electrodes. Nature Nanotechnology 5 (8): 574-578. Copyright 2010 Nature Publishing Group. With permission.)

图 5.15 所示为使用石墨烯电极的电阻式触摸屏。图 5.15(a)和 5.15(b)分别表示石墨烯电极上的丝网印刷工艺和具有良好的弹性的最终的触摸屏产品。如图 5.15(c)所示,由于石墨烯电极优异的机械特性,基于石墨烯的触摸屏即使经过多次弯曲实验仍具有可靠的操作性。图 5.15(d)给出了石墨烯膜[5]和 ITO 的弯曲应变对自身电阻变化影响的对比[57]。在应变值为 2% ~3% 时 ITO 的电阻值显著增加。应变值达到 6% 时石墨烯的电阻变化很小。

此限制值不是石墨烯的特性,是替代印刷的银电极的结果。该示例表明,柔性石墨烯电极已近乎可用于实际应用中。

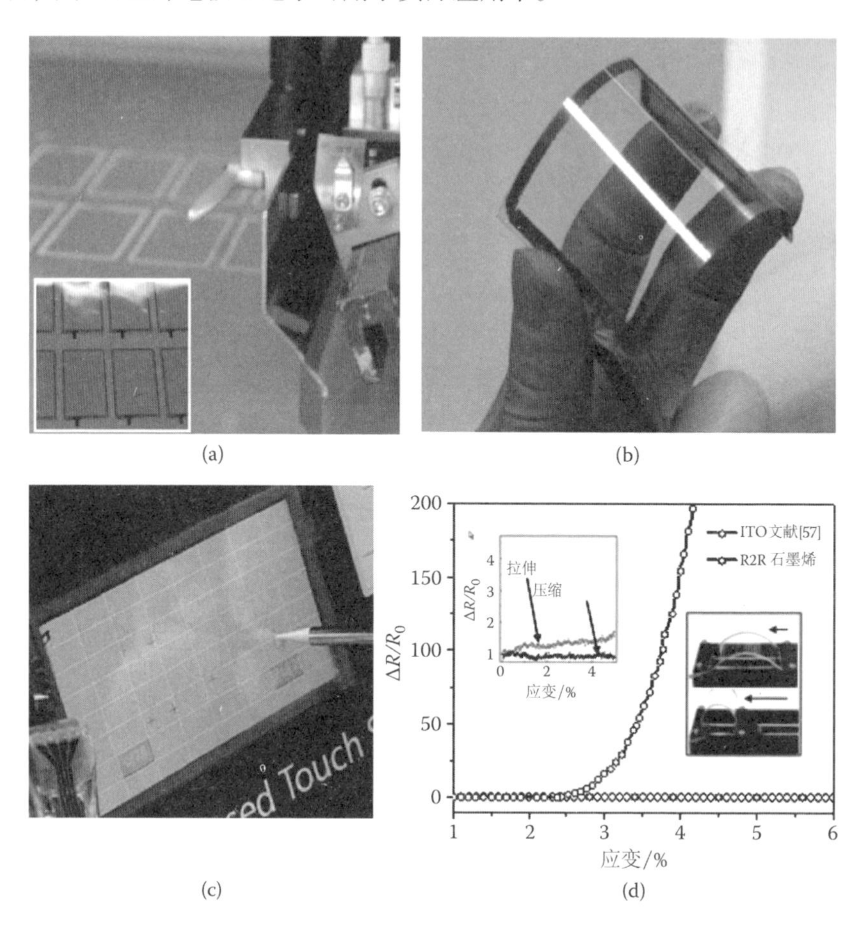

图 5.15 (a)将银涂料粘贴到石墨烯/PET 上的丝网印刷工艺过程。(b)用石墨烯制作的弹性触摸屏的图片。(c)采用软件将石墨烯制作的触摸屏连接到计算机而进行的一个绘制实验。(d)随着拉伸应变的改变,相对电阻的变化。(From Bae, S., Kim, H., Lee, Y., Xu, X., Park, J.-S., Zheng, Y., Balakrishnan, J., Lei, T., Ri Kim, H., Song, Y. I., Kim, Y.-J., Kim, K. S., Ozyilmaz, B., Ahn, J.-H., Hong, B. H., and Iijima, S. 2010. Roll-to-roll production of 30-inch graphene films for transparent electrodes. Nature Nanotechnology 5 (8): 574-578. Copyright 2010 Nature Publishing Group. With permission.)

5.4.2 电极的有机器件

正如所指出的,由于其独特的光透射率和良好的导电性,用作柔性光电设备的导电透明电极，石墨烯是一种引人注目的材料，诸如有机发光材料[8-13]、有机发光二极管（OLED）[14-15]和本体异质结聚合物存储器[58-59]。为了制作透明导电电极[6,16-17,60-69]，研究人员已经开发了多种方法来制备石墨烯或还原氧化石墨烯悬浮体。

最近，已尝试将石墨烯片制作成透明导电电极应用于太阳能电池中，包括还原石墨烯氧化物（GO）法和化学气相沉积（CVD）法石墨烯。剥落的厚度为 10 nm 和 30 nm 的石墨烯片被用作染料敏化太阳能电池的电极，制得的电池的功率转换效率为 0.26%[8]。

图 5.16(a) 为以 P3HT：PCBM 共聚物基体的本体异质结的有机太阳能电池，在图中该电池的各层结构是底物/石墨烯（或石墨烯氧化物）/电子阻挡层（通常为 PEDOT：PSS）/有源层/空穴阻挡层（如氟化锂、钙和 8-羟基喹啉铝 Alq3 等）/金属。以往，石墨烯或石墨烯氧化物（GO）作为阳极并且光可以透过这一边。用化学方法制成的石墨烯或石墨烯氧化物作为电极的设备显示出更稳定的性能[9,70-71]。用掺杂的还原石墨烯氧化物膜制作的电极[9]的功率转换效率（PCE）大约是 0.1%，该电极具有 40 kΩ/□的表面电阻和 64% 的透明度。

其性能的不佳是由微小的石墨烯薄片的巨大瞬变电阻和由石墨烯氧化物还原所得石墨烯的绝缘性所引起的。这种剥离石墨烯的结构缺陷和横向紊乱对薄膜的载流子迁移率产生负面的影响。由化学法改性的石墨烯和碳纳米管组成的纳米复合材料透光率为 86% 时涉及 Ω/□全为方块电阻为 240 Ω/□。用这种电极制作的 OPV 器件的功率转换效率（PCE）为 0.85%[72]。

CVD 法生长的石墨烯具有着非常高的本征迁移率，可使其性能得到改善。在镍基底上通过 CVD[11]法生长的 6 ~ 30 nm 厚的石墨烯的平均表面电阻从 1 350 Ω/□变化至 210 Ω/□，在可见光范围内其透明度从 91% 变化至 72%。一种镍石墨烯被转移到基板并被用作阳极。作为该装置的空穴注入层的 40 nm 厚的 PEDOT：PSS 薄膜在 140 ℃下进行旋涂和退火处理 10 min。第三层是 P3HT：PCBM 复合材料的本体异质结的放射层。最后，LiF 和 Al 被沉积分别作为空穴阻挡层和阴极。OPV 器件的电流密度 - 电压特性如图 5.16 所示。当一个未处理的石墨烯作为阳极时，该装置具有 0.32 V 的开路电压（V_{oc}）、2.39 mA/cm^2 的短路电流密度（J_{sc}）、27% 的填充因子（FF）以及 0.21% 整体的功率转换效率（PCE）。性能不佳应归因于石墨烯膜的疏水性，其阻止了 PEDOT：PSS 在石墨烯表面均匀地伸展。经过 UV/臭氧处理后，石墨烯电极的润湿度得到改善且功率转换效率

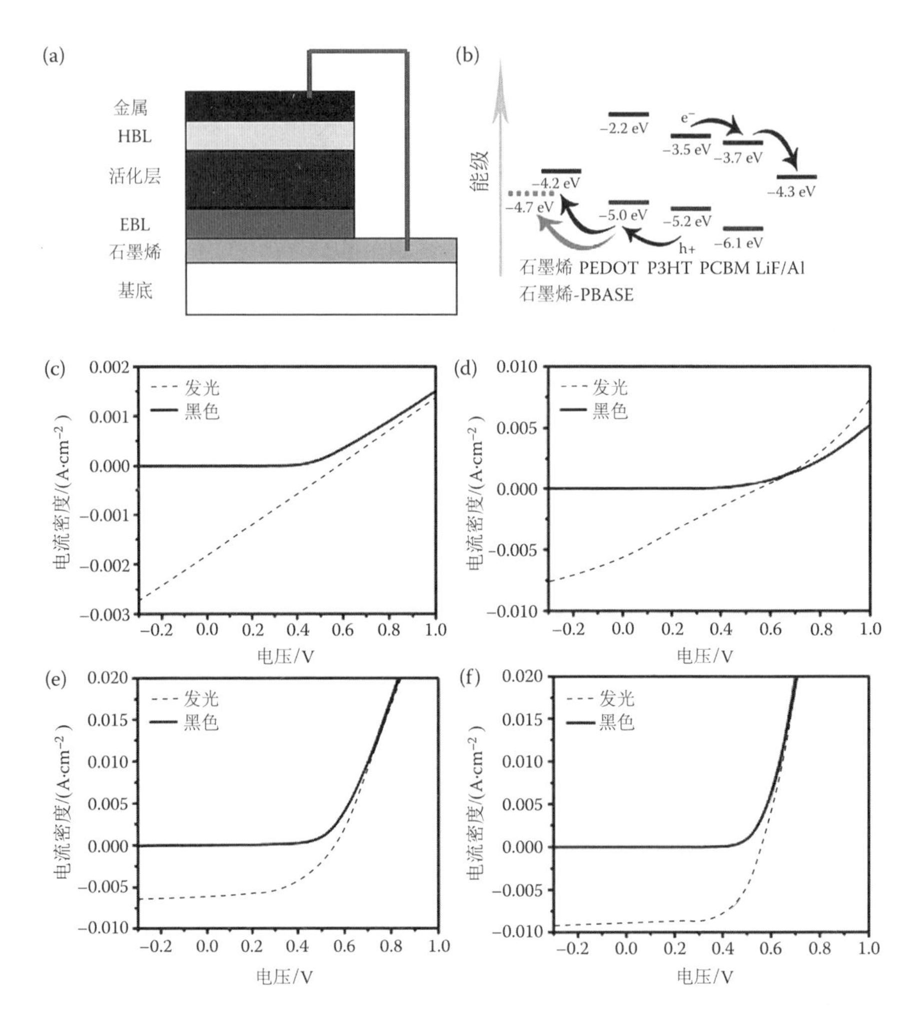

图 5.16 (a)以石墨烯为电极的 OPVs 的结构示意图。(b)具有石墨烯/PEDOT:PSS/P3HT:PCBM/LiF/Al 结构的组合装置的能级图。(c)~(f)石墨烯薄膜制作的光伏器件在无光与有光条件下的伏安特性,其中图(c)为未经过处理的石墨烯薄膜,图(d)为经过紫外光处理过的石墨烯薄膜,图(e)为经过 PBASE 改性的石墨烯薄膜,(f) 作为参照的 ITO 阳极。(From Wang, Y., Chen, X., Zhong, Y., Zhu, F., and Loh, K. P. 2009. Large area, continuous, few-layered graphene as anodes in organic photovoltaic devices. Applied Physics Letters 95 (6): 063302-3. Copyright 2009 American Institute of Physics. With permission.)

(PCE)提高至0.74%。自组装芘丁酸琥珀酰亚胺酯(PBASE)被用来进行改性石墨烯的表面性质。得到的设备具有卓越的特性:V_{oc} = 0.55 V、J_{SC} =

6.05 A、FF=51.3%以及整体PCE=1.71%，这约为ITO电极装置(3.1%) P_{CE}的55.2%。应当指出的是，自组装PBASE薄膜不仅提高了亲水性，而且还有效地调整了石墨烯的功函数(图5.16)。当CVD法制备的多层石墨烯被用作阳极且TiO_x空穴阻挡层插入时，OPVs的PCE被增强至约2.6%[13]，相对于采用石墨作为电极的OPVs这已是相当高的效率了。对于双层小分子(CuPc/C 60)结构的OPV器件，溶液处理所得石墨烯氧化物膜作为电极[10]造成其小于0.4%的中等的PCE，其中石墨烯薄膜的厚度为4～7 nm，所施加的相应的表面电阻和透射率分别在100～500 kΩ/□和85%～95%之间。此装置的PCE值只有ITO电极装置的一半。用CVD法生长的石墨烯作为电极的设备表现出了更好的性能[73]。对于没处理过的CVD法生长的石墨烯电极OPV设备，整体性能仅略逊于它们的同行ITO电极，这应是受限于石墨烯的高表面电阻和疏水性。已经在致力于研究如何降低表面电阻以及提高石墨烯和PEDOT:PSS的空穴注入层之间的表面润湿性[74-76]方面做了很多的努力。经过硝酸化学掺杂后表面电阻减少3倍，使得透明的石墨烯薄膜在550 nm处80%的透射率下R_s=90 Ω/□。$AuCl_3$被发现在两种情况下都是很好的掺杂剂。$AuCl_3$掺杂石墨烯可以显著降低石墨烯电极的表面电阻且将石墨烯表面由疏水性变为亲水性，从而获得均匀的空穴阻挡层。结果，测得$AuCl_3$掺杂石墨烯电极OPV器件的PCE为1.63%[73]。

现代光电子薄膜器件的一个重要方面是有柔性，这也是透明石墨烯电极相比其对应的ITO的一个关键性优点。化学还原的石墨烯氧化物薄膜被涂覆到PET基材上并由此产生柔性透明膜被用作于柔性聚合本体异质结太阳能电池的[77]的电极。P3HT:PCBM有源层经纺丝法涂覆在石墨烯薄膜表面。相对于石墨烯的电极透射率，该装置的性能对石墨烯的表面电阻更加敏感。石墨烯薄膜的表面电阻可以通过厚度来控制。所制得的石墨烯薄膜当厚度为28 nm和4 nm时，其表面电阻和相应的透光率分别为720 Ω/□、40%以及16 kΩ/□、88%。越低的石墨烯膜表面电阻越能增强装置的电流密度和总功率转换效率。由于使用了化学还原的石墨烯膜作为电极，可弯曲的OPVs得到了0.78%的最佳功率转化率(PCE)。图5.17给出了随抗弯实验可弯曲OPVs的性能的变化。该装置甚至弯曲一千遍后仍呈现良好的稳定性。如上所述，当用CVD法生长的石墨烯代替还原的石墨烯时，石墨烯电极的表面电阻显著地下降。用CVD法生长的石墨烯72%的透光度下表面电阻为230 Ω/□。由化学气相沉积法生长的石墨烯电极组成的太阳能电池装置因于小分子(CuPc/C 60)OPVs 结构而具有 1.18%的 PCE,这可与 ITO 电极装置的 1.27%[12]相提并论了。此外,石墨烯电极装置的稳定性已被施加弯曲条件高达 138°而证实,这完全超出了只是 36°(图 5.17)弯曲条件的 ITO 设备。

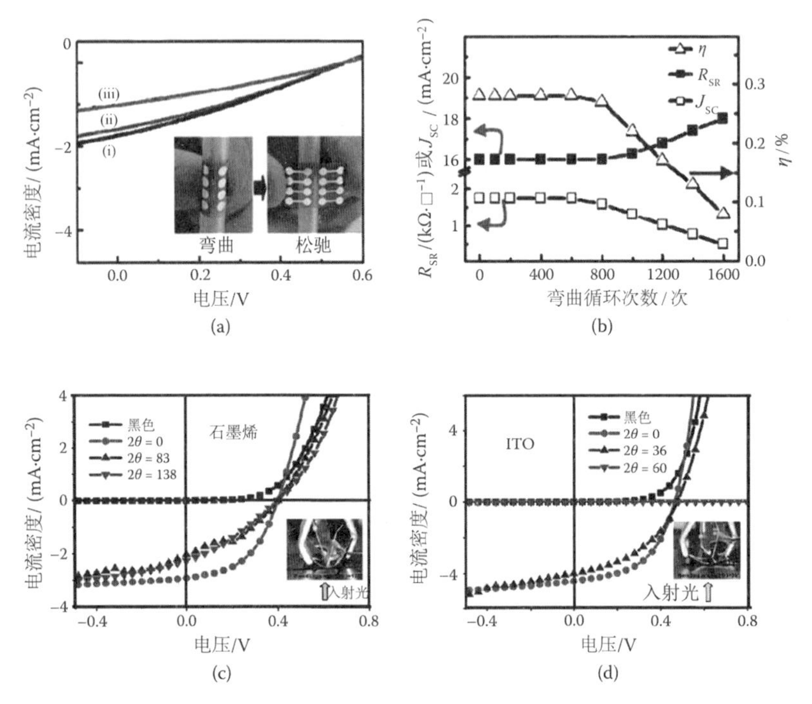

图 5.17 (a)经过弯曲(ⅰ)400、(ⅱ)800 和(ⅲ)1 200 个周期后的装置的 $J-V$ 曲线。短路电流密度(J_{SC})、总功率转换效率(η)和器件的表面电阻(R_s)与弯曲周期数的关系图被绘制(b)中。图(a)中的插图:OPV 器件弯曲与松弛实验的照片。(b)电流密度 - CVD 石墨烯的电压特性。(c)或(d)中的 ITO 为光伏电池在 100 mW/cm^2 AM1.5G的光谱照度以及不同的弯曲角度条件下。(c)和(d)中的插图显示的是实验中使用的实验装置。((a) and (b) reprinted with permission from Li, S. -S. , Tu, K. -H. , Lin, C. -C. , Chen, C. -W. , and Chhowalla, M. 2010. Solutionprocessable graphene oxide as an efficient hole transport layer in polymer solar cells. ACS Nano 4 (6): 3169-3174. Copyright 2010 American Chemical Society; (c) and (d) reprinted with permission from Gomez De Arco, L. , Zhang, Y. , Schlenker, C. W. , Ryu, K. , Thompson, M. E. , and Zhou, C. 2010. Continuous, highly flexible, and transparent graphene films by chemical vapor deposition for organic photovoltaics. ACS Nano 4 (5): 2865-2873. Copyright 2010 American Chemical Society.)

溶液处理[14]和 CVD 法生长的石墨烯[15]薄膜都可用于有机发光二极管。该装置的结构为基体/石墨烯(或 ITO)/PEDOT:PSS/N,N'-1-萘基-N,N'-二苯基-1,1'-联苯4,4'二胺(NPD)/三(8-羟基喹啉)铝(Alq3)/氟化锂/铝,如图 5.18(a)中插图所示。低电流密度范围内(小于 10 mA/cm^2),石墨烯作电极的 OLED 器件的电流驱动和发光强度与 ITO 电极的相当。另外,石墨烯电极和 ITO 电极的 OLED 的导通电压分别是 4.8 V和3.8 V。图 5.18(b)描述的是石墨烯和 ITO 电极的 OLED 的外量子效率(EQE)和发光功率效率(LPE)。已经取得的显著结果表明,基于石墨

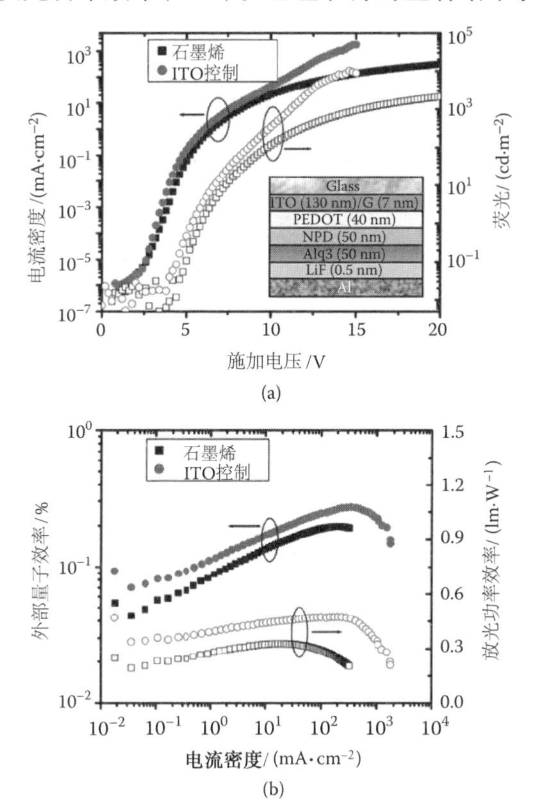

图 5.18 (a)基于溶液处理石墨烯的 OLED 与 ITO 两者的电流密度和亮级。(b)溶液处理石墨烯电极 OLED 与 ITO 电极的外部量子效率和发光功率效率的对比。(From Wu, J., Agrawal, M., Becerril, H. A., Bao, Z., Liu, Z., Chen, Y., and Peumans, P. 2009. Organic light-emitting diodes on solution-processed graphene transparent electrodes. ACS Nano 4 (1): 43-48. Copyright 2009 American Chemical Society. With permission.)

烯的有机发光二极管的 EQE 和 LPE 几乎与基于 ITO 的器件的相当，尽管石墨烯电极具有的表面电阻几乎比 ITO 电极高 2 个数量级。

5.5　基于石墨烯的阻气性薄膜

一个在未来的电子市场中最重要的概念就是有弹性的电子产品。为了实现这一目的，许多研究人员已开始尝试解决基体问题。有三种典型的可选择的柔性电子设备：薄板玻璃、不锈钢或塑料基板。薄板玻璃具有如高透明性和低的表面粗糙度的优点。不锈钢也有例如较小的变形和高弹性模量的优点。虽然这两种基体各有各的优点，但是由于塑料基板是一种低成本的生产工艺很可能被采用在卷装进出式生产中。然而由于高的气体渗透作用，在塑料基板上安装弹性电子设备目前仍是难以实现的。高气体渗透速率使得设备的性能在很短的时间内就出现退化现象，因此设备的可靠性会很差。表 5.1 给出了对于不同的应用[78-80]所需要的水蒸气透过率（water vapor thansmission rate, WVTR）的值。

表 5.1　不同应用所需的水蒸气透过率值

应用	水蒸气透过率/($g \cdot m^{-2} \cdot d^{-1}$)
OLED	10^{-6}
太阳能电池	10^{-4}
LCD	10^{-2}
射频标签	
EL 显示器	

用于电气设备的有机材料需要很高的抗渗性，抗渗性需高达 10^{-6} g/($m^2 \cdot d$)的水平。PET 膜具有一个 1 ~ 10 g/($m^2 \cdot d$)的值，这是一个比在表中显示的高得多的值。许多研究者一直专注于降低这个结果。一个典型的方法是在真空环境下涂覆多层的聚合物和氧化物材料。尽管这种结构可以将 WVTR 值降低到约 10^{-6} g/($m^2 \cdot d$)的水平，但是存在一些缺点，如下张力下变形和因超高真空过程加压造成的高工艺成本。

石墨烯具有短原子间距的二维堆砌原子结构，这种结构可以禁止外围原子扩散透过晶格[34]。此外，有报道介绍了针对较小的气体分子如 He 的气体抗渗性。图 5.19 给出了一个由石墨烯膜分开的两个部分之间的压力差产生的石墨烯泡状物。这种泡沫高度大约为 175 nm[81]且能存在与

−93 kPa的压力下。这表明,大幅的石墨烯薄膜具有作为塑料基板的气体阻隔层的潜力。通过大规模合成和上面介绍的改性方法,大尺寸随机堆叠的石墨烯可以在任意一种有用的塑料基板上成型,以及阻挡膜的光学透明度与石墨烯薄膜的厚度成正比。

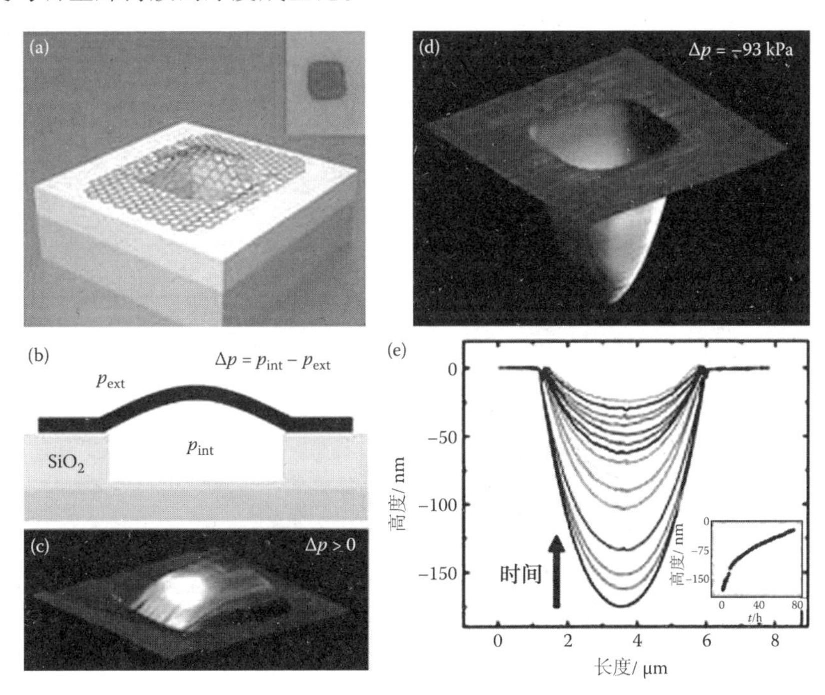

图5.19 (a)由石墨烯薄膜形成的一个微室的组合体。该插图表示石墨烯膜悬挂在440 nm的4.75 μm×4.74 μm 的面积的二氧化硅基体上。(b)微室的截面图。(c)多层石墨烯鼓面在 $\Delta p>0$ 时的 AFM 图像。(d)压力差为 $\Delta p=-93$ kPa 时图(a)中石墨烯膜的 AFM 图像。这种膜的最小 z 轴位置为175 nm。(e)z 轴位置石墨烯薄膜在环境条件下保持 71.3 h 随时间的变化。插图表示随时间变化的石墨烯膜的中心位置。(From Bunch, J. S., Verbridge, S. S., Alden, J. S., van der Zande, A. M., Parpia, J. M., Craighead, H. G., and McEuen, P. L. 2008. Impermeable atomic membranes from graphene sheets. Nano Letters 8 (8): 2458–2462. Copyright 2008 American Chemical Society. With permission.)

首先,生长在铜箔上大幅的石墨烯膜可以作为铜箔的抗氧化层。这种可能性可通过两个不同的铜箔在一定条件下的氧化程度很容易测定,两个不同的铜箔其中之一具有石墨烯层,而另一个则没有石墨烯层。这些样品在环境压力和室温下被暴露于空气中两个月。有石墨烯层的铜箔表面上受到轻微的氧化，而没有石墨烯层的铜箔则发生显著的表面变化。这个结果给出了利用CVD法合成的大幅石墨烯膜的气密性[82]。

尺寸为大于10 cm×10 cm的石墨烯阻挡层被用于测试WVTR。为了证明阻挡层使用石墨烯的可能性，对氚水(^3H_2O)的WVTR被测试，氚是可以通过放射性分析系统被检测到，如图5.20(a)所示。已渗透进石墨烯膜的氚化水是通过灵敏度为10^{-6} g/(m^2·d)的β射线检测器检测到的。图5.20(b)给出了500 min内6层石墨烯膜的WVTR测试结果。初始的WVTR值约为10^{-4} g/(m^2·d)，这与无机阻隔涂层材料如Al_2O_3和SiO_2[83]的相当。

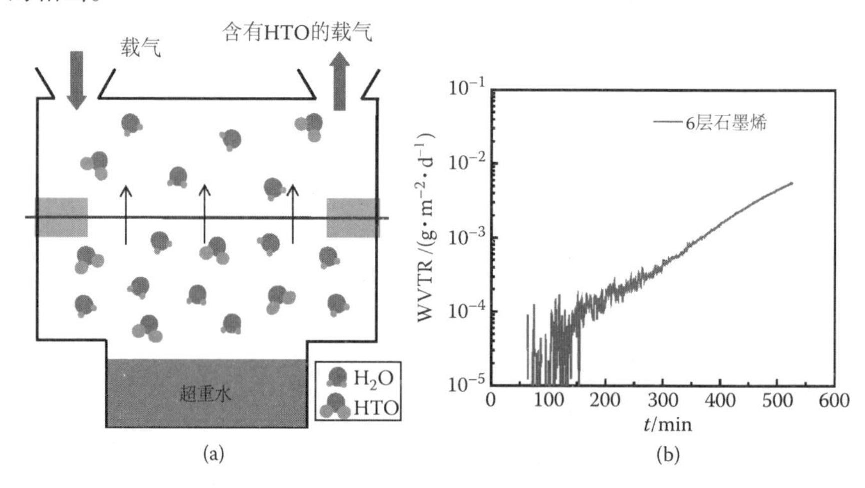

图5.20　(a)水蒸气透过率(WVTR)的测量系统的结构和原理。(b)500 min内6层覆盖了PET的石墨烯膜的WVTR。

在改性过程中诱发的微裂纹和微粒导致石墨烯薄膜防护层的WVTR值的增加。改善改性过程的工艺、合成的质量和清洁的环境后，石墨烯薄膜的气密性也可以得到改善。石墨烯薄膜具有诱人的优点，如对于光电子系统是必不可少的高透光率，以及与其他屏蔽材料相比它具有可打印的滚动过程。考虑到这些性能，石墨烯薄膜防护层可用于食品包装和弹性电子系统。

5.6　小　　结

本章介绍了一些最近涉及石墨烯薄膜用于刚性甚至柔性基材上的高性能晶体管的产品，讨论了将化学气相沉积方法用于生产高品质、大面积石墨烯薄膜中。这些材料和方法可以使塑料基体的高性能电子产品成为可能,这已在几个不同的应用实例中得到证实。这种技术商业化的成功实施描绘了重大的工程挑战,可以创造出令人关注的机遇,用于开发下一代电子应用如柔性 OLED 显示器、触摸屏和高速 RF 晶体管。

本章参考文献

[1] Novoselov, K. S. , Geim, A. K. , Morozov, S. V. , Jiang, D. , Zhang, Y. , Dubonos, S. V. , Grigorieva, I. V. , and Firsov, A. A. 2004. Electric field effect in atomically thin carbon films. *Science* 306(56961):666-669.

[2] Bolotin, K. I. , Sikes, K. J. , Jiang, Z. , Klima, M. , Fudenberg, G. , Hone, J. , Kim, P. . and Stormer, H. L. 2008. Ultrahigh electron mobility in suspended graphene. *Solid State Communications* 146(9-10):351-355.

[3] Bunch, J. S. , van der Zande, A. M. , Verbridge, S. S. , Frank, I. W, Tanenbaum, D. M. Parpia, J. M. , Craighead, H. G. , and McEuen, P. L. 2007. Electromechanical resonators from graphene sheets. *Science* 315 (5811):490-493.

[4] Lee, C. , Wei, X. , Kysar, J. W. , and Hone. J. 2008. Measurement of the elastic properties and intrinsic strength of monolayer graphene. *Science* 321(5887):385-388.

[5] Bae, S. , Kim, H. , Lee, Y. , Xu, X. , Park, J. -S. , Zheng, Y. , Balakrishnan, J. , Lei. T. , Ri Kim, H. , Song, Y. I. , Kim. Y. -J. , Kim, K. S. , Ozyilmaz, B. , Ahn, J. -H. , Hong, B. H. , and Iijima, S. 2010. Roll-to-roll production of 30-inch graphene films for transparent electrodes. *Nature Nanotechnology* 5 (8): 574-578.

[6] Kim, K. S. , Zhao, Y. , Jang, H. , Lee, S. Y. , Kim, J. M. , Kim, K. S. , Ahn, J. -H. , Kim, P. , Choi, J. -Y. , and Hong, B. H. 2009. Large-scale pattern growth of graphene films for stretchable transparent electrodes. *Nature* 457 (7230):706-710.

[7] Balandin, A. A. , Ghosh, S. , Bao, W. , Calizo, I. , Teweldebrhan, D. . Miao, F. , and Lau, C. N. 2008. Superior thermal conductivity of single-layer graphene. *Nano Letters* 8(3): 902-907.

[8] Wang, X. ,Zhi,L. ,and Mullen, K. 2007. Transparent, conductive graphene electrodes for dye-sensitized solar cells. *Nano Letters* 8(1):323-327.

[9] Eda, G. , Lin, Y. -Y. , Miller. S. , Chen, C. -W. , Su. W. -F. , and Chhowalla,M. 2008. Transparent and conducting electrodes for organic electronics from reduced graphene oxide. *Applied Phisics Letters* 92 (23): 233305-3.

[10] Wu, J. ,Becerril. H. A. ,Bao, Z. ,Liu,Z. ,Chen, Y. ,and Peumans, P. 2008. Organic solar cells with solution-processed graphene transparent electrodes. *Applied Physics Letters* 92(26):263302-3.

[11] Wang, Y. ,Chen,X,Zhong, Y. ,Zhu. F. . and Loh, K. P. 2009. Large area, continuous, few layered graphene as anodes in organic photovoltaic devices. *Applied Physics Letters* 95 (6):063302-3.

[12] Gomez De Arco, L. ,Zhang, Y,Schlenker, C. W. ,Ryu, K,Thompson. M. E. ,and Zhou, C. 2010. Continuous,highly flexible, and transparent graphene films by chemical vapor deposition for organic photovoltaics. *ACS Nano* 4 (5):2865-2873.

[13] Choe, M. , Lee, B. H. , Jo, G. , Park, J. , Park, W. , Lee, S. , Hong, W. -K. , Seong, M. -J. ,Kahng, Y. H. , Lee, K. , and Lee, T. 2010. Efficient bulk-heterojunction photovoltaic cells with transparent multi-layer graphene electrodes. *Organic Electronics* 11 (11): 1864-1869.

[14] Wu. J. ,Agrawal, M. ,Becerril. H. A. , Bao, Z. , Liu. Z. ,Chen,Y. , and Peumans,P. 2009. Organic light-emitting diodes on solution-processed graphene transparent electrodes. *ACS Nnno* 4(1):43-48.

[15] Sun,T. ,Wang, Z. L. ,Shi,Z. J. , Ran, G. Z. ,Xu,W. J. ,Wang, Z. Y. ,Li,Y Z. ,Dai,L. ,and Qin,G. G. 2009. Multilayered graphene used as anode of organic light emitting devices. *Applied Physics Letters* 96 (13):133301-3.

[16] Reina,A. . Jia,X. ,Ho,J. ,Nezich. D. ,Son,H. ,Bulovic,V. ,Dresselhaus,M. S. , and Kong, J. 2008. Large-area, few-layer graphene films on arbitrary substrates by chemical vapor deposition. *Nano Letters*, 9 (1):30-35.

[17] Li,X. ,Cai,W. ,An, J. ,Kim, S. ,Nab, J. ,Yang, D. ,Piner, R. ,Vela-

makanni, A., Jung, I., Tutuc, E., Banerjee, S. K., Colombo, L., and Ruoff, R. S. 2009. Large-area synthesis of high-quality and uniform graphene films on copper foils. *Science* 324 (5932): 1312-1314.

[18] Lee. Y., Bae, S., Jang, H., Jang, S, Zhu, S. -E., Sim, S. H., Song, Y I., Hong, B. H., and Ahn, J. -H. 2010. Wafer-scale synthesis and transfer of graphene films. *Nano Letters* 10 (2):490-493.

[19] Li, X., Zhu, Y.. Cai, W., Borysiak, M.. Han, B, Chen, D., Piner, R. D., Colombo, L., and Ruoff, R. S. 2009. Transfer of large-area graphene films for high-performance transparent conductive electrodes. *Nano Letters* 9(12):4359-4363.

[20] Ferrari, A. C., Meyer, J. C., Scardaci, V., Casiraghi, C., Lazzeri, M., Mauri, F., Piscanec, S., Jiang, D., Novoselov, K. S., Roth, S., and Geim, A. K. 2006. Raman spectrum of graphene and graphene layers. *Physical Review Letters* 97(18):187401.

[21] Hass, J., Varchon, F., Millan-Otoya, J. E., Sprinkle, M., Sharma, N., de Heer, W. A., Berger, C., First, P. N., Magaud, L., and Conrad, E. H. 2008. Why multilayer graphene on 4H-SiC(000-1) behaves like a single sheet of graphene. *Physical Review Letters* 100 (12): 125504.

[22] Unarunotai, S., Koepke, J. C., Tsai. C. -L., Du, F., Chialvo, C. E., Murata, Y., Haasch, R., Petrov, I. Mason, N., Shim, M., Lyding, J., and Rogers, J. A. 2010. Layer-by-layer transfer of multiple, large area sheets of graphene grown in multilayer stacks on a single SiC wafer. *ACS Nano* 4(10):5591-5598.

[23] Unarunotai, S., Murata, Y., Chialvo, C. E., Kim, H. -s., MacLaren, S., Mason. N., Petrov, I., and Rogers, J. A. 2009. Transfer of graphene layers grown on SiC wafers to other substrates and their integration into field effect transistors. *Applied Physics Letters* 95(20):202101-3.

[24] Kang, S. J., Kocabas, C., Kim, H. -S., Cao, Q., Meitl, M. A., Khang, D. -Y., and Rogers, J. A. 2007. Printed multilayer superstructures of aligned single-walled carbon nanotubes for electronic applications. *Natto Letters* 7(11):3343-3348.

[25] Bolotin, K. I., Sikes, K. J., Hone, J., Stormer, H. L., and Kim, P. 2008. Temperature-dependent transport in suspended graphene. *Physical*

Review Letters 101 (9):096802.

[26] Meric, I., Han, M. Y, Young, A. F., Ozyilmaz, B, Kim, P., and Shepard, K. L. 2008. Current saturation in zero-bandgap, top-gated graphene field-effect transistors. *Nature Nanotechnology* 3(11):654-659.

[27] Avouris, P., Chen, Z., and Pereheinos, V. 2007. Carbon-based electronics. *Nature Nanntechnology* 2(10):605-615.

[28] Zhong, Z., Gabor. N. M., Sharping, J. E., Gaeta, A. L., and McEuen, P L. 2008. Terahertz time-domain measurement of ballistic electron resonance in a single-walled carbon nanotube. *Nature Nanotechnolog* 3(4):201-205.

[29] Lin, Y.-M., Jenkins, K. A., Valdes-Garcia, A., Small, J. P., Farmer, D. B., and Avouris, P. 2008, Operation of graphene transistors at gigahertz frequencies. *Nano Letters* 9 (1):422-426.

[30] Streetman, B. G., and Banerjee, S. K. 2006. *Solid state electronic devices*, 287. Upper Saddle River, NJ: Pearson Education International.

[31] Kocabas, C., Dunham, S., Cao, Q., Cimino, K., Ho, X., Kim, H.-S., Dawson, D., Payne, J., stuenkel, M., Znang, H., Banks, T., Feng, M. Rotkin. S. V., and Rogers. J. A. 2009. High-frequency performance of submicrometer transistors that use aligned arrays, of single-walled carbon nanotubes. *Nano Letters*, 9(5). 1937-1943.

[32] Lin, Y.-M., Dimitrakopoulos, C., Jenkins, K. A., Farmer, D. B., Chiu. H.-Y, Grill, A and Avouris, P. 2010. 100-GHz transistors from wafer-scale epitaxial graphene. *Scieltce* 327 (5966):662.

[33] Geim, A. K. 2009. Graphene: Status and prospects. *Science* 324 (5934):1530-1534.

[34] Novoselov, K. S., Geim, A. K., Morozov. S. V., Jiang, D., Katsnelson, M. I., Grigorieva, I. V., Dubonos, S. V., and Firsov, A. A. 2005. Two-dimensional gas of massless Dirac fermions in graphene. *Nature* 438 (7065):197-200.

[35] Zhang, Y., Tan, Y.-W,. Stormer, H. L., and Kim, P. 2005. Experimental observation of the quantum Hall effect and Berry's phase in graphene. *Nature* 438 (7065):201-204.

[36] Rogers, J. A. 2008. Electronic materials: Making graphene for macroelectronics. *Nature Nanotechnology* 3(5):254-255.

[37] Lafkioti, M. , Krauss. B, Lohmann, T. , Zschieschang, U. , Klauk, H. , Klitzing, K. V. , and Smet, J. H. 2010. Graphene on a hydrophobic substrate: Doping reduction and hysteesis suppression under ambient conditions. *Nano Letters* 10 (4):1149-1153.

[38] Venugopal. A. , Colombo, L. , and Vogel, E. M. 2010. Contact resistance in few and multilayer grapbene devices. *Applied Physics Letters* 96 (1):013512-3.

[39] Zhu, W. , Neumayer, D. , Perebeinos, V, and Avouris, P. 2010. Silicon nitride gate dielectries and band gap engineering in graphene layers. *Nano Letters* 10 (9):3572-3576.

[40] Kedzierski. J. , Pei-Lan, H, Reina, A. , Jing, K. , Healey, P. , Wyatt, P. , and Keast, C. 2009. Graphene-on-insulator transistors made using C on Ni chemical-vapor deposition. *Electron Device Letters*, *IEEE* 30(7): 745-747.

[41] Chen, J. H. , Ishigami, M. , Jang, C. , Hines, D. R. , Fuhrer, M. S. , and Williams, E. D. 2007. Printed graphene circuits. *Advanced Materials* 19(21):3623-3627.

[42] Liao, L. , Bai, J. , Lin, Y. -C. , Qu, Y. , Huang, Y. , and Duan, X. 2010. High-performance top-gated graphene-nanoribbon transistors using zirconium oxide nanowires as highdielectric-constant gate dielectrics. *Advanced Materials* 22(17):1941-1945.

[43] Cho, J. H. , Lee, J. , He, Y, Kim, B. S. , Lodge. T. P. , and Frisbie, C. D. 2008. Highcapacitance ion gel gate dieleetrics with faster polarization response times for organic thin film transistors. *Advanced Materials* 20(4):686-690.

[44] Cho, J. , H. , Lee, J. , Xia, Y. , Kim, B. , He, Y. , Renn, M. J. , Lodge, T. P, and Frisbie, C. D. 2008. Printable ion-gel gate dielectrics for low-voltage polymer thin-film transistors on plastic. *Nature Materials* 7(11): 900-906.

[45] Lee, J. , Kaake, L. G. , Cho, J. H. , Zhu, X. Y. , Lodge, T. P. , and Frisbie, C. D. 2009. Ion gel-gated polymer thin-film transistors: Operating mechanism and characterization of gate dielectric capacitance, switching speed, and stability. *The Jounial of Phrsicul Chemistry C* 113(20): 8972-8981.

[46] Kim, B. J. , Jang, H. , Lee. S. -K. , Hong, B. H. , Ahn, J. -H. , and Cho, J. H. 2010. Highperformance flexible graphene field effect transistors with ion gel gate dielectrics. *Nano Letters* 10 (9) :3464-3466.

[47] Sukjae, J. ,et al,2010. Flexible, transparent single-walled carbon nanotube transistors with graphene electrodes. *Nanotechnology* 21 (42): 425201.

[48] Andersson. A. , Johansson, N. , Bröms. P. , Yu, N. , Lupo, D. , and Salaneck. W. R. 1998. Fluorine tin oxiae as an alternative to moium tin oxiae in polymer LEDs. *Advanced Materials* 10(11) :859-863.

[49] Boehme, M. , and Charton, C. 2005. Properties of ITO on PET film in dependence on the coating conditions and thermal processing. *Surface and Coatings Technology* 200(1-4) :932-935.

[50] Wu, Z. ,Chen, Z. ,Du, X. ,Logan, J. M. ,Sippel,J,Nikolou, M. ,Kamaras,K. ,Reynolds, J. R. ,Tanner, D. B. ,Hebard, A. F. ,and Rinzler, A. G. 2004. Transparent, conductive carbon nanotube films. Science 305(5688) :1273-1276.

[51] Rowell, M. W,Topinka, M. A,McGehee, M. D. ,Prall, H. -J. , Dennler, G,Sariciftci, N. S. , Hu, L. ,and Gruner, G. 2006. Organic solar cells with carbon nanotube network electrodes. *Applied Physics Letters* 88 (23) :233506-3.

[52] Lee, J. -Y. ,Connor, S. T. ,Cui, Y, and Peumans, P. 2008. Solution-processed metal nanowire mesh transparent electrodes. *Nano Letters* 8 (2): 689-692.

[53] Nair, R. R. ,Blake, P. ,Grigorenko, A. N. ,Novoselov, K. S. ,Booth, T. J. ,Stauber, T. , Peres, N. M. R. ,and Geim, A. K. 2008. Fine structure constant defines visual transparency of graphene. *Science* 320 (5881) :1308.

[54] Geng, H. -Z. ,Kim, K. K. ,So, K. P,Lee, Y S. ,Chang, Y. ,and Lee, Y. H. 2007. Effect of acid treatment on carbon nanotube-based flexible transparent conducting films. *Journal of the American Chemical Society* 129 (25): 7758-7759.

[55] Kim, H. ,Horwitz, J. S. ,Kushto, G. ,Pique, A. ,Kafafi, Z. H. ,Gilmore, C. M. ,and Chrisey, D. B. 2000. Effect of film thickness on the properties of indium tin oxide thin films. *Journal of Applied Physics* 88

(10):6021-6025.

[56] Hecht, D. S., Thomas, D., Hu, L., Ladous, C., Lam, T., Park, Y., Irvin, G., and Drzaic, P 2009. Carbon-nanotube film on plastic as transparent electrode for resistive touch screens. *Journal of the Society for Information Display* 17(11):941-946.

[57] Cairns, D. R., Witte Ii, R. P, Sparacin, D. K., Sachsman, S. M., Paine, D. C., Crawford, G. P, and Newton, R. R. 2000. Strain-dependent electrical resistance of tin-doped indium oxide on polymer substrates. *Applied Physics Letters* 76(11):1425-1427.

[58] Liu, J., Yin, Z., Cao. X., Zhao, F., Lin, A., Xie, L., Fan, Q., Boey, F., Zhang, H., and Huang, W. 2010. Bulk heterojunction polymer memory devices with reduced graphene oxide as electrodes. *ACS Nano* 4 (7):3987-3992.

[59] Liang, J., Chen, Y., Xu, Y., Liu, Z., Zhang, L., Zhao, X., Zhang, X., Tian, J., Huang, Y., Ma, Y., and Li, F. 2010. Toward all-carbon electronics: Fabrication of graphene-based flexible electronic circuits and memory cards using maskless laser direct writing. *ACS Applied Materials& Interfaces* 2(11):3310-3317.

[60] Green, A. A., and Hersam, M. C. 2009. Solution phase production of graphene with controlled thickness via density differentiation. *Nano Letters* 9(12):4031-4036.

[61] De, S., King, P. J., Lotya, M., O'Neill, A., Doherty, E. M., Hernandez, Y, Duesberg, G. S., and Coleman, J. N. 2010. Flexible, transparent, conducting films of randomly stacked graphene from surfactant-stabilized, oxide-free graphene dispersions. *Small* 6(3): 458-464.

[62] Park, S., and Ruoff, R. S. 2009. Chemical methods for the production of graphenes. *Nature Nanotechnology* 4 (4):217-224.

[63] Bourlinos, A. B., Georgakilas, V., Zboril, R., Steriotis, T. A., and Stubos, A. K. 2009. Liquid-phase exfoliation of graphite towards solubilized graphenes. *Small* 5(16): 1841-1845.

[64] Hernandez, Y., Lotya, M., Rickard, D., Bergin, S. D., and Coleman, J. N. 2009. Measurement of multicomponent solubility parameters for graphene facilitates solvent discovery. *Langmuir* 26 (5):3208-3213.

[65] Hernandez, Y., Nicolosi, V., Lotya, M., Blighe, F. M., Sun, Z.,

De, S. , McGovern, I. T. ,Holland, B. ,Byrne, M. ,Gun'Ko, Y. K. , Boland, J. J. ,Niraj,P. , Duesberg, G. ,Krishnamurthy, S. ,Goodhue, R. ,Hutchison, J. ,Scardaci,V. ,Ferrari, A. C. ,and Coleman, J. N. 2008. High-yield production of graphene by liquid-phase exfoliation of graphite. *Nature Nanotechnology* 3 (9) :563-568.

[66] Hamilton. C. E,. Lomeda, J. R. , Sun. Z. ,Tour, J. M. ,and Barron,A. R. 2009. High-yield organic dispersions of unfunctionalized graphene. *Nuno Letters* 9(10):3460-3462.

[67] Lotya. M. , Hernandez. Y. , King. P. J. , Smith, R. J. , Nicotosi, V. , Karlsson. L. S. , Blighe. F. M. ,De,S. ,Wang, Z. . McGoNern. I,T. , Duesberg, G. S. and Coleman, J. N. 2009. Liquid phase production of graphene by exfoliation of graphite in surfactant/water solutions. *Journal of the Americun Chemical Society* 131(10):3611-3620.

[68] Coraux. J. , N'Diaye, A. T. , BUSSe. C. ,and Michely, T. 2008. Structural coherency of graphene on Ir(111). *Nano Letters* 8(2):565-570.

[69] De Arco. L. G. ,Yi. Z. , Kumar. A. ,and Chongwu,Z. 2009. Synthesis. transfer, and desvices of single- and few-layer graphene by chemical vapor deposition. *Nanvtechnology*, *IEEE Transactions on Nanotechnology* 8(2):135-138.

[70] Valentini, L. ,Cardinali,M. , Bittolo Bon, S. , Bagnis. D. ,Verdcjo, R. ,Lopez-Manchado M. A. , and Kenny. J. M. 2010. Use of butylamine modified graphene sheets in polymer solar cells. *Journal of Materials Chemistry* 20(5): 995-1000.

[71] Kalita, G. ,Matsushima. M. , Uchida. H. , Wakita. K. , and Umeno, M. 2010. Graphene constructed carbon thin films as transparent electrodes for solar cell applications. *Journal of Materials Chernistry* 20 (43):9713-9717.

[72] Tung,V. C. ,Chen, L. -M. ,Allen,M. J. , Wassei. J. K. Nelson. K. ,Kaner. R. B. , and Yang,Y. 2009. Low-temperature solution processing of graphene-carbon nanotube hybrid materials for high-performance transparent conductors. *Nano Letters* 9(5): 1949-1955.

[73] Hyesung, P. et al. 2010. Doped graphene electrodes for organic solar cells. *Nanotechuology* 21(50):505204.

[74] Ki Kang,K. , et al. 2010. Enhancing the conductivity of transparent gra-

phene films via doping. *Nanotcchnology* 21(28),285205.

[75] Kasry, A.,Kuroda, M. A.,Martyna, G. J., Tulevski. G. S.,and Bol, A. A. 2010. Chemical doping of large-area stacked graphene films for use as transparent,conducting electrodes. *ACS Nuns* 4(7):3839-3844.

[76] Wehline. T. O., Novosclov, K. S., Morozov, S. V.,Vdovin,E. E., Katsnelson,M. I Geim. A. K., and Lichtenstein. A. I. 2007. Molecular doping of graphene. *Nnno Letters* 8(1):173-177.

[77] Li,S. -S., Tu. K. -H.,Lin. C. -C.,Chen, C. -W., and Chhowalla, M. 2010. Solution processable graphene oxide as an efficient hole transport layer in polymer solar cells. *ACS Nano* 4(6):3169-3174.

[78] Mandlik,P.,Gartside. J. Han. L., Cheng. I. C. Wagner, S., Silvernail, J. A., Ma, R. -Q., Hack, M., and Brown. J. J. 2008. A single-layer permeation barrier for organic lightemitting displays. *Applied Physics Letters* 92(10):103309-3.

[79] Lewis. J. S., and Weaver, M. S. 2004. Thin-film permeation-barrier technology for flexible organic light-emitting devices. *IEEE Journal of Selected Topics in Quantunn Electronics* 10(1):45-57.

[80] Sprengard, R., Bonrad. K.. Daeubler. T. K.,Frank,T.,Hagemann, V., Koehler. I., Pommerehne, J.. Ottermann, C. R., Voges,F.,and Vingerling. B. 2004. In *OLED devices for signage applications: A review of recent advance, and remaining challenges*, ed. Kafafi. Z. H., and Lane,P. A., 173-183. Denver. CO:SPIE.

[81] Bunch,J. S.,Verbridge, S. S. Alden. J. S.,van der Zande. A. M., Parpia. J. M., Craighead., H. G., and McEuen,P. L. 2008. Impermeable atomic membranes from graphene sheets. *Nano Letters* 8(8):2458-2462.

[82] Poulston, S.,Parlett, P. M.,Stone. P., and Bowker. M. 1996. Surface oxidation and reduction of CuO and Cu_2O studied using XPS and XAES. *Surfiwe and Interface Analysis* 24 (12):811-820.

[83] Lee,Y. B.,and Ahn. J. -H. Graphene-based gas impermeable barrier film (in preparation).

第6章 纳米尺寸石墨烯的化学合成方法及在材料学领域的应用

6.1 概　　述

石墨烯指的是一种由碳原子紧密堆积成二维蜂巢晶格的扁平单层物质，也是所有其他尺度石墨材料的一个基本组成单元。尽管石墨烯的历史很短，但由于其其卓越的电性能和力学性能，受到了科学界的极大关注，并在学术及其应用研究中取得了显著的进步。在被广泛研究的石墨烯基材料中，纳米石墨烯代表着一类新奇且不同于无限大单层石墨片的化合物。一般来说，纳米石墨烯是对一类平均直径在 1 ~ 10 nm 之间的多芳香族环烃类的命名，这类材料也可被看作是二维的石墨烯碎片均由 sp^2 杂化连接而成。尽管在人类和自然燃烧煤炭、木材和其他有机材料的残余中能够找到一些种类的石墨烯，但对制备功能化石墨烯的新方法的研究依然至关重要，特别是对于高分子量的石墨烯制备。纳米石墨烯的历史可以追溯到20世纪上半叶，Scholl 等(1910)和 Clar(1964)在这一领域做出了开创性的贡献。由于技术的局限，早期制备石墨烯的工艺通常较为苛刻(如需要高温、强氧化剂等)，然而由于表征方法和技术的限制，早期的一些结论现已逐步被证明是错误的。

当前，纳米石墨烯是一类研究最广泛的有机化合物，越来越多的合成方法应用于制备石墨烯。虽然很多这类令人感兴趣的分子已经被发现，但仍有更多的分子尚待发现。相比于其他石墨烯基材料来说(如无穷大的石墨烯片和石墨烯纳米带)，这些分子拥有物理加工性能良好、结构完美、电性能和自组性等优点，使其成为有机电子设备、有机染料、生物成像等实际应用领域的候选材料。因此，对纳米石墨烯的合成方法及应用进行全面综述是非常有必要的。

所有石墨烯的基本单元都是由6个离域的大 π 键构成的苯环(也叫作芳香六隅体苯环)。如图6.1所示，苯环连接方式的不同会导致石墨烯的形状与性能的不同。例如，苯环分子连续的线性连接叫作并苯，而苯环角环节化叫作吩。苯环连接成二维结构构成了不同边缘结构和物理性能的多环芳香烃，如环并苯、周并苯、全苯环型多环芳香烃包括己-邻-六苯并蔻及其他较高有序的石墨烯分子。本章总结了现今具有不同尺寸、形状、边缘结构和基本物理性能的纳米石墨烯的合成方法，通过书中的讨论，对于理解纳米石墨烯基本结构与性能的关系极其重要，也对石墨烯在材料学领域的应用做了介绍。

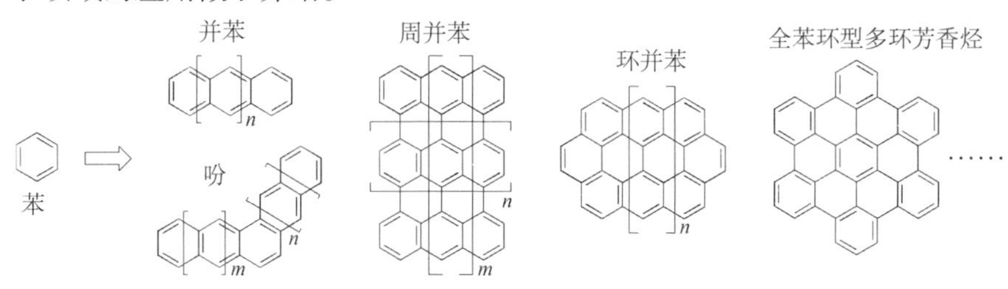

图 6.1 不同苯环连接方式的纳米石墨烯

6.2 纳米石墨烯的化学合成方法

6.2.1 线性并苯

并苯是一系列苯环通过线性连接而成的多环芳香烃。根据克莱尔的芳香族六隅体原则，只有一种芳香族六隅体苯环（作为六个苯环围成一个内环）可以被画成这种形式的分子（图 6.2）。因此，并苯的能隙和它们的稳定性接连降低，以增加连接的苯环数量。并苯被认作是一类用以制备电子器件所需的性能最优异的半导体材料，这些电子器件包括诸如有机场效应晶体管（OFETs）和有机发光二极管（OLEDs）。苯和并苯族的前两个单元（如萘、蒽）可以从煤焦油和石油中蒸馏提炼得到，而较高相对分子质量的同系物只能通过多步合成获得。并四苯（又名丁省）可以简单地通过截断相应的萘并萘醌制备（Fieser，1931）。在此，将主要讨论近年来成功合成的并五苯和其他高阶并苯化学合成的问题。

图 6.2 并苯结构

6.2.1.1 并五苯及其衍生物

并五苯（1，方案 6.1）作为器件研究中所需的最稳定的并苯类化合物，在有机半导体中作为标准材料脱颖而出，其电子载荷迁移率高于 3 $cm^2/(V\cdot s)$。通常制备并五苯的方法是邻苯二醛 2 与 1,4-环己二酮 3 溶解到 4 倍的丁间醇醛浓溶液中反应，紧接着用 M-P(Meerwein-Pondorff) 试剂降解刚生成的 6,13-五并苯醌 4(方案 6.1)(Bailey 等,1953)。之前生成的 4 也要依靠基体的性质与芳基或炔基锂试剂或格氏试剂发生亲核加成反应，然后通过还原芳构化 6,13-代并五苯 5(Miao 等,2006)。这种中位功能化的方法可以用体积较大的基团显著改善并五苯衍生物的溶解性和稳定性，该方法是制备电性能可调节的较高阶并苯的可行性方法(Bendikov 等,2004；Anthony,2006 和 2008)。

方案 6.1　并五苯及其衍生物的一般合成方法

6.2.1.2　并六苯、并七苯及其衍生物

分子链大于并五苯的并苯可以很容易在空气条件下降解。因此，通过化学功能化可以提高其抗光氧化能力。高一阶的并五苯的同系物即并六苯，其合成方法于 1939 年首次被报道。Clar(1939) 和 Marschalk(1939) 分别发现对相同的前驱体并六苯二氢衍生物 7 用 Cu 或 Pd/C 进行脱氢处理形成并六苯 6(方案 6.2)，但是其分子结构极其不稳定。在此之后，如何获得稳定的并六苯的有效合成方法一直被认为是一个瓶颈技术，直至 Anthony 组的报道出现(Payne 等,2005)。用两步法反应制备并六苯的衍生物 9 ($n=0$)，还原芳构化相应的含硅烷基乙烷并六苯醌 8($n=0$，方案 6.2)，需要引入大量的乙炔稳定并六苯及提高其溶解性。特别是，这种方法可以扩展制备具有良好稳定性的并七苯衍生物(9，$n=1$)。

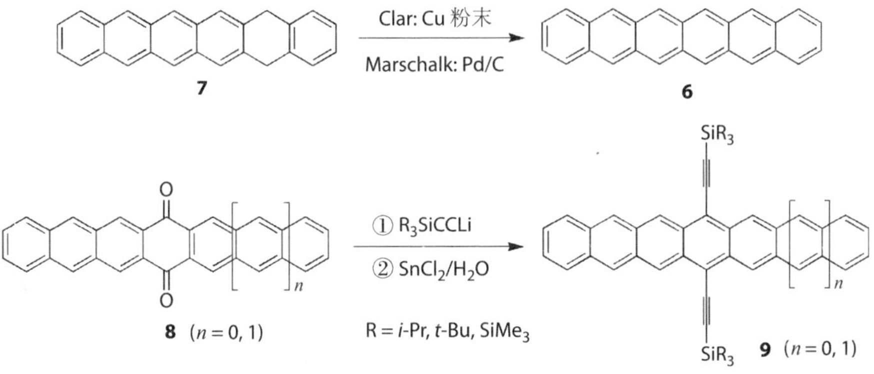

方案6.2　并六苯,并七苯及其衍生物

Wudl 及其同事用一种不同以往的方法,即采用双蒽素类物质和二苯并呋喃 12 通过两次的 Diels-Alder 环加成反应来合成甲硅烷基-乙炔基和苯基代并七苯衍生物 10,紧接着环加成的产物 13 用铁粉在乙酸溶液中进行还原反应(方案 6.3)(Chun 等,2008)。双蒽素类物质的中间物是由 11 经四甲基锂处理制成的。由于四个苯基和两个体积较大的三异丙基乙炔基团的引入,得到的并七苯 10 比 9($n=1$)更稳定,而它的存在可以经过在空气中暴露 41 h 后,由 UV/Vis/NIR 光谱在脱气甲苯中检测到。

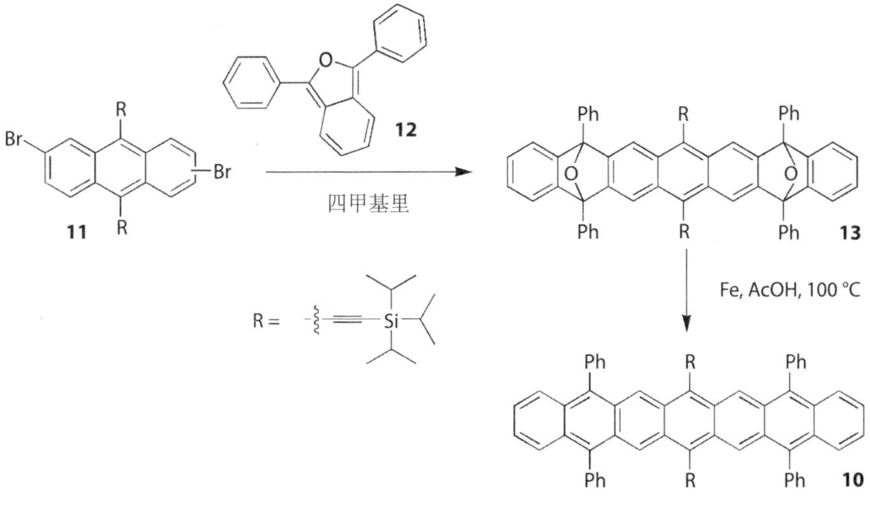

方案6.3　Wudl(Chan 等,2008)报道的苯基和三异丙基乙炔代并七苯衍生物的合成

Miller 课题组使用芳基和芳硫基代并七苯 14 由四酮 15 通过类似的合成方法制备出相应产物(方案 6.4)(Kaur 等,2009)。此类合成反应的设计原理是基于芳硫基基团已被证明是一种较好的取代基,同时可以提高并

五苯的抗光氧化性能(Kaur 等,2008)。7,16-对-(叔丁基)-苯硫基取代基(也就是芳硫基取代基连接到反应活性最强的环上)和5,9,14,18-邻二甲苯(也就是对周边的环有空间阻力)使得并七苯衍生物 14 成为一种特别稳定的物质,可以维持固态几周,在避光条件下可以在溶液中稳定存在1 ~2 d,溶液直接暴露于空气和光照下可以稳定存在几小时。

方案 6.4 Kaur 等报道的芳基和芳硫基代并七苯的合成方法

最近,Chi 课题组成功合成一种被四个缺电子的三氟甲基苯基和两个三异丙基乙炔基团取代的并七苯衍生物 18,这种衍生物被称作是迄今为止最稳定的并七苯(Qu 等 2010)。三氟甲基苯基和三异丙基乙炔基团代并七苯的合成主要基于原位生成的异萘并呋喃 16 和环己-2,5-二烯-1,4-二酮的两次 Diels-Alder 环加成反应,紧接着用对-甲苯磺酸酸处理得到并七苯醌 17(方案 6.5)。用三异丙基甲硅烷基乙炔溴化镁进行亲核加成,再进行还原和芳构化便得到了并七苯衍生物 18。

方案 6.5 Qu 等报道的三氟甲基苯基和三异丙基乙炔基团取代并七苯的合成方法

6.2.1.3 并八苯和并九苯

Bettinger 课题组报道用低温间质隔离技术制备无取代的并八苯和并九苯(Tönshoff 和 Bettinger,2010)。这种方法依靠光化学诱导双脱羰桥接二酮保护基原理(方案 6.6)。在间质隔离条件下,用紫外辐射去除四酮前驱体中的二酮桥 19 可以生成可被紫外/可见/近红外光谱探测的无取代的并八苯和并九苯 20。

UV
Ar, 30 K
-2CO
19 (n = 0, 1)
20 (n = 0, 1)

方案 6.6 用低温间质隔离技术制备并八苯和并九苯母体

Miller 课题组近期对并九苯的衍生物的详细表征进行了报道(Kaur 等,2010)。如方案 6.7 所示,关键步骤是利用 Diels-Alder 反应,以 1,4-芳硫基代蒽醌 21 和双邻醌二甲烷前驱体 22 为原料,在形成二醌的过程中制备并九苯骨架(23)。23 与芳基锂进行亲核加成反应,而后进行还原/芳构化反应得到的具有取代基的并九苯 24 产率较高。尽管有较窄的光能隙(1.12 eV),即实验最小可测量的所有并苯的最高占据分子轨道-最低未占据分子轨道(HOMO-LUMO)间隙,并九苯衍生物 24 可以在黑暗中稳定的以固态储存 6 周,由于芳硫基的取代效应导致的闭壳电子排布,它也可以用一套液相技术 ^{1}H NMR、^{13}C NMR、UV-Vis-NIR 和荧光光谱完全表征。

KI, DMF
1)
2) $SnCl_2$- HCl
SAr =
21 **22** **23** **24**

方案 6.7 Kaur 等报道的可溶和稳定的芳硫基和芳基取代

6.2.2　吩和星吩

吩指的是一类苯环成角形排列组成的多环芳烃,也可以被认为是非线性排列的苯的同系物(图6.3)。两个芳香六隅体苯环可以被画成任意一个吩分子,结果是根据Clar的芳香六隅体法则,吩体现出高于相应并苯的稳定性。由于它们具有不同环节化模式,吩和并苯的吸收光谱也异于彼此。并苯产生α-、β-和p-三个频段光谱,呈现有规律的红移随着连续每个环的连接。在吩的光谱中,只有α-和β-频段的红移方式相同,而p-频段呈现一个较短移动波长(Clar,1964)。如果三个分枝连接到一个中心环上,由中心线性辐射,苯并菲的同系物形成,叫作星吩(星状的吩)。在这种情况下,只有两个分枝在光吸收时是芳香共轭,而且最长的两个分枝决定光谱的长波部分(Clar和Mullen,1968)。这种吩(一直到九吩)和星苯(一直到十星吩)的合成方法已经很好地被Clar及其同事所完善(1964),但它们衍生物的合成及材料应用却很少被研究。

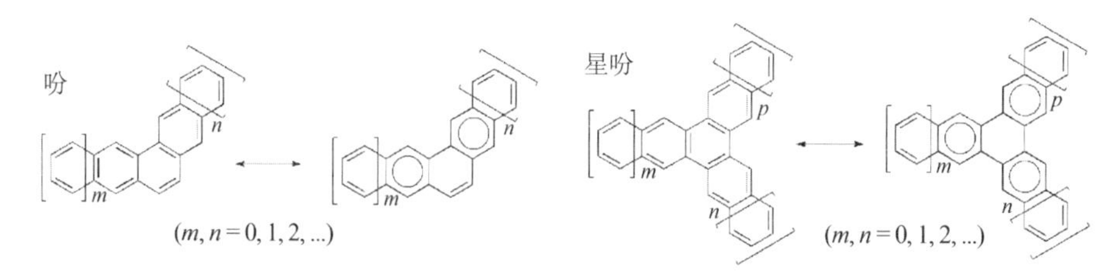

图6.3　吩和星吩的结构

最近,Wu课题组报道了一系列缺电子的苯并菲酰胺26和三亚萘酰胺的一种与众不同的制备方法(方案6.8)。这种合成方法依靠原位生成具有反应活性的轴烯(从25和27开始)和马来酰亚胺的Diels-Alder环加成反应,紧接着进行芳构化反应(Yin等,2009)。这些酰亚胺代菲26和三亚萘28表现出较高的电子亲和性和长程有序的柱状堆积,使它们成为电子设备领域较好的n型半导体材料,如场效应晶体管的应用。

6.2.3　具有锯齿形边缘的周-并纳米石墨烯

纳米石墨烯的边缘形状主要分为两类:扶手型和锯齿形。纳米石墨烯分子的带隙不仅取决于分子尺寸,还取决于边缘结构。锯齿形边缘的纳米石墨烯含有较少量的芳香六隅体苯环组分并呈现较低的能隙。近来的理论研究已经证明双自由基结构确实存在于一些纳米石墨烯中,而未成对电子主要位于锯齿形边缘(Jiang,2007a;Jiang等,2008)。在这一部分里,重

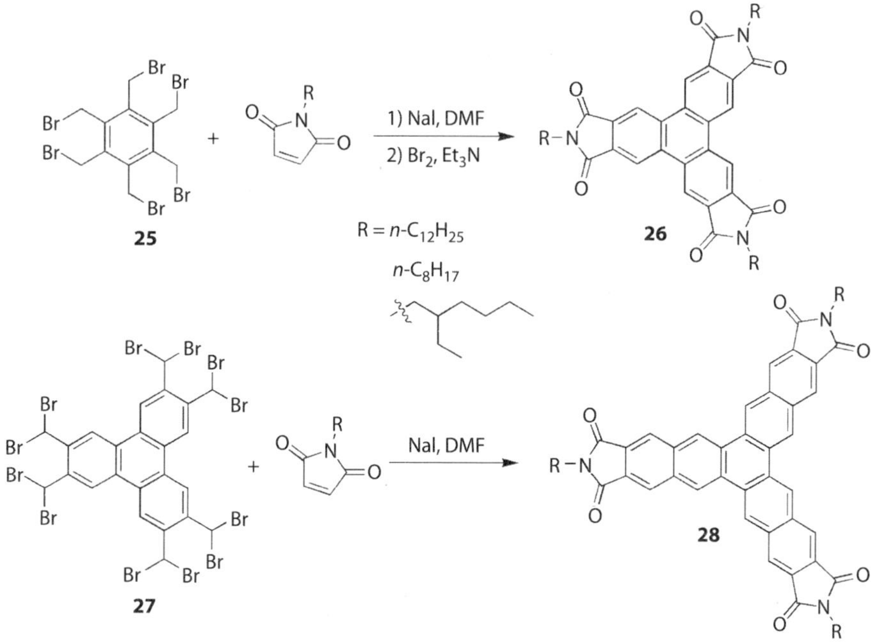

方案 6.8　缺电子的苯并菲酰胺和三亚萘酰胺的合成方法

点介绍锯齿形边缘的周-并纳米石墨烯的最新合成方法和性能，包括萘嵌苯、双蒽、四蒽、双并四苯、双并五苯和环并苯。

6.2.3.1　萘嵌苯及其衍生物

为了追求高消光系数和具有长波吸收/发射的稳定燃料，萘嵌苯获得了大量的关注。萘嵌苯是大分子多环芳香烃，由两个或多个萘单元以单键周稠在一起（图 6.4）。二萘嵌苯 29a 作为苝系的第一个化合物（$n=0$）被广泛的研究，其具有优异的化学性能、热力学性能和光化学惰性，无毒、价格低等优点。通过添加额外的萘单元来得到更高的同系物使得沿苝分子链长轴的共轭长度延伸，已经被证明是一种制备长波吸收萘嵌苯燃料的有效方法。例如，三萘嵌苯 29b（$n=1$）（Avlasevich 等，2006）和四萘嵌苯 29c（Bohnen 等，1990）分别在 560 nm 和 662 nm 的可见光区域有最大吸收峰值。在探索采用温和条件合成较高阶萘嵌苯方法的过程中，大多数研究均采用分子内脱氢环化的方法。这些方法包括使用 $FeCl_3$ 或 $CuCl_2-AlCl_3$ 的组合代替路易斯酸为氧化剂的氧化内脱氢环化反应，和由基础的利用阴离子自由基机制促使的还原内脱氢环化反应。一个典型的例子就是四萘嵌苯衍生物 30 的两种合成方法。单键连接的前驱体 31 连续经历还原内脱氢环化反应来得到部分的环化中间产物32，随后进行氧化内脱氢环化反应得到最终产物四萘嵌苯30(Koch 和 Müllen，1991)。由于这类梯形分子非常容易产生团聚，因此四个叔丁基基团的目的是提高溶解性(方案6.9)。

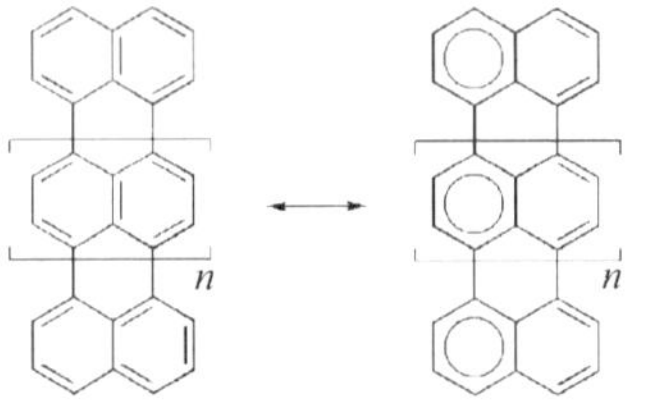

29a $n=0$，二萘嵌苯
29b $n=1$，三萘嵌苯
29c $n=2$，四萘嵌苯
29d $n=3$，五萘嵌苯
29e $n=4$，六萘嵌苯

图6.4　通用萘嵌苯分子结构

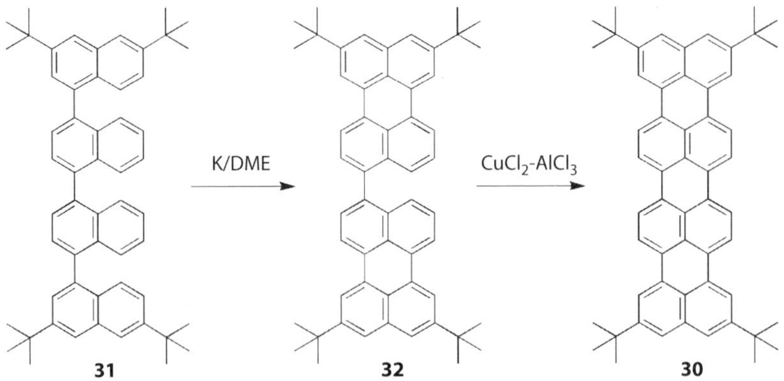

K/DME　$CuCl_2$-$AlCl_3$

31　**32**　**30**

方案6.9　四萘嵌苯衍生物的合成30

因为高阶的萘嵌苯是富电子的π键系统，此结构暴露在空气中极其不稳定，吸电子基团二酰亚胺的引入可以显著提高该类型结构分子的化学和光稳定性。萘嵌苯双二酰亚胺33a–f(图6.5)因其分子内供体–受体的相互作用，已被证实比未修饰的萘嵌苯稳定，且其红外吸收峰存在明显的红移现象。酰亚胺基的存在也提供引入大基团的可能性以提高溶解性，抑制在溶液中的团聚。而且，提高间溴化萘嵌苯酰亚胺的溶解性可以通过含苯氧基的大基团亲核取代实现。提高溶解性是为了使制备较高阶的萘嵌苯双酰亚胺成为可能，即五萘嵌苯双酰亚胺、六萘嵌苯双酰亚胺、七萘嵌苯双酰亚胺和八萘嵌苯双酰亚胺(Pschirer 等，2006)。与萘嵌苯一样，延长萘嵌苯酰亚胺的沿长分子轴的共轭长度以形成高阶的同系物，不仅促进其在较长光谱区域的吸收，还能显著提高其消光系数。萘嵌苯酰亚胺合成方法的主要问题是单链前驱体的分子内成环，一般可以通过过渡金属催化分子间适合部分发生偶联反应来制备(如 Suzuki，Yamamoto 偶联反应)。不同的脱氢环化法是被用来促进依靠单键前驱体各单元的电性能的环化反应。在间位较大的含苯氧基团的取代基可以有效地提高溶解性和高阶萘嵌苯的加工性,也会导致其吸收光谱的红移。近期报道的最高阶的萘嵌苯化合物是八萘嵌苯双酰亚胺33f(Qu等,2008)。

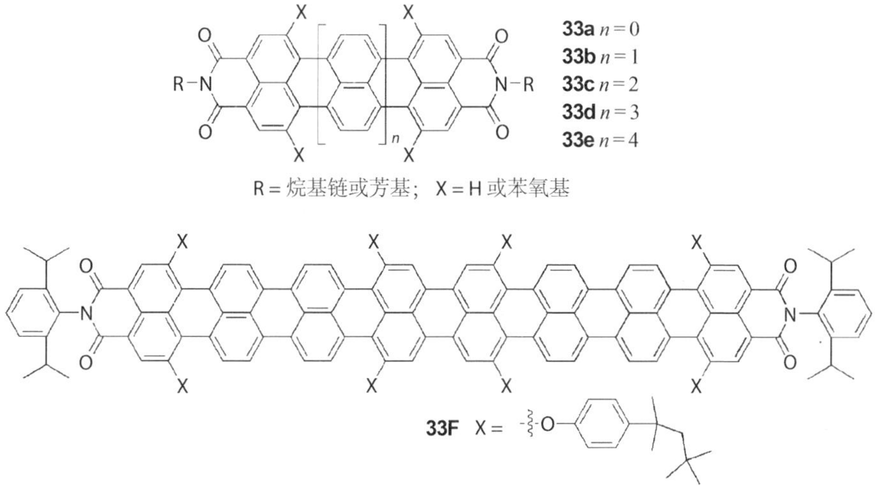

图6.5 萘嵌苯双二酰亚胺结构

近期有研究报道了一种不同的构建萘嵌苯骨架的方法。该方法是基于二萘嵌苯类似物的N-稠环化(Jiang,2008)。聚周-环化-二萘嵌苯34(Li和Wang,2009; Li等,2010)及其甲酰亚胺衍生物35(Jiao等,2009)被认为是含有氮原子的并连接到扶手型边缘的完美的纳米石墨烯(图6.6)。由于34和35结构单元的不同电子特性,考虑到N-环化二萘嵌苯核的富电子特性,DDQ/Sc(OTf)$_3$系统已经被用来促进最后一步的环化反应。相反地,由于引入35的二萘嵌苯甲酰亚胺基团的吸电子特性,一种弱碱性条件下的还原脱氢环化方法被应用,因为这可以降低HOMO能级($n=0$),还可以使35暴露于光线和氧气中保持稳定(Jiao等,2009)。而且,在二氯甲烷溶液中,量子产率高达55%的化合物35能够发出较强的荧光。因为许多NIR吸收染料通常表现出较低的荧光量子产率,而高量子产率的近红外(NIR)染料引人注目。

Wang课题组报道了另一族三重连寡-二萘嵌苯二酰亚胺(图6.7)也可以被认为是展开的萘嵌苯的衍生物。相关的纳米石墨烯36-40(Qian等,2005; Qian等,2007; Zhen, 2010)可以通过含铜的四溴(氯)-二萘嵌

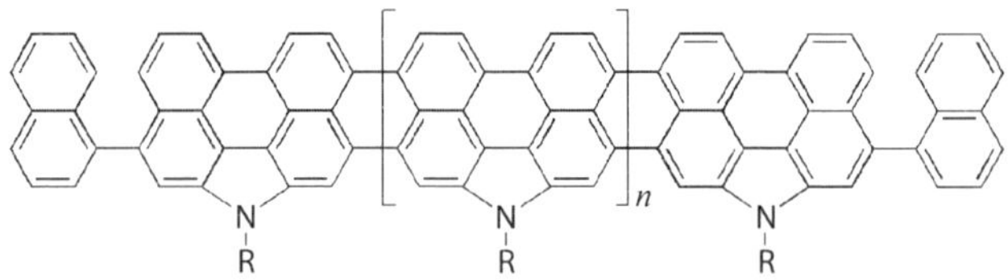

34 $n = 0, 1$; R= 脂肪族链

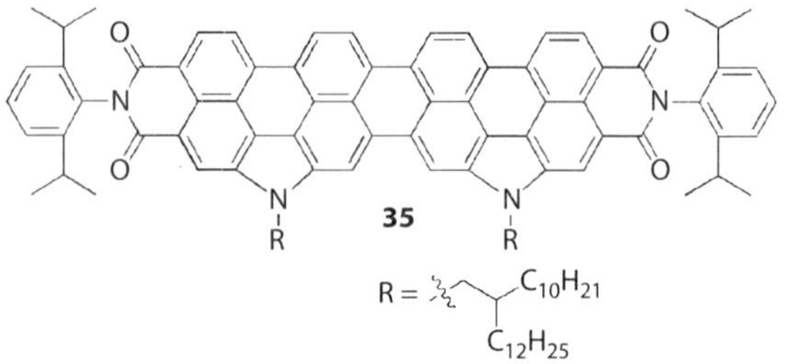

35

$R = \xi\text{-}CH_2CH(C_{10}H_{21})(C_{12}H_{25})$

图 6.6　N-环化萘嵌苯及萘嵌苯双二甲酰亚胺

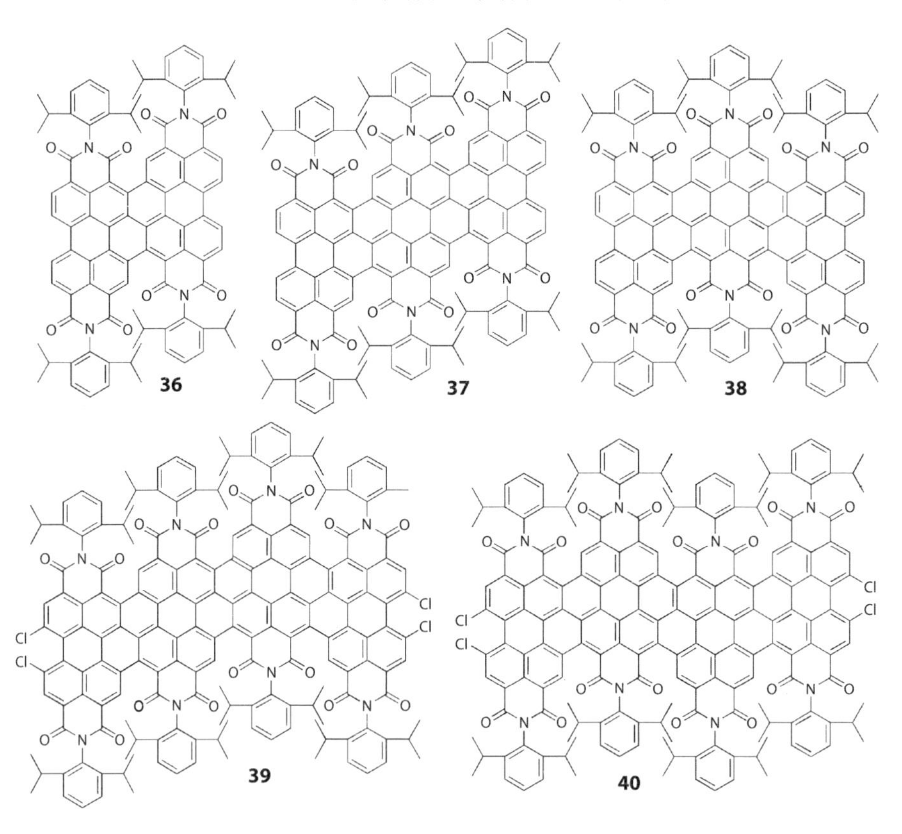

图 6.7　三重连萘嵌苯二酰亚胺

苯二酰亚胺浓溶液,在不同的条件下沿着 bay 区域生长得到。由于有两处可以偶联的位置,高阶的类似物有结构上的同分异构体。这些完全共轭的石墨烯型化合物展现出宽而发生红移的吸收峰,以及较强的电子吸收能力。

较高阶的并苯(如四并苯)被并到萘嵌苯骨架上(图 6.8)。二苯并二萘嵌苯双二甲酰亚胺 41 也被用于连续 Suzuki 交叉偶联反应及两步氧化和还原的脱氢环化反应(Avlasevich 等,2006)。需要注意的是,在 Suzuki 交叉偶联反应中,$Pd_2(dba)_3$ 和 DPEPhos(双(2-(二苯膦基)苯基)醚)的混合物是不可或缺的,作为一种配合基起到位阻的作用。还值得注意的是并四苯副族的引入一方面有助于吸收频的显著红移,最大吸收峰在 1 037 nm;另一方面,由于二萘嵌苯与并四苯单体间的位阻排斥力导致旋扭结构对获得的染料 41 的稳定性带来了负面影响。

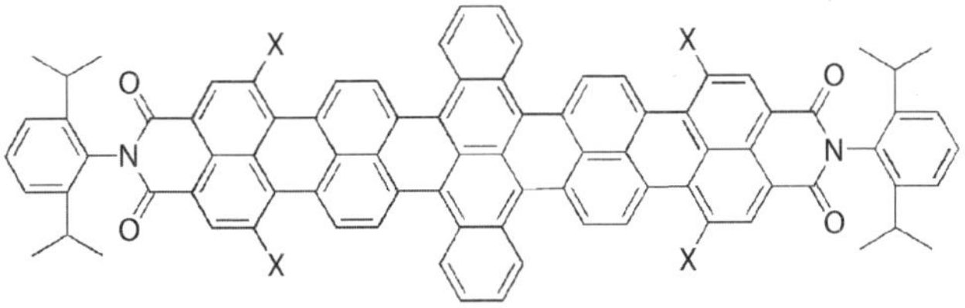

图 6.8 二苯并二萘嵌苯双二甲酰亚胺

6.2.3.2 二苯并及其衍生物

二苯并没有像并苯和萘嵌苯等芳香族化合物被详细地研究,其可以被看作是一族有趣的纳米石墨烯,由两个萘单体与一个或多个六元环稠化成 Z-形(图 6.9)。这种碳氢化合物在两个萘单体之间由双键固定(已用粗体标出),根据固定性双键的数量,这些分子相应地分为二苯并、七二苯并和八二苯并。通过理论计算预测二苯并在基态也具有双自由基的特性(图 6.9),它们也呈现出有趣的非线性光学性能和近红外吸收性能(Nakano 等,2007; Désilets 等, 1995)。但是由于二苯并及其衍生物的低产率和在光线和氧气条件下的高敏感性,特别是在稀释的溶液中更为敏感,使得其成功合成方法却鲜有报道。

Clar 首次报道了二苯并的合成方法(Clar 等,1955),而 Staab(Staab 等,1968)和 Sondheimer(Mitchell 和 Sondheimer,1970)各自试图合成四脱氢二萘轮烯时,偶然发现了一种合成二苯并的简便方法,非常不稳定的四脱氢二萘轮烯可以通过跨环环化自动转化为二苯并。直到 2009 年,二苯

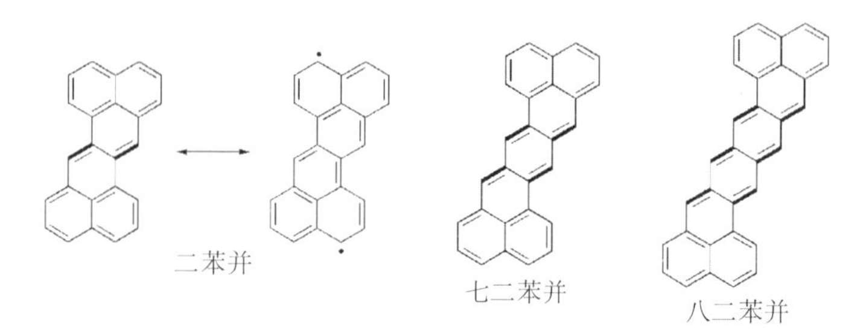

图6.9　二苯并、七二苯并和八二苯并的化学结构

并的前驱体四脱氢二萘轮烯(44)首先被Tobe课题组(Umeda等,2009)分离出来;他们也合成出7,14-双取代二苯并衍生物(如45)(方案6.10)。合成路径由在42和脱甲硅烷基43间的脱甲硅基和Sonogashira-Hagihara偶联反应开始,以提供产率为22%的中间体,并与碘进一步进行跨环环化反应,随后与苯乙炔发生Sonogashira-Hagihara偶联反应得到稳定的二苯并衍生物45(方案6.10)。

方案6.10　Tobe课题组报道的7,14-双取代二苯并衍生物的合成方法(Umeda等,2009)

Y.-T. Wu课题组于2010年报道了一种新的引人注目的二苯并合成方法(Y-T. Wu等,2010)。他们研究出一种金属催化卤代芳烃46的环化反应用不同的取代基取代7,14-位,来制备二苯并47,产率高达73%(方案6.11)。

方案6.11　Y.-T. Wu等报道的7,14-双取代二苯并衍生物通过Pd催化环化反应的合成方法(2010)

这项工作正在进行时,J. -S. Wu 课题组独立报道了利用 49 和双 3-(三正丁基锡)乙炔 50 进行 Stille 一步法的偶联反应,随后脱氢轮烯的中间产物(方案 6.12)同时跨环环化反应,制备出二酰亚胺取代二苯并衍生物 48 (Sun 等,2010),吸电子基团的附着降低了 HOMO 能级,可以提高活性二苯并系物质的化学及光稳定性,而其受体-供体-受体结构也使其在红外和近红外区域的吸收光谱产生了红移。与预期的一样,得到的二苯并双酰亚胺 48 优于未修饰的二苯并,并提高了荧光量子产率,而且在自然光照条件下半衰期为 4 320 s,在此期间具有较好化学稳定性和光稳定性,红移吸收。由于中心固定双键的丁二烯的特性,因此尝试用 N-溴代琥珀酰亚胺在(NBS)在二甲基甲酰胺溶液中对其进行溴化以得到氧化产物二苯并醌 51。对于七二苯并 (Clar 和 Macpherson,1962) 和八二苯并 (Erünlü,1969)的合成方法也进行了一些尝试。但是,这些物质呈现非常高的活性,而其分析纯的制品无法制得及鉴定。

$SnBu_3$ 49 50 $Pd(PPh_3)_4$ 甲苯 跨环 环化 13%~20% 48 NBS/DMF 82% 51

方案 6.12 Sun 等报道的二苯并-双二甲酰亚胺和二苯并-双二甲酰亚胺醌的合成方法(2010)

6.2.3.3 双蒽和四蒽

众所周知,沿二萘嵌苯长分子轴的的共轭延长可以得到其高阶的同系物,而且其在波长的吸收率也随着萘嵌苯分子阶数的延长而增长。理论计算得出侧向延长的二萘嵌苯衍生物(也叫作周并苯),即双蒽、周并四苯、周并五苯(方案 6.13),也可以成为较好的近红外吸收染料(Désilets 等,1995; Zhao 等,2008)。只有两种芳香六隅体苯环可以被设计成周并苯,因此高阶的周并苯有希望具有较高的化学活性。

Clar 及其同事首先对双蒽的合成方法做了报道(Clar, 1948a),而 Bock 和 Wu 课题组分别对双蒽合成的改进方法进行了研究(Saïdi-Besbes 等,

方案6.13　双蒽、周并四苯、周并五苯的结构及双蒽改进的合成方法

2006；Zhang 等,2009；Li 等,2010)。合成路线由蒽-10(9H)-酮 52 与吡啶 N-氧化物和一定量 $FeSO_4$作为催化剂的反应中制备出二蒽醌 53,随后在紫外光辐射下进行光环化反应得到双-anthene 醌 54(方案 6.13)。在喹啉溶液中用锌粉处理 54 后,用硝基苯进行氧化脱氢反应得到目标产物双蒽 55。双蒽的母体是一种蓝色的化合物,其在苯中的最大吸收值为 662 nm。但由于其高激发态的 HOMO 能级,表现出较低稳定性,在活性的中位会与单线态氧发生加成反应(Arabei 和 Pavich,2000)。

Wu 课题组用多种不同的方法系统地对制备稳定的双蒽的衍生物进行了研究(Yao 等,2009；Zhang 等,2009；Li 等,2010)。第一种方法是将吸电子的二酰亚胺基团附着到锯齿形边缘上(方案 6.14),这样可以使双蒽的高激发态 HOMO 能级降低(Yao 等,2009)。并且首次利用蒽为原料,逐步进行 Friedel-Crafts 反应、氧化反应、溴化反应和亚胺化反应制备出重要的中间产物 56。然后化合物 56 以 $Ni(COD)_2$ 为媒介进行 Yamamoto 自身偶联反应得到蒽二酰亚胺二聚体 57。通过 t-醇钾和 1,5-二氮杂双环(4.3.0)壬-5-烯(DBN)促进环化反应之后,制备出稳定产率的完全稠化的双蒽双二甲酰亚胺 58(方案 6.14)。与双蒽母体 55 相比较,化合物 58 具有较好的光稳定性,且 58 的溶液暴露于空气中基本不会发生变化。另外,与 55 相比较可以发现 58 的最大吸收值 170 nm 有明显的红移。

第二种方法是通过引入芳基和炔基取代基到双蒽活性最强的中位上(图 6.10)以便稳定双蒽核心的活性,还可以引起近红外光谱区域的额外红移(Li 等,2010)。基于这些考虑,Wu 课题组合成三种中心取代的双蒽

方案 6.14 Wu 报道的双蒽双二甲酰亚胺的合成方法(Yao 等,2009)

59a–c 与芳基和烃基格式试剂进行亲核加成得到双蒽醌 54,随后进行还原/芳构化反应得到双蒽二醇。这种合成方法也被用来制备醌型双蒽 60(图 6.10),这种物质被看作是一种特殊的具有醌型特性的可溶解且稳定的纳米石墨烯(Zhang 等,2009)。由于双蒽核心的 π 键共轭延伸通过 59 的芳基和三异丙基乙炔(TIPSE)部分,以及 60 具有的醌特性,使得 59 和 60 的吸收最大值在较长的波长处或多或少的发生移动。而且,59 和 60 的溶液在常温环境中可以稳定地存在数周,体现出它们母体双蒽 55 的稳定性。

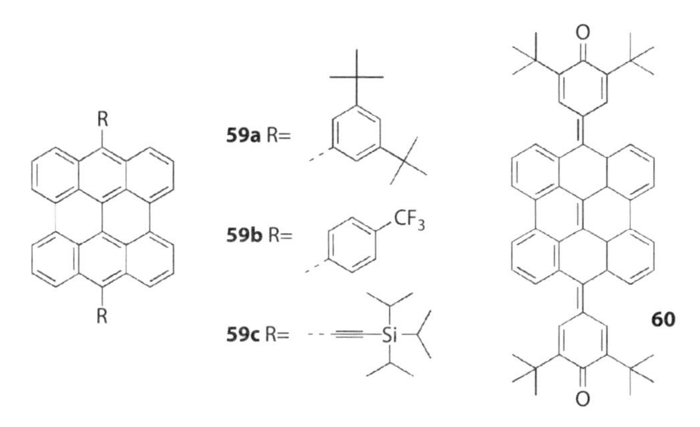

图 6.10 中位–取代双蒽和延伸的双蒽醌

三个蒽通过三个蒽基单键连接在一起所得到的结构叫作四蒽,而人们认为它甚至不如具有反应活性的双蒽稳定。最近,Kubo 课题组报道首先成功制备出了一种四蒽的衍生物66（Konishi 等,2010）。如方案6.15所示,含锂试剂61与1,5-二氯蒽醌62亲核加成,随后与NaI/NaH_2PO_2进行还原芳构化反应得到三蒽基衍生物63。63去甲基化后环化结合,然后与KOH/噻啉反应得到部分闭环的醌64,经过莱基溴化镁和$CeCl_3$修饰后继续进行还原芳构化得到部分环化的化合物65。由DDQ/Sc(OTf)$_3$促进最后一步环化,随后进行淬火,再与肼反应得到深绿色固体66。值得注意的是,由于六个芳香六隅体环的稳定效应,这种分子在基态具有突出的单线双自由基的性质(方案6.15)。

方案6.15 四蒽衍生物的合成方法

6.2.3.4 周四并苯和周五并苯

Jiang 等(2007)通过理论计算指出闭壳状态较小的HOMO-LUMO能隙与周并苯和周四并苯尺寸的临近值有关。在临界尺寸以下,周并苯具有闭壳非磁性基态,而超过临界尺寸时,周并苯具有反铁磁性基态,且像无限锯齿形边缘的石墨烯纳米带。并苯HOMO-LUMO能隙的改变随着分子尺寸的增长而迅速下降,从二萘嵌苯的1.87 eV到周并五苯的0.08 eV。因此,较高阶的周并苯的合成方法显得尤为重要,且较少有此类的化学合成方法被研究。

Wu 课题组对周并五苯进行了初步地研究(Zhang 等,2010a, 2010b)。如方案 6.16 所示,由二聚并五单酮 67 得到的双并五苯醌 68 经过与三异丙基乙炔基锂进行亲核加成,随后与 NaI/NaH_2PO_2 进行还原芳构化得到十字 6,6'-双并五苯 69(Zhang 等,2010a)。化合物 69 的单晶呈现出两条面对面的 π 键-堆积成的轴线,这样会产生双向同性的电荷输送。通过化学气相沉积得到薄膜来制备场效应晶体管(FET),其迁移率高达 0.11 $cm^2/(V \cdot s)$。另外,稠化双并五苯醌 70 (Zhang 等,2010b)可以作为合成周并五苯衍生物的前驱体,是由 68 通过氧化光环化反应形成两个新的 C-C 制备而成的。随后化合物 70 与过量的 1-溴-3,5-二叔丁基苯的格式试剂在无水四氢呋喃(THF)中进行亲核加成反应,随后在空气进行酸化,却没有得到想得到的 1,2-加成的加成物,反而得到了一种未想得到的 Michael 1,4-加成产物 71,并通过单晶分析得到了确定。进一步用过量的格式试剂处理 71,随后在空气中进行酸化处理得到了四芳基取代的稠化双五苯 72。单晶分析揭示了在稠化双五苯 70 和 71 中存在 α,β-不饱和酮结构,同时也解释了不同寻常的 Michael 加成。到目前为止,还没有报道合成出周四并苯的衍生物,而且仅有一种潜在的前驱体被 Wu 课题组所报道,即一溴,并四苯二甲酰亚胺(Yin 等,2010)。

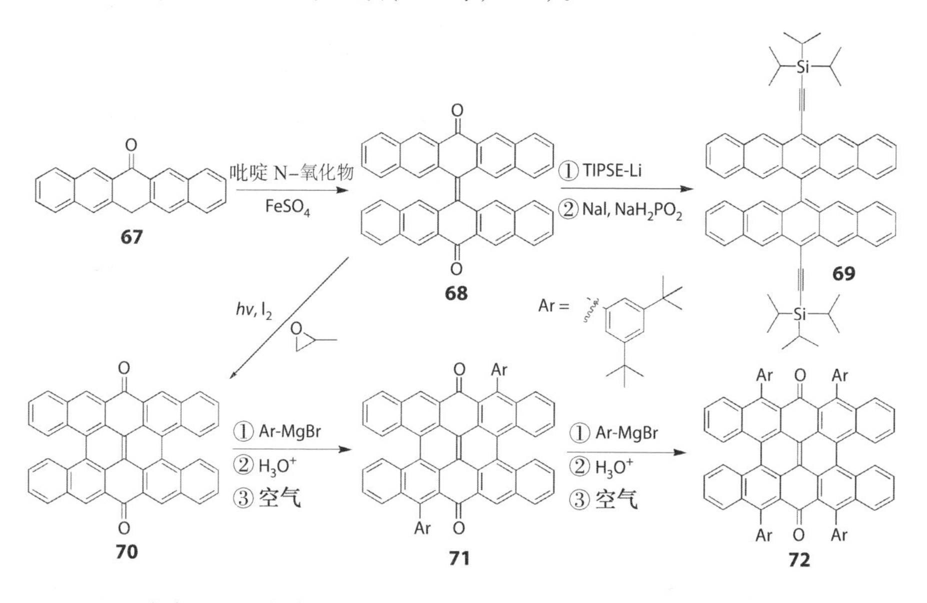

方案 6.16　十字 6,6'-双并五苯和稠化双并五苯醌的合成方法

6.2.3.5 环并苯

周并苯的两个额外的苯环环化得到的另一种有趣的结构的石墨烯叫作环并苯(图6.11)。这个名字源自中心的并苯单元(包括苯环)用苯环循环的环节化的特征,这些分子相应地叫作环苯(即六苯并苯)、环萘(卵苯)和环蒽等。三个芳香六隅体环可以结合成六苯并苯,而四个芳香六隅体环可以结合成较高阶的环并苯。相比之下,只有两个芳香六隅体环只能结合成周并苯(方案6.13)。因此,环并苯通常具有较高的HOMO-LUMO能隙和高于周并苯的稳定性,这些也可以被Clar的芳香六隅体法则所解释。这一族包括六苯并苯、卵苯和环蒽等一些分子得到了广泛地研究。

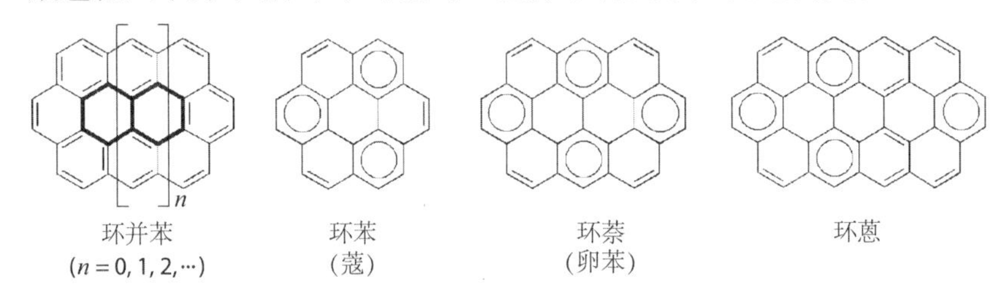

图6.11 环并苯的结构

六苯并苯是苯系中拥有六重对称性的最小同系物,由于其六个外环间具有完美的芳香离域而具备独特的电子结构。在其晶态中,六苯并苯趋于形成二维排列的平行圆柱。通过添加不同的取代基对六苯并苯进行化学修饰可以调节其电子特性和自组性能。因此,毫不令人奇怪的是六苯并苯的优点使其作为一种特别好的制备柱状自组装液晶的材料。方案6.17展示的是Clar(Clar和Zander,1957)研究的一种典型的制备未修饰六苯并苯的方法75。在氧化条件下,用顺丁烯二酸酐修饰商业的二萘嵌苯29a可以得到对应的羧酸酐73,随后用碱灰石($Ca(OH)_2$-NaOH-KOH-H_2O)触发去碳酸基来制备74,接着进行氧化Diels-Alder反应和去碳酸基反应去制备六苯并苯75。

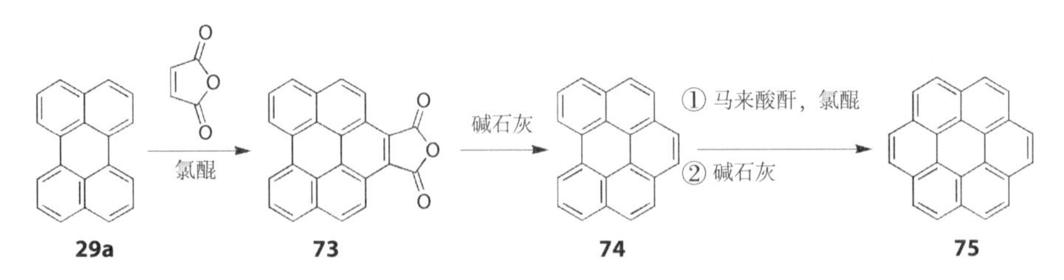

方案6.17 由二萘嵌苯制备六苯并苯的合成方法

由于二萘嵌苯具有一个二烯键在 bay-位，因此在用不同的吸电子的亲二烯体情况下，Diels-Alder 反应将会沿二萘嵌苯的 bay-位发生，很容易得到许多具有不同电子和自组性能的六苯并苯的衍生物 76（Rao 和 George，2010）、77 和 78（Alibert-Fouet 等，2007）（图 6.12）。

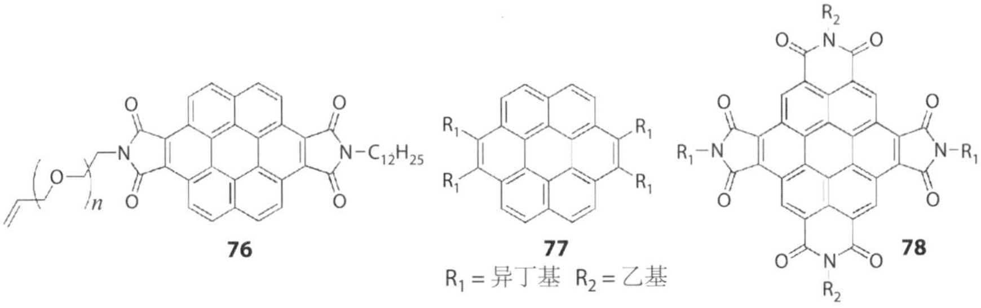

R_1 = 异丁基 R_2 = 乙基

图 6.12 由二萘嵌苯制备六苯并苯的衍生物

另一种合成六苯并苯的方法是利用二溴二萘嵌苯酰亚胺 79 进行 Sonogashira-Hagihara 偶联反应，随后用具有强非亲核基的 1,8-二氮杂双环[5,4,0]碳-7-烯（DBU）进行环化反应（方案 6.18）（Rohr 等，1998）。运用这种合成方法，可以将不同的取代基直接连接到六苯并苯核心上（Rohr 等，2001）。

R_2CCH; Pd (0), CuI, Et_3N; DBU

R_1 = 芳基，脂肪链
R_2 = 脂肪链

方案 6.18 利用基媒介环化法制备六苯并苯酰亚胺的合成方法

包含完全循环苯环节化萘单元卵苯是环并苯族的第二个成员（图 6.13）。Clar（1948b）报道首次成功合成出卵苯是通过一种类似于合成六苯并苯的合成方法。用双蒽与马来酸酐进行双重的 Diels-Alder 环加成，随后用碱灰石（$Ca(OH)_2$-NaOH-KOH-H_2O）触发去碳酸基来制备高产率的卵苯 82。用不同的具有吸电子特性的亲二烯体通过双重的氧化 Diels-Alder 反应，制备出一系列的卵苯衍生物 83（Saïdi-Besbes，2006）和 84（Fort 等，2009）。

虽然在 1956 年 Clar 报道了通过“控制石墨化”法制备环蒽的合成方法，而其课题组在 25 年后发表了更正，并宣称早期制备的化合物并不是环

82 83 84

2-乙基羟乙基

图6.13 卵苯及其衍生物

蒽(Clar等,1981)。环蒽是最先被Diederich等成功合成出来的(Broene和Diederich,1991)。根据他们的报道,在紫外辐射条件下,由86到87的四重光环化反应具有极高的产率(方案6.19)。在黑暗中,2,3-二氯-5,6-二氰基-1,4-苯醌(DDQ)触发的进一步环化反应得到的环蒽85是一种不溶的晶体沉淀物。

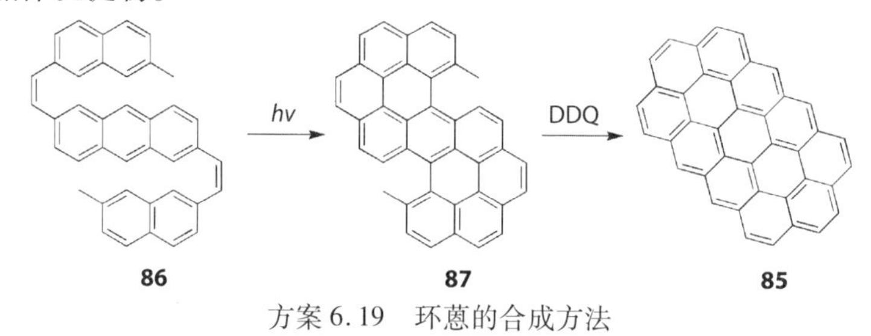

方案6.19 环蒽的合成方法

6.2.4 扶手形边缘的纳米石墨烯和全苯环特性

之前的研究揭示了完全扶手形边缘的纳米石墨烯呈现出较好的稳定性和较大的能隙(Jiang, 2008)。因此,这类PAH分子有一个全苯环结构。在扶手形边缘的纳米石墨烯中,六苯并蔻(HBC)和它的衍生物也被称为最著名扶手椅型边缘的纳米石墨烯。根据Clar芳香六隅体法则,因为七个芳香苯环芳香六隅体环可以形成HBC,且结构中没有额外的孤立的双键,因此HBC属于一种全苯环聚环芳香碳氢化合物(图6.14)。这种特征导致与苯和并苯等其他线性和间-环化芳香族化合物相比具有较好的稳定性。另外,HBC固有的自组能力和优异的电子性能使得其在有机电子设备应用领域中引起瞩目(细节的讨论会在后面给出)。对于HBC分子具有一个难以解决问题,即由于分子内具有较强π—π键作用使得其具有特别低的溶解性。因此,急切需要合理设计制备具有合适分子尺寸和足够的增溶基团的 HBC 衍生物。两篇全面的综述已经介绍了具有扶手形边缘结构的全苯环聚环芳香碳氢化合物的合成方法和表征(Wu 和 Müllen,2006; Wu 等,2007),因此在本书只做简单介绍。

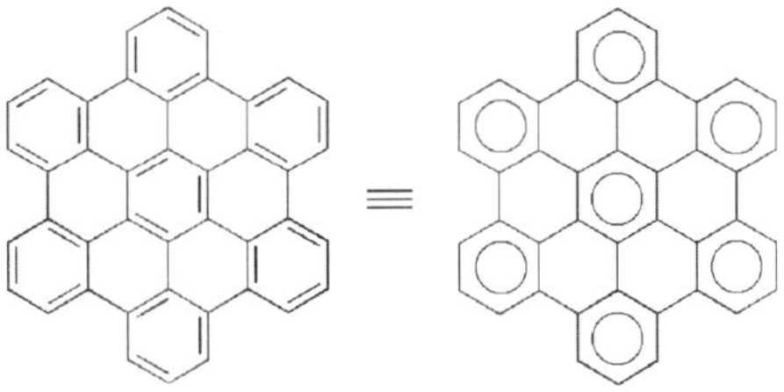

六苯并蔻 (HBC)

图 6.14 六苯并蔻的结构

随着现代化学的发展,在合成方法上的突破使得在温和条件下,有选择性和高效率的制备出一系列 HBC 衍生物成为了可能。Müllen 课题组研究了一种被广泛应用的制备具有六重对称性的 HBC 的合成方法(Herwig 等,1996;Wu 等,2007)。在 $Co_2(CO)_8$ 的促进下使 R-代二苯乙炔 88 进行环三聚成六苯基代苯 89,随后经历氧化脱氢环化反应得到高产率的稠化 HBC 衍生物 90(方案 6.20)。原则上,三类试剂可以被用于反应的最后一步来促进分子环内闭环,主要包括 $CuCl_2/AlCl_3$ 或 $Cu(OTf)_2/AlCl_3$ 的 CS_2 溶液,或 $FeCl_3$ 的硝基甲烷溶液。不同的增溶柔性分子链被引入 HBC 核心的边缘,一方面可以提高其溶解性和可加工性;另一方面,由于 HBC 的柔性侧链和 π-π 键堆积,可以促使 HBC 形成圆柱形液晶态。

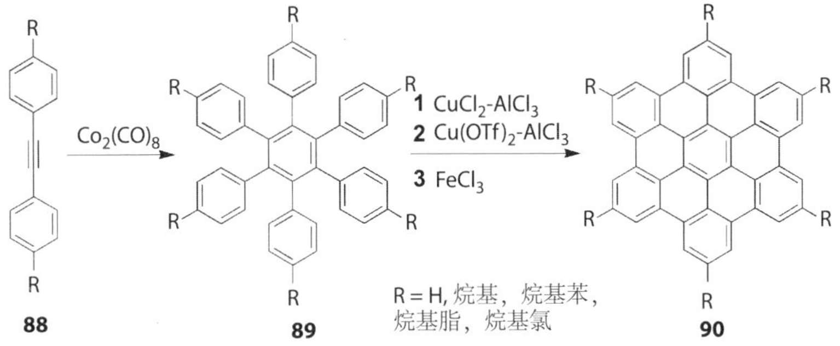

$Co_2(CO)_8$

1 $CuCl_2$-$AlCl_3$
2 $Cu(OTf)_2$-$AlCl_3$
3 $FeCl_3$

R = H, 烷基, 烷基苯, 烷基脂, 烷基氯

88 89 90

方案 6.20 六重对称性的六苯并蔻衍生物的一般合成方法

具有低对称性的 HBC 衍生物 94 是通过另一种路线合成出来的,以下的合成路线包括四苯基环戊二烯酮衍生物 91 和二苯乙炔 92 进行 Diels-Alder 环加成反应,随后在 $FeCl_3$ 条件下与前驱体 93 进行氧化脱氢环化得到产物(方案 6.21)。基于这种合成方法,合成出 HBC 拥有增溶性分子链和一个或多个溴原子使其具有不同的对称性(Ito 等,2000)。由于溴原子

的存在，可以利用过渡金属为催化剂进行 Kumada、Suzuki、Hagihara、Negishi 和 Buchwald 偶化反应进一步进行功能化。通过添加不同的功能团可以更准确地控制聚集态 HBC 分子的顺序、表面的苯环的直线排列，以及分子内的二进制能源/电子传输。这些将要在 6.3.2 小节中讨论。

方案 6.21 低对称性的六苯并蔻衍生物的合成方法

通过应用先前提到的两种众所周知的合成方法，制备出一系列不同尺寸、对称性和边缘的大尺寸全苯环型纳米石墨烯。至今为止所合成的最大的石墨烯状分子包含着222 个碳原子(99)，以及 95-98 等其他全苯环型纳米石墨烯分别为三角形、线状、心形和方形等形状(图 6.15)已经被成功制备和连续的报道(Wu 等 2007)。

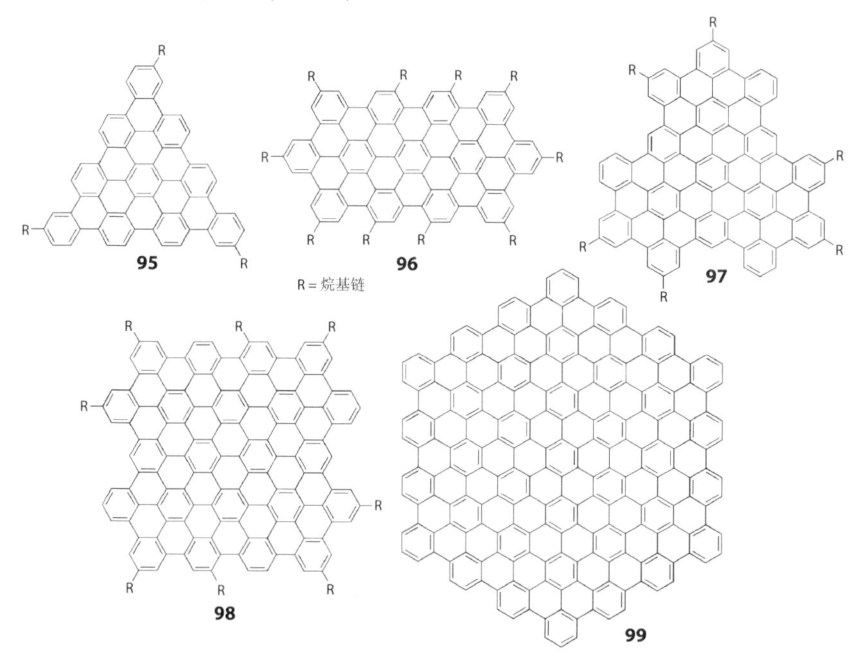

图 6.15 不同尺寸和对称性的全苯环型纳米石墨烯分子

6.3 材料应用

6.3.1 有机染料

染料化学是工业有机化学被研究最为深入的学科之一。电子工业与生物成像领域最新的成果提高了研究人员对开发下一代功能性染料的兴趣。迄今为人所熟知的常见染料种类繁多(如 BODIPYs、荧光素与罗丹明),其中一些染料已经可以商业化生产。诸如萘嵌苯、环并苯等一些特定的纳米石墨烯作为万能型染料而备受赞誉,而且近 20 年其数目稳步提升。就在最近,科研人员开始设计合成近红外光谱区功能染料,它们很有希望用于有机太阳能电池,生物成像与非线性光学领域(Fabian 等,1992; Qian 和 Wang,2010; Jiao 和 Wu,2010)。

6.3.1.1 近红外光谱染料

相比于已商业化的染料,纳米石墨烯通常具有优异的化学稳定性与光稳定性,而其缺点是大部分纳米石墨烯只能捕获紫外线或可见光。如要用于太阳能电池等实际应用中,这些材料不仅要在紫外线-可见光谱区有良好的光捕获能力,而且还要在近红外光谱区有良好的光捕获能力,这主要是鉴于太阳光辐射能量的 50% 位于红外光谱区。纳米石墨烯基染料在近红外光谱区吸收和发射的提升通常可以通过延伸共轭 π 键,构建推挽式模体或是在极少数情况下通过构建醌型来实现(Jiao 和 Wu,2010),这些方式都降低了 HOMO-LUMO 能隙并伴随有它们发射和吸收谱带的红移。

虽然并苯的吸收随着六元环的增加而显著红移,但它们很少甚至根本不用作染料,这是由于它们的较大分子同系物稳定性很差而且在长波长光谱区的吸收相对较低。染料化学最具代表性的成员为萘嵌苯及其衍生物。例如,二萘嵌苯酰亚胺具有亮红色,其最大吸收波长位于 540 nm 处;而三萘嵌苯酰亚胺则为绿色,其最大吸收波长位于 650 nm 处(Hortrup 等,1997)。对于它们的较大分子同系物而言,其吸收向近红外光谱区红移并具有很大的摩尔消光系数(Quante 和 Müllen,1995; Pschirer 等,2006)。八萘嵌苯酰亚胺的成功制备引人瞩目,其最大吸收波长位于 1 066 nm 处(Qu,2008)。

理论计算表明周并苯为良好的近红外吸收染料。然而为稳定这类化合物,需要采取结构修饰,包括连接吸电子基团并抑制 6.2.3.3 部分所述活性最高的位点。Wu 的课题组最近合成的双蒽衍生物 58~60 可用作稳定可溶的近红外染料(Yao 等,2009;Li,2010; Zang 等,2009)。

6.3.1.2 生物成像

在近红外光谱区,生物试样具有低背底荧光信号,并伴随有高信噪比。此外近红外光由于其具较低的光散射性可深入渗透至样品矩阵中。因此,在生物试样的体内与体外成像采用近红外染料前景诱人(Kiyose 等,2008)。在生物学领域充分利用有机近红外染料方面,染料的设计不仅直接针对颜色调控,而且光稳定性、生物兼容性与充分的水溶性也是需要纳入考虑的关键问题。

不但设计并合成具有吸收和发射特性的纳米石墨烯是可行的,而且调节其光稳定性或是将多种性能集成于一种物质中也是可行的,后者可通过对染料分子进行化学修饰达成。然而,充分的水溶性限制了可用于生物应用的纳米石墨烯的数量。纳米石墨烯由于其高度共轭结构而具有天然疏水性。增加水溶性通常可通过连接亲水基团而达成,例如在纳米石墨烯亲核处连接磺酸基团、季胺盐基团、冠醚类、聚氧化乙烯与肽链。高度亲水基团的引入通常可以使染料分子溶于水。但在很多情况下这些纳米石墨烯在水中基本上不显示荧光性,这是由于在极性条件下它们非常易于团聚。因此,选择适当的水溶性基团并保持良好的荧光量子效率在生物成像应用方面显得至关重要。过去六年间基于二萘嵌苯酰亚胺 100-101(Qu 等,2004; Peneva 等,2008a)和三萘嵌苯 102-103 (Peneva 等,2008b; Jung 等,2009)(图 6.16)的研究取得了喜人的成果。通过化学修饰,这些萘嵌苯染料额外获取了萘嵌苯酰亚胺染料的光物理性质,蛋白质特定位点的识别单元,进而满足了生物成像的所有标准:①良好的水溶性,这是通过在支链上连接可溶性基团达成的;②优异的荧光量子效率,即使进行结构修饰也可以保持在较高的水平上;③良好的化学与光稳定性,这是萘嵌苯染料的一大优势;④无毒性;⑤良好的生物兼容性;⑥可能实现商业化量产,这主要归功于每一步合成的高产率。

6.3.2 电荷传输材料

6.3.2.1 监控液晶相

自 20 世纪 80 年代中期发现了有机电子器件以来,它们得以飞速发展。在有机电子器件中,载流子在有机分子中的传输效率是决定器件性能的一个关键因素。很多电子器件迫切需求具有高效载流子传输性能的材料。一般而言,载流子传输性能既依赖于材料的固有电子性能,又同固态

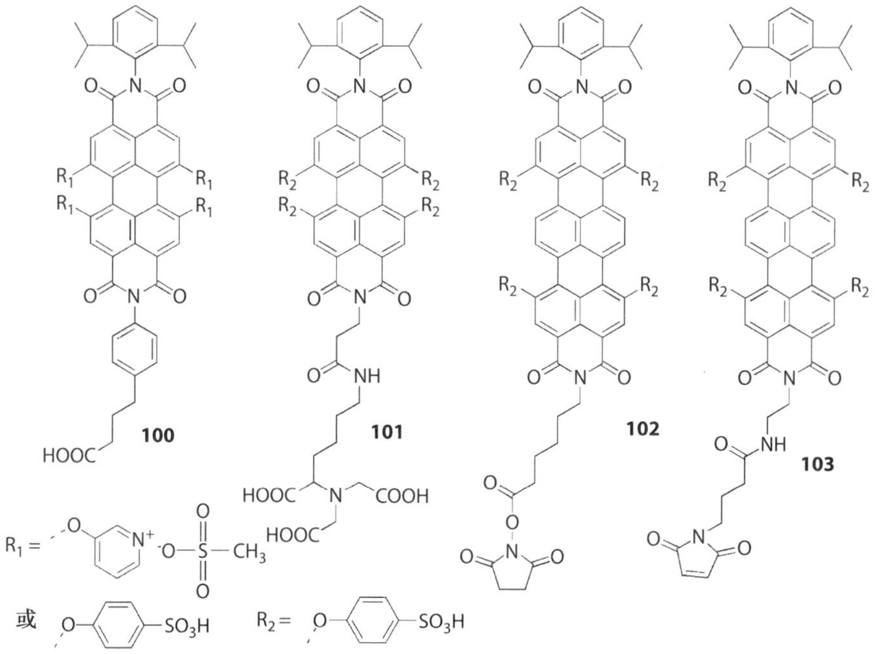

图 6.16 二萘嵌苯和三萘嵌苯基水溶性荧光探针

分子的微观与宏观排布相关。因此控制分子排序与组织构建是十分必要的。

烷基取代纳米石墨烯(特别是所有苯环型多环芳香烃)可以形成自组装一维柱状结构。这是由刚性芳香环核心与外围可变性烷基链的强共轭作用所致,因此相邻面 π 轨道的重合达到最大化,使得载流子可以轻松地沿着一维柱面移动。此外,烷基取代纳米石墨烯因其液晶特性可自我修复结构缺陷,而且其可溶性很好,可被加工成溶液。所有这些优势都激发研究人员去合理监控纳米石墨烯的液晶中间相。例如,近年来大量不同尺寸、对称性与替代性的 HBC 衍生物被成功开发,它们有望成为新型有机半导体。三种主要方法用于调控液晶相。第一种由来已久,即调控烷基链的长度与分支。长支链倾向于降低相变温度。如图 6.17 所示,n-烷基取代 HBCs 104a 各向同性的温度高于 450 ℃ (Herwig 等,2006),而楔形链取代 HBC 各向同性的温度低于 46 ℃ 104b (Pisula 等,2006)。第二种方法则调控分子尺寸。十二苯基-代 HBC 104c 室温长程柱状液晶相高于 400 ℃ (Fechtenkötter 等,1999),然而将核的尺寸由 96 增大到 97 会产生更大的柱状液晶相,其在低于 600 ℃融化时不再显现各向同性。第三种是在侧链上引入官能团或是其他的非共价相互作用。例如，在105上引入氢键会大幅增加HBC的自组装性能而使其具有优异的凝胶能力(Dou等，2008)。化合物106因具有局部偶极而受到瞩目(Feng等，2008)。因此，将溶液在基质上加工会形成超长纤维微观结构。合理控制液晶相有利于增加材料的电荷传输性能，使其有望用作有机电子器件(如场效应晶体管)的半导体。

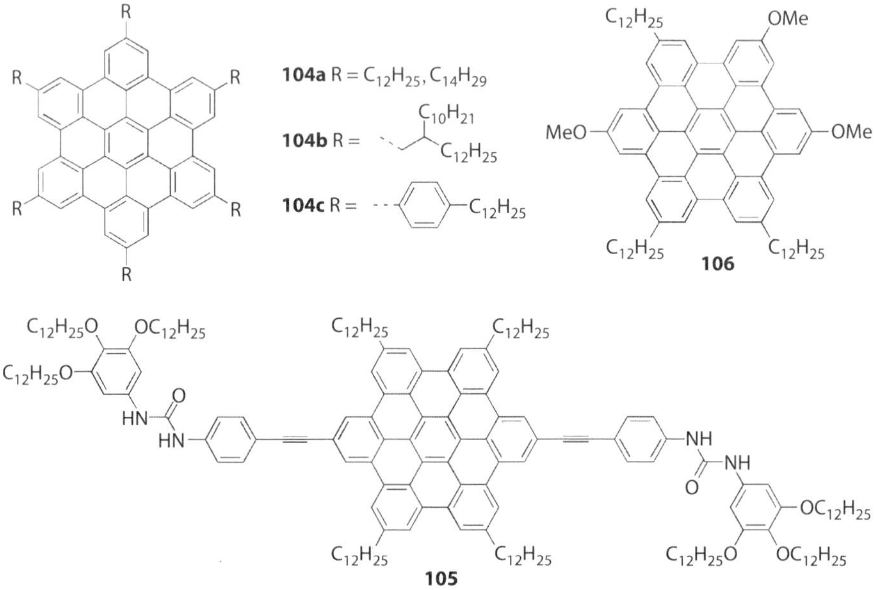
R
104a R = C12H25, C14H29
104b R = C10H21 C12H25
104c R = C12H25
C12H25
OMe
MeO
106
C12H25O
OC12H25
HN
O
NH
105

图6.17　具有可控液晶中间相的HBC衍生物及其自组装

6.3.2.2　场效应晶体管

有机半导体通常可分为p型与n型(取决于哪种类型载流子在材料中传输更有效率)或是双极性型，其空穴与电子均可高效传输。在过去的20年，基于纳米石墨烯的有机场效应晶体管受到广泛关注，研究人员期望据此制造有机电子器件。

用于有机场效应晶体管的纳米石墨烯主要为并苯类，而并五苯则为典型代表，其场效应晶体管的载流子迁移率高于3 $cm^2/(V \cdot s)$(Roberson等，2005)。并五苯优异的电荷传输性能源于其共轭体系的延伸：分子间π—π轨道大量重叠，从而使其HOMO能级量值适于空穴的注入与传输。一般来说，并五苯的缺陷是稳定性差，溶解度低，这些可以通过在6,13-位引入官能团加以改善。例如，增强稳定性的三异丙基硅醚-代并五苯单晶纳米线的场效应晶体管空穴迁移率为1.42 $cm^2/(V \cdot s)$(Kim等，2007)。除了并五苯之外，其他并苯在有机场效应晶体管中的应用也引发了科研人员的关注(Wu,2007)。例如,并四苯的衍生物红荧烯依旧保有有机场效应晶体管迁移率的最高值,为 15 ~40 cm^2/(V·s)(da Silva Filho 等,2005)。然而高相对分子质量并苯如并六苯与并七苯并没有用于有机场效应晶体管,这是由于其合成困难而且稳定性差。

对于 HBC 基的有机场效应晶体管而言,关键问题在于控制这些芳香烃材料的排布,其排布方向应与表面相平行。HBC 分子在本体与漏极之间的单轴侧向排布可通过局部压铸技术或预制基质实现,这将使其形成的宏观薄膜利于电荷高效传输。预制薄膜场效应晶体管的迁移率一般介于 0.000 1 ~0.01 cm^2/(V·s)之间(Pisula 等,2005)。

n-型材料的开发仍然落后于 p-型半导体,这是由于 n-型半导体在空气中的稳定性差且 n-型材料电极也不稳定。一种合成 n-型有机半导体的高效方法为:通过引入某些强吸电子基团将 p-型半导体转化为 n-型有机半导体材料。这样做会降低材料的 LUMO 能级值,以此促进电子的注入与传输。例如,二萘嵌苯酰亚胺 107a(图 6.18)电子迁移率的最初报道值为 10^{-5} cm^2/(V·s)(Horowitz 等,1996)。事实上在设计 n-型有机场效应晶体管材料时,二萘嵌苯酰亚胺是最有前景的具有电子缺陷核心的纳米石墨烯之一,况且引入吸电子基团还可以调控其电子传输性能、分子排布程度及稳定性。例如氰基取代 107b 具有很高的空气稳定性,其电子迁移率为 0.1 cm^2/(V·s);而氟烷基端链取代 107c 的电子迁移率高达 0.64 cm^2/(V·s),这是由于氟烷基取代物分子间 π—π 重叠增加所致(Jones 等,2004)。虽然全氯乙烯二萘嵌苯酰亚胺 108 具有高度扭曲结构,但其电子迁移率仍高达 0.91 cm^2/(V·s)(Gsänger 等,2010)。

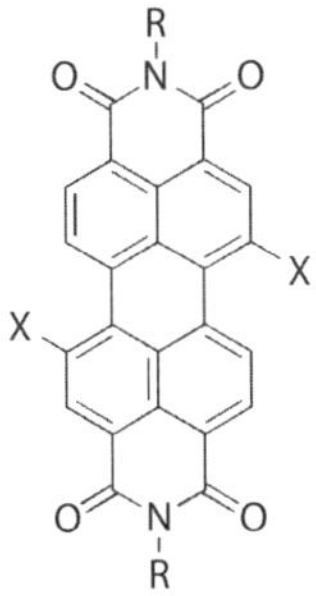

107a: X = H, R = C_6H_5
107b: X = CN, R = 环乙基
107c: X = CN, R = $CH_2C_3F_7$

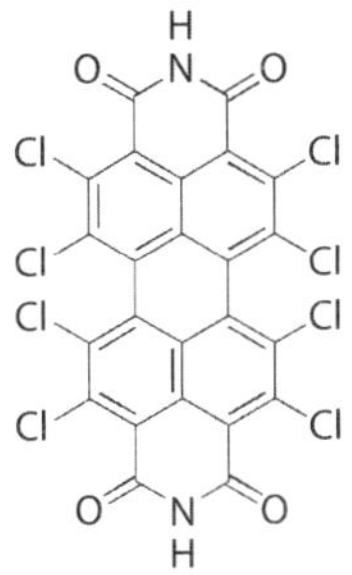

108

图 6.18 二萘嵌苯-基 n-型半导体

6.3.3 有机太阳能电池

6.3.3.1 体相异质结太阳能电池

太阳能电池是一种直接将太阳能转化为电能的电子装置,亦称光生伏打设备。有机太阳能电池的性能取决于大量的参数,包含供体与受体的HOMO与LUMO能级值,吸收效率,有机化合物的电荷传输性能以及形态构造等。太阳能电池依据其构造可简单地分为双分子层太阳能电池、体相异质结(BHJ)太阳能电池以及染色敏化太阳能电池(DSSCs)。在此我们注重考察BHJ与DSSCs太阳能电池:相比于双分子层太阳能电池,它们通常具有更高的能量转换效率。

为了提升双分子层太阳能电池的转换效率,可采取的一种方案为增加供体-受体的界面面积。在BHJ电池中,供体与受体相高度混杂以使激子易于进入界面,进一步将空穴与电子解离于供体-受体的界面。自从Tang利用二萘嵌苯二苯并咪唑作为受体设计了第一例有机太阳能电池以来,带有强吸电子基团的二萘嵌苯在BHJ电池中被广泛用作受体部分,基于其具有强亲电子性,从而可以从大多数供体化合物中接收电子。然而,BHJ电池的一般缺点是在无序的纳米级掺杂体中,电荷的传输与收集会受到相界与间断点的阻碍。克服这个缺点的一种方法是用一个单高分子链共价桥连供体与受体,为此二萘嵌苯衍生物被连接到供电子体上形成供体-受体共低聚物或共聚物。例如,Janssen科研组率先报道了两种新型共聚物109与110(图6.19),它们由交替的寡苯乙炔供体与二萘嵌苯酰亚胺受体片段组成,其开路电压符合标准约为1~1.2 V(Neuteboom等,2003)。然而由于在相互交叠中,寡苯乙炔与二萘嵌苯片段面对面的取向致使其快速双倍重组且传输性能较差,从而使其短路电流密度在AM1.5条件下低于0.012 mA/cm^2。通过使用111(图6.19)作为电子受体,聚噻吩作为供体而构成的BHJ电池显著提升了能量转换效率(Zhan等,2007)。该掺杂体与低频聚合物一样在250~850 nm之间具有很宽的吸收带,其能量转换效率接近1.5%。

其他纳米石墨烯由于有限的吸收效率而很少用于BHJ电池中。一种噻吩-芴共低聚物取代HBC即112(图6.20)在250~550 nm之间具有很宽的吸收带,112电子供体,[6,6]-苯基-C61-丁酸甲酯(PCBM)作为电子受体组成的BHJ器件的能量转换效率高达2.5%(Wong等,2010),这不仅归因于增强的光捕获性能,还因固体中HBC分子自组装所诱导形成的有序结构。

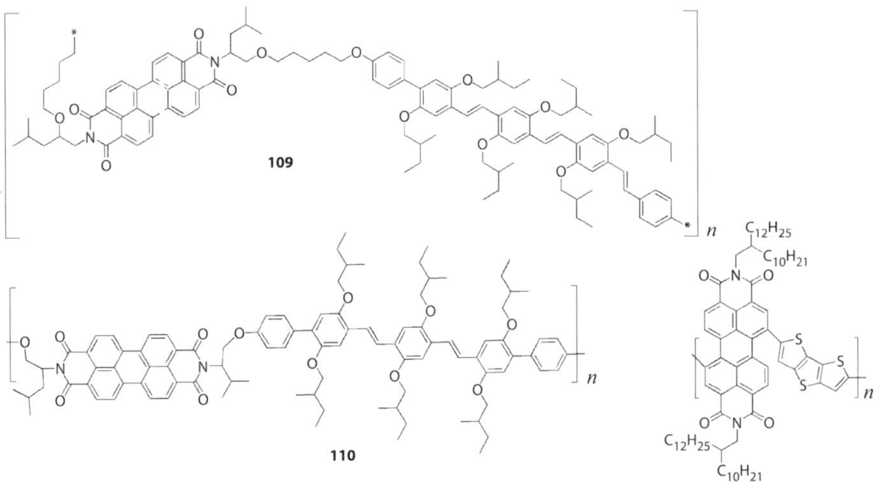

图 6.19 太阳能电池用含二萘嵌苯酰亚胺的供体–受体共聚物

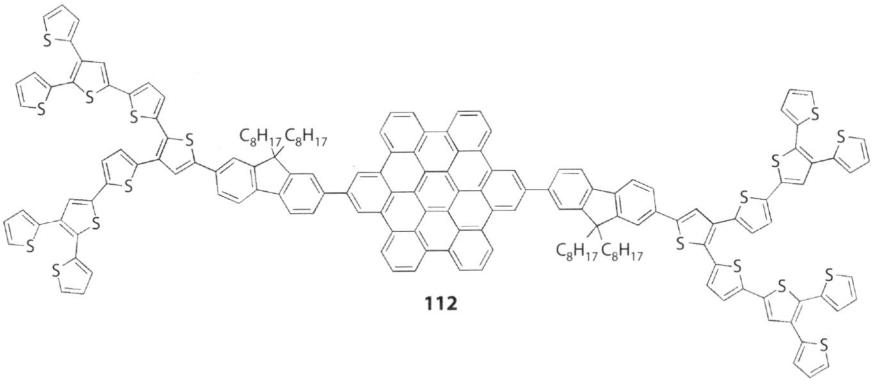

图 6.20 用于 BHJ 电池的噻吩–芴共低聚物代 HBC

6.3.3.2 染色敏化太阳能电池

染色敏化太阳能电池(DSSC)由于高效稳定而率先进入有机光伏产品市场。在有机染色敏化太阳能电池中,纳米结构金属氧化物电极(如二氧化钛)以共价键的形式连接到有机染料而吸收电子。装置性能的提升会受到最高水准染料的光捕获能力限制,这些染料在远红外与近红外的吸收明显不足。萘嵌苯染料被认为是 DSSCs 中理想的致敏物质,由于其具有优异的光捕获性能与反应位点,可进行化学修饰调整能级、带隙与锚固基团。典型代表为二萘嵌苯单酐 113 (图 6.21)推拉体,其能量转换效率约为 3.2%(Edvinsson 等,2007)。通过在二萘嵌苯环上 1,6–位引入两个苯硫基团制成的染料 114(Li 等,2008)取得了巨大的突破,这样可以很好地调控

HOMO 与 LUMO 能级及染料的吸收效率,使其在标准 AM 1.5 太阳曝光下的转换效率提升至 6.8%。

固体有机空穴传输材料构建固态 DSSCs 可替代传统的液态电解质 DSSCs,使其受到广泛关注。在此情况下,诸如溶剂泄漏与蒸发等缺点会被克服。具有羧酸锚固基团的染料 115(图 6.21)形成的固态 DSSCs 转换效率可达 3.2%,而 115 在液态电解质 DSSC 中的效率仅为 1.2%(Cappel 等,2009)。大环萘嵌苯的共轭体系有所延伸而具有更好的光捕获性能,比如说已在 DSSCs 中测试的三萘嵌苯 单酰亚胺衍生物 116(Edvinsson 等,2008)。尽管它的吸收效率导致了非常宽的光电流光谱,但转换效率却仅为 2.4%,这是由染料与添加剂不兼容产生的低电压造成的。

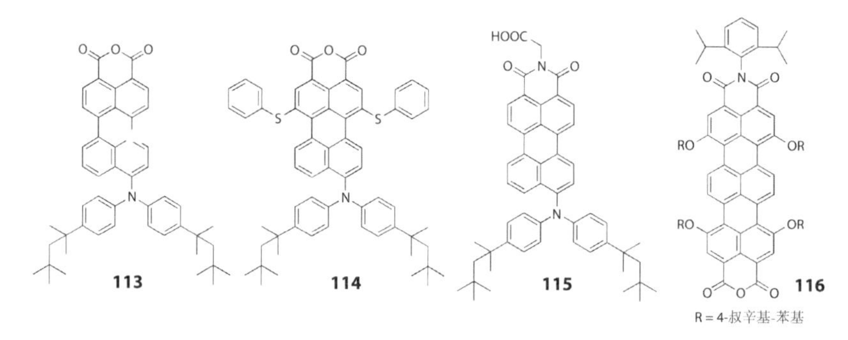

图 6.21　用于 DSSCs 的二萘嵌苯和三萘嵌苯基 NIR 染料

6.4　小　　结

显而易见,纳米石墨烯在材料科学中扮演着至关重要的角色。纳米石墨烯被成功用作活性材料归因于它们独有的性质,包括优良的自组装与电荷传输性能,非凡的吸收效率与发射性能。

尽管之前与当下的科研者取得了可喜的成就,但大分子纳米石墨烯的溶解性无疑是很低的,也即制备的大分子纳米石墨烯依旧受到溶解性差的限制。此外,其中一些石墨烯的带隙较窄、HOMO 能级较高(如大分子并苯与周并苯),这就迫切需要找到一种方法通过合理的化学修饰使其稳定化。有些石墨烯的合成也会受到多步或是所有步骤低产率的限制,进而限制其实际应用。目前具有应用价值的纳米石墨烯侧重于并五苯、二萘嵌苯和 HBC 衍生物,而其他纳米石墨烯的应用很少受到关注。据此,我们应该开始关注其他纳米石墨烯,着力系统修饰其结构,使其具有适当的相关性能。

在生物成像方面需要特别说明的是，调节纳米石墨烯的水溶性并保留其荧光性是成败关键。其中一个趋势是将染料分子镶嵌于亲水核壳中，其功能是作为载体将染料注入到生物靶体中。对于纳米石墨烯而言该处理策略尚处于初级阶段，然而却给纳米石墨烯用于生物系统开了另一个先河。

碟形 LCs 被用作电子器件中的电荷传输材料，控制分子排布与柱状结构的取向有利于提升装置性能。由于设计策略与组装方式已越发明确，大量的碟状纳米石墨烯（如 HBC、二萘嵌苯、蔻以及卵苯）经过进一步优化后将可能获取优异的器件性能。

在太阳能电池中，二萘嵌苯染料太阳能电池的开发得以长足发展。相比于其他有机染料（如用于 DSSCs 中的卟啉，用于 BHJ 电池的窄带隙聚合物），装置的改进仍有广阔的空间。以供体-受体理念为基础的二萘嵌苯染料，被证实是一种设计太阳能电池的高效染料。推拉效应不仅改善了染料的光捕获能力，而且促进了电子注入到电极中，因此提升了太阳能电池装置的性能。此外，将来应关注大分子萘嵌苯与其他可吸收近红外光谱的纳米石墨烯，因为它们具有更好的光捕获性能。

总之，通过先进的化学手段合成越来越多的纳米石墨烯已势不可挡，而且在材料科学中还可依据应用调整其物理化学性质。

本章参考文献

[1] Alibert-Fouet, S. ,Seguy, I. ,Bobo, J. ,Destruel,P. ,and Bock, H. 2007. Liquid-crystalline and electron-deficient coronene oligocarboxylic esters and imides by twofold benzogenic Diels-Alder reactions on perylenes. *Chem. Eur. J.* 13:1746-1753.

[2] Anthony, J. E. 2006. Functionalized acenes and heteroacenes for organic electronics. *Chem. Rev.* 106: 5028-5048.

[3] Anthony, J. E. 2008. The larger acenes: Versatile organic semiconductors. Angew. *Chem. hat. Ed.* 47: 452-483.

[4] Arabei, S. M. ,and Pavich, T. A. 2000. Spectral-luminescent properties and photoinduced transformations of bisanthene and bisanthenequinone. *J. Appl. Spectrosc.* 67: 236-244.

[5] Avlasevich. Y. ,Kohl, C, and Mullen, K. 2006. Facile synthesis of terrylene and its isomer benzoindenoperylene. *J Mater. Chem.* 16:1053-

1057.

[6] Avlasevich, Y. ,and Müllen, K. 2006. Dibenzopentarylenebis(dicarboximide) s: Novel nearinfrared absorbing dyes. *Chem. Commun.* 4440-4442.

[7] Bailey, W. J. ,and Madoff, M. 1953. Cyclic dienes. II. A new synthesis of pentacene. *J. Ana. Chem. Soc.* 75:5603-5604.

[8] Bendikov, M. , Wudl, F. , and Perepichka, D. F. 2004. Tetrathiafulvalenes, oligoacenenes, and their buckminsterfullerene derivatives: The brick and mortar of organic electronics. *Chem. Rev.* 104: 4891-4945.

[9] Bohnen, A. , Koch, K. H. , Lüttke, W. , and Müllen, K. 1990. Oligorylene as a model for "poly(*peri*-naphthalene)" *Angew. Chem. Int. Ed.* 29:525-527.

[10] Broene, R. D. , and Diederich, F. 1991. The synthesis of circumanthracene. *Tetrahedron Lett.* 32:5227-5230.

[11] Cappel, U. B. , Karlsson, M. H. , Pschirer, N. G. , et al. 2009. A broadly absorbing perylene dye for solid-state dye-sensitized solar cells. *J. Phys. Chem. C* 113:14595-14597.

[12] Chun, D. , Cheng, Y. N. , and Wudl, F. 2008. The most stable and fully characterized functionalized heptacene. *Angew. Chem. Int. Ed.* 47:8380-8385.

[13] Clar, E. 1939. Vorschlage zur nomenklatur kondensierter ringsysteme (aromatische kohlenwasserstoffe, XXVI. Mitteil.). *Chem. Ber.* 75B: 2137-2139.

[14] Clar, E. 1948a. Aromatic hydrocarbons XLII. The condensation principle, a simple new principle in the structure of aromatic hydrocarbon. *Chem. Ber.* 81:52-63.

[15] Clar, E. 1948b. Synthesis of ovalene. *Nature* 161:238-239.

[16] Clar, E. 1964. *Polycyclic hydrocarbons.* Vol. I, p. 47. New York: Academic Press.

[17] Clar, E. , Lang, K. F. , and Schulz-Kiesow, H. 1955. Aromatische kohlenwasserstoffe. Chem. *Ber.* 88: 1520-1527.

[18] Clar, E. , and Macpherson, I. A. 1962. The significance of Kekulé structure for the stability of aromatic system-II. *Tetrahedron* 18: 1411-1416.

[19] Clar, E. ,and Mullen, A. 1968. The non-existence of a threefold aromatic conjugation in linear benzologues of triphenylene (starphenes). *Tetrahedron* 24: 6719-6724.

[20] Clar, E. ,Robertson, J. M. ,Schlögl,R. ,and Schmidt, W. 1981. Photoelectron spectra of polynuclear aromatics. 6. Applications to structural elucidation:"circumanthracene." *J. Am Chem. Soc.* 103:1320-1328.

[21] Clar, E. ,and Zander, M. 1957. Syntheses of coronene and 1,2:7,8-dibenzocoronene. *J. Chem. Soc.* 61:4616-4619.

[22] da Silva Filho, D. A. ,Kim, E. -G. ,and Bredas, J. -L. 2005. Transport properties in the Rubrerc crystal:Electronic coupling and vibrational reorganization energy. *Adv. Mater.* 17: 1072-1076.

[23] Désilets, D. ,Kazmaier, P M. , and Burt, R. A. 1995. Design and synthesis of near-infrared absorbing pigments. I. Use of Pariser-Parr-Pople molecular orbital calculations for the identification of near-infrared absorbing pigment candidates. *Can. J. Chem.* 73:319-324.

[24] Dou, X. ,Pisula, W. ,Wu,J. ,Bodwell, G. J. ,and Müllen, K. 2008. Reinforced self-assembl of hexa-*peri*-hexabenzocoronenes by hydrogen bonds: From microscopic aggregates to macroscopic fluorescent organogels. *Chem. Eur. J.* 14: 240-249.

[25] Edvinsson, T. , Li, C. , Pschirer, N. , et al. 2007. Intramolecular charge-transfer tuning of perylenes: Spectroscopic features and performance in dye-sensitized solar cells. *J. Phya Chem. C* 111:15137-15140.

[26] Edvinsson, T. , Pschirer, N. , Schöneboom, J. , et al. 2009. Photoinduced electron transfer fror a terrylene dye to TiO_2: Quantification of band edge shift effects. *Chem. Phys.* 357:124-131.

[27] Erünlü R. K. 1969. Octazthren. *Liebigs Ann. Client.* 721:43-47.

[28] Fabian, J. ,Nakanzumi,H. ,and Matsuoka, M. 1992. Near-infrared absorbing dyes. *Chem. Rev.* 92:1197-1226.

[29] Fechtenkötter, A, Saalwächter, K. ,Harbison, M. A. ,Müllen, K. ,and Spiess, H. W. 1999. Highly ordered columnar structures from hexa-*peri*-hexabenzocoronenes:Synthesis X-ray diffraction, and solid-state heteronuclear multiple-quantum NMR Investigations. *Angew. Chem. Int. Ed.* 38:3039-3042.

[30] Feng, X. , Pisula, W. ,Takase, M. ,et al. 2008. Synthesis, helical or-

ganization, and fibrous formation of C_3 symmetric methoxy-substituted discotic hexa-*peri*-hexabenzocoronene. *Chem. Mater.* 20: 2872-2874.

[31] Fieser, L. R 1931. Reduction products of naphthacenequinone. *J. Am. Chem. Soc.* 53: 2329-2341.

[32] Fort, E. H., Donovan, P. M., and Scott, L. T. 2009. Diels-Alder reactivity of polycyclic aromatic hydrocarbon bay regions: Implications for metal-free growth of single-chiralit carbon nanotubes. *J. Am. Chem. Soe.* 131:16006-16007.

[33] Gsänger, M., HakOh, J., Könemann, M., et al. 2010. A crystal-engineered hydrogen-bondec octachloroperylene diimide with a twisted core: An n-channel organic semiconductor *Angew. Chem. Int. Ed.* 49:740-743.

[34] Herwig, P., Kayser, C. W., Müllen, K., and Spiess, H. W. 1996. Columnar mesophases of alkylated hexa-*peri*-hexabenzocoronenes with remarkably large phase widths. *Adv. Mater.* 8: 510-513.

[35] Horowitz, G., Kouki, F., Spearman, P., et al. 1996. Evidence for n-type conduction in a perylene tetracarboxylic diimide derivative. *Adu Mater.* 8:242-245.

[36] Hortrup, F. O., Müller, G. R. J., Quante, H., et al. 1997. Terrylenimides: New NIR fluorescent dyes. *Chem. Eur. J.* 3:219-225.

[37] Ito, S., Wehmeier, M., Brand, J. D., et al. 2000. Synthesis and self-assembly of functionalized hexa-*peri*-hexabenzocoronenes. *Chem. Eur. J.* 6:4327-4342.

[38] Jiang, D. 2007a. Unique chemical reactivity of a graphene nanoribbon's zigzag edge. *Chem. Phys.* 126: 134701.

[39] Jiang, D. 2007b. First principles study of magnetism in nanographenes. *Chem. Phys.* 126:134703.

[40] Jiang, D., and Dai, S. 2008. Circumacenes versus periacenes: HOMO-LUMO gap and transition from nonmagnetic to magnetic ground state with size. *Chem. Phys. Lett.* 466: 72-75.

[41] Jiang, W, Qian, H, Li, Y, and Wang, Z. 2008. Heteroatom-annulated perylenes: Practical synthesis, photophysical properties, and solid-state packing arrangement. *J. Org. Chem.* 73:7369-7372.

[42] Jiao, C, Huang, K., Luo, J., et al. 2009. Bis-*N*-annulated quaterryle-

nebis(dicarboximide) as a new soluble and stable near-infrared dve. *Ore. Lett.* 11:4505-4511.

[43] Jiao, C. ,and Wu, J. 2010. Soluble and stable near-infrared dyes based on polycyclic aromatics. *Curr. Org. Chem.* 14: 2145-2168.

[44] Jones, B. A, Ahrens, M. J. , Yoon, M. -H. , et al. 2004. High-mobility air-stable n-type semiconductors with processing versatility: dicyanoperylene- 3,4:9,10-bis(dicarboximides). *Angew Chem. Int. Ed.* 43: 6363-66.

[45] Jung, C. , Ruthardt, N. , Lewis, R. , et al. 2009. Photophysics of new water-soluble terrylenediimide dcrivatives and applications in biology. *Chem Phys Chem* 10: 180-190.

[46] Kaur. I. , Jazdzyk. M. Stein, N. N. , Prusevich, P. , and Miller, G. P. 2010. Design. synthesis, and characterization of a persistent nonacene derivative. *J. Am, Chem. Soc.* 130:16274-16286.

[47] Kaur I. , Jia. W. L. , Konpeski. R. P. , et al. 2008. Substituent effects in Nentacenes: Gaining controt over HOMO-LUMO gaps anu photooxdative reststances. *J. Am. Chem. Soc.* 130:16274-16286.

[48] Kaur, I. , Stein. N. N. , Kopreski. R. P. . and Miller. G. P. 2009. Exploiting substituent effect for the synthesis of a photooxidatively resistant heptacene derivative. *J. Ant. Chem. Sot* 132:1261-1263.

[49] Kim. D. H. , Lee. D. Y. , Lee, H. S. et al, 2007. High-mobility organic transistors based on single-crystalline microribbons of triisopropylsilylethynyl pentacene via solution-phase self-assembly. *Adr. Mater* 19:678-682.

[50] Kiyose, K. , Kojima, H. , and Nagano, T. 2008. Functional near-infrared fluorescent probes. *Chem. Asian J.* 3:506-515.

[51] Koch. K. -H. , and Müllen, K. 1991. Polyarylenes and poly(arylenevinylene)s, 5:Synthesis of tetraalkyl-substituted oligo(1,4-naphthylene)s and cyclization to soluble oligo(perinaphthylene)s. *Chem. Ber.* 124: 2091-2100.

[52] Konishi, A. , Hirao, Y. , Nakano, M. , et al. 2010. Synthesis and characterization of teranthene: A singlet biradical polycyclic aromatic hydrocarbon having Kekulé structures. *J. Am. Clem. Soc.* 132:11021-11023.

[53] Li, C. , Yum, J. -H. , Moon, S. -J, et al. 2008. An improved perylene

sensitizer for solar cell applications. *ChemSusChem* 1:615-618.

[54] Li,J. ,Zhang, K. ,Zhang, X. ,et al. 2010. *Meso*-substituted bisanthenes as new soluble and stable near-infrared dyes. *J. Org. Chem.* 75:856-863.

[55] Li. Y. , Gao,J. ,Motta, S. D. , Negri,F. , and Wang, Z. 2010. Tri-*N*-annulated hexarylene: An approach to well-defined graphene nanoribbons with large dipoles. *J. Am. Chem. Soc.* 132:4208-4213.

[56] Li,Y. ,and Wang Z. 2009. Bis-*N*-annulated quaterrylene:A n approach to processable graphene nanoribbons. *Org. Lett.* 11:1385-1387.

[57] Marschalk, Ch. 1939. Linear hexacenes. *Bull. Soc. Chim.* 6:1112-1121.

[58] Miao. Q. , Chi,X. , Xiao, S. ,et al. 2006. Organization of acenes with a cruciform assembly motif. *J. Am. Chem. Soc.* 128:1340-1345.

[59] Mitchell,R. H. ,and Sondheimer, F. 1970. The attempted synthesis of a dinaphtha-1,6- bisdehydro[10]annulene. *Tetrahedron* 26:2141-2150.

[60] Nakano. M. ,Kishi,R. ,Takebe, A. ,et al. 2007. Second hyperpolarizability of zethrcnes. *Compt. Lett.* 3:333-338.

[61] Neuteboom,E. E. , Meskers, S. C. J. ,van Hal,P. A. et al. 2003. Alternating oligo(*p*-phenylene vinylene)-perylene bisimide copolymers: Synthesis,photophysics,and photovoltaic properties of a new class of donor-acceptor materials. *J. Am. Chem. Soc.* 125:8625-8638.

[62] Payne, M. M. , Parkin,S. R. ,and Anthony, J. E. 2005. Functionalized higher acenes:Hexaccne and heptacene. *J. Am. Chem. Soc.* 127:8028-8029.

[63] Peneva, K. , Mihov,G. ,Herrmann. A. ,et al. 2008a. Exploiting the nitrilotriacetic acid motety for biolabeline with ultrastable perylene dves. *J. Am. Chem.* Soc. 130:5398-5399.

[64] Peneva, K. ,Mihov,G. , Nolde,F. . et al. 2008b. Water-soluble monotunctional perylene and terrylene dyes:Powerful labels for single-enzyme tracking. *Angew. Chem. Int. Ed.* 47: 3372-3375.

[65] Pisula. W. ,Kastler. M. ,Wasserfallen. M. et al. 2006. Relation between supramolecular order and charge carrier mobility of branched alkyl hexa-peri-hexabenzocoronenes. *Chem. Mater.* 18:3634-3640.

[66] Pisula, W. , Menon, A. , Stepputat, M. , et al. 2005. A zone-casting

technique for device fabrication of field-effect transistors based on discotic hexa-*peri*-hexabenzocoronene. *Adv. Mater.* 17:684-689.

[67] Pisula, W., Menon, A., Stepputat, M., et al. 2005. A zone-casting technique for device fabri-cation of field-effect transistors based on discotic hexa peri-hexabenzocoronene. *Adv. Mater.* 17: 684-689.

[68] Pschirer, N. G., Kohl, C., Nolde, F., Qu, J., and Müllen, K. 2006. Pentarylene- and hexarylenebis(dicarboximide)s: Near-infrared-absorbing polyaromatic dyes. *Angew. Chem. Int. Ed.* 45: 1401-1404.

[69] Qian, G., and Wang, Z. 2010. Near-infrared organic compounds and emerging applications. *Chem. Asian J.* 5: 1006-1029.

[70] Qian, H., Negri, F. R, Wang, C., and Wang, Z. 2005. Fully conjugated tri(perylene bisimides): An approach to the construction of *n*-type graphene nanoribbons. *J. Am. Chem. Soc.* 130:17970-17976.

[71] Qian, H., Wang, Z., Yue, W, and Zhu, D. 2007. Exceptional coupling of tetrachloroperylene bisimide: Combination of Ullmann reaction and C-H transformation. *J. Am. Chem. Soc.* 129:10664-10665.

[72] Qu, H., and Chi, C. 2010. A stable heptacene derivative substituted with electron-deficient trifluoromethylphenyl and triisopropylsilylethynyl groups. *Org. Lett.* 12: 3360-3363.

[73] Qu, J., Kohl, C., Pottek, M., and Müllen, K. 2004. Ionic perylenetetracarboxdiimides: Highly fluorescent and water-soluble dyes for biolabeling. Anger: *Chem. Int. Ed.* 43: 1528-1531.

[74] Qu, J., Pschirer, N. G., Koenemann, M., Müllen, K., and Avlasevic, Y. 2008. Heptarylene-and octarylenetetracarboximides and preparation thereof. US2010/0072438.

[75] Quante, H., and Müllen, K. 1995. Quaterrylenebis(dicarboximides). Angew. *Chem. Int. Ed. Engl.* 34: 1323-13225.

[76] Rao, K. V., and George, S. J. 2010. Synthesis and controllable self-assembly of a novel coronene bisimide amphiphile. *Org. Lett.* 12: 2656-2659.

[77] Roberson, L. B. Kowalik, J., Tolbert, L. M., et al. 2005. Pentacene disproportionation during sublimation for field-effect transistors. *J. Am. Chem. Soc.* 127: 3069-3075.

[78] Rohr, U., Kohl, C., Müllen, K., van de Craatsb A., and Warman, J.

2001. Liquid crystalline coronene derivatives. *J. Mater. Chem.* 11: 1789-1799.

[79] Rohr, U. , Schlichting, P. ,and Bòhm, A. ,et al. 1998. Liquid crystalline coronene derivatives with extraordinary fluorescence properties. *Angew. Chem. Int. Ed.* 37: 1434-1437.

[80] Saïdi-Besbes, S. , Grelet, É. , and Bock, H. 2006. Soluble and liquid-crystalline ovalenes. *Angew. Chem. Int. Ed.* 45: 1783-1786.

[81] Scholl, R. , Seer, C. ,and Weitzenböck, R. 1910. Perylen, ein hoch kondensierter aromatischer kohlenwasserstoff $C_{20}H_{12}$. *Chem. Ber.* 43: 2202-2209.

[82] Staab, H. A. , Nissen, A. , and Ipaktschi, J. 1968. Attempted preparation of 7,8,15,16- tetradehydrodinaphtho[1,8-ab; 1,8-fs] cyclodecene. *Angew. Chem. Int. Ed. Engl.* 7: 226.

[83] Sun, Z. , Huang, K. , and Wu, J. 2010. Soluble and stable zethrenebis (dicarboximide) and its quinone. *Org. Lett.* 12: 4690-4693.

[84] Tang, C. W 1986. Two-layer organic photovoltaic cell. *Appl. Phys. Lett.* 48:183-185.

[85] Tönshoff, C. , and Bettinger, H. F. 2010. Photogeneration of octacene and nonacene. *Angew. Chem. Int. Ed.* 49:4125-4128.

[86] Umeda, R. ,Hibi, D. ,Miki, K. , and Tobe, Y. 2009. Tetradehydrodinaphtho[10]annulene: A hitherto unknown dehydroannulene and a viable precursor to stable zethrene derivatives. *Org. Lett.* 11:4104-4106.

[87] Wong, W. W. H. ,Ma, C. -Q. ,Pisula, W. , et al. 2010. Self-assembling thiophene dendrimers with a hexa-*peri*-hexabenzocoronene core-synthesis, characterization and performance in bulk heterojunction solar cells. *Chem. Mater.* 22: 457-466.

[88] Wu, J. 2007. Polycyclic aromatic compounds as materials for thin-film field-effect transistors. *Curr. Org. Chem.* 11:1220-1240.

[89] Wu, J. ,and Müllen, K. 2006. All-benzenoid polycyclic aromatic hydrocarbons: Synthesis, self-assembly and applications in organic electronics. In *Carbon-rich compounds*, ed. Michael M. Haley and Rik R. Tykwinski,90-139. Weinheim:Wiley-VCH.

[90] Wu, J. ,Pisula, W ,and Müllen, K. 2007. Graphenes as potential material for electronics. *Chem. Rev.* 107:718-747.

[91] Wu, T. -C., Chen, C. -H., Hibi, D., et al. 2010. Synthesis, structure, and photophysical properties of dibenzo-[de, mn] naphthacenes. Angew. *Chem. Int. Ed.* 49:7059-7062.

[92] Yao, J., Chi, C., Wu, J., and Loh, K. 2009. Bisanthracene bis(dicarboxylic imide)s as soluble and stable NIR dyes. *Chem. Eur. J* 15: 9299-9302.

[93] Yin, J., Qu, H., Zhang, K., et al. 2009. Electron-deficient triphenylene and trinaphthylene carboximides. *Org. Lett.* 14: 3028-3031.

[94] Yin, J., Zhang, K., Jiao, C., Li, J., et al. 2010. Synthesis of functionalized tetracene dicarboxylic imides. *Tetrahedron Lett.* 51:6313-6315.

[95] Zhan, X., Tan, Z., Domercq, B., et al. 2007. A high-mobility electron-transport polymer with broad absorption and its use in field-effect transistors and all-polymer solar cells. J. Am. *Chem. Soc.* 129:7246-7247.

[96] Zhang, K., Huang, K., Li, J., et al. 2009. A soluble and stable quinoidal bisanthene with NIR absorption and amphoteric redox behavior. *Org. Lett.* 11:4854-4857.

[97] Zhang, X., Jiang, X., Luo, J., et al. 2010a. A cruciform 6,6'-dipentacenyl: Synthesis, solidstate packing and applications in thin-film transistors. *Chem. Eur. J.* 16: 464-468.

[98] Zhang, X., Li, J., Qu, H., Chi, C., and Wu, J. 2010b. Fused bispentacenequinone and its unexpected Michael addition. *Org. Lett.* 12: 3946-3949.

[99] Zhao, Y., Ren, A. -M., Feng, J. -K., and Sun, C. -C. 2008. Theoretical study of one-photon and two-photon absorption properties of perylene tetracarboxylic derivatives. *J Chem. PhYs.* 129: 014301.

[100] Zhen, Y., Wang, C., and Wang, Z. 2010. Tetrachloro-tetra(perylene bisimides): An approach towards n-type graphene nanoribbons. *Chem. Commun.* 46: 1926-1928.

第7章　石墨烯增强陶瓷、金属基复合材料

本章主要介绍石墨烯增强金属、陶瓷基纳米复合材料的制备技术和潜在应用。本章基于不同反应机理，详细介绍了不同复合材料的制备技术，讨论了上述两类纳米复合材料未来的应用。

7.1 概　　述

石墨烯是近年来被广泛研究的最具吸引力的材料之一。人们对石墨烯越来越多的研究源于它的特殊性能，即通过其原子厚度 sp^2 连接的2-D结构平面所具有的优异电子迁移率、高电流密度、突出的机械性能、较高的光透射率和热导率[1-5]。表7.1列出了石墨烯的突出性能。这些固有性质导致其在众多领域具有潜在应用价值，如电子器件、场发射器、电池、太阳能电池、电子显示屏、传感器、热导或电导复合材料以及机械性能增强的结构复合材料。石墨烯掺杂复合材料同样引起了人们极大的兴趣。石墨烯除了具有优异的性能之外，另一特点是容易得到的。正如Kotov所说"当碳纤维无能为力，而碳纳米管又价格昂贵，此时，具有成本意识的材料科学家试图去寻找一种实用的导电复合材料，答案就是石墨烯片层"[6]。

表7.1　石墨烯重要的物理机械性能

性能	石墨烯	参考文献
电子迁移率	$15\,000\ cm^2 \cdot V^{-1} \cdot s^{-1}$	[1]
电阻率	$10^{-6}\ \Omega \cdot cm$	[1]
热导率	$4.84-5.3\times10^3\ W \cdot m^{-1} \cdot K^{-1}$	[4]
热膨胀系数	$-6\times10^{-6}/K$	[5]
弹性模量	0.5 ~ 1 TPa	[2]
拉伸强度	130 GPa	[4]
透光率	对于2 nm厚薄膜，大于95% 对于10 nm厚薄膜，大于70%	[2]

图7.1为石墨烯-聚合物、石墨烯-金属及石墨烯-陶瓷复合材料相关

文献按时间排序的出版数量示意图,从图中可以清晰地看出人们对该类材料研究的逐年增加。仔细观察图 7.1 中三类石墨烯增强复合材料研究的增长趋势。石墨烯增强聚合物基复合材料文献的数量大于其他两类复合材料文献的总量。这个趋势类似于碳纳米管增强复合材料发展初期的趋势[7-8]。产生这个趋势的原因是聚合物基复合材料易于制备,通常不需要高温高压。这样就易于实现石墨烯在聚合物中的均匀分散及保持结构完整性。另外,金属基和陶瓷基石墨烯复合材料的加工工艺遇到了很多挑战。几篇关于聚合物-石墨烯复合材料的综述文章已经出版,文章全面探讨了该类材料的性能和潜在应用[4,9]。

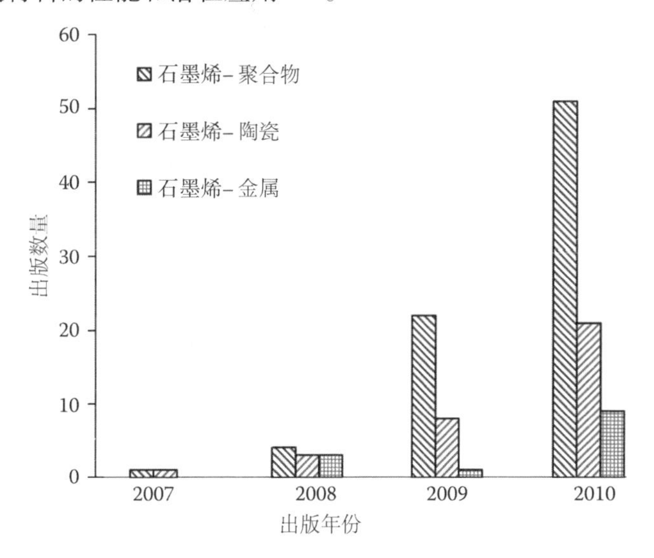

图 7.1　基于基体材料(聚合物/陶瓷/金属)分类的石墨烯增强复合材料文献出版情况

聚合物基复合材料不适用于高温及高强度的应用。这就使得金属基和陶瓷基复合材料更为重要。考虑到聚合物-石墨烯体系材料的综述已有多篇出版,以及金属基和陶瓷基石墨烯复合材料的潜在发展,本章主要集中讨论石墨烯增强金属基和陶瓷基复合材料体系。复合材料的制备过程依据合成机理的不同来分类。迄今为止,关于金属基和陶瓷基石墨烯复合材料的应用和研究主要集中在电子器件、传感器相关领域。大多数这类研究中,石墨烯增强复合材料都是非结构应用,所以用来传递载荷的石墨烯与基体之间的界面结合并没有足够重视。然而,基于石墨烯优异的弹性模量和拉伸强度(表 7.1),石墨烯增强复合材料的力学性能很可能是另一个值得关注的领域,这可探索石墨烯复合材料在结构材料的潜在应用。至今，只有一篇关于陶瓷基复合材料的出版物尝试评价石墨烯增强的力学性能[10]。在着手写作时，还没有有关金属-石墨烯复合材料的研究报道。需要注意的是，石墨烯的加入对于聚合物力学性能的提升作用问题已经解决[4,9-11]。

在过去的 15 年里，碳纳米管作为复合材料最具潜力的增强体被广泛研究。本章中采用简短的部分对一些陶瓷和聚合物基复合材料体系中碳纳米管和石墨烯增强体进行了对比[11-15]。相对于碳纳米管，对石墨烯增强体的有效性进行了科学预测。对大规模结构应用的合成石墨烯增强金属基和陶瓷基复合材料的可能制备路径进行了简要的讨论。总之，本章涉及石墨烯增强纳米复合材料未来需要注意的挑战和领域。所有可以查到的关于金属基和陶瓷基石墨烯复合材料的文章总结在表 7.2 和 7.3 中，方便读者和研究人员查阅。

表 7.2　陶瓷-石墨烯复合材料研究综述

组成	加工技术	机械性能	其他性能	潜在应用	参考文献
SiO_2-石墨烯材料 (6.6) 20～30 nm 厚的薄膜复合材料	氧化石墨（GO）在水/乙醇中剥离；加入原硅酸四甲酯使其分散形成溶胶；旋涂在硼硅酸盐玻璃或硅上；暴露在一水合肼的饱和蒸汽中，把 GO 还原成石墨烯薄片；在 400 ℃ 的时候进行热处理，以形成综合的硅胶片	NA	电导率： 3% GO： 8×10^{-4} S/cm 11% GO： 0.45 S/cm 透光率： 0% GO：0.986 11% GO：0.94～0.96	用于太阳能反射风挡玻璃的透明导体、自清洁窗口、静电屏蔽涂层、太阳能电池、传感器装置等	[16]
TiO_2-石墨烯材料	将异丙醇钛加入到乙醇中，剧烈搅拌得到二氧化钛的胶体悬浮液；将氧化石墨粉末混合在上述悬浮液中；紫外线引起的光催化还原氧化石墨烯为石墨烯，是通过悬浮的紫外线照射，同时通入氮气作为保护气体	NA	电阻率： 还原前的 GO： 233 kΩ 还原 2 h 后的 GO： 30.5 kΩ	光电子和能量转换装置	[17]

续表 7.2

组成	加工技术	机械性能	其他性能	潜在应用	参考文献
Ni/NiO -石墨烯材料和 ZnO-石墨烯复合材料	镍-锌的胶体分散;将阴离子黏土和单独分散的 GO 分散液逐滴地加入到脱碳酸水中混合;在盐酸中浸泡 24 h;热处理加热 1 h(30 ~ 600 ℃)。 将其浸入到盐酸溶液中,形成石墨烯-ZnO 复合镍和氧化镍的纳米粒子; 浸入在氢氧化钠的溶液中得到石墨烯-NiO 和石墨烯-镍的复合材料	NA	NA	NA	[22]
ZnO-石墨烯材料	Hummers 方法制备 GO;使用水合肼还原;将其贴附在氧化铟锡(ITO)导电玻璃上;以 1.65 Hz 的频率在 420 ℃的温度下超声喷雾热分解 5 min	NA	比热容: ZnO - 石墨烯(ITO):11.3 F/g ZnO-(ITO):0.7 F/g 石墨烯-(ITO):3 F/g 具有典型的超级电容器的可逆的充电/放电能力	超级电容器	[28]
Si_3N_4、Al_2O_3、Y_2O_3 - 石墨烯材料(质量分数 3%)对比与碳纳米管-增强的复合材料	将提前准备好的复合材料粉末在蒸馏水中球磨搅拌;在 220 MPa 的条件下单轴干压;在 1700 ℃的温度下以氮气为保护气体气压烧结	NA	电导率: Si_3N_4-石墨烯-绝缘体 - 重载(10 MΩ 测量限制) Si_3N_4 - MWCNT - 2.95 S/m Si_3N_4 - SWNT - 15.27 S/m	NA	[15]

续表 7.2

组成	加工技术	机械性能	其他性能	潜在应用	参考文献
ZnO 纳米线-石墨烯片复合材料	ZnO 纳米线在 Si 衬底上以化学气相沉积(CVD)法的方式生长;镍纳米微粒以磁控溅射的方式涂覆在 ZnO 纳米线上;石墨烯片以射频 PECVD 的方式生长在涂覆的 ZnO 纳米线上	NA	打开域: ZnO-石墨烯: 1.3 V/μm ZnO:2.5 V/μm 场增强因子(β) ZnO-石墨烯: 1.5×10^4 ZnO:7.4×10^3	场发射器	[29]
TiO_2-石墨烯片	采用溶胶-凝胶的方法通过使用钛酸四丁酯和石墨烯片合成	NA	光催化-氢速率水光分裂: TiO_2-石墨烯: 8.6 μmol/h TiO_2:4.5 μmol/h		[19]
SiO-石墨烯纳米片(质量分数为4%~25%)	将 GO 粉末分散于聚硅氧烷(SiOC 的前驱液体)中,通过交联和热解合成复合材料;将上述符合粉末与乙炔黑粉末、聚四氟乙烯和乙醇混合后得到混合浆料;将此浆液溅在不锈钢的表面上,并且冷轧成薄的片用于纽扣电池中	NA	初始放电容量 SiOC-石墨烯(25%): 1 141 mA·h/g SiOC: 656 mA·h/g 石墨烯: 540 mA·h/g 经过20次循环充放电后的可逆放电容量 SiOC-石墨烯(25%): 357 mA·h/g SiOC: 148 mA·h/g 石墨烯: 350 mA·h/g	锂离子电池负极	[38]

续表 7.2

组成	加工技术	机械性能	其他性能	潜在应用	参考文献
TiO_2-还原氧化石墨烯材料	TiO_2-GO 复合材料是由四氟化钛在含有 GO 分散液存在的条件在 60 ℃的温度下水解 24 h 生成的；将水合肼加入到 TiO_2-GO 悬浮的 DI 水溶液中，在 100 ℃的条件下搅拌 24 h 得到的	NA	NA	NA	[18]
Cu_2O-石墨烯材料	将 GO 和乙酸铜分散于乙醇溶液中；超声处理，离心、洗涤和干燥；将上述混合物混合在乙二醇溶液中，超声分散处理，并在 160 ℃的条件下 2 h；离心，洗涤并干燥处理；Cu_2O 颗粒从吸收了醋酸铜的 GO 中原位而成，并使 GO 还原成石墨烯	NA	测试用锂离子电池负极 相对于其他阳极材料具有低的比热容	NA	[32]
Al_2O_3-石墨烯材料（质量分数为 5%）	氧化铝和天然石墨粉末在乙醇溶液中球磨处理（250 r/min，30 h）；等离子放电烧结，1 400 ℃，3 min 浸泡，60 MPa，加热速率：80 ~100 ℃/min，真空	NA	NA	NA	[31]
SiOC-石墨烯材料	将聚硅烷和聚苯乙烯（质量比为 1∶1） 溶于甲苯；在 1 000 ℃氩气的保护下热解 1 h	NA	第一锂化和脱锂的能力分别为 867 mA·h/g 和 608 mA·h/g 第一库存效率：70%	锂离子电池负极材料	[40]

续表 7.2

组成	加工技术	机械性能	其他性能	潜在应用	参考文献
TiO_2-石墨烯片	通过化学还原剥离 GO 的方法合成石墨烯片悬浮液；将 TiO_2-石墨烯丁醇钛的复合胶体加入到石墨烯片悬浮液中；通过电泳的方法在 ITO 导电玻璃上沉积复合膜	NA	电阻率： TiO_2-石墨烯：$(3.6\pm1.1)\times10^2\ \Omega\cdot cm$ TiO_2：$1.1\times10^5\ \Omega\cdot cm$ 光电池的电源效率： TiO_2-石墨烯：1.68% TiO_2：0.32%	染料敏化太阳能电池	[21]
TiO_2(P25)-石墨烯	TiO_2(P25)和 GO 的悬浮液在蒸馏水和乙醇的溶液中 120 ℃下热处理 3 h 还原 GO，同时将 TiO_2 沉积在碳基底上	NA	1 h 内降解甲基蓝率： TiO_2-石墨烯：85% TiO_2-碳纳米管：70% TiO_2：25% 具有更好的光吸收范围和电荷分离和运输能力	对水和空气净化的光触媒	[12]
ZnO-石墨烯材料	将 GO 和乙酰丙酮锌分散于水合肼中；将其置于高压釜在 180 ℃下加热 16 h；将产物通过离心、洗涤、干燥进行分离	NA	改善对 ZnO 的紫外可见吸收能力	污染物分解 光催化	[27]
Al_2O_3-石墨烯纳米片	N-甲基吡咯烷酮作为催化剂，将膨胀石墨-Al_2O_3 粉末球磨 30 h；等离子放电烧结，升温速率 140 ℃/min，1 300 ℃，停止 3 min 后，60 MPa，真空	NA	导电率随着石墨烯的含量的增加而增强，同时温度和石墨烯的含量具有一个线性的关系	导电陶瓷	[13]

续表 7.2

组成	加工技术	机械性能	其他性能	潜在应用	参考文献
SnO_2 - 石墨烯材料(质量分数为2.4%)	将 GO 和 $SnCl_2 \cdot 2H_2O$ 加入到 HCl(35%)的水溶液中;搅拌 2 h;通过离心、洗涤、再分散,并喷雾干燥得到产物;在 400 ℃的氩气氛中退火喷雾干燥的粉末	NA	经过 30 次循环后的电容量 SnO_2: 264 mA·h/g(31%) SnO_2 - 石墨烯材料: 840 mA·h/g(86%)	锂离子电池阴极材料	[33]
MnO_2 - 石墨烯材料(质量分数为 32% 或 80%)	氧化还原反应;石墨烯在水中的悬浮液;加入高锰酸钾;搅拌;微波(2 450 MHz,700 W)加热 5 min;浸泡于蒸馏水和乙醇的混合液中洗涤;在 100 ℃下干燥,真空处理 12 h	NA	电容: MnO_2:103 F/g 石墨烯:104 F/g MnO_2-石墨烯(质量分数为32%):228 F/g 在 100 mV/s 下的电容保留率: MnO_2:33% MnO_2 - 石墨烯(32%):88% 在较宽范围的扫描速率下电容保持率非常高。在经过 15 000 个周期的循环后电容只减少了初始值的 4.6%		[36]

续表 7.2

组成	加工技术	机械性能	其他性能	潜在应用	参考文献
δ - MnO_2石墨烯材料	氧化还原反应;石墨烯在水中的悬浮液;加入高锰酸钾;搅拌;微波(2450 MHz,700 W)加热5 min;浸泡于蒸馏水和乙醇的混合液中洗涤;在100 ℃下干燥,真空处理12 h	NA	镍离子吸附能力:MnO_2:30.63 mg/g 石墨烯:3 mg/g MnO_2-石墨烯:46.55 mg/g 吸热反应;自发吸附过程,可重复使用5次,具有91%的回收率	从废水中去除镍离子	[37]
Co_3O_4 - 石墨烯材料	将GO悬浮于超纯水和氨水的混合液中;加入酞菁钴分子超声分散处理3 h;在40 ℃时加入肼溶液搅拌12 h,收集沉淀,在400 ℃空气中收集和加热沉淀形成CO_3O_4-石墨烯复合材料	NA	循环一个周期后的可逆容量:纯净的Co_3O_4:900 mA · h/g 商用的Co_3O_4:791 mA · h/g Co_3O_4-石墨烯材料:754 mA · h/g 循环20个周期后的可逆容量 Co_3O_4:388 mA · h/g Co_3O_4-石墨烯材料:760 mA · h/g	锂离子电池阴极材料	[25]

续表 7.2

组成	加工技术	机械性能	其他性能	潜在应用	参考文献
ZnO-石墨烯材料 SnO_2 - 石墨烯材料	将石墨烯与乙基纤维素和松油醇的混合液混合;通过丝网印刷涂在石墨烯片上;在 100 ℃时热处理 1 h;从 0.3 M 的锌/乙酸锡水溶液中超声喷雾热分解使 ZnO 和 SnO_2 沉积在石墨烯薄膜上,在 430 ℃下一载流流量(空气)为 2 mL/min 的速率热处理 5 min	NA	电容: 石墨烯:61.7 F/g ZnO - 石墨烯材料:42.7 F/g SnO_2 - 石墨烯材料:38.9 F/g 电荷转移阻力: 石墨烯:2.5 Ω ZnO - 石墨烯材料:0.6 Ω SnO_2 - 石墨烯材料:1.5 Ω 能量密度: 石墨烯:2.5 kW/kg ZnO - 石墨烯材料:4.8 kW/kg SnO_2 - 石墨烯材料:3.9 kW/kg	超级电容器	[41]
Co_3O_4 - 石墨烯材料(质量分数为75.6%)	将 GO 分散在水溶液中;在磁力搅拌器的搅拌下不断加入钴六水合硝酸和尿素;微波(2 450 Hz,700 W)加热 10 min;将沉淀物依次用水和无水乙醇进行洗涤和过滤;在 100 ℃下真空干燥 12 h;在 320 ℃下马弗炉中加热处理 1 h	NA	电容: 石墨烯:169.3 F/g Co_3O_4-石墨烯材料:243.2 F/g 在经过 2 000 个循环周期后,电容仍能保持初始值的 95.6%	超级电容器	[26]

续表 7.2

组成	加工技术	机械性能	其他性能	潜在应用	参考文献
$LiFePO_4$ - 石墨烯材料	将石墨烯悬浮于 DI 水中；加入$(NH_4)_2Fe(SO_4)6H_2O$和 $NH_4H_2PO_4$ 的混合水溶液；加入 LiOH 并吹入氮气；将沉淀物用 DI 水溶液进行清洗，并通过离心分离；沉积后得到小德颗粒；在 120 ℃下加热 5 h，并在 700 ℃下加热 18 h；磨碎所得到的产物，得到复合物	NA	电容： $LiFePO_4$： 113 mA · h/g $LiFePO_4$ - 石墨烯材料： 160 mA · h/g^{-1} 经过 80 个周期循环充放电后，仍保持初始值的 97%	锂二次电池	[39]
TiO_2-石墨烯材料（质量分数为1.5%或 10%）	将 GO 溶于乙醇溶液中；加入硼氢化钠还原 GO 为石墨烯；用 DI 水洗涤石墨烯并干燥处理；将石墨烯分散于乙醇溶液中；加入钛酸四丁酯；加入冰醋酸和 DI 水；将所得到的溶胶在 80 ℃下干燥 10 h；并在空气中 450 ℃，氮气保护退火处理 2 h	NA	产氢速率 TiO_2：4.5 μmol/h TiO_2 - 石墨烯材料：8.6 μmol/h	从水中光催化裂解析氢	[20]

续表 7.2

组成	加工技术	机械性能	其他性能	潜在应用	参考文献
SnO_2 - 石墨烯材料（质量分数小于40%）	将 $SnCl_2 \cdot 2H_2O$ 溶于稀盐酸中，GO 分散在 DI 水中，并将两种溶液剧烈搅拌使其混合；将上述产物离心分离，并在蒸馏水中洗涤；将得到的沉淀物在 80 ℃的条件下过夜干燥处理；在氩气的保护下，300 ℃热处理 2 h，将 GO 还原成石墨烯	NA	循环一个周期后的电容： SnO_2： 838 mA·h/g 石墨烯： 462 mA·h/g SnO_2-MWCNT： 720 mA·h/g 经过 50 个循环周期后的电容： SnO_2： 137 mA·h/g 石墨烯： 197 mA·h/g SnO_2 - MWCNT： 440 mA·h/g SnO_2-石墨烯材料：558 mA·h/g 经过 50 个循环周期后电容保持量： SnO_2：118% 石墨烯：43% SnO_2 - MWCNT：60% SnO_2-石墨烯材料：71%	锂离子电池阴极材料	[14]

续表 7.2

组成	加工技术	机械性能	其他性能	潜在应用	参考文献
NiO－石墨烯材料	将 GO 分散在去离子水中；加入氨水使 pH 调至 10；搅拌加入氯化镍和水合肼；将得到的产物离心分离并用水和乙醇一次清洗；在真空 45 ℃下干燥 24 h；在氮气压下 500 ℃退火处理5 h	NA	NA	NA	[23]
MnO_2－石墨烯材料（还原 GO）	将 GO 和聚（钠－4－苯乙烯磺酸酯）在 90 ℃下搅拌 5 h 混入蒸馏水；加入 $MnSO_4 \cdot H_2O$ 搅拌 1 h；逐次加入氨气和双氧水；在沸点的温度下回流处理 6 h；冷却后加入水合肼并不断搅拌；将得到的悬浮液用蒸馏水洗涤过滤，并在 100 ℃下真空干燥	NA	MnO_2－还原 GO 复合物产生氧化还原反应，只有 RGO 不能。MnO_2 还原 GO 生成氧是一个扩散控制的过程	碱性燃料电池，金属/空气电池	[35]
SnO_2－石墨烯材料	石墨烯纳米片是石墨烯在氦气的电弧放电中产生的；氦气作为保护气体；将氢氧化钠加入四氯化锡的水溶液中不断搅拌；将所得到的水溶液与石墨烯分散于乙醇溶液中，加入硫酸混合；离心分离得到沉淀；在氩气氛中 400 ℃加热 2 h	NA	初始电容： 石墨烯： 339 mA · h/g SnO_2－石墨烯材料：673 mA · h/g	锂离子电池阴极材料	[34]

续表 7.2

组成	加工技术	机械性能	其他性能	潜在应用	参考文献
Al_2O_3－石墨烯材料（质量分数为2%）	将 GO 在水中剥离；在机械搅拌的作用下在上述水溶液中逐滴加入氧化铝悬浮液；在 60 ℃下还原一水合肼，处理 24 h；在氩气氛 1 300 ℃下火化等离子烧结 3 min，50 MPa。	抗压韧性 Al_2O_3：-3.4 $MPa \cdot m^{0.5}$ Al_2O_3－石墨烯材料 -5.21 $MPa \cdot m^{0.5}$	电导率：Al_2O_3－石墨烯材料：131 $S \cdot m^{-1}$（比纯铝高 13 个目的幅度）	NA	[30]
CoO/Co_3O_4/NiO－石墨烯材料	十六烷基三甲基（CTA）－插入 GO 是通过将 GO 加入十六烷基三甲基溴化铵水溶液中不断搅拌 3 d 而得到的；将固体产物用水洗涤至 pH 为 7，并在 65 ℃干燥；GO-CTA 通过超声分散丁醇胶体分散体系得到；通过在丁醇中超声分散 30 min 得到单层的 Ni－OH－DS/M－OH－DS 胶体分散液；将 GO-CTA 和 M-OH-DS 的胶体分散体混合并超声处理 30 min；用水洗涤该产物（GO-插入氢氧根）并干燥处理；在空气/氮气 300 ℃下进行等温干燥2 h	NA	NA	NA	[24]

表7.3 金属-石墨烯复合材料研究综述

组成	加工技术	机械性能	其他性能	潜在应用	参考文献
Pt-石墨烯材料	将氯铂酸六水合物加入到石墨烯的水分散液中;加入甲醇;加入碳酸钠是溶液pH调节至7;在80 ℃的时候保温90 min,并不断地搅拌;向溶液中加入滴加稀硫酸生成沉淀Pt-石墨烯;将该沉淀一次用水和甲醇清洗;在70 ℃下干燥处理15 min	NA	电容: 石墨烯:14 F/g Pt-石墨烯材料:269 F/g	超级电容器和燃料电池	[52]
Au/Pd/Pt-石墨烯材料	将GO分散于水溶液中;在磁力搅拌的作用下加入乙二醇和金属前驱体($HAuCl_4 \cdot 3H_2O/K_2PdC_{l4}/K_2PtCl_4$)的水溶液;加热至100 ℃6 h;通过离心分散使其从溶液中分离出来,并用去离子水清洗;在60 ℃的时候真空干燥12 h	NA	作为催化剂,甲醇氧化。	甲醇燃料电池	[46]
Pt-石墨烯材料(质量分数为55%)	将GO分散在水溶液中;在搅拌的作用下加入氯铂酸;加入氢氧化钠将pH调至10;缓慢加入$NaBH_4$;用去离子水和乙醇洗涤后收集产物;在40 ℃时候真空干燥处理。	NA	电化学活性表面积 Pt:30.1 m^2/g Pt-石墨烯材料:44.6 m^2/g 甲醇电氧化的电流密度 Pt:101.2 mA/mg Pt-石墨烯材料:199.6 mA/mg	在电催化和燃料电池中的催化剂载体	[51]

续表 7.3

组成	加工技术	机械性能	其他性能	潜在应用	参考文献
Au－石墨烯材料	将氯铂酸六水合物加入到石墨烯的水分散液中；加入甲醇；加入碳酸钠是溶液 pH 调节至 7；在 80 ℃的时候保温 90 min，并不断地搅拌；向溶液中加入家底稀硫酸生成沉淀 Pt－石墨烯；将该沉淀用水依次和甲醇清洗；在 70 ℃下干燥处理 15 min	NA（主要是 MD 模拟）	NA	DNA 在 Au－石墨烯材料表面上，而不是金表面上	[54]
Co－石墨烯材料	GO 悬浮于超纯水和氨水的混合液中；加入酞菁钴分子超声分散 3 h；在 40 ℃的条件下加入肼溶液并搅拌 12 h；收集沉淀，并在 800 ℃的氩气中热解	NA	NA	锂离子电池阴极材料	[25]
Au－石墨烯材料（质量分数为 55%）	将石墨烯片分散在蒸馏水中；将其镀在玻碳电极（GC）电极表面上，使其干燥形成膜；金是通过电沉积氯金酸的水溶液使其沉积到石墨烯（GC）纳米片上而得到的	NA	Au－石墨烯材料在电催化葡萄糖的过程中，其氧化还原峰要比单纯的金或者石墨烯电极高很多	燃料电池和电化学生物分析	[50]

续表 7.3

组成	加工技术	机械性能	其他性能	潜在应用	参考文献
Si-石墨烯材料（质量分数为50%）	在砂浆中混合纳米硅和石墨烯	NA	经过一次循环充放电后的电容：Si:3 026 mA·h/g Si-石墨烯材料：2 158 mA·h/g 经过30次循环充放电后的电容：Si:346 mA·h/g Si-石墨烯材料：1 168 mA·h/g 经过一个周期后的库仑效率：Si:58% Si-石墨烯材料：73% 经过30个周期后的库仑效率：Si-石墨烯材料：93%	锂离子电池阴极材料	[53]
Au-石墨烯-辣根过氧化氢（HRP）-壳聚糖（CS）材料	石墨烯和HRP共同固化在CS上；将其镀在玻碳电极（GC）的表面上；金被电沉积在其上	NA	使用该石墨烯复合材料可以观察到最高的还原峰。在过氧化氢的浓度相同的条件下，Au/石墨烯/HRP/CS/GC电极显示出比Au/HRP/CS/GC高3倍的电流响应强度，比HRP/CS/GC高20倍的电流响应强度	过氧化氢生物传感器	[49]

续表 7.3

组成	加工技术	机械性能	其他性能	潜在应用	参考文献
Au-石墨烯材料	将 GO 悬浮于水中并剥离;将其电镀在玻碳电极(GC)的表面上;在红外照射下干燥处理;通过电化学还原法使 GO 还原成 ER-GO;将 ER-GO/GC 电极进入到氯金酸中,使金通过电位沉积的还原而得到	NA	电活性表面积:ER-GO/GC 电极:0.109 cm^2 Au/ER-GO/GC 电极:0.152 cm^2 电子转移阻力在 Au-ER-GO/GC 电极上减少的要比 Au/ER-GO 电极上的多	电化学方法检测 DNA 的特定序列	[47]
Au-石墨烯材料	将聚乙烯吡咯烷酮(PVP)保护的石墨烯稳定在脱乙酰壳多糖的水溶液中;将溶液滴加到玻碳(GC)电极表面上,并干燥;将该电极在 $KAuCl_4$溶液中进行循环伏安测试(CV);然后用水清洗其电极	NA	电极有效表面:GC:0.016 4 cm^2 石墨烯-壳聚糖-GC:0.149 cm^2 Au-石墨烯-壳聚糖-GC:0.737 cm^2 Au-石墨烯复合材料电极在较低浓度的汞溶液中的灵敏度为 708.3×10^9 μA	环境监测-汞含量的检测	[48]

7.2 陶瓷-石墨烯复合材料

陶瓷-石墨烯材料的研究涉及了大量的各种陶瓷,其中包括 SiO_2[16]、ZnO[22,27-29]、Al_2O_3[13,30-31]、Cu_2O[32]、SnO_2[14,33-34]及 MnO_2[35-37],还有其他的化合物,如 Si_3N_4[15]、Si-O-C[38]、$LiFePO_4$[39]等。这些复合材料通常应用在电子元器件的场发射器上[29],如锂离子电池[14,25,32-35,38-40]太阳能电池[21]、超级电容器[26,28,36,41]和成像催化剂[12,19-20,27]等。石墨烯在陶瓷基质中大多起到加固的作用,以增强其在电子应用领域中的性能。但是很少有关于石墨烯被用作主要的元件或与陶瓷粒子作为复合材料基质的第二相的研究[26,36]。下面将在陶瓷-石墨烯复合材料的加工技术和应用方面进行叙述。

7.2.1 加工技术

使陶瓷-石墨复合材料具有的陶瓷和石墨烯均匀分布相的一些用于合成陶瓷-石墨烯的加工技术已被采用。例如碳纳米管(CNTs),石墨烯片往往凝聚并形成集群。因此,使它们在复合材料基体中均匀分布是一个巨大的挑战。迄今为止,这些复合材料主要用于电子设备,而不是在结构部件。因此,可以加强陶瓷和石墨烯之间的界面结合的研究尚未有一个的显著的成果。以下分类介绍制备陶瓷-石墨烯复合材料的加工技术。

7.2.1.1 经过陶瓷的化学混合后将氧化石墨(GO)还原成石墨烯

大多数陶瓷石墨烯复合材料的研究都遵循使用氧化石墨烯(GO)作为起始材料的路线[12, 14, 16-18, 22-27, 30, 32-33, 35, 38, 40]。此过程也被称为原位复合形成过程,因为石墨烯的还原和金属盐中金属氧化物的形成是同时发生的。石墨烯氧化物作为起始原料,可以使 GO 均匀地分散在蒸馏水中,这也有助于使其最后阶段保持在该复合分散体中。石墨烯复合的材料如 SiO_2[16]、TiO_2[12, 7-18]、NiO[22-23]、SiOC[38-40]、Cu_2O[32]、Co_3O_4[24-26]、SnO_2[14, 33, 41]、MnO_2[35]和 Al_2O3[30]等已经采用上述方法被合成。

上述大多数采用由 GO 制备石墨烯的方式都是采用的 Hummers 法[42],即在水中剥离 GO 以产生单个的 GO 片。然后添加金属盐到该悬浮液中,形成溶胶。复合形成的最后阶段可以是三种不同类型。

(1)金属盐就是有 GO 氧化形成的石墨烯和金属氧化物的复合物[14, 32-33]。

(2)GO 是采用化学还原方法(大多采用水合肼)在复合物中形成的石墨烯片[16, 18, 23, 25, 27, 30, 35]。

(3)通过热解或者在高温下分解形成 GO 后再转化成石墨烯[12, 22,24,26,38]。

该复合材料有时通过热处理在更高的温度下固结,Watchrotone[16]等在 2007 年首次公布合成陶瓷-石墨烯材料。原硅酸四甲酯和 GO 一起使用形成溶胶还原水合肼,并在 400 ℃的惰性气体条件下热固。Watchrotone 等还观察了复合物中氧化石墨烯在平面内的取向,这是由于复合溶胶在基板上旋涂过程中离心力导致的剪切应力的作用结果。但是,目前尚未找到量化研究 GO 转化为取向石墨烯的直接证据。相反,Ji[38]等已经研究出,石墨烯在 GO 和聚硅氧烷形成的 SiOC-石墨烯复合物的热解中形成,如图 7.2 所示。SiOC-石墨烯片的 XRD 形貌显示了 GO 峰的缺失和大面积的(002)石墨烯片峰。峰的广度可能是由于石墨烯在复合材料中的纳米尺

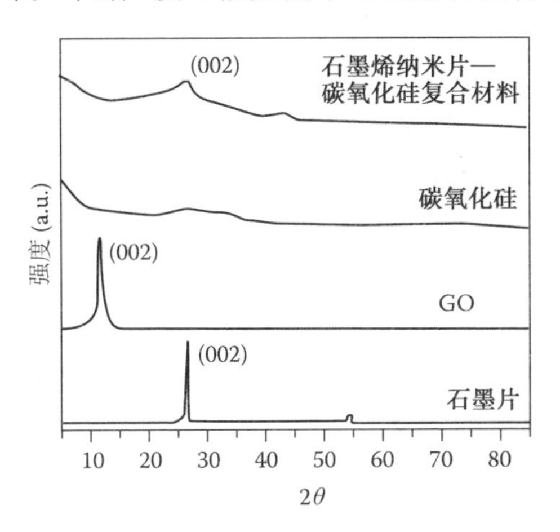

图 7.2 石墨片、GO、碳氧化硅和石墨烯纳米片-碳氧化硅复合材料的 XRD 图谱(Ji, F., Feng, J. M., Su, D., Wen, Y. Y., Feng, Y., and Hou, F. 2009. Electrochemical performance of graphene nanosheets and ceramic composites as anodes for lithium batteries. J. Mater. Chem. 19: 9063-9067.)

寸。在 Williams 等[17]的另一项研究中显示,进行 UV 线照射辅助 GO 在 TiO_2 悬浮液中还原成石墨烯-TiO_2 复合物。颜色的变化和复合物电阻的减少可以表明在复合物中 GO 被还原成石墨烯。TiO_2-石墨烯材料的形成阶段也是热分解 GO 的最后阶段[12]。图 7.3 显示了均匀的 TiO_2 纳米粒子在二维石墨烯中分布的透射电子显微镜(TEM)图像,在 TiO_2-石墨烯材料的傅里叶(Fourie transform infrared, FTIR)变换红外结构中可以观察到石墨烯的振动峰。据报道,微波辅助加热可以成功地从 GO 和钴基盐(钴六水合硝酸)的悬浮液中合成 Co_3O_4-石墨烯材料[26]。Nethravathi 等[22]已采用热处理和酸化 GO-插入镍-硝酸锌盐(阴离子黏土)的方法合成了陶瓷-石墨烯材料。然而,在复合物中将 GO 还原为石墨烯,在 XRD 的观察中也间接地证明了在 NiO 和 ZnO 存在的条件下 GO 能够转化成为石墨烯。在该组合成 NiO 和 Co_3O_4石墨烯材料的研究中也使用了形同的工艺路线,石墨烯的存在可以通过 XRD 衍射图谱和 IFTR 光谱中观察到[24]。但是 Nethravath 等在之后的研究中提到,GO 的不完全还原导致石墨烯的有序排

(a)

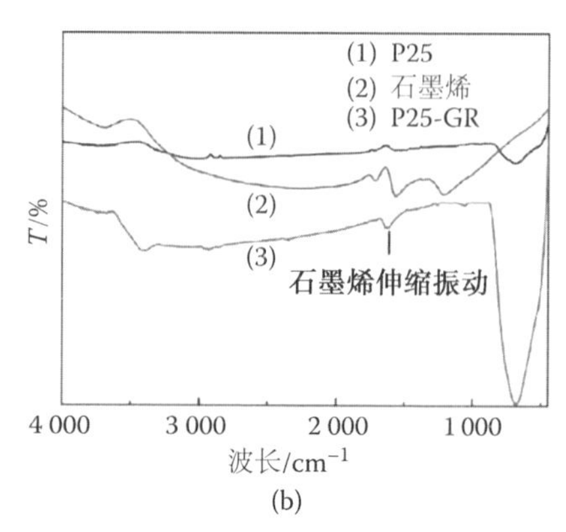

(b)

图7.3　(a) TiO_2-石墨烯复合材料中的 TiO_2 粒子生长在石墨烯表面上 TEM 图像以及褶皱 (b) 傅里叶变换红外(FTIR)光谱 。曲线(1)为 TiO_2。曲线(2)为水热还原法得到的石墨烯。曲线(3)为在4 000 ~450 cm^{-1}范围内的 TiO_2-GR 的形貌(Zhang, H. , Lu, X. , Li, Y. , Wang, Y. , and Li, J. 2010. P25-Graphene composite as a high performance photocatalyst. ACS Nano 4：380-386.)

列很差。Wu 等[27]已通过 XRD 图谱在还原水合肼形成的 ZnO-石墨烯材料中观察到 GO 峰的存在,在 FTIR 光谱中证明了 GO 相关峰 C-O-H 的存在。类似的工艺路线,同样适用于制备 Co_3O_4-石墨烯材料、NiO-石墨烯材料和 MnO_2-石墨烯材料,也揭示了氧化物颗粒均匀地分散在石墨烯片上(图7.4)[23, 25, 35]。Ji 等[23]在 NiO-石墨烯材料中,在 GO 被还原成石墨烯的过程中,通过 FTIR 红外光谱观察到 C-O 和 C-OH 峰的缺失。Al_2O_3-石墨烯材料粉末已经通过还原水合肼的复合悬浮液得到 GO 的方法被合成,并且可以在粉末合成阶段形成均匀分散的增强相[30]。Cu_2O-石墨烯材料和 SnO_2-石墨烯纳米复合材料通过原味还原 GO 形成 Cu_2O/SnO_2。除了陶瓷的特定功能外,这些复合材料也可以防止石墨烯在形成薄膜时发生相间的聚合[14, 32-33]。

上述工艺路线也成功合成了复合材料的均匀分散液。GO 分散在水中时带负电荷。因此,负电荷之间的静电排斥作用使 GO 片在水中产生一个稳定的水性悬浮液[43-44],有助于维持石墨烯在复合材料中的分散程度。但是对于石墨烯含量的控制至今仍是一个挑战。通过 GO 化学还原法产生的石墨烯建立在富氧环境的基础上。理论计算也表明,通过上述途径很难将 GO 完全还原为石墨烯。在合成复合材料的过程中,还原 GO 也是非常

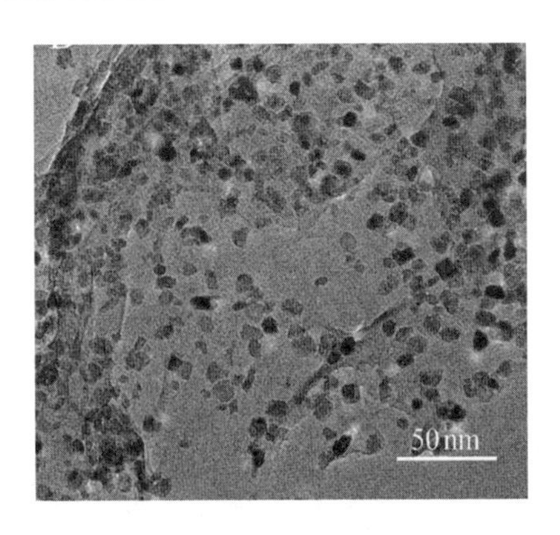

图7.4 MnO_2 粒子均匀地分散在石墨烯片的 MnO_2-还原 GO 复合材料的 TEM 图谱。(Qian, Y., Lu, S., and Gao, F. 2010. Synthesis of manganese dioxide/reduced graphene oxide composites with excellent electrocatalytic activity toward reduction of oxygen. Mater. Lett. 65: 56-58.)

困难的。因此,需要进一步加强研究此过程,以确保在这类合成中的石墨烯的纯度。

7.2.1.2 石墨烯和陶瓷的化学混合

很少有研究报道利用石墨烯片代替 GO 直接和金属氧化物湖综合盐混合合成复合材料。在研究中使用的石墨烯要么是化学还原 GO 生成[19,20,28,36-37,39],要么是通过石墨的电弧放电政法产生[34]。金属氧化物复合材料已经通过上述方法被合成,如 TiO_2[19]、ZnO[28]、MnO_2[36-37]、SnO_2[34]和 $LiFePO_4$[39]。

ZnO 是使用超声喷雾热分解法沉积到石墨烯膜上,形成一种 ZnO-石墨烯复合薄膜应用于超级电容器中。石墨烯上覆盖着密密麻麻的不规则形状 ZnO 晶粒[28]。还原 GO 得到的石墨烯的纯度在研究中未被提及到。Zhang 等[19-20]使用石墨烯和钛酸四丁酯作为起始材料,采用溶胶-凝胶的方法形成 TiO_2-石墨烯复合材料。MnO_2-石墨烯材料是通过石墨烯高锰酸钾悬浮液在微波辐射下氧化还原反应合成的。高锰酸钾在碳基底上被还原成 MnO_2,从而沉积在石墨烯片的表面上。然而,石墨烯在上述过程中被氧化的可能性并没有得到解决[36-37]。图 7.5 显示了在 SEM 观察下的 MnO_2 和石墨烯纳米片的扫描图以及复合材料的形成过程。通过在铁硫酸盐和 LiOH 与石墨烯的悬浮液中沉淀得到 $LiFePO_4$-石墨烯复合材料。由图 7.6 可以观察到,$LiFePO_4$-石墨烯复合材料表面的原子力显微镜(AFM)照片中能清楚地看到 $LiFePO_4$粒子均匀地分布在石墨烯片上[39]。SnO_2 是由四氯化锡的水解合成的，并在悬浮在水溶液中形成的 SnO_2 复合沉淀在石墨烯片上[34]。

图7.5 SEM 扫描图。(a)为 MnO_2。(b)为石墨烯纳米片。(c)为 MnO_2^- 石墨烯复合材料。(d)为 MnO_2^- 石墨烯复合材料的 TEM 扫描图。(Ren, Y., Yan, N., Wen, Q., Fan, Z., Wei, T., Zhang, M., and Ma, J. 2010. Graphene/δ-MnO_2 composite as adsorbent for the removal of nickel ions from wastewater Chem. Eng. J. doi:10.1016/j.cej.2010.08.010.)

大部分复合材料的合成采用化学还原 GO 为石墨烯的方法。由于石墨烯的不完全还原导致其在复合材料中的真实含量存在一定的不确定性。此外，石墨烯纳米片存在自聚合物的倾向，它可以限制其在基质材料中的均匀分布[17]。但是，至今尚未见有关此问题的研究报道。石墨烯的凝聚成为宏观调控复合材料结构尺度的方法，其中石墨烯被用作增强陶瓷基体。但是，这并不是对任何一种情况都适用的，因为大多数研究采用纳米陶瓷粒子覆盖在石墨烯纳米片表面上用于电子装置和类似的应用中。然而，石墨烯的结块可能是有害的，因为它实际上可以形成非常厚的石墨状结构，降低具有增加的石墨烯的表面积可用于靶向应用程序的效率的目的。

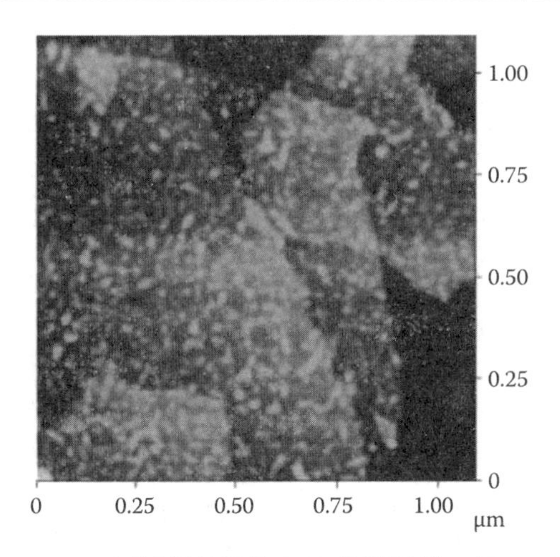

图 7.6 $LiFePO_4$-石墨烯材料的 AFM 显微图谱。(Ding, Y., Jiang, Y., Xu, F., Yin, J., Ren, H., Zhou, Q., Long, Z., and Zhang, P. 2010. Preparation of nano-structured LiFePO4/graphene composites by co-precipitation method. Electrochem. Commun. 12: 10-13.)

7.2.1.3 石墨烯和陶瓷的机械混合

宏观的石墨烯-陶瓷基复合材料大多是通过粉末冶金合成的,即通过机械掺杂和高温烧结制备复合粉末。目前有关这一类复合材料的研究报道较少。Al_2O_3[13, 30-31]和 $Si_3N_4-Al_2O_3-Y_2O_3$ 混合增强的石墨烯基复合材料[15]采用上述方法合成了复合物。天然石墨[31]或热膨胀石墨[13]也已经用作起始材料合成 Al_2O_3 复合材料。将石墨和 Al_2O_3 粉末球磨制备复合粉末,使用等离子体烧结得到稳定的结构。He 等[31]发现石墨微片的厚度与球磨时间有关,这是由于高速碰撞中机械力引起的断裂和变形。Fan 等[13]通过球磨已经成功实现了石墨烯在 Al_2O_3 基质中的均匀分布。图 7.7显示了石墨烯纳米片包裹 Al_2O_3 晶粒形成的网络结构。Wang 等[30]采用将 GO 分散在水溶液中形成悬浮液,再将其与 Al_2O_3 混合。GO 被还原成石墨烯,以实现骑在陶瓷基体中更好地分散。也有报告称石墨烯片通过限制扩散在高温整合过程中抑制氧化铝晶粒的生长[31]。$Si_3N_4-Al_2O_3-Y_2O_3$ 基复合材料是通过研磨机研磨混合粉末和在氮气中烧结而成的[15]。石墨烯在陶瓷基体中的分布没有相关研究。复合固结过程中石墨烯高温暴露的问题至今仍未解决。上述工艺用于制备散装石墨烯增强复合材料具有很大的前途。但是球磨会损坏石墨片的结构,这对增强基质会产生很大的影响,需要我们继续研究。

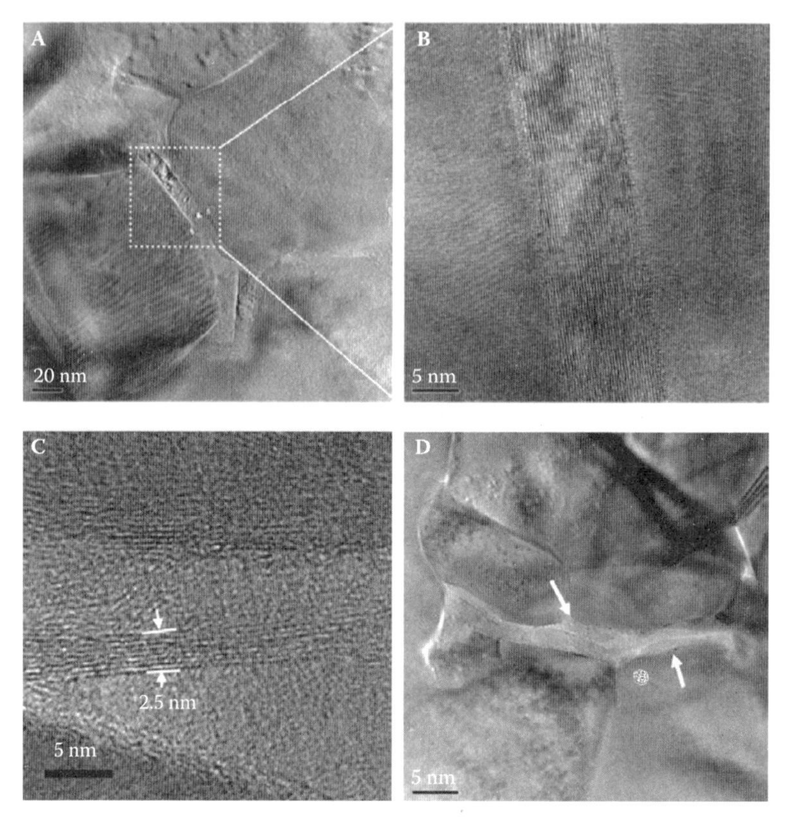

图7.7　Al_2O_3-石墨烯复合材料的TEM图谱和HRTEM图谱。图A为石墨烯纳米片周围的Al_2O_3纳米颗粒。图B为石墨纳米片在厚度为约10 nm图A中的放大图像。图C为石墨烯的厚度为2.5 nm。图D为Al_2O_3纳米颗粒之间的石墨烯纳米片重叠(Fan, Y., Wang, L., Li, J., Sun, S., Chen, F., Chen, L., and Jiang, W. 2010. Preparation and electrical properties of graphene nanosheet/Al_2O_3 composites. Carbon 48: 1743-1749.)

7.2.1.4　电泳沉积

当前制备TiO_2-石墨烯复合材料通常采用电泳沉积的方法[21]。通过还原悬浮在乙醇中的GO制备石墨烯,并使其与钛酸丁酯反应合成TiO_2颗粒并附着在石墨烯的表面上。此分散体随后用于合成氧化铟锡(ITO)玻璃基板上的复合膜,其合成原理示意图如图7.8(a)~(e)所示。TiO_2颗粒分散在石墨烯薄片上的ESM图像如图7.8(f)所示。这个过程中的悬浮液可以在几个星期后仍保持稳定的状态。因此,可以确保石墨烯在基质中的均匀分布。但是,镀膜的厚度仍然受限于电沉积膜(小于0.5 mm),因此可能不是非常适合于制造大尺寸的复合材料结构。

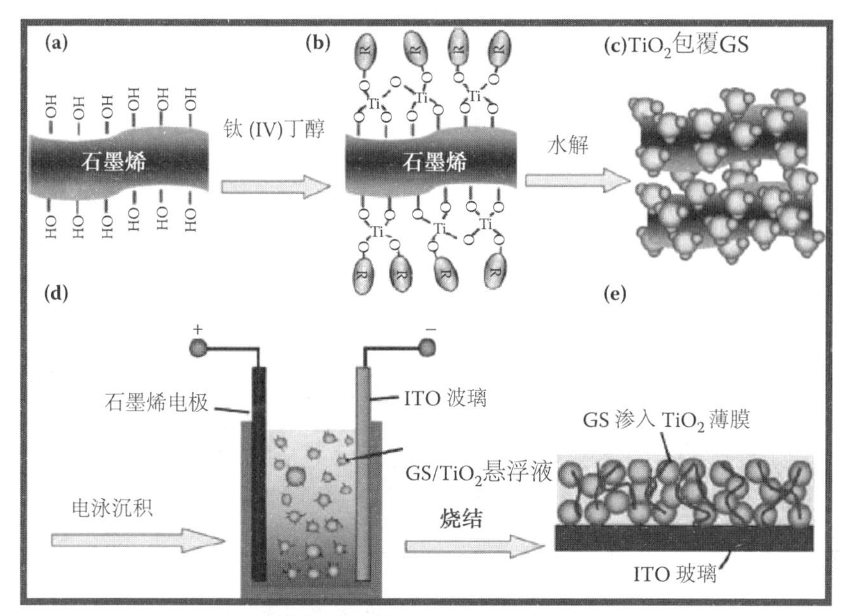

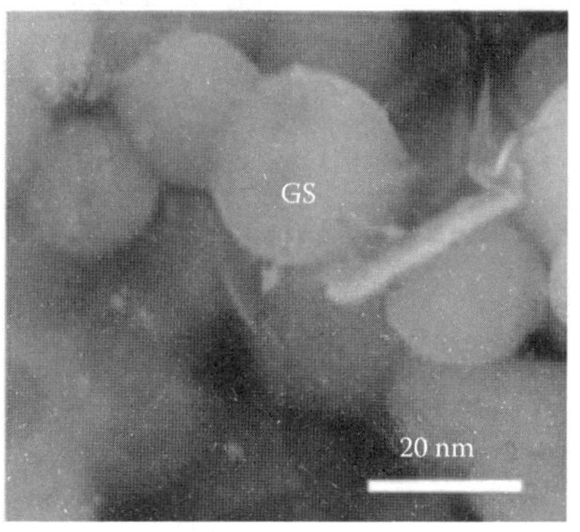

(f)

图7.8 墨烯纳米片的纳米结构原位掺入 TiO_2 薄膜的简要流程图。(a)通过化学剥离法制备的石墨烯含有残留的汉阳官能团,如羧基。(b)钛(IV)丁醇通过化学吸附的方法嫁接在还原的石墨烯表面上。(c)石墨烯水解后涂覆在 TiO_2 胶体上,电泳沉积工艺用于制备 GS/TiO_2 复合薄膜。(d)煅烧后的石墨烯-TiO_2 复合膜的结构。(f)TiO_2-石墨烯复合膜的 SEM 图谱。(Tang, Y. B., Lee, C. S., Xu, J., Liu, Z. T., Chen, Z. H., He, Z., Cao, Y. L., Yuan, G., Song, H., Chen, L., Luo, L., Cheng, H. M., Zhang, W. J., Bello, I., and Lee, S. T. 2010. Incorporation of graphenes in nano-structured TiO_2 films via molecular grafting for dye-sensitized solar cell application. ACS Nano 4: 3482-3488.)

7.2.1.5 通过化学气相沉积法在陶瓷上生长石墨烯

通过化学气相沉积(CVD)法在陶瓷基质上生长石墨烯,以确保石墨烯在复合材料中均匀分布,是目前非常有前途的一种方法。然而,此方法需要在陶瓷的表面涂覆金属催化剂颗粒(Ni 或 Cu),以促进石墨烯的生长。迄今为止,只有一项研究报道采用等离子加强化学气相沉积(PECVD)法直接在 ZnO 纳米线上生长石墨烯。图 7.9 显示了 ZnO 纳米线均匀地涂覆在 CVD 生长的石墨烯上[29]。关于上述方法的更多用于制备陶瓷-石墨烯复合材料仍需要探索。

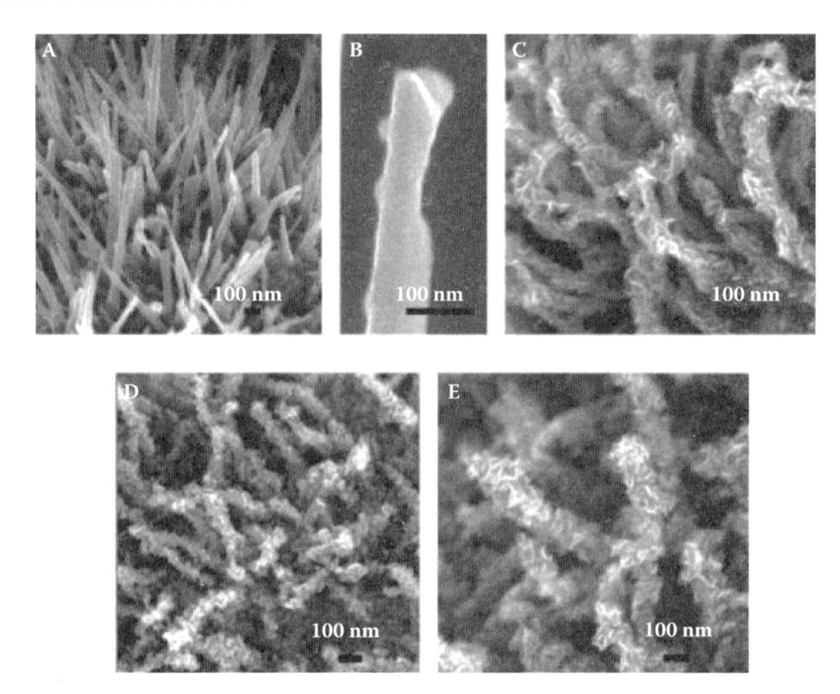

图7.9 SEM 图谱。图 A 为生长的氧化锌纳米线。图 B 为氧化锌纳米线涂在 Ni 上后 5 s,石墨烯生长的纳米线。图 C 为 2 min 后。图 D 为 5 min 后。图 E 为 3 s 涂层 10 min后。(Zheng, W. T., Ho, Y. M., Tian, H. W., Wen, M., Wen, M., Qi, J. L., and Li, Y. A. 2009. Field emission from a composite of graphene sheets and ZnO nanowires. J. Phys. Chem. C 113: 9164-9168.)

7.2.1.6 超声喷雾热分解法

采用超声喷雾热分解技术合成陶瓷-石墨烯复合材料是一项较新的技术[41]。通过化学还原法产生的石墨烯是通过丝网印刷在石墨烯基材上的。随后,SnO_2/ZnO 颗粒是使用声喷雾热分解来形成的在复合膜上的沉积。上述过程也只限于产生非常薄的复合膜,并且需要更多的研究来确定其生产效率。

7.2.2 陶瓷-石墨烯复合材料的性能和应用

迄今关于陶瓷-石墨烯复合物的研究都是关于其电学性能和在电子设备中的应用。以下内容主要涉及陶瓷-石墨烯复合材料中石墨烯对复合材料性能的影响及复合材料的应用。

7.2.2.1 电导率

石墨烯材料所具有的较高电子迁移率和导电率(表7.1)使其成为合成陶瓷基复合材料的优秀候选材料,以提高其在电子器件中的导电性。只有少数研究直接报道过 SiO_2[16]、TiO_2[17,21] 和 Al_2O_3[13,30] 作为陶瓷增强相来提高复合物的导电性。SiO_2-石墨烯复合材料的导电率表现了三个数量级幅度的显著增大,从 8×10^{-4} S/cm 增强到 0.45 S/cm,此时石墨烯的质量分数为 3.9% ~11%[16]。William[17] 等通过 UV 辐射辅助还原 GO 制备了 TiO_2-石墨烯材料并研究其电阻。他们研究发现,GO 在复合材料中存在时具有高的电阻,达到 233 kΩ,随着 GO 被还原成石墨烯,其电阻降低到 30.5 kΩ。Tang 等[21]研究的 TiO_2-石墨烯材料的电阻率为 36 kΩ,其对于 TiO_2 的电阻(210 kΩ)做出了很大的改善。据报道,在 Al_2O_3 中掺入石墨烯,可以增加复合材料的导电率(达到 170%)[13,30]。图 7.10 显示了 Al_2O_3-石墨烯材料的电导率随着复合材料中的石墨烯的质量分数变化的曲线。在陶瓷中插入石墨烯可以形成复合材料结构的众多导电路径,是陶瓷中产生易流动的电流,否则它们的电导性会很差。

7.2.2.2 超级电容器

含碳材料和金属氧化物是两类最合适用于超级电容器电极的材料。在碳基材料中,由于双电层的结构使其储存能量[28,41]很高。由于炭基材料所具有的高电流流动性、优异的物理性能和化学性能、大的比表面积以及在宽的电压扫描速率范围内表现出良好的电化学性能,使其成为碳族材料中最合适的候选材料[45]。金属氧化物可以进一步提高碳基超级电容器的赝电容反应电容[28,36,41]。金属氧化物-石墨烯复合材料可以作为超级电容器的电极。关于 SnO_2-MnO_2-Co_3O_4-石墨烯复合材料的研究显示,与单独的石墨烯或者金属氧化物的电极对比,复合材料的电极可以明显地增加超级电容器的比电容(图 7.11)。Lu 等[41]研究发现 ZnO-石墨烯材料要比-SnO_2 石墨烯材料展现出更有益的性能。金属氧化物-石墨烯复合材料

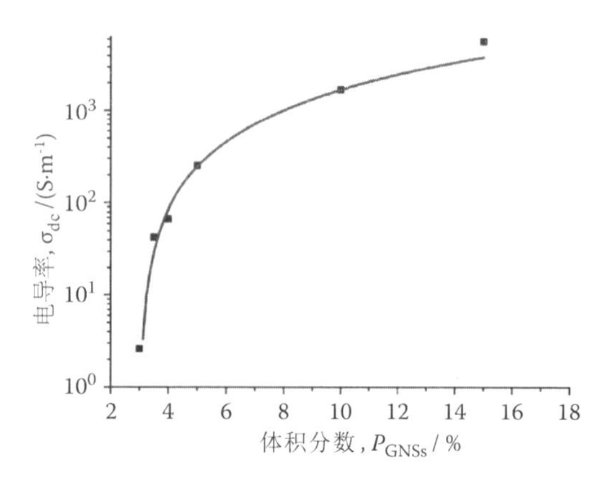

图7.10　Al_2O_3-石墨烯纳米片复合材料的电导率随着石墨烯填充体积的变化的函数曲线(Fan, Y., Wang, L., Li, J., Sun, S., Chen, F., Chen, L., and Jiang, W. 2010. Preparation and electrical properties of graphene nanosheet/Al2O3 composites. Carbon 48：1743-1749.)

电容的增加被归因于几个因素[26, 28, 36]：①抑制充分分散的金属氧化物粒子和聚集的石墨纳米片的堆叠，对于双电层电容而言，可以提供更多的表面积；②在充放电过程中，石墨烯为电子迁移提供了高的导电网络；③金属氧化物颗粒和石墨烯之间增加的表面面积可以改善界面接触，提高复合体电解质的、可获得性、缩短扩散和迁移途径。因此，金属氧化物-石墨烯材料在超级电容器方面的应用具有广阔的前景。

7.2.2.3　场发射器

由于石墨烯优异的电学性能和大比表面积，使其成为场发射器方面应用的重要材料，可以将石墨烯制备成一种尖锐的、针形的形貌。ZnO基纳米结构由于其具有高的比表面积和体积比、良好的热稳定性和抗氧化性，使其也可以应用在场发射器上。Zheng等[29]提出的ZnO-石墨烯复合纳米结构为场发射体能够同时挖掘ZnO和石墨两者的优点。在镍涂覆的氧化锌纳米线上涂覆石墨烯纳米片产生一个类似于金字塔的结构，使其具有比裸露的氧化锌纳米线更尖锐的顶点。结果是，ZnO-石墨烯复合结构展现出一个较低的开启电厂和同比ZnO更高的场发射增强因子，使其具有更优秀的场发生器的特性。

7.2.2.4　锂离子电池阴极材料

锂离子电池的组成成分决定了其电容的大小、稳定性以及其他性能。由于其自身的结构，石墨被用为商业用锂离子电池的阳极，它为锂离子电

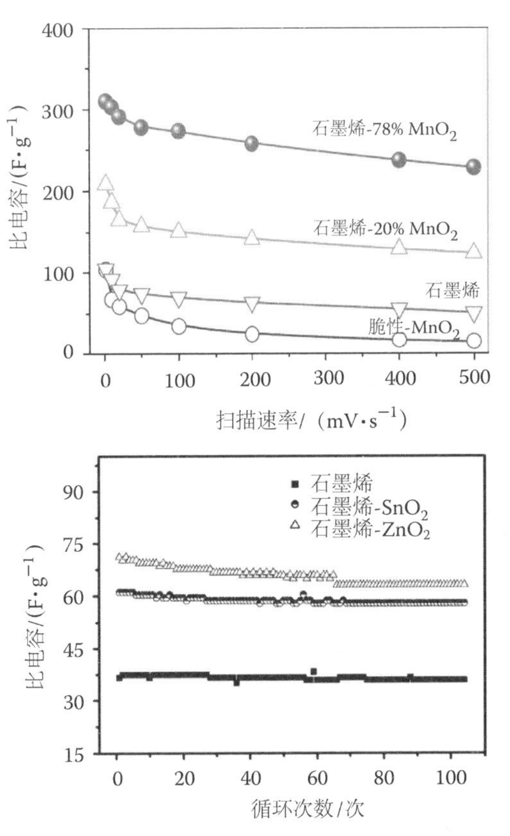

图7.11　石墨烯和金属氧化物材料的不同复合电极的比电容(Yan, J., Fan, Z., Wei, T., Qian, W., Zhang, M., and Wei, F. 2010. Fast and reversible surface redox reaction of graphene-MnO_2 composites as supercapacitor electrodes. Carbon, 48: 3825-3833; Lu, T., Zhang, Y., Li, H., Pan, L., Li, Y., and Sun, Z. 2010. Electrochemical behaviors of graphene-ZnO and graphene-SnO_2 composite films for supercapacitors. Electrochimica Acta 55: 4170-4173.)

池提供了足够的可充电场所。但是其在理论电容(372 mA · h/g)上是有限制的[33, 38]。因此其他材料如 Si-O-C 或 SnO_2 等由于其更高的电容,引起了很多科研工作者的兴趣[33, 38, 40]。但是,在锂化和脱锂过程中产生的体积和压力的变化造成这些材料的循环性能差,不可逆容量。这些材料与碳纳米结构物的复合材料通常被认为是合适的溶液。在此方面,石墨烯由于其高的比表面、高的室温载流子迁移速和增强的放电容量,使其电化学活性位点的数量增加,在应用中展现出了强大的潜力[33, 38]。相当多的研究表明陶瓷-石墨复合材料在锂离子电池的阳极材料[14, 25, 32-35, 38-39]中的应用可能性比较大。SiOC-石墨烯复合材料表现出要比单独的SiOC或者石墨烯材料较高的初始和可逆的放电容量[38]。SnO_2-石墨烯复合材料和Co_3O_4-石墨烯复合材料要比单独的金属氧化物或者石墨烯表现出更高的电容与稳定的循环充电/放电(图7.12)[14,25,33-34]。石墨烯在锂离子电池阳极中表现出的性能主要来自于以下因素:①石墨烯在大多数氧化物中缓冲其体积的较大变化;②石墨烯片减少氧化物粒子的接触电阻,并提供高导电性;③石墨烯到氧化物粒子间的无机的网络结构和石墨烯相间的协同作用,有助于提高其电化学性能,在氧化物和石墨烯间的对于Li存储而言的电子组件,有助于形成阳极的电容量;④氧化物纳米颗粒的表面上的固体电解质有助于在阳极上更好的循环性能[14,25,33,38-39]。在其他的研究中还谈到了Cu_2O-石墨烯材料[46]、$LiFePO_4$-石墨烯材料[39]及MnO_2-石墨烯材料[35]的应用。

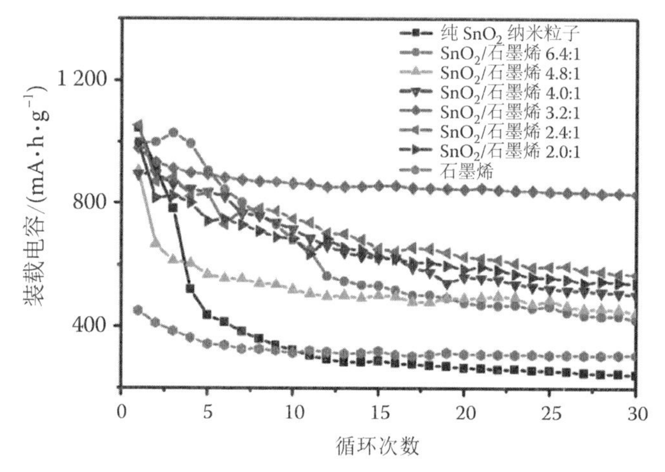

图7.12　石墨烯纯SnO_2纳米粒子和不同比例的石墨烯SnO_2复合材料的循环性能(电流密度为67 mA/g)(Wang X, Zhou X, and Liu Z, 2001. A SnO_2/graphere composite as a high stability electrode for lithiamion batteries carbon 49:133-139 with permission.)

7.2.2.5　光催化活性

有机物降解对环境的影响引起了许多研究领域的关注。TiO_2由于其长期的热稳定性、强氧化能力和无毒等特性,使其成为该领域的重要材料之一[12,19]。TiO_2-碳基复合材料的研究表明,该材料是用于水和空气净化的潜在候选,但是在光降解过程中一直受吸附性降低问题的困扰,并且由于制备和处理的问题使其再现性差[12]。石墨烯由于其独特的电子性质和大的表面积,原子水平的厚度使其具有高的透明度,这都使其更适于解决上述问题。关于 TiO_2-石墨烯材料的研究显示,增加的光催化活性主要表现在紫外线照射[12,19-20]下的产氢速率方面。紫外线辐射 TiO_2 生成光诱导的电子-空穴对。这种光生电子可以引起污染物的分解,释放出氢气。在 TiO_2 存在的情况下子和空穴的重新结合非常迅速,这可以有效地防止在石墨烯的存在,保持电子可用于光催化作用[12, 19-20]。图 7.13 显示了 TiO_2-石墨烯材料对比于 TiO_2 和 TiO_2-CNT 复合材料对甲基紫外光的增加光降解能力。图中的 y 轴表示同一时间内浓度的变化(c/c_0)。TiO_2-石墨烯材料的光催化活性对染料敏化太阳能电池(DSSC)[21]的应用也有很大的优势。石墨烯的掺入改善了 TiO_2 的传导通路,并具有优良的光转换和光催化性能。相比于 TiO_2,唯一关于这个类别的研究报告是 TiO_2-石墨烯材料的电阻降低了两个数量级,这有助于提高电池效率(高达 320%)。在另一项关于石墨烯-涂覆 ZnO 纳米复合材料的研究中,Wu 等[27]评论该复合物在光催化污染物方面具有潜在的应用价值。

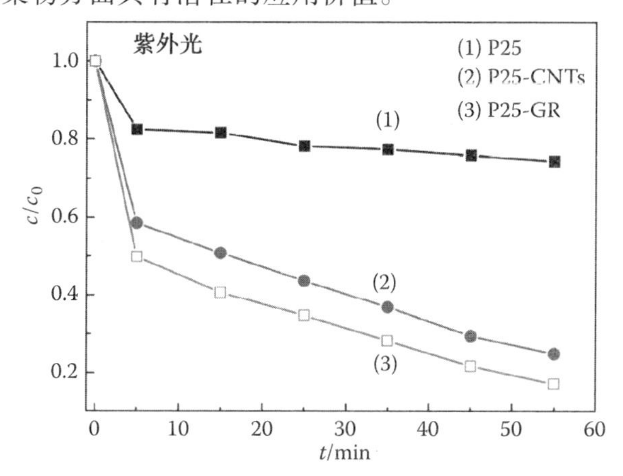

图 7.13 紫外光下的不同材料对亚甲基蓝的光降解。曲线(1)为 TiO_2。曲线(2)为 TiO_2-CNTs 材料。曲线(3)为 TiO_2-石墨烯材料。(Zhang, H. , Lu, X. , Li, Y. ,Wang, Y. , and Li, J. 2010. P25-Graphene composite as a high performance photocatalyst. ACS Nano 4: 380-386.)

7.2.2.6 其他应用

石墨烯-合并的陶瓷纳米复合材料对于除去水中的镍元素也有相关的研究。MnO_2-石墨烯材料的研究是用作吸湿剂通过化学吸附过程去除水中有毒的 Ni。将石墨烯加入到 MnO_2 中提高了其吸附能力和复合材料的机械强度,单独使用 MnO_2 时对 Ni 的吸附效率提高了 52%[37]。

7.3　金属-石墨烯复合材料

同陶瓷-石墨烯复合材料相比,金属-石墨烯复合材料的研究尚处于发展初期。但是由金属-石墨烯材料逐年增加的文献数量可以看出,研究者们对金属-石墨烯复合材料这一领域的研究兴趣越来越高,如图7.1所示。金属基复合材料体系,拓展了以石墨烯为第二相的金属复合材料,可作为第二相加入金[46-50]、铂[46,51-52]、钯[46]、钴[25]、硅[53]等基体中。这类复合材料的工程应用主要是储能器件,如锂离子电池[53]、超级电容器[52]、电催化剂[46,50-51]及生物传感器[47-49,54]。本节主要讨论制备这类金属-石墨烯复合材料的具体技术,以及在上述应用领域的预期表现。

7.3.1　制备方法

制备金属-石墨烯复合材料存在的挑战和陶瓷-石墨烯材料体系相同,主要是石墨烯在基体中的分散问题。另一个难点是金属-石墨烯复合材料界面的反应问题,因为金属的反应活性远远大于陶瓷。但是这个问题并未解决,因为目前来看,制备这类复合材料主要采用物理混合,在加工过程中不需要很高的温度。制备金属-石墨烯复合材料所应遵循的基本原则接近于制备陶瓷-石墨烯复合材料应遵循的原则,下面分类来介绍。

7.3.1.1　与金属化学共混后氧化石墨烯的还原

这类制备方法通常包括金属颗粒与氧化石墨烯的混合及氧化石墨烯的还原。含有金[46]、钯[46]、铂[46,51]及钴[25]的石墨烯复合材料通常采用这种方法制备。Xu等[46]采用水-乙二醇体系分散石墨烯和金属纳米颗粒。在金属-石墨烯复合材料制备中,乙二醇可还原氧化石墨烯,金属纳米颗粒吸附在氧化石墨烯片层表面可以起到催化剂的作用。氧化石墨烯在水-乙二醇体系中的均匀分散保证了金属纳米颗粒在石墨烯片层上的均匀分布。另外,金属纳米颗粒在石墨烯片层上的排列会防止颗粒团聚。在水溶液中,有人以$NaBH_4$为还原剂同步还原氧化石墨烯和金属盐H_2PtCl_6制备了铂-石墨烯复合材料[51]。金属-有机分子通常也被用来制备金属-石墨烯复合材料。将酞菁钴(CoPc)和氧化石墨烯均匀地分散在水溶液中,采用肼溶液还原可以制备出石墨烯-CoPc聚合体。在氩气气氛下800 ℃裂解,这种聚合体可以转化为Co-石墨烯复合材料。Co纳米颗粒均匀地分布在石墨烯片层上,这种复合材料的厚度可以达到约7 nm,包含有几层石墨烯,如图 7.14 所示[25]。这种制备方法可以保证金属-石墨烯复合材料两相的均匀分布。

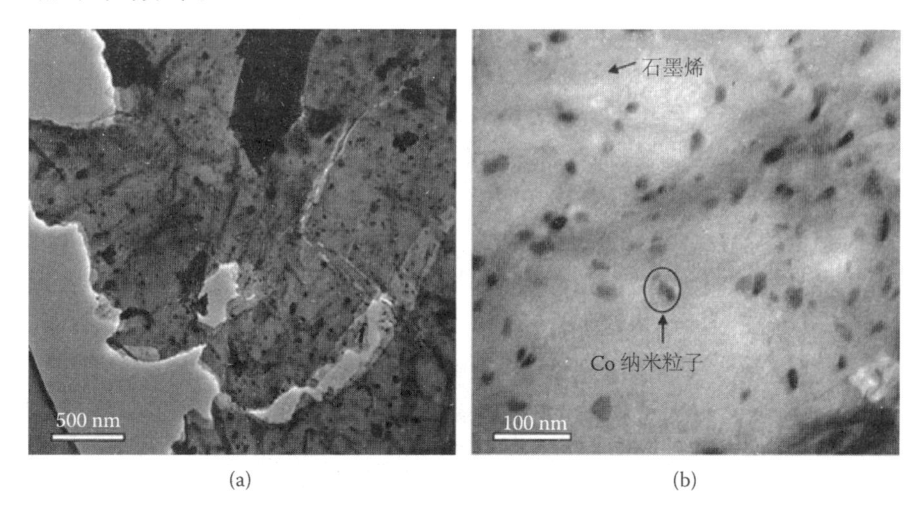

图 7.14 (a)Co-石墨烯复合材料低倍放大 TEM 照片。(b)Co-石墨烯复合材料高倍放大 TEM 照片。可以看出 Co 纳米颗粒在石墨烯片层上均匀分散。(Yang, S., Cui, G., Pang, S., Cao, Q., Kolb, U., Feng, X., Maier, J., and Mullen, K. 2010. Fabrication of cobalt and cobalt oxide/graphene composites: Towards high-performance anode materials for lithium ion batteries. Chem. Sus. Chem. 3: 236-239.)

7.3.1.2 石墨烯与金属的化学混合

这种制备途径采用石墨烯和金属盐作为初始材料,金属盐被还原并沉积在石墨烯片层上形成复合材料。在石墨烯片层之间引入纳米尺寸的金属颗粒,主要可以阻止石墨烯片层之间的团聚。Si 等采用化学还原的方法用甲醇还原 H_2PtCl_6将铂纳米颗粒沉积在了石墨烯片层上[52]。考虑到石墨烯容易团聚的倾向,Gong 等将壳聚糖加入到石墨烯的水溶液中,使石墨烯在水溶液中稳定地分散。将石墨烯分散液涂覆在光滑的碳电极上,烘干后,将电极放入 $KAuCl_4$溶液中进行循环伏安法扫描,这样在电极上就会形成 Au-石墨烯复合薄膜,可以用作传感器[48]。和其他制备工艺一样,关于化学混合法制备金属-石墨烯复合材料的文献报道非常少,所以这种成型制备方法有待于进一步研究和开发。

7.3.1.3 石墨烯和金属的机械混合

在可查阅的文献中,仅有一篇报道采用研钵将硅和石墨烯进行机械混合[53]。不同于陶瓷-石墨烯复合材料,硅-石墨烯复合材料不需要后续的固化过程。这种复合材料仅仅是物理的混合,没有任何化学反应发生。硅纳米颗粒可以嵌入石墨烯片层的孔中，恰好为电池中锂离子储存能量的逆过程。

7.3.1.4　电沉积法

电沉积方法是在石墨烯薄膜包覆的电极上沉积金属纳米颗粒来制备金属-石墨烯复合薄膜的一种方法。在采用该方法制备金属复合材料的三篇公开文献中，均为金-石墨烯复合材料的制备[47,49,50]。采用不同的方法制备石墨烯，将石墨烯分散在水溶液中，然后将其涂覆在玻碳电极上。将含有 $HAuCl_4$ 的混合液沉积在电极上，生成 Au 纳米颗粒，从而制备出 Au-石墨烯复合薄膜。这类复合薄膜主要用于生物传感器。图 7.15 所示为 Au-石墨烯复合薄膜中纳米 Au 颗粒修饰石墨烯片层照片[50]。

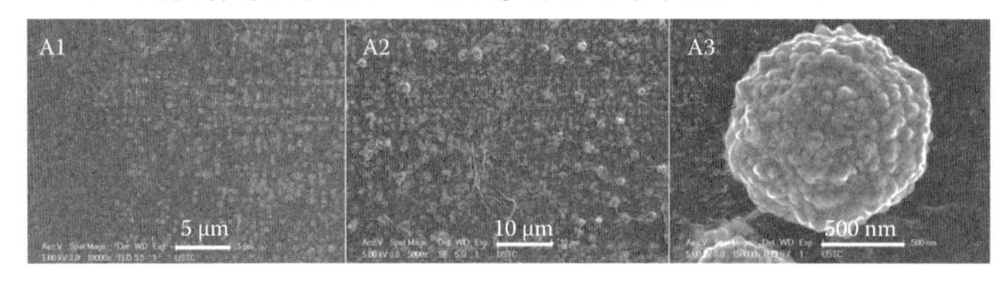

图7.15　A1：玻碳电极表面石墨烯薄膜扫描照片。A2 和 A3：石墨烯/玻碳电极表面电化学沉积的 Au 纳米颗粒（Hu, Y., Jin, J., Wu, P., Zhang, H., and Cai, C. 2010. Graphene-gold nanostructure composites fabricated by electrodeposition and their electrocatalytic activity toward the oxygen reduction and glucose oxidation. Electrochimica Acta 56: 491-500.）

7.3.2　金属-石墨烯复合材料的性能和应用

金属-石墨烯复合材料的潜在应用包括锂离子电池的阳极、超级电容器、电催化剂及生物传感器。

7.3.2.1　锂离子电池阳极

以石墨烯为第二相加入到硅中可以用作锂离子电池的阳极材料[53]。Si 材料由于其较低的放电电位和较高的理论储能容量成为锂离子电池制备中最具吸引力的材料。但是 Si 材料大的体积变化关系到充放电的循环，这样就会引起电接触的损失和容量的衰减。由于石墨烯的高电导率、优异的化学稳定性和突出的力学性能，将其加入到硅材料中很可能会解决上述问题。在 Chou 等的研究中，Si-石墨烯复合材料尽管初始放电容量（2 158 mA · h/g）低于纯 Si 的初始放电容量（3026 mA · h/g），但整体的充放电效率高于纯 Si 材料 15%。充放电循环 30 次之后，复合材料仍能保持初始电容的54%,而Si材料仅能保持初始电容的11%。随着充放电循环次数的增加,与纯Si和石墨烯相比,Si-石墨烯复合材料的比容量逐渐升高(图7.16)[53]。因此,Si材料中石墨烯的存在能够提高其作为锂离子电池阳极材料的适用性。

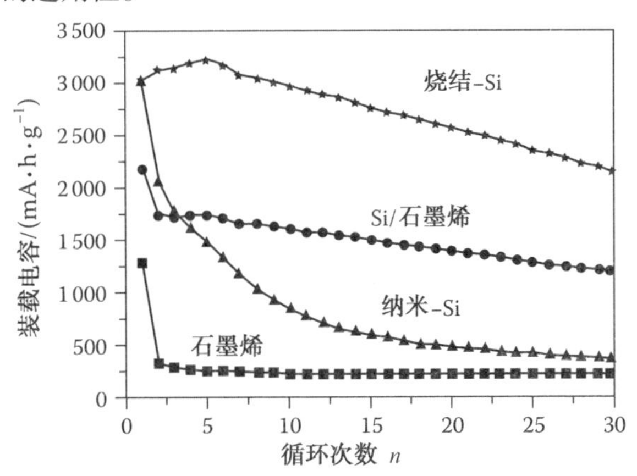

图7.16 循环稳定石墨烯纳米-Si、Si/石墨烯以及纯Si计算贡献

7.3.2.2 超级电容器

铂-石墨烯复合材料已经被研究开发用于超级电容器电极[52]。这种复合结构的电容量高于纯石墨烯的19倍。在复合材料中铂颗粒可以起到间隔器的作用来阻碍石墨烯片层的团聚,这样更有利于其接近电解质。这样,石墨烯的高比表面积加上铂颗粒优异的电导率使得Pt-石墨烯复合材料成为最具潜力的超级电容器材料。

7.3.2.3 电化学催化剂以及甲醇燃料电池

贵金属-石墨烯纳米复合材料是最有希望应用于氧化反应中的电化学催化剂。贵金属纳米颗粒由于其独特的性能,是适用于燃料电池和生物传感器电化学催化最有竞争力的材料。石墨烯由于其高比表面积、出色的电导率以及突出的电催化活性,非常适合用于该领域。Pt-石墨烯纳米复合材料被认为非常适合用于甲醇燃料电池中甲醇氧化的催化[46,51]。Li等[51]报道了Pt-石墨烯复合材料电流峰和稳定性是传统甲醇燃料电池催化剂Pt-Vulcan的2倍(图7.17)。Au-石墨烯纳米复合材料由于其优异的电化学催化表现,被用作葡萄糖氧化的催化剂[50]。

7.3.2.4 生物传感器及环境监测传感器

生物传感器材料需要有很好的电导率以及同生物分子很好的吸附性,来感应基底同生物分子之间的耦合。用于生物传感器的金属纳米颗粒具

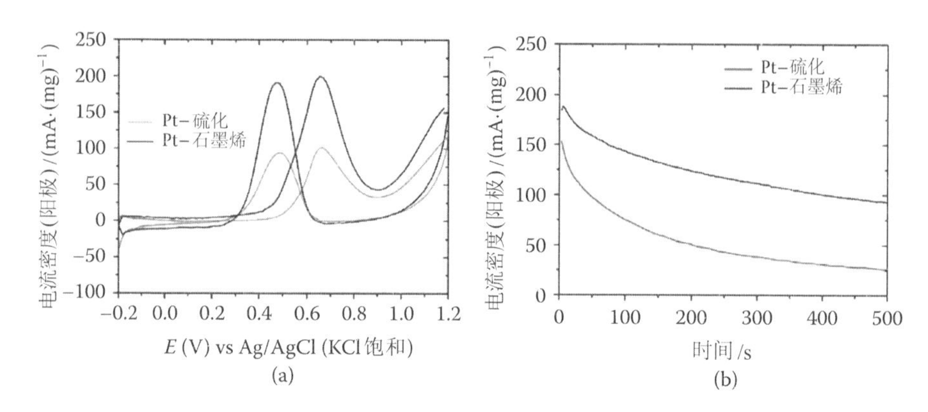

图7.17　(a)Pt-石墨烯和Pt-硫化在N_2渗透0.5 M H_2SO_4(含0.5 M CH_3OH)水溶液中的伏安特性曲线,扫描速率50 mV/s。(b)Pt-石墨烯和Pt-硫化催化剂在N_2渗透0.5 M H_2SO_4(含0.5 M CH_3OH)水溶液中的电流密度-时间曲线,修正电压0.6 V vs. Ag/AgCl (KCl sat.)(Li, Y., Tang, L., and Li, J. 2009. Preparation and electrochemical performance for methanol oxidation of pt/graphene nanocomposites. Electrochem. Commun. 11: 846-849.)

有优异的电导率,但是对生物分子具有很差的吸附性。石墨烯因其优异的导电性和特殊的分子结构而成为最有吸引力的备选材料。石墨烯可以通过π键重叠交互大量吸附生物分子[54]。这样,金属纳米颗粒-石墨烯复合材料就成为传感器应用上的最佳备选材料。Au-石墨烯纳米复合材料已经被用于DNA检测和排序[47,54]、制备双氧水生物传感器[49]以及水当中汞的探测[48]。金属-石墨烯复合材料具有高探测精度、低检测限、增强的敏感性以及很宽的线性范围和长期稳定性[48-49,54]。

7.4　石墨烯增强体对复合材料机械性能的影响

石墨烯出色的硬度(0.5~1 TPa)及拉伸强度(130 GPa)(表7.1)使其成为金属、陶瓷及聚合物基复合材料非常有效的强韧化和硬化增强体。第二相增强体强韧化复合材料结构的两个重要的因素是:①第二相材料在基体中的均匀分散;②基体和增强体材料有效的界面结合。第二相的均匀分散可以保证整个复合材料性能的一致性。界面结合是基体向增强体材料有效传递载荷的保障,增强体通常是相对于基体材料更硬、强度更高的材料。在陶瓷-石墨烯和金属-石墨烯复合材料方面,石墨烯的分散性问题已经得以解决,但是石墨烯和基体材料的界面结合有待于进一步研究。金属基和陶瓷基复合材料中良好的界面结合通常需要高温或者高压固化。Lee 等采用量子化从头算起法模拟了 Al-石墨烯复合材料的界面。他们发现 Al-石墨烯界面的内聚能远远大于典型的宏观 Al-石墨块体界面的内聚能。另外，通过控制界面特征，在 Al-石墨烯界面处可以得到C-Al的化学键合。这样，可以通过选择一个合适的制备路径来制得具有理想界面强度的复合材料。

石墨烯增韧等离子体烧结 Al_2O_3 陶瓷复合材料最近刚刚被报道[30]。Al_2O_3-石墨烯复合材料的断裂韧性为 5.21 MPa · $m^{0.5}$，高于 Al_2O_3 断裂韧性 53%。金属基和陶瓷基石墨烯复合材料力学性能的增强有待于全面探索。已经有部分聚合物基复合材料的研究证明了石墨烯增强体在增强复合材料力学性能的潜力。图 7.18 显示了石墨烯增强不同聚合物基复合材料弹性模量提高的百分比。计算百分比所用的参考值为同一篇文章中不添加石墨烯的聚合物的原始性能。图 7.18 中的数据由 Kuila 等[4] 和 Kim 等[9] 的文章中的数据计算得到。这些文章中所研究的聚合物包括环氧树脂、天然橡胶、聚碳酸酯（PC）、聚甲基丙烯酸甲酯（PMMA）、聚氟乙烯（PVF）和聚乙烯醇（PVA）。最显著的是在石墨烯质量分数为 0.01% 时增强的 PMMA 复合材料，其弹性模量提高了 33%[10]。同样，石墨烯质量分数为 0.1% 的环氧树脂-石墨烯复合材料，其弹性模量提高了 31%[11]。Rafiee 将模量的提高归结于石墨烯表面环氧功能基（通过热还原氧化石墨烯 GO 得到）同聚合物基体的氢键作用，以及石墨烯褶皱表面同聚合物基体的机械联锁作用，这样能够限制聚合物分子链的移动[11]。同样有相关文章报道了石墨烯增强聚合物复合材料拉伸强度的提高[4,9,11]。聚合物-石墨烯复合材料断裂伸长率通常会降低[9]。石墨烯增强树脂基复合材料

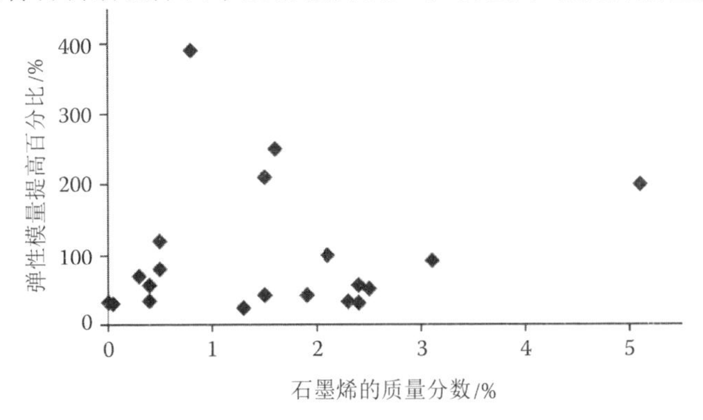

图 7.18　不同石墨烯体积分数聚合物-石墨烯复合材料弹性模量的提高

的整体性能会促进其在陶瓷和金属基复合材料中的应用。

7.5　复合材料增强体石墨烯和碳纳米管的比较

在聚合物、陶瓷和金属基复合材料增强体中，另一个引起科研人员极大关注的碳纳米材料是碳纳米管(CNT)[7,56-57]。与石墨烯类似，CNTs之所以受到广泛关注是因为它优异的弹性模量(200～1 000 GPa)、拉伸强度(11～63 GPa)以及突出的电导率(1 850 S/cm)和热导率(2 980 W/(m·K))[58-61]。这样，作为电气工程、电子、传感器以及结构工程领域应用的复合材料第二相增强体，碳纳米管成为与石墨烯最接近的竞争材料。在物理和功能性工程领域，石墨烯能够更好地适用于某些领域，但CNTs更好地适用于另一些领域。例如，在结构材料中，第二相在复合材料中的均匀分散对于结构整体性能至关重要。由于氧化石墨烯(GO)在水中分散性很好，因此将石墨烯以GO的形式均匀分散在复合材料中，然后将其还原成石墨烯，这样可以保证其分散性。但是没有类似于这样的方法能够将CNTs均匀分散在复合材料基体中而不发生团聚。相比CNTs，石墨烯的二维结构使其具有很高的表面积-体积比，这样使得石墨烯在传感器结构和催化剂方面表现得更好[46]。另外，石墨烯如此大的比表面积可能会在金属基复合材料高温加工过程中带来问题。因为在高温时，金属会与碳纳米结构发生反应。而对于多壁碳纳米管，仅仅会在最外层上发生少量的反应。对于石墨烯，其大比表面积会使其发生大面积反应而形成更多自由碳。对于加工过程中需要采用高压的的复合材料制备工艺，石墨烯是比CNTs更好的选择。这是因为在高压加工过程中，CNTs的中空管状结构会发生坍塌[62-63]，从而降低复合材料的整体性能。对于石墨烯的二维平面结构就不会发生这样的问题。在场发射应用中，CNTs由于其具有尖头电极的管状结构成为更好的选择，石墨烯的平面片状结构不具有尖头边界点而不适用于场发射。很难推测到底是石墨烯复合材料还是CNT复合材料更加适用于锂离子电池。石墨烯较大的比表面积能够提供更大面积上的反应，但是在充放电循环过程中，CNT阵列的3D结构能够提供比2D石墨烯平面结构更大的锂离子储存空间。CNTs由于其类似纤维结构从而能更好地增强复合材料的力学性能，可以起到短纤维增强体的作用。但是在润滑作用方面，石墨烯表现更好。在CNT复合材料中，摩擦系数的减小以及其润滑作用主要是由CNT表面石墨烯层的剥落而引起的。但是在受力构件的应用中，石墨烯层从 CNT 表面的剥离是不允许的,且摩擦系数的减小也会带来负面的影响[62]。所以,石墨烯和 CNTs 在增强复合材料整体性能时到底哪一个更优异,这取决于具体应用的不同,需要具体分析。很少有研究给出两者具体比较的实验结果,下面做一简单展示。

在 $Si_3N_4-Al_2O_3-Y_2O_3$ 基复合材料中,将石墨烯增强体和 CNT 增强体进行了比较,结果显示 CNT 增强复合材料具有更高的电导率。研究者们将石墨烯增强复合材料电导率低的原因归结为混合石墨烯颗粒的形状和大小,尽管没有提出更为详细的分析[15]。相反,Fan 等[13]得出了石墨烯增强 Al_2O_3 复合材料的电导率高于 CNT 增强 Al_2O_3 复合材料的结论,尤其在第二相体积分数为 15%(高于渗流阈值约 3%)时。超过渗流阈值时,CNTs 发生团聚会形成 CNTs 束,对电导率会产生极小的影响。但是对于石墨烯片层结构情况就不是这样的。另外,CNTs 增强复合材料中 CNTs 之间的连接为点-点接触,相对于石墨烯增强体面-面接触,点-点接触会引起高阻抗[13]。TiO_2-石墨烯复合材料相对于 TiO_2-CNT 复合材料显示出更高的光催化活性。石墨烯 2D 平面结构中 π 共轭体系的存在导致其具有很好的颜料光降解作用,而 CNTs 会增强颜料颗粒的吸收[12]。Zhang 等[14]报道了在锂离子电池阳极材料中石墨烯-SnO_2 复合材料比 CNT-SnO_2 具有更高的初始可逆容量和更优的循环性能。但由于两种复合材料组成上的不同,其性能不能直接对比。实验中采用了 SnO_2 质量分数为 60% 的石墨烯-SnO_2 与 SnO_2 质量分数为 25% 的 CNT-SnO_2 进行了对比。Rafiee 等[11]对比了石墨烯增强体和 CNTs 增强体在增强聚合物复合材料的性能。石墨烯质量分数为 0.1% 的环氧树脂-石墨烯复合材料具有比环氧树脂-CNT 复合材料更高的弹性模量、拉伸强度、断裂韧性和断裂能。作者认为,石墨烯和聚合物界面更强的结合力避免了石墨烯片层之间的摩擦脱离,从而使其具有更好的表现。另外,石墨烯的平面几何结构和高宽比使得在裂纹偏转过程的断裂增韧更有效,这样就会在聚合物和石墨烯之间相比 CNT 产生更大的界面[11]。

7.6 结构应用大尺寸金属/陶瓷-石墨烯复合材料制备

迄今为止,绝大多数报道中石墨烯填加陶瓷、金属复合材料均是用于电子、电化学以及传感器相关领域。这样,在结构增强中,微米尺度团聚的问题没有受到足够的关注。但是要将石墨烯增强复合材料应用于结构构件,就需要机械性能更强、尺寸更大的复合材料。制备这类以金属或陶瓷为基体的复合材料通常需要采用高温和/或高压辅助加工条件。几乎没有报道采用这种固化工艺制备陶瓷-石墨烯复合材料[13,15,30-31],同时也没有关于金属基复合材料的这类报道。主要的挑战在于:①石墨烯相在陶瓷和金属复合材料中的分散;②高温下界面反应的控制以及良好界面结合的形成。

氧化石墨烯(GO)是解决石墨烯复合材料分散问题一个有效且首选的材料。但是真正的挑战在于复合材料批量生产时湿化学方法规模的扩大。CVD 法在陶瓷或金属部件上生长石墨烯是能够有效解决石墨烯在基体中分散问题的另一方法。实际上,采用 CVD 法在金属薄片上沉积石墨烯,然后采用烧结固化或者热/冷加工能够制备大尺寸的层压复合材料。有人采用同样的技术制备了陶瓷-石墨烯复合材料。最近,Bakshi 等[64]在采用放电等离子体烧结制备的 TaC 复合材料结构中(高温高压)观察到了 CNTs 表面石墨烯片层的剥离(图 7.19)。陶瓷基体中的石墨烯可能是来自 CNTs 表面石墨烯的剥落。然而,采用 CNTs 作为石墨烯增强复合材料的原材料可能并不是一个低成本的制备路径。在石墨烯复合材料中,将 GO 原位还原成石墨烯后,将复合材料放入电解池中电镀,是另一个制备大尺寸复合材料的有效方法。但是电镀主要适合用于复合涂层和无须支撑的薄

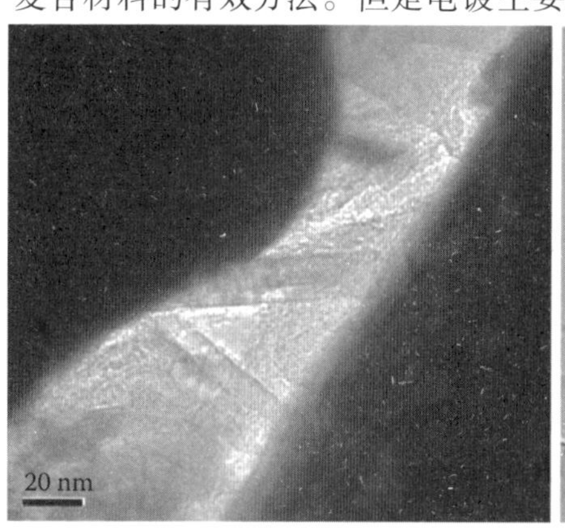

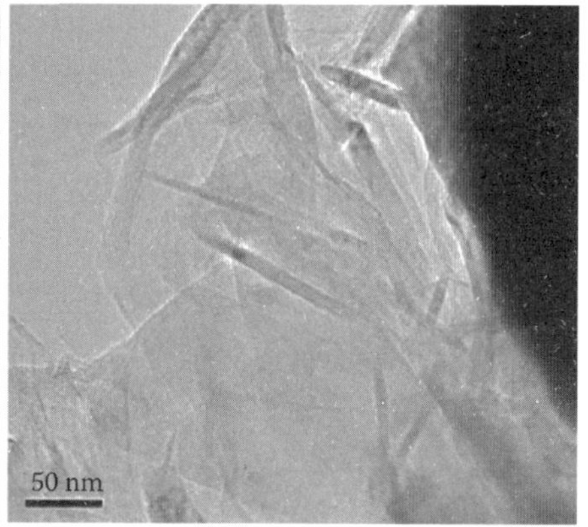

图 7.19　SPS 烧结 TaC-CNT 复合结构中 TaC 颗粒及破坏的 CNT 界面上 C 结构的 TEM 照片。(Bakshi, S. R., Musaramthota, V., Virzi, D. A., Keshri, A. K., Lahiri, D., Singh, V., Seal, S., and Agarwal, A. 2011. Spark plasma sintered tantalum carbide -carbon nanotube composite: Effect of pressure; carbon nanotube length and dispersion technique on microstructure and mechanical properties. Mater. Sci. Eng. A 528: 2538-2547. With permission.)

膜。有人采用电镀法制备了金属-CNT复合材料,但是厚度有所限制,即厚度小于200 μm。

结构复合材料另一个重要的影响因素是基体-增强体之间的界面强度。目前几乎没有人在实验中分析过金属-石墨烯和陶瓷-石墨烯界面本质的类型。只有Lee等在采用量子化学从头算起模型研究Al和石墨烯界面强度时提到了可以通过控制合成机制来控制界面强度[55]。但是金属的高温反应会引起界面处化合物的形成进而影响界面强度。考虑到陶瓷-石墨烯界面的化学惰性,存在于陶瓷-石墨烯复合材料中的界面吸附类型同样需要研究。所以,存在于不同复合材料中的金属-石墨烯和陶瓷石墨烯界面有待于进一步详细研究。

7.7 小　结

由于石墨烯其电子运动优异的弹道运输效应以及良好的机械性能,在许多复合材料结构中受到了广泛应用。尽管多数研究都集中在聚合物基复合材料,但是研究者们对石墨烯应用于陶瓷基和金属基复合材料的研究兴趣正越来越高。目前,人们探索的石墨烯增强金属基和陶瓷基复合材料主要应用于电子、电催化和传感器领域,这主要是利用了石墨烯的电导率和电化学敏感性。但是,石墨烯优异的力学性能(弹性模量及拉伸强度)同样可以被利用于金属基和陶瓷基复合材料中。

目前,小尺寸小体积的金属基和陶瓷基复合材料主要是物理共混制备而成。结构复合材料制备加工工艺的开发尚处于发展初期[13,15,30-31]。大尺寸复合材料的制备还有很多挑战。利用氧化石墨烯的溶解还原可以避免石墨烯的团聚,但是控制界面反应达到理想的界面结合和界面强度还需要进一步研究。

除了石墨烯的电导率、电化学活性、机械性能以外,石墨烯应用于制备复合材料仍有其他性能有待开发。石墨烯高热导率[4]和极低的热膨胀系数[5](表7.1)使其很适合于制备用于热控部件的复合材料。另外,其低热膨胀系数和高热导率使石墨烯非常适合用于电子封装和连接。可以利用石墨烯的应变依赖电导率[5]的性质制备压电复合材料。石墨烯由于具有润滑性能,能够有效降低耐磨性,增加承载能力,从而可被用于润滑剂[65]。石墨烯在复合材料和涂层中也可起到耐磨的作用。在摩擦过程中,石墨烯的逐渐释放能够起到润滑作用,这样就会减少专门润滑剂的需求。石墨烯增强金属和陶瓷基复合材料在许多应用领域具有很好的发展前景。同时,为了充分发挥其优越性能，还需要投入大量的研究。

本章参考文献

[1] Choi, W., Lahiri, I., Seelaboina, R., and Kang, Y. S. 2010. Synthesis of graphene and its applications: A review. *Critical Rev. in Solid State and Mater. Sci.* 35:52-71.

[2] Soldano, C., Mahmood, A., and Dujardin, E. 2010. Production, properties and potential of graphene. *Carbon* 48:2127-2150.

[3] Rao, C. N. R., Sood, A. K., Voggu, R., and Subrahmanyam, K. S. 2010. Some novel attributes of graphene. *J. Phys. Chem. Lett.* 1:572-580.

[4] Kuilla, T., Bhadra, S., Yao, D., Kim, N. H., Bose, S., and Lee, J. H. 2010. Recent advances in graphene based polymer composites. *Prog. Polym. Sci.* 35:1350-1375.

[5] Fuhrer. M. S., Lau, C. N., and MacDonald, A. H. 2010. Graphene: Materially better carbon. *Mater. Res. Soc. Bull.* 35:289-295.

[6] Kotov. N. A. 2006. Materials science: Carbon sheet solutions. *Nature* 442: 254-255.

[7] Agarwal, A., Bakshi, S. R., and Lahiri, D. 2010. *Carbon nanombes: Reinforced metal matrix composites.* Boca Raton, FL: CRC Press.

[8] Bakshi, S. R., Lahiri, D., and Agarwal, A. 2010. Carbon nanotube reinforced metal matrix composites: A review. *Int. Mater. Rev.* 55:41-64.

[9] Kim, H., Abdala, A. A., and Macosko, C. W. 2010. Graphene/polymer nanocomposites. *Macromolecules* 43:6515-6530.

[10] Ramanathan, T., Abdala, A. A., Stankovich, S., Dikin, D. A., Herrera-Alonso, M., Piner. R. D., Adamson, D. H., Schniepp, H. C., Chen, X., Rouff, R. S., Nguyen, S. T., Aksay, I. A., Prud'homme, R. K., and Brinson, L. C. 2008. Functionalized graphene sheets for polymer nanocomposites. *Nat. Nanotechnol* 3:327-331.

[11] Rafiee, M. A., Rafiee, J., Wang, Z., Song, H., Yu, Z. Z., and Koratkar, N. 2009. Enhanced mechanical properties of nanocomposites at low graphene content. *ACSNano* 3: 3884-3890.

[12] Zhang, H., Lu, X., Li, Y., Wang, Y., and Li, J. 2010. P25-Graphene

composite as a high performance photocatalyst. *ACS Nano* 4: 380-386.

[13] Fan, Y. ,Wang, L. ,Li,J. ,Sun, S. ,Chen, F. ,Chen,L,and Jiang, W. 2010. Preparation and electrical properties of graphene nanosheet/A1203 composites. *Carbon* 48:1743-1749.

[14] Zhang,L. S. ,Jiang, L. Y. ,Yan, H. J. , Wang, W. D. ,Wang, W. , Song, W. G. Guo Y. G. ,and Wan,L. J. 2010. Mono dispersed SnO_2 nanoparticles on both sides of single layer graphene sheets as anode materials in Li-ion batteries. *J. Mater. Chem.* 20: 5462-5467.

[15] Feyni,B. ,Koszor, O. ,and Balazsi,C. 2008. Ceramic-based nanocomposites functional applications. Nano: *Brief Reports arid Reviews* 3:323-327.

[16] Watcharotone. S. ,Dikin, D. A. ,Stankovich,S. ,Piner, R. ,Jung, I. , Domment, G. H. B. , Evmenenko, G. ,Wu,S. E. ,Chen, S. F. ,Liu, C. P. ,Nguyen, S. B. T. ,and Ruoff, R. S 2007. Graphene-silica composite thin films as transparent conductors. *Nano Lett.* 7: 1888-1892.

[17] Williams, G. ,Seger, B. ,and Kamat, P. V 2008. TiO_2-graphene nanocomposites. UV-assisted photocatalytic reduction of graphene oxide. *ACS Nano* 2:1487-1491.

[18] Lambert, T. N. ,Chavez,C. A. ,Harnandez-Sanchez,B. ,Lu,P. ,Bell,N. S. ,Ambrosini,A. , Friedman, T. ,Boyle, T. J. ,Wheeler, D. R. ,and Huber, D. L. 2009. Synthesis and characterization of titania-graphene nanocomposites. *J. Phys. Chem. C* 113:19812-19823.

[19] Zhang, X. Y. ,Li,H. P. ,and Cui,X. L. 2009. Preparation and photocatalytic activity for hydrogen evolution of TiO_2/graphene sheets composite. *Chinese* J. *Inorganic Chem.* 25: 1903-1907.

[20] Zhang, X. Y. ,Li, H. P. ,Cui, X. L. ,and Lin, Y. 2010. Graphene/TiO_2 nanocomposites: Synthesis characterization and application in hydrogen evolution from water photocatalytic splitting. *J. Mater. Chem.* 20: 2801-2806.

[21] Tang, Y. B. ,Lee, C. S. ,Xu, J. ,Liu, Z. T. ,Chen, Z. H. ,He, Z. , Cao, Y. L. ,Yuan, G. , Song, H. ,Chen, L. ,Luo, L. ,Cheng, H. M. ,Zhang, W. J. ,Bello, I. ,and Lee, S. T. 2010. Incorporation of graphenes in nanostructured TiO_2 films via molecular grafting for dyesensitized solar cell application. *ACS Nano* 4: 3482-3488.

[22] Nethravathi, C. ,Rajamathi, J. T. ,Ravishankar, N. ,Shivkumara, C. , and Rajamathi, M. 2008. Graphite oxide-intercalated anionic clay and its decomposition to graphene-inorganic material nanocomposites. *Langmuir* 24: 8240-8244.

[23] Ji, Z. ,Wu,J. ,Shen, X. ,Zhou, H. ,and Xi,H. 2011. Preparation and characterization of graphene/NiO nanocomposites. *J. Mater. Sci.* 46: 1190-1195.

[24] Nethravathi,C. ,Rajamathi, M. ,Ravishankar, N. ,Basit, L. ,and Felser, C. 2010. Synthesis of graphene oxide-intercalated a-hydroxides by metathesis and their decomposition to graphene/metal oxide composites. *Carbon* 48: 4343-4350.

[25] Yang, S. ,Cui,G. ,Pang, S. ,Cao, Q. ,Kolb, U. ,Feng, X. ,Maier, J. ,and Mullen, K. 2010. Fabrication of cobalt and cobalt oxide/graphene composites:Towards high-performance anode materials for lithium ion batteries. *Chem. Sus. Chem.* 3:236-239.

[26] Yan,J. ,Wei, T. ,Qiao, W. ,Shao, B. ,Zhao, Q. ,Zhang, L. ,and Fan, Z. 2010. Rapid microwave-assisted synthesis of graphene nanosheet/ Co_3O_4 composite for supercapacitors. *Electrochimica Acta* 55:6973-6978.

[27] Wu,J. ,Shen, X. ,Jiang, L. ,Wang, K. ,and Chen, K. 2010. Solvothermal synthesis and characterization of sandwich-like graphene/ZnO nanocomposites. *Appl. Surf. Sci.* 256: 2826-2830.

[28] Zhang, Y. ,Li,H. ,Pan, L. ,and Sun, Z. 2009. Capacitive behavior of graphene-ZnO composite film for supercapacitors. J. *Electroanalytical Chem.* 634: 68-71.

[29] Zheng, W. T. ,Ho, Y. M. ,Tian, H. W. ,Wen, M. ,Wen, M. ,Qi,J. L. ,and Li,Y A. 2009. Field emission from a composite of graphene sheets and ZnO nanowires. *J. Phys. Chem. C* 113:9164-9168.

[30] Wang, K. ,Wang, Y. ,Fan, Z. ,Yan, J. ,and Wei, T. 2011. Preparation of graphene nanosheet/ alumina composites by spark plasma sintering. *Mater. Res. Bull.* 46: 315-318.

[31] He, T. ,Li, J. ,Wang, L. ,Zhu, J. ,and Jiang, W. 2009. Preparation and consolidation of alumina/graphene composite powders. *Mater. Trans. the Japan Inst. Metal* 50: 749-751.

[32] Xu, C. ,Wang, X. ,Yang, L. , and Wu, Y. 2009. Fabrication of a gra-

phene-cuprous oxide composite. *J. Solid State Chem.* 182: 2486-2490.

[33] Wang, X. ,Zhou, X. ,Yao, K. ,Zhang, J. ,and Liu. Z. 2011. A SnO_2/graphene composite as a high stability electrode for lithium ion batteries. *Carbon* 49:133-139.

[34] Wang, Z. ,Zhang, H. ,Li, N. ,Shi,Z. ,Gu, Z. ,and Cao,G. 2010. Laterally confined graphene nanosheets and graphene/SnO_2 batteries. *Nano Res.* 3:748-756.

[35] Qian, Y. ,Lu, S. ,and Gao, F. 2010. Synthesis of manganese dioxide/reduced graphene oxide composites with excellent electrocatalytic activity toward reduction of oxygen. *Mater. Lett.* 65:56-58.

[36] Yan, J,Fan, Z. ,Wei,T. ,Qian, W. ,Zhang, M. ,and Wei,F. 2010. Fast and reversible surface redox reaction of graphene-MnO, composites as supercapacitor electrodes. *Carbon*,48:3825-3833.

[37] Ren, Y. ,Yan, N. ,Wen, Q. ,Fan, Z. ,Wei,T. ,Zhang, M. ,and Ma, J. 2010. Graphene/δ-MnO_2 composite as adsorbent for the removal of nickel ions from wastewater *Chem. Eng. J.* doi:10. 1016/j. cej. 2010. 08.010.

[38] Ji,F. ,Feng, J. M. ,Su, D. ,Wen, Y. Y. ,Feng, Y,and Hou, F. 2009. Electrochemical performance of graphene nanosheets and ceramic composites as anodes for lithium batteries. *J. Mater. Chem.* 19: 9063-9067.

[39] Ding, Y. ,Jiang, Y. ,Xu, F. ,Yin, J. ,Ren, H. ,Zhou, Q. ,Long, Z. , and Zhang, P. 2010. Preparation of nano-structured $LiFePO_4$/graphene composites by co-precipitation method. *Electrochem. Commun.* 12: 10-13.

[40] Fukui,H. ,Ohsuka, H. ,Hino, T. ,and Kanamura, K. 2009. A Si-O-C composite anode: High capability and proposed mechanism of lithium storage associated with microstructural characteristics. *ACSAppl. Mater. Interfaces* 2: 998-1008.

[41] Lu, T. ,Zhang, Y. ,Li,H. ,Pan,L. ,Li,Y. ,and Sun, Z. 2010. Electrochemical behaviors of graphene-ZnO and graphene-SnO_2 composite films for supercapacitors. *Electrochimica Acta* 55:4170-4173.

[42] Hummers,W. S. ,Jr. ,and Offeman, R. E. 1958. Preparation of graphitic oxide. *J. Am. Chem. Soc.* 80: 1339.

[43] Park, S. ,and Ruoff, R. S. 2009. Chemical methods for the production of graphenes. *Nat. Nanotechnol.* 4: 217-224.

[44] Li, D. , Muller, M. B. , Gilje, S. , Kaner, R. B. , and Wallace, G. G. 2008. Processable aqueous dispersions of graphene nanosheets. *Nat. Nanotechnol.* 3:101-105.

[45] Stoller, M. D. , Park, S. J. , Zhu, Y W. , An, J. H, , and Ruoff, R. S. 2008. Graphene-based ultracapacitors. *Nano Lett.* 8: 3498-3502.

[46] Xu, C. , Wang, X. , and Zhu, J. 2008. Graphene-metal particle nanocomposites. *J. Phys. Chem.* 112:19841-19845.

[47] Du, M. , Yang, T. , and Jiao, K. 2010. Immobilization-free direct electrochemical detection for DNA specific sequences based on electrochemically converted gold nanoparticle/graphene composite film. *J. Mater. Chem.* 20: 9253-9260.

[48] Gong, J. , Zhou, T. , Song, D. , and Zhang, L. 2010. Monodispersed Au nanoparticles decorated graphene as an enhanced sensing platform for ultrasensitive stripping voltammetric detection of mercury(II). *Sensors and Actuators B* 150: 491-497.

[49] Zhou, K. , Zhu, Y. , Yang, X. , Luo, J. , Li, C. , and Luan, S. 2010. A novel hydrogen peroxide biosensor based on Au-graphene-HRP-chitosan biocomposites. *Electrochimica Acta* 55:3055-3060.

[50] Hu, Y. , Jin, J-Wu, P. , Zhang, H. , and Cai, C. 2010. Graphene-gold nanostructure composites fabricated by electrodeposition and their electrocatalytic activity toward the oxygen reduction and glucose oxidation. *Electrochimica Acta* 56:491-500.

[51] Li, Y. , Tang, L. , and Li, J. 2009. Preparation and electrochemical performance for methanol oxidation of pt/graphene nanocomposites. *Electrochem. Commun.* 11:846-849.

[52] Si, Y. , and Samulski, E. T. 2008. Exfoliated graphene separated by platinum nanoparticles. *Chem. Mater.* 20: 6792-6797.

[53] Chou. S. L. , Wang. J. Z. , Choucair. M-Liu. H. K. , Stride, J. A. , and Dou, S. X. 2010. Enhanced reversible lithium storage in a nanosiae silicon/graphene composite *Electrochem. Commun.* 12:303-306.

[54] Song, B. , Li, D. , Qi, W. , Elstner, M. , Fan, C. , and Fang, H. 2010. Graphene on Au(111): A highly conductive material with excellent adsorption properties for high-resolution bio/nanodetection and identifica-

tion. *Chem. Phys. Chem.* 11:585-589.

[55] Lee, W., Jang, S., Kim, M. J., and Young, J. M. 2008. Interfacial interactions and dispersion relations in carbon-aluminum nanocomposite systems. *Nanotechnology*. 19: 285701.

[56] Tjong, S. C. 2009. *Carbon nanotube reinforced composites: Metal and ceramic matrices*. Weinheim: Wiley-VCH.

[57] Mittal, V. 2010. *Polymer nanotube nanocomposites: Synthesis, properties, and applica- tions*. New York: Wiley Publishers.

[58] Yu, M. F., Lourie, O., Dyer, M. J., Moloni, K., Kelly, T. F., and Ruoff, R. S. 2000. Strength and breaking mechanism of multiwalled carbon nanotube under tensile load. *Science* 287:637-640.

[59] Singh, S., Pei, Y., Miller, R., and Sundarrajan, P. R. 2003. Long range, entangled carbon nanotube networks in polycarbonate. *Adv. Func. Mater.* 13:868-872.

[60] Che, J., Cagin, I., and Goddard, W. A. III. 2000. Thermal conductivity of carbon nanotubes. *Nanotechnology* 11:65-69.

[61] Ando, Y., Zhao, X., Shimoyama, H., Sakai, G., and Kaneto, K. 1999. Physical properties of multiwalled carbon nanotubes. *Int. J. lnorg. Mater.* 1:77-82.

[62] Lahiri, D., Singh, V., Keshri, A. K., Seal, S., and Agarwal, A. 2010. Carbon nanotube toughened hydroxyapatite by spark plasma sintering: Microstructural evolution and multiscale tribological properties. *Carbon* 48: 3103-3120.

[63] Bakshi, S. R., Singh, V., McCartney, D. G., Seal, S., and Agarwal, A. 2008. Deformation and damage mechanisms of multiwalled carbon nanotubes under high-velocity impact. *Scripta Mater.* 59: 499-502.

[64] Bakshi, S. R., Musaramthota, V, Virzi, D. A., Keshri, A. K., Lahiri, D., Singh, V., Seal, S., and Agarwal, A. 2011. Spark plasma sintered tantalum carbide-carbon nanotube composite: Effect of pressure; carbon nanotube length and dispersion technique on microstructure and mechanical properties. *Mater. Sci. Eng. A* 528:2538-2547.

[65] Lin, J., Wang, L., and Chen, G. 2011. Modification of graphene platelets and their tribological properties as a lubricant additive. *Tribol. Lett.* 41:209-215.

第8章　基于石墨烯的生物传感器和气体传感器

8.1 概　　述

在生物传感器和生物催化剂领域中,纳米材料表现出极高的比表面积,在此领域中具有巨大的应用潜能。这使得每单位面积大量的生物分子被固定化,形成高效率生物传感器的技术基础。迄今为止,由于纳米材料独特的化学、物理和光电特性,已被应用于各种生物传感器中[1]。在各种可用的纳米材料中,碳纳米材料已经广泛使用在电解过程中,最常见的形式是球形富勒烯、圆柱形纳米管、碳纤维和炭黑。自从发现单个碳纳米管(CNT)可以用作纳米级晶体管后,研究人员已经认识到它们在溶液中电子检测生物分子的优异潜力。为了检测生物衍生的电子信号,碳纳米管通常连接官能团功能化,如蛋白质和肽,连接相关可溶性生物。例如,可能是由于它们高的化学稳定性、高表面积以及独特的电子性质,碳纳米管和富勒烯的掺入可以增加生物传感器的灵敏度,减小其响应时间[2-4]。碳纳米管具有优异的电催化活性[5],并已显示出促进过氧化氢[6]、烟酰胺腺嘌呤二核苷酸水合物(NADH)[7-8]、细胞色素[9]和抗坏血酸[10]电子转移反应。然而,碳纳米管非常昂贵,每克从20美元到数百美元不等,因此它们对于一些应用往往成本过高。剥离的石墨纳米片和石墨烯替代CNT更为实惠。这些片由 sp^2 杂化碳原子排列成片状结构,而不是在碳纳米管中发现的几何圆柱形结构。另外,石墨烯是“母系”或碳的其他同素异形体构建片。例如,石墨烯可包裹起来,以形成一个零维富勒烯,或卷起形成一维碳纳米管,或叠起来形成三维石墨(图8.1)[11-14]。石墨烯由于其优良的机械、电、热和光学性质以及极高的比表面积,具有许多重要的潜在应用(例如,1 g石墨烯可覆盖几个足球场)[15-16]。到目前为止,报道了石墨烯一些显著特性,包括弹性模量(约为1 100 GPa)[17]、断裂强度(为125 GPa)[17]、高热导率值(约为5 000 W/(m·K))[18]、电荷载体(为200 000 cm^2/(V·s))[19]和比表面积(计算值为2 630 m^2/g)[20]和引人入胜的传递现象,例如量子霍尔效应[21]。石墨烯的特殊热学、光学和电性能是其结构中出现的 π—π 共轭[22]的结果。值得一提的是，石墨烯拥有一批表面活性官能基团，如羧基、酮、醌类和 C ═C。其中，羧酸和酮基团是具有可反应性的，并且可以很容易与多种生物分子反应，从而影响官能化的石墨烯与生物分子对各种生物传感应用[23-26]。

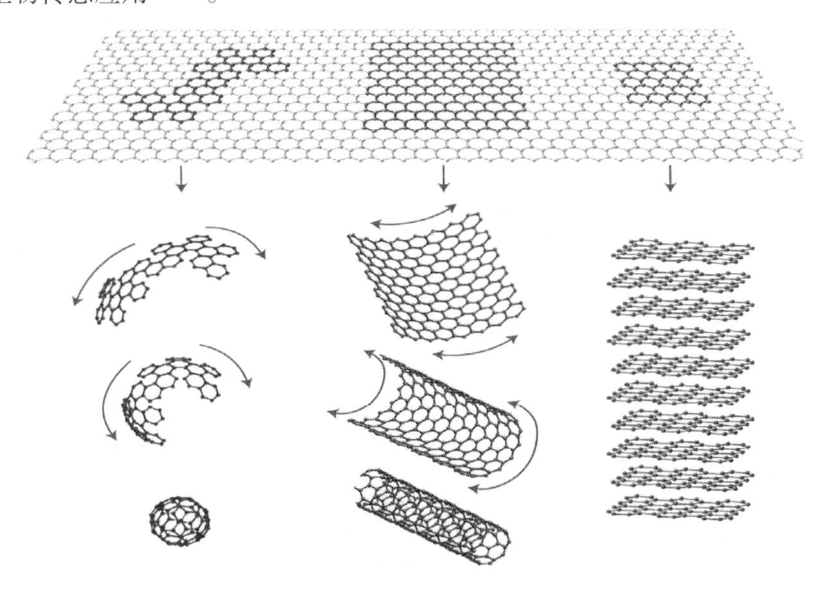

图 8.1 石墨烯被卷曲为零维富勒烯、一维碳纳米管和三维石墨示意图

8.2 石墨烯的电化学制备方法

石墨烯被认为是用于电化学的理想材料，因为它大的二维电导率，大的表面积，并且成本较便宜。与碳纳米管相比，石墨烯具有两个重要的优点：①石墨烯是不含金属杂质的，而碳纳米管含有许多金属杂质。在一些情况下，这样含杂质碳纳米管即使在小于 100×10^{-6} 的杂质水平，也可能导致误导性的结论。②石墨烯的生产很便宜，因为合成仅需要石墨作为原始材料。

石墨烯的电化学行为的最新研究表明，在 0.1 M PBS(pH 为 7.0)中表现出约 2.5 V 的电化学电势[25,27-28]，这比得上石墨、玻璃碳(GC)甚至掺硼金刚石电极[25,27,29]，并且石墨烯作为从交流阻抗谱来确定的电荷转移阻力比石墨和玻璃碳电极[27]要低得多。研究石墨烯循环伏安(CV)的电子转移行为，$[Fe(CN)_6]^{3-/4-}$ 和 $[Ru(NH_3)_6]^{3+/2+}$ 表现出良好的氧化还原峰[30-32]。在循环伏安的两个阳极和阴极峰电流是线性相同的扫描速率的平方根,主要是扩散控制石墨烯电极的氧化还原过程[31]。峰-峰电势分离(ΔE_p)中的循环伏安对于大多数单电子转移的氧化还原对是相当低的,非常接近理想值59 mV。例如,根据报道,[$Fe(CN)_6$]作为电极时,石墨烯电极值分别为61.5 mV和73 mV,而$Ru(NH_3)_6$作为电极时,石墨烯电极值为60~65 mV,比玻璃碳小得多[29]。峰-峰电势分离相关的电子转移(ET)系数[35]和一个低ΔE_p值,表明为石墨烯单电子的电化学反应提供一个快速的电子转移[33]。为研究石墨烯的电化学反应/不同的氧化还原系统石墨烯的活性,Tang等[32]系统地研究了三种具有代表性的氧化还原对:使用$[Ru(NH_3)_6]^{3+/2+}$、$[Fe(CN)_6]^{3-/4-}$和$Fe^{3+/2+}$。正所周知,使用$[Ru(NH_3)_6]^{3+/2+}$是一个近理想的外球体的氧化还原系统,该系统的最表面缺陷或杂质在电极上不敏感,并在比较各种碳的电子转移电极中可以作为一个有用的基准;$[Fe(CN)_6]^{3/4-}$表面是敏感的,但不是氧化敏感,而$Fe^{3+/2+}$既是表面敏感又是氧化敏感[29]。从石墨烯和GC电极循环伏安算出的表观电子转移速率常数(KD)分别是0.18 cm/s和0.055 cm/s,使用$[Ru(NH_3)_6]^{3+/2+}$[32]为配位离子。这表明,石墨烯独特的电子结构,特别是在很宽的能量范围内的高密度的电子态,赋予石墨烯具有快速的电子转移速率[29]。$[Fe(CN)_6]^{3-/4-}$为石墨烯和GC的配位离子K_0,计算电子转移速率常数为0.49 cm/s和0.029 cm/s,以及对于$Fe^{3+/2+}$在石墨烯电极的电子转移速率高于在GC电极[32]。这些表明电子结构和石墨烯的表面化学性质有利于电子转移[32,36-37]。

8.3 生物酶在石墨烯表面的直接电化学反应

酶的直接电化学指的是电极和不参与介体或其他试剂的酶活性中心之间的直接电子通道[37-39],这在生物传感器,生物燃料电池和生物医学设备应用中有重要的意义[38-42]。然而,实现通用电极氧化还原酶的直接电化学是非常困难的,因为大多数的氧化还原酶的活性中心位于深于疏水性分子[40,43]的空腔。碳纳米管和金属纳米粒子在增进酶和电极之间的直接电子转移表现出优异的性能,现在已经被广泛使用[44-47]。由于其非凡电子输送性和高比表面积[48],功能化石墨烯有望促进电极片和酶[49]之间的电子转移。Shan[49]及Kang等[50]报道葡萄糖氧化酶(GOD)对石墨烯具有直接电化学反应。Shan等[49]采用化学还原的石墨烯氧化物(CR-GO),Kang等[50]采用热拆分氧化石墨烯[51],两者表现出葡萄糖氧化酶具有相同的优良直接电化学。图 8.2 所示为石墨烯、石墨 GOD 和石墨烯 GOD 的循环伏安(CV)在磷酸盐缓冲液(PBS)的电极改性[49]。在所有的电极,只有石墨烯 GOD 电极有一对相对应的氧化还原活性中心可逆电子转移过程(黄素腺嘌呤二核苷酸,FAD),表明 GOD 石墨烯电极直接电子转移。通过计算平均阴极和阳极峰电位估计为-0.43 V(相对于 Ag/AgCl 电极),这是接近 FAD 的标准电极电位/$FADH_2$[50-51]。GOD 的氧化还原峰-峰的分离是 69 mV,阴极和阳极电流强度比是 1[49]。此外,电流密度峰值与扫描速率[49-50]呈线性关系。这些表明,在石墨烯 GOD 电极氧化还原过程及表面限制的过程是可逆的[50]。在石墨烯 GOD 电极的电子转移速率常数(k_s)为2.83 s^{-1},比大多数报道的碳纳米管[52-55]中的值要高得多,这表明官能化石墨烯酶的氧化还原中心和电极[50]表面之间提供了快速的电子转移。在最近的研究中,由于其高的表面积,石墨烯电极表现出高酶负载大约为 $1.12\times10^{-9}mol/cm^2$[50]。如此巨量的酶加载有利于增加基于石墨烯的生物传感器的灵敏度。此外,石墨烯 GOD 的直接电子转移是稳定的(没有明显的 15 个周期在 N_2 PBS 的石墨烯 GOD 壳聚糖修饰电极的循环伏安响应的变化)和响应保持在 95% 以上,一个周后存储[50]。我们组[56]最近还展示了细胞色素 c(细胞色素 c)在石墨烯表面的直接电化学而不需要辅助因子。石墨烯相对于 GOD 和细胞色素 c 的直接电化学的出色表现,表明石

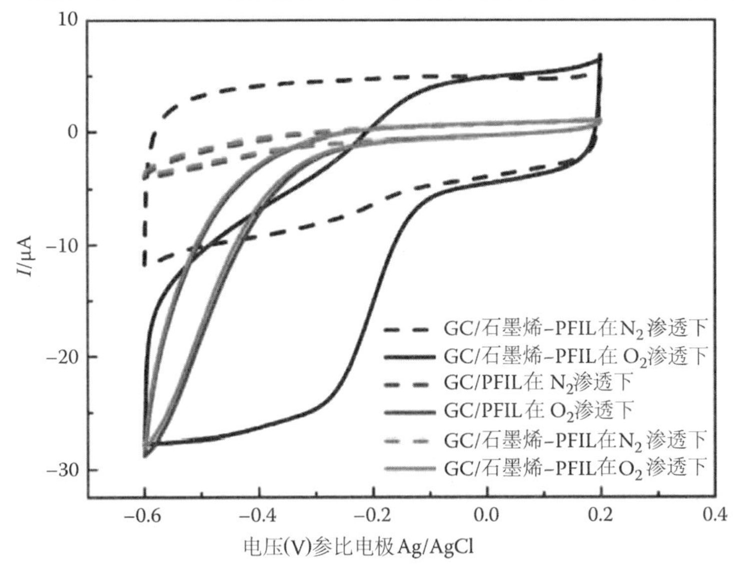

图 8.2 循环伏安在 PFIL(蓝色)、石墨 PFIL(品红色)和石墨烯- PFIL(黑色)与 O_2(固体)和脱气纯 N 饱和 0.05 M 的 PBS 溶液修饰电极(虚线)。(彩图见附录)

墨烯是一种潜在的有前途的酶电极材料。

8.4　基于石墨烯酶促电化学生物传感器

石墨烯对过氧化氢具有高电催化活性。此外,作为 GOD 直接电化学一个很好的平台,石墨烯可作为氧化酶的生物传感器优良的电极材料。比如基于石墨烯葡萄糖生物传感器[57-61],文献中有许多可用的报道。Shan 等[57]报道了第一个基于石墨烯的葡萄糖生物传感器,石墨烯/聚乙烯亚胺功能化离子液体纳米复合材料修饰电极表现出一个宽的线性血糖反应(2 ~ 14 mm),重现性好(目前应对 6 mm,10 连续测量相对标准偏差葡萄糖在-0.5 V 是 3.2%)和高稳定性(一周后应答电流+4.9%)[57]。日前,Zhou 等[62]报道了基于化学还原氧化石墨烯(CR-GO)为增强电流检测葡萄糖的生物传感器。此外,他们的传感器表现出高灵敏度(20.21 μA · mM/cm^2)和 2.0 mM 的检测下限(硫氮比为 3)中的线性范围为 0.01 ~ 10 mM。检测葡萄糖比其他以碳材料为基础的电极线性范围更宽,例如碳纳米管[63]和碳纳米纤维[64]。检测下限为葡萄糖的 GOD/CR-GO/GC 电极(在-0.20 V、2.0 mM)比报道的基于碳的生物传感器更低,如碳纳米管糊剂[65]、碳纳米管电极[66]、碳纳米纤维[64]及膨胀石墨纳米片[62],并高度有序介孔碳[67]。在 GOD/CR-GO/GC 电极上,葡萄糖的反应速度非常快(9±1 s 达到稳态响应)和高度稳定(5 h 91% 的信号保留),这使得 GOD/CR-GO/GC 生物传感器电极迅速且高度稳定连续测量糖尿病诊断血浆葡萄糖水平。另一个工作,石墨烯分散的生物相容的脱乙酰壳多糖也被用于构建葡萄糖生物传感器[60]。在这项工作中,显而易见的是,脱乙酰壳多糖有助于形成良好分散的石墨烯悬浮液和固定化的酶分子,以及基于石墨烯用于测量葡萄糖的酶传感器表现出优异的灵敏度(37.93 mA · m · $M^{-1}cm^{-2}$)和长期稳定性。已经开发石墨/金属纳米颗粒(NP)为基础的生物传感器。Shan 等[68]开发了以石墨烯/纳米金属/壳聚糖复合膜为基础的生物传感器对过氧化氢和氧气具有良好的电催化。Wu 等[59]设计了一个 GOD/石墨烯/PtNPs/壳聚糖基葡萄糖生物传感器与 0.6 mm 的葡萄糖的检测下限。这些增强的性能是由于在大的表面面积和石墨烯的良好的导电性以及石墨烯和金属纳米颗粒的协同效应[61,68]。Zhou 等[62]报道基于石墨烯 ADH 的乙醇生物传感器。ADH-石墨烯 GC 电极上呈现更快的响应,较宽的线性范围,并且与 ADH-石墨/GC 和 ADH/GC 电极相比具有较低的检测极限。这个增强的性能可以通过底物和产物的有效转移,通过含有酶以及石墨烯[62]的固有的生物相容性石墨矩阵进行说明。

8.5 基于石墨烯的电化学生物传感器

过氧化氢是氧化酶一般的酶产物和底物的过氧化物酶，它对生物过程和生物传感器的发展很重要[62]。过氧化氢也是在食品、制药、临床、工业和环境分析的重要介体[62]。因此，检测过氧化氢是非常重要的。在开发用于检测过氧化氢电极的关键点是降低氧化/还原的超电势。碳材料，例如碳纳米管[44-45,69-70]，已经在构建的生物传感器用于检测过氧化氢。石墨烯在这方面表明具有前景[31,73]。Zhou 等[62]研究了石墨烯改性电极的过氧化氢的电化学行为（化学还原的石墨烯氧化物，CR-GO），相比较与石墨/GC 和 GC 裸电极[62]电子传递速率显着增加。图 8.3 所示为循环伏安图（CVS），H_2O_2 氧化/还原的发作电位上的 CR-GO/GC（a1）中，石墨/GC（b1）中，和 GC 电极（c1）为 0.20/0.10 V、0.80/-0.35 V 和 0.70/-0.25 V分别表示石墨烯的过氧化氢优异的电催化活性。过氧化氢在-0.2VCR-GO/GC 电极的线性关系是 0.05 ~ 1 500 mM，比以前报道的碳纳米管的更宽[62]。这些可以归因于在高密度的边缘面状缺陷位点上的石墨烯，这可能会提供电子转移到许多活性生物物种[29,71-75]。这样显著增强的性能中，用于检测过氧化氢可能产生基于石墨烯的电极高选择性能/高灵敏度电化

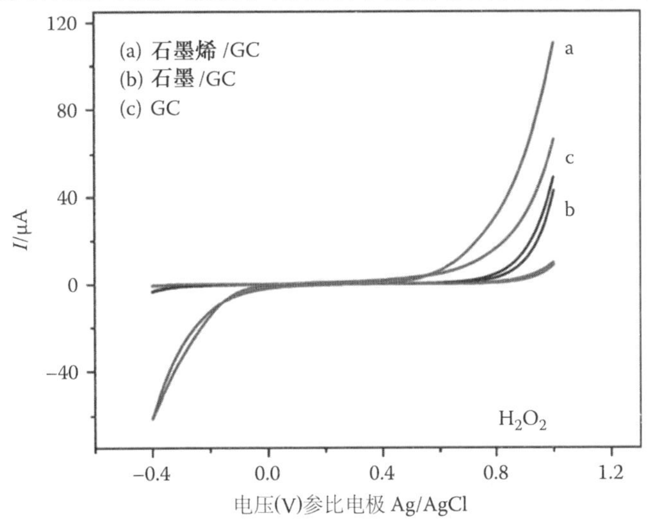

图 8.3　去掉背景的 CV（50 mV/s）。（a）石墨烯/GC。（b）石墨/GC。（c）在 4 mM 的过氧化氢的 0.1M PBS 中（pH 为 7.0）电极。（彩图见附录）

学传感器。

β-烟酰胺腺嘌呤二核苷酸（NAD^+）和其还原形式（NADH）的许多脱氢酶[45]，均在测量电流生物传感器、生物燃料电池以及 NAD+/NADH 依赖脱氢酶相关生物电子设备中具备相当大的应用潜力[70,73]。NADH 氧化用作阳极信号和重新生成的 NAD^+ 辅助因子，生物传感基材是具有重要意义的，如乳酸盐、醇或葡萄糖[44]。固有的这种阳极检测的问题是大的过电压，NADH 氧化和表面结垢与反应产物[44]的积累相关联。石墨烯科研解决这些问题。Tang 等[32]研究了 NADH 对石墨烯修饰电极的电化学行为（化学还原石墨烯氧化物，CR-GO），与石墨/GC 和 GC 电极[32]相比电子传输速率显着增加。NADH 的氧化峰电位为 0.70 V，而 GC 和石墨在CR-GO 转移到 0.40 V（图 8.4）[32]。这些都归因于高密度边缘平面状缺陷 CR-GO，它提供了许多活性中心的电子转移到生物物种[29,72,73]。Liu 等[74]通过经由石墨烯与亚甲基绿（MG）的非共价官能化的石墨烯增加分散度，报道的基于石墨烯电极朝向 NADH 氧化性能进一步增强。NADH 在 MG-石墨烯电极的氧化发生在-0.14 V，这是远低于原始石墨烯（0.40 V）（即没有 MG 官能）[74]和基于碳纳米管的生物传感器[8,75-76]。

Lin 等的报告进一步指出改性石墨烯电极活性增强成氧化 NADH，对比于热解石墨电极（EPPGEs）的裸边缘面，它们具有更多的边缘面内点缺

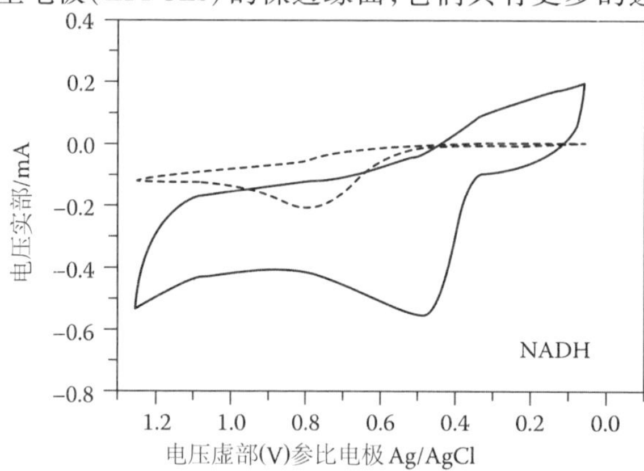

图 8.4　裸 GC 的 CV 曲线（虚线）和石墨烯/GC 电极（实线）曲线，在 0.1M、pH=6.8、PBS 1 mM 的条件下。（L. H. Tang, Y. Wang, Y. M. Li, H. B. Feng, J. Lu, and J. H. Li. 2009. Preparation, structure and electrochemical properties of reduced graphene sheet films. Adv. Funct. Mater. 19, 2782-2789. With permission.）

陷[31]。已知的是,高密度的边缘面内缺陷位点可能会给电子提供许多活性位点,有助于电子转移至生物物种,有助于碳材料的活性的增强,以便氧化或者还原如 NADH 一类的小生物分子[29,71-72]。对比裸 EPPGE,官能化的改性石墨烯具有更高的活性,除了边缘面状缺陷位点上的石墨烯(化学还原的石墨烯氧化物)的高密度,还有其他特殊性能的高活性石墨烯。确切机制还需要进一步调查。Pumera 等[73]的高分辨率 X 射线光电子能谱(HRXPS)和最初 NAD +/NADH(图 8.5)的分子动力学研究报告可以观察到这一点。研究表明,石墨烯边沿吸附的 NAD +分子是能够和含氧基团相互作用的,而石墨烯边缘取代的只用氢气容易发生钝化[73]。因此,含氧基

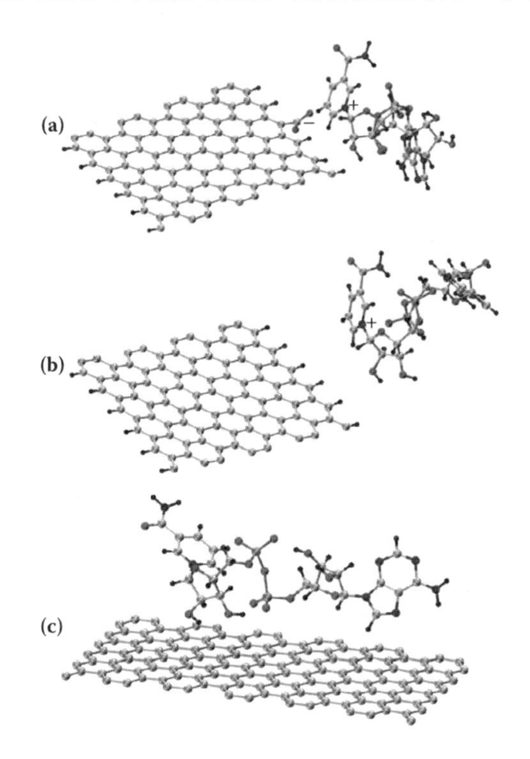

图 8.5 (a)石墨烯基面上的 NAD+的吸附模型。(b)石墨烯边缘被氢原子完全终止的 NAD+的吸附模型。(c)石墨烯边缘由氢原子终止,还含有一个-COO-帕里内洛分子动力学基团。灰色,C;蓝色,N;红色,O;黄色,P;黑色,H。(彩图见附录)(M. Pumera, R. Scipioni, H. Iwai, T. Ohno, Y. Miyahara, and M. Boero. 2009. A mechanism of adsorption of β-nicotinamide adenine dinucleotide on graphene sheets: Experiment and theory. Chem. Eur. J. 15, 10851. With permission.)

团可能在石墨烯的增强活性中起关键作用。Lin 等[77]最近报道了基于石墨烯的电化学传感器对乙酰氨基酚的检测。采用循环伏安法和方波伏安法证明了传感器的性能。Lin 等[77]的传感器对乙酰氨基酚的检测表现出准可逆反应。此外还发现,基于石墨烯的传感器的超电势被比裸 GC 电极小得多。在另一项工作,Zuo 等[78]成功地采用 GO 证明的含血红素的几个金属蛋白,如细胞色素 C、肌红蛋白和辣根过氧化物酶的氧化还原中心的高效电线的可能性(图 8.6)。

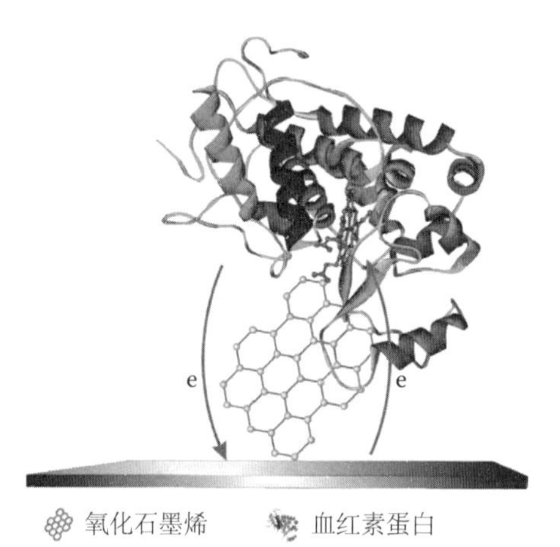

图8.6　方案显示了蛋白质线到二维石墨烯的电化学应用。石墨烯氧化物(GO)支持血红蛋白吸附到玻璃谈电极表面。(C. Fu, W. Yang, X. Chen, and D. G. Evans. 2009. Direct electrochemistry of glucose oxidase on a graphite nanosheet-Nafion composite film modified electrode. Electrochem. Commun. 11, 997-1000. With permission.)

此外,ZUO 等[78]证实,该蛋白质保持其结构的完整性以及其生物活性时,与 GO 形成二元混合物[79]。从这一角度观察,它是非常有前途的 GO 蛋白复合物,可以明确地用于开发一个高度敏感的生物传感器。

8.6　基于石墨烯的 DNA 生物传感器

电化学脱氧核糖核酸传感器的优点包括高灵敏度和高选择性。此外,它们能有效地选择 DNA 序列和检测与人类疾病相关的基因突变,并且可以给患者提供简单、准确、廉价的诊断平台。电化学 DNA 传感器还允许设备小型化与小容量样本[25]。在各种不同的电化学 DNA 传感器中,基于

DNA 的直接氧化的传感器是最简单而强大的[25,81]。Zhou 等[25]报道了基于石墨烯的电化学 DNA 传感器(化学还原氧化石墨烯)。

图 8.7 中,DNA 的 4 游离碱基(即鸟嘌呤[G]、腺嘌呤[A]、胸腺嘧啶[T]和胞嘧啶[C])的电流回应最为明显的是在 CR-GO/GC 电极上都有效地分离,这表明 CR-GO/GC 可以同时检测 4 游离碱,而这在石墨或玻璃碳上是不可能的。这是由于防污性和高电子转移动力学上的 CR-GO/GC 电极氧化[25],导致了从边缘面状缺陷和含氧官能团上的 CR-GO 提供许多活性位点,促进了在溶液中的电极和物种之间高密度的电子转移的结果[29,71-72]。从图 8.7(b)和图 8.7(c)中显而易见的是,在 CR-GO/GC 电极能够有效地在两个单链 DNA(ssDNA)和双链 DNA(dsDNA)上分离所有四种 DNA 碱基,这比游离碱基在生理 pH 下不带水解的氧化更加困难。另外,该电极为特定序列无任何杂交或标记的短的低聚物提供单核苷酸多态性(SNP)位点[25]。这归因于 CR-GO(单片性质、高导电率、表面积大、防污性、高电子转移动力学等)的独特的物理化学性质[25]。

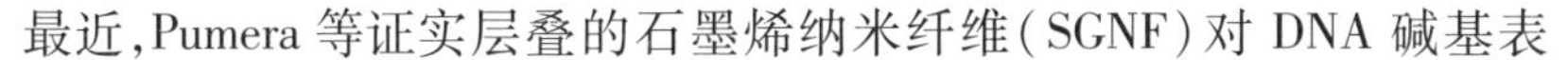

最近,Pumera 等证实层叠的石墨烯纳米纤维(SGNF)对 DNA 碱基表

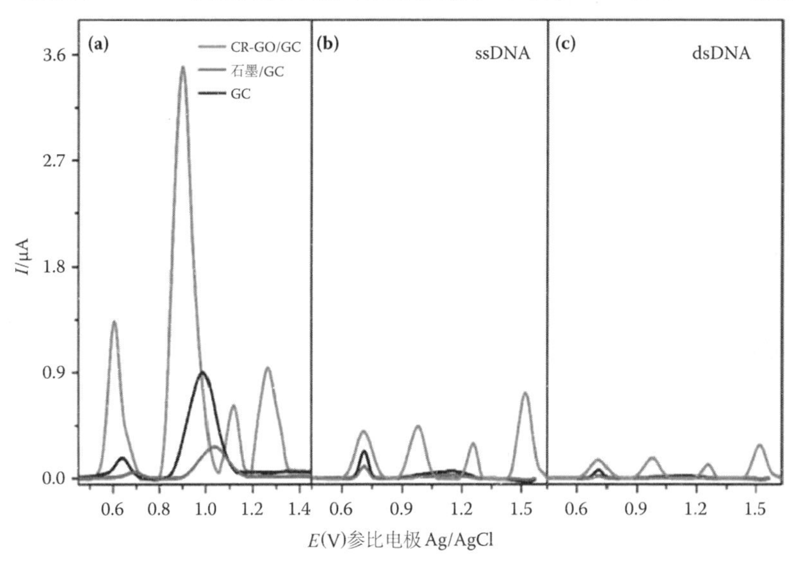

图 8.7 差分脉冲伏安(DPV)分别在(a)的 DNA 游离碱(G、A、T 和 C)。(b)单链 DNA。(c)双链 DNA 在 0.1 M、pH=7.0 PBS 在石墨烯混合物/GC(绿),石墨/GC(红色)和裸 GC 电极(黑色)。浓度 G、A、T、C,单链 DNA 或双链 DNA:10 mg/mL。(彩图见附录)(Y. Liu, D. Yu, C. Zeng, Z-C. Miao, and L. Dai. 2010. Biocompatible graphene oxide-based glucose biosensors. Langmuir 26, 6158-6160. With permission.)

现出优异的电化学敏感性,从而超越碳纳米管对 DNA 碱基的敏感性。Pumera 等[82]所观察到的现象是,与碳纳米管相比,纳米纤维表面上存在更多可接触边缘,并且由 TEM 和拉曼光谱法确认。此外,Pumera 等[82]观察到的腺嘌呤、鸟嘌呤、胞嘧啶和胸腺嘧啶在 SGNF 电极上比在 CNT 电极上的氧化电流大 4 倍。

SGNFs 也显示出比边缘面内的热解石墨电极、GC 电极或者石墨微粒基焊条更高的灵敏度。Pumera 等[82-83]还证明了甲型流感(H1N1)相关的绳股,可以灵敏地氧化 SGNF 基焊条,这可能因此被应用于标记游离 DNA 分析(图 8.8)。

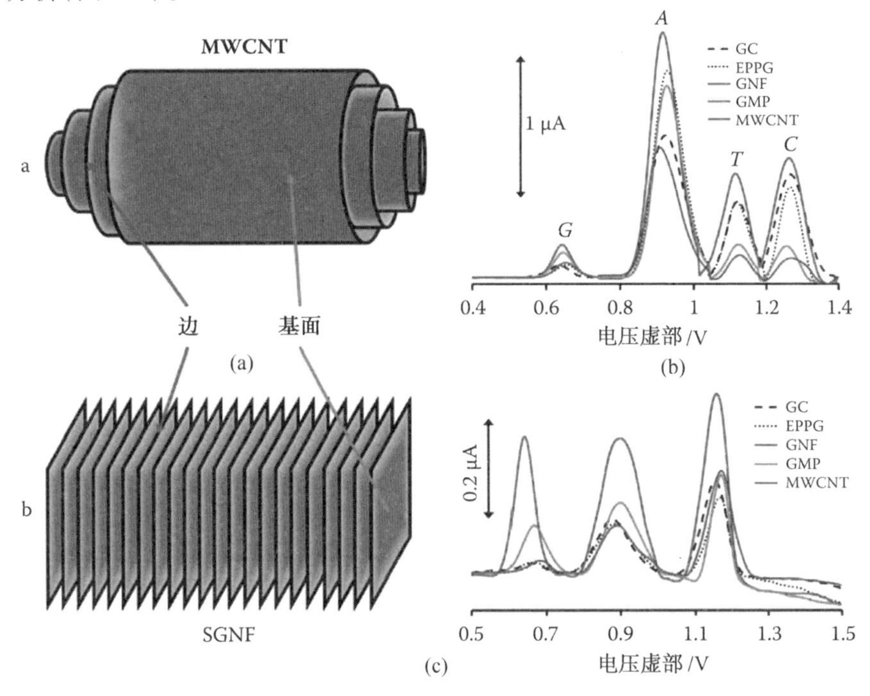

图 8.8 堆叠的石墨烯纳米纤维(SGNFs)优于碳纳米管和石墨游离 DNA 碱基和 A(H1N1)DNA 链的检测。(a)石墨烯片在多壁碳纳米管(多壁碳纳米管)(a)及 SGNFs(b)的方向。片材的高度电边缘部分被表示为黄色。(b)鸟嘌呤、腺嘌呤、胸腺嘧啶和胞嘧啶 SGNF(红色),石墨烯血小板(GNP)(绿色)的混合物和多壁碳纳米管(蓝色)的电极的差脉冲伏安图(DPVs)。为了比较,玻璃碳电极(GCE)(黑虚线)和边缘面内的热解石墨(EPPG)(黑点)电极信号也示出。(c)DPVs 的单链 DNA A(H1N1)在 SGNF(红色)、GNP(绿色)和 MWCNT(蓝色)的电极。为了便于比较,GCE(黑色虚线)和 EPPG(黑点)的电极信号也显示。(彩图见附录)(A. Ambrosi and M. Pumera. 2010. Stacked graphene nanofibers of electrochemical oxidation of DNA bases. Phys. Chem. Chem. Phys. 12, 8943-8947. With permission.)

最近,Chaniotakis 等[84-85]用的 SGNFs 酶法检测葡萄糖。Chaniotakis 等[85]通过直接固定化技术来将酶固定到到纳米纤维表面上(图 8.9)。从他们的工作中发现,SGNFs 具有生物识别元件的表面改性将是一个开发高效率的、非常敏感的、稳定的、可重复的电化学生物传感器的方法。他们的研究结果表明,血小板纳米纤维是迄今为止用于开发生物传感器,能够超越现有的碳纳米管或石墨粉末的最佳材料。

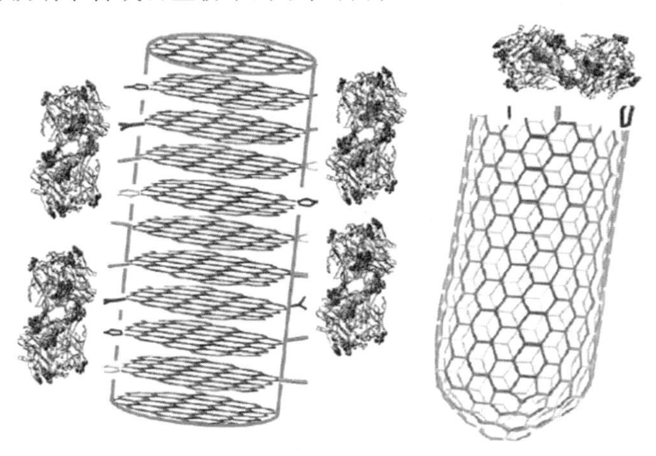

图 8.9 固定上层叠的石墨烯血小板纳米纤维和单壁碳纳米管酶葡萄糖氧化酶模型。(From V. Vamvakaki, K. Tsagaraki, and N. Chaniotakis. 2006. Carbon-nanofiber based glucose biosensor. Anal. Chem. 78, 5538- 5542. With permission.)

8.7 基于石墨烯的电化学传感器对重金属离子检测

基于石墨烯的电化学传感器还在分析金属离子(铅和镉)的检测中有潜在的应用价值[86-87]。Li 等[86-87]证明,全氟磺酸-石墨烯复合膜为基础的电化学传感器不仅表现出对铅和镉的检测的高灵敏度,而且减轻了石墨烯纳米薄片和全氟磺酸的协同效应的干扰[86]。

此外,提馏电流信号在石墨烯电极大大增强。从图 8.10 发现提馏电流信号是很好分辨的。铅和镉的线性检测范围很宽(0.5 MGL-1 至 50 MGL-1和 1.5 MGL-1 至 30 MGL-1 的铅和镉)。检测限(硫氮比为 3)为 0.02 MGL-1,为 Cb^{2+} 和 Pb^{2+},比全氟磺酸薄膜修饰铋电极更敏感[88],有序的中孔性碳覆盖的 GC 电极[89]能够媲美全氟磺酸/CNT 涂层铋膜电极[90]。性能的增强归因于石墨烯(纳米石墨烯片,这些片材具有纳米级厚度和高导电性),具有提供强烈吸附靶标离子能力的独特性能,提高了表面浓度和灵敏度，并减轻了污垢表面活性的作用[86-87]。

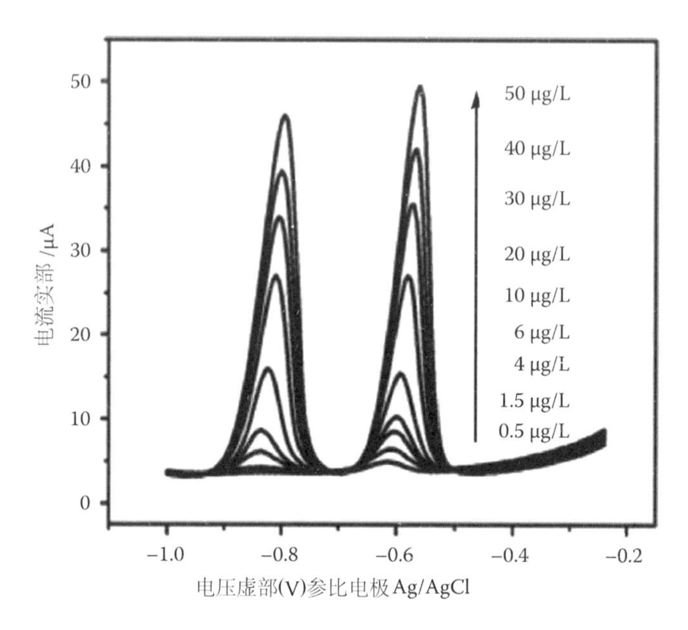

图8.10　条带伏安图在浓度0.4 mg/L Bi^{3+}的溶液中分析不同浓度镉和铅+镀全氟磺酸-G-BFE(铋膜电极)。(J. Li, S. J. Guo, Y. M. Zhai, and E. K. Wang. 2009. High-sensitivity determination of lead and cadmium based on the Nafion-graphene composite film. Anal. Chim. Acta 649, 196-201. With permission.)

8.8　基于石墨烯的气体传感器

石墨烯气体传感领域的首个实验研究由Novoselov等完成[11]。在该工作中，他们通过石墨烯器件暴露在掺杂水或乙醇蒸汽或氨气中，表征石墨烯的气敏潜力。此后，少量研究论文报道了气体传感石墨烯的性能实验和理论评估(表8.1)。所有这些研究表明，石墨烯在各种实验室的研究证明了其在灵敏测试中的能力，尽管在市场还没有商业传感器。然而，这是Schedin等[91]证实，石墨烯是用于高灵敏度气体探测的理想材料。为了实现通过电检测这样的高灵敏度朝向气体分子，Schedin等[91]通过从单层或已被机械裂解的少数层石墨烯中采用常规光刻方法制造多端霍尔棒。低浓度气体的吸附(每百万份)导致的电阻率的浓度依赖性变化，此后传感器通过退火，在150 ℃下真空再生(图8.11(a))。此外，气体引起的电阻率变化对不同气体有不同程度的变化，变化迹象表明气体是电子受体(NO_2)还是电子给体(CO)。尽管 NH_3 分子与水吸附在设备之间的相互作用可能促成在图 8.11(a)所示的 NH_3 反应[91]。基于在这些石墨烯器件中观察到的低噪声电平，Schedin 等证实，传感器每 10 亿有检测限的顺序和其他气体探测器相同[92-95]。除了这项工作，Schedin 等[91]还进行了关于使用完全优化的传感器检测非常稀薄的 NO_2 样品的长期测量、吸附和解吸过程，在其中观察到电阻率阶梯状变化。统计学分析这些量化数据，解释这些结果，作为单分子灵敏度的证据，如图 8.11(b)所示。

表 8.1 不同类型的重要石墨烯气体传感器

传感器材质	检测方法	气体或蒸气检测	检测限	参考文献
机械剥离石墨烯，光刻塑造	变化电阻	NO_2、H_2O、I_2、NH_3、CO、乙醇	约 1×10^{-9}	[91]
机械剥离石墨烯，塑造光刻；测量制成具有和不具有的 PMMA 电阻	变化的电流	H_2O、NH_3、壬醛辛酸、三甲胺	取决于蒸汽和存在的抵制类型：抗蚀剂含量：例如，含抗蚀剂的壬醛含量远远小于 5×10^{-6}；不含抗蚀剂的含量大于 30×10^{-6}	[111]
肼还原氧化石墨烯	表面声波的频率变化	H_2、CO	约 125×10^{-6} 的二氧化碳；小于600×10^{-6} 的 H_2	[112]
	电阻降低的变化	NO_2、NH_3、二硝基甲苯(DNT)		[113]
石墨烯氧化物的化学还原或热还原或通过这两种方法还原	变化的电阻	H_2O、0.1 Torr 水蒸气	约 2×10^{-6}	[114]
低温加热还原	变化的电流	NO_2	70×10^{-6} 的 HCN；0.5×10^{-6} 的 CEES；5 PPB	[115,116]
肼还原氧化石墨烯	电导随还原过程变化而变化	HCN、氯乙基乙基硫醚(CEES)、二甲基甲基膦酸酯(DMMP)、DNT	DMMP；0.1×10^{-6} 的 DNT	[117]

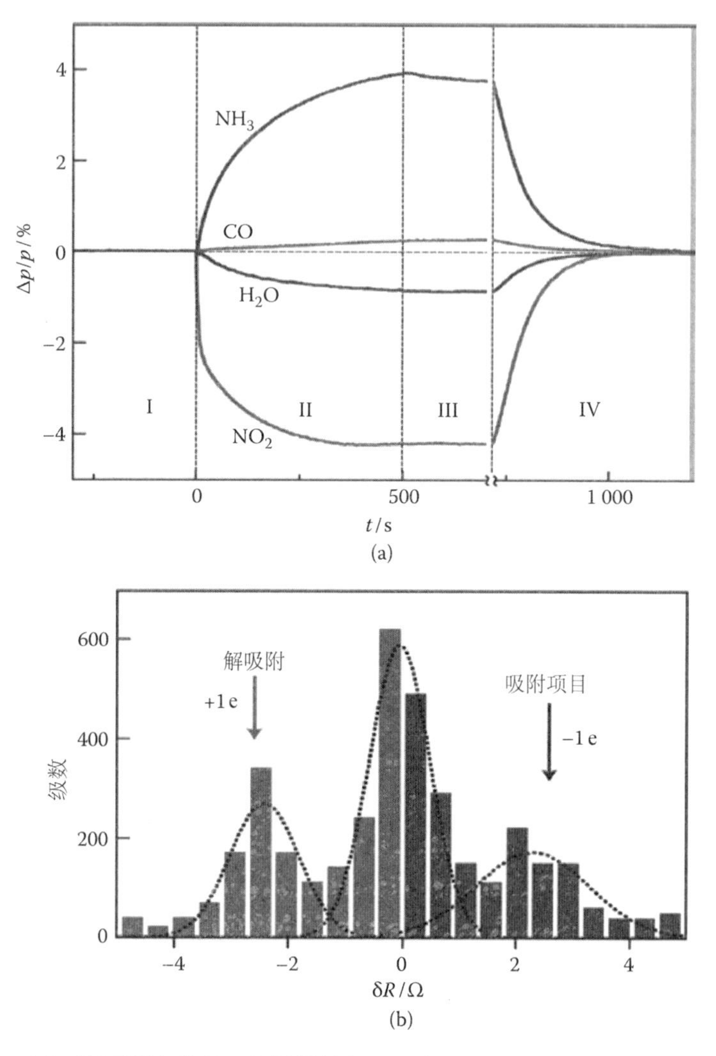

图 8.11 (a)不同吸附气体的石墨烯器件的电阻率，$\Delta p/p$ 的变化，表现出暴露在含有 1×10^{-6} 的每种分析物（区域Ⅱ）的固定体积（5 L）的稀释气体中的快速变化。经过抽空（区域Ⅲ）和在 150 ℃退火（第Ⅳ区域），该传感器恢复到原来的电阻率。(b)电阻元件 δR 在统计分布中的步骤，在 NO_2 缓慢脱离。围绕中央“噪声波峰”的侧峰被认为是检测吸附或个别气体分子的石墨烯器件上的解吸证据。（F. Schedin, A. K. Geim, S. V. Morozov, E. W. Hill, P. Blake, M. I. Katsnelson, and K. S. Novoselov. 2007. Detection of individual gas molecules adsorbed on graphene, Nat. Mater. 6, 652-655. Macmillan Publishers Ltd. With permission.）

根据早期的石墨烯基传感器的成功,有相当数量的关于基于石墨烯的气体传感器的实验和理论报告开始出现,其中的一些目的是了解吸附分子是如何改变的石墨烯的导电性的。电导率是电荷载流子密度和迁移率成比例的产物,很明显地改变了数密度或在流体的流动性,这归因于导电性的变化[91]。然而,这两个因素的相对贡献仍然是不确定的,因为不同的人提出的机制还有待探讨。例如,Schedin 等[91]用他们的霍尔效应测量结果作为证据,在石墨烯设备的气体吸附创建额外的电荷载体。这是化学掺杂的过程。周围的狄拉克点(在布里渊区的六个 K 点)石墨烯的线性带结构意味着气体吸附将可能增加孔的数量,如果该气体是受体或增加的电子数,则该气体作为给予体,在化学当量的双极电场效应。

参与这一过程的电荷以高浓度转移离开(超出 10^{12} cm^{-2})充电表面的杂质,这些可能会增加散射,从而降低载流子迁移。尽管如此,Schedin[91]小组发现在载流子迁移几乎没有变化,为了确定改变载流子密度导电性变化的函数,以表明由杂质导致的散射可以忽略。基于这些事实,他们提出,水不变吸附在石墨烯层,或停留在石墨烯和基板之间,对气体引起的带电杂质提供足够的介电屏蔽以说明气体吸附缺乏附加散射。

另一方面,Hwang 等[96]提出了一种完全不同的机制。Hwang 等采用一些 Schedin 等早期实验的电阻率数据,直接计算暴露在 NH_3 或 NO_2 中的石墨烯器件的霍尔迁移。结果表明,流动性迅速增加,然后逐渐趋于稳定,而不是保持大致恒定。Hwang 的团队从这些实验中提出了一个在气体戏附中石墨烯电导率变化的备用物理模型。基于石墨烯设备电导率实验测试和可能的散射机制的理论分析[97-98],他们认为负责限制附近的狄拉克点载流子迁移的主要散射机制是从基板产生杂志电荷的库仑(远程)散射[96]。这与石墨烯的增强的移动性相吻合,高达 230 000 $cm^2/(V \cdot s)$[99],悬浮时远离基片。这些悬浮的迁移率幅度比在衬底上的典型的石墨烯器件的迁移率放大了一个数量级。考虑库仑散射作为流动性的主导的限制,Hwang 等[96]提出,在石墨烯中气体吸附的杂质电荷的送达部分和库伦散射衬底感应,从而使电迁移率迅速增加。作为该“补偿”效果随持续气体吸附,移动性趋于逐渐变高是由于短程散射的影响,可能是由越来越明显的石墨烯晶格缺陷引起的。然而,一些更详细的实验研究还必须进一步探讨涉及气体检测的物理过程;最近的研究报告提出了更多的见解。此外,认识到了电荷转移量是提供一种用于气体检测的石墨烯的灵敏度临界,几个小组已建模的石墨烯和不同吸附气体或蒸气之间相互作用的性质[100-117]。一些与这些工作的主要问题是:①不同的模式和方法产生不同的吸附能与电荷转移;②所计算出的电荷转移为顺磁性分子,石墨烯超晶胞已经超过了建模的大小[102]。由于这些原因,这方面的工作仅限于提供指示性的趋势和见解原子尺度的过程。Wehling 等最近的一篇报道对气体在本级别吸附石墨烯提出了一个很好的概述。在开壳层吸附物如 NO_2 或碱金属,原子经历直接电荷转移到石墨烯,但在室温下往往是弱结合的相对移动,除非它们与石墨烯形成共价键,其观察到的基团例如 H、F 和 OH。

通过开孔的分子的强掺杂可能使石墨烯具有零间隙的电子结构,这进一步允许它们与任何吸附物种进行电荷转移,即使是存在小的化学电位不匹配。预测的现象是它比大的带隙的半导体器件的气体吸附更敏感[104]。然而,闭孔吸附物如 H_2O 和 NH_3 不能直接改变石墨烯的带结构,而是改变在石墨烯或以石墨烯为基底的掺杂物的电荷如何分布[106]。吸附水是一种普遍存在的“杂质”,尤其是在石墨烯与衬底之间的位置,可以将衬底的杂质带移到石墨烯的费米能级附近,从而导致石墨烯的间接掺杂。事实上,即使没有最初的石墨烯和基底之间的存在,水分子可能扩散到这一区域后,接触到潮湿的空气。从石墨烯最近的实验研究 NH_3 的吸附和解吸发现这种积累的气体分子是在石墨基体界面,观察两级脱附之间,事实上,一个阶段是快速,另一个阶段是缓慢,分别是因为氨容易从石墨烯的顶面解吸和 NH_3 从石墨烯底面扩散的速度较慢。这并不是通过石墨烯本身发生,而是涉及通过“狭缝孔”基板的气体扩散。其他机制已经提出了水对石墨烯的性能的影响。一种是氧化还原反应转移掺杂,类似于地表水和氧气分子对金刚石的 p 型掺杂,这些分子将电子从金刚石中抽出形成羟基离子,另一种是纯粹的物理效应,水层的高介电常数可以屏蔽基片中的库仑散射体,从而改变石墨烯中载流子迁移率,载流子迁移率是一个纯粹的物理效应。

除了展示石墨烯的高灵敏度电子气体传感器,schedin 等[91]提出各种关于气敏机理的问题。他们还发现聚合物残留烃污染物可能在无意中给石墨烯传感器提供了一个表面的阶段,从气体到石墨烯中气体分子可以吸收和/或影响电荷转移,反之亦然。在使用时这种表面层特别明显时(通常是聚甲基丙烯酸甲酯光刻蚀[PMMA])。Schedin 等[91]观察到一层1 nm 厚的残留仍然在他们加工后的设备上,尽管已经经过彻底的清洗,与 Ishigami 等的研究结论一致,认为[110]清除这些残留物比较困难。Dan 等研究了残留聚合物对电传感的强烈影响[111]。此外,Dan 等[111]还进行了两对电子束光刻机械剥离的石墨烯制造电器设备的气敏性能的测量。第一组测量是在传感器中的几层石墨烯上覆盖有机玻璃抗蚀剂完成后进行的。二组测量是在通过加热设备达到 400 ℃以去除抗蚀剂，在氢气/氩气的气氛下 1 h 后进行的。在这种方式中，除去抗蚀剂，显著得到提高了设备的电气质量：载流子迁移率增加了 4 倍，掺杂载流子密度降低了近 70%。同样，在气体传感中清洁石墨烯有较大的影响。与残留在石墨烯上的 PMMA，设备表现出超速的可衡量的电响应对于每百万或以下的水和有机蒸汽；聚合物残渣消失，然而，这些反应下降了一到两个数量级，几乎消失了一些气体（图 8.12）。

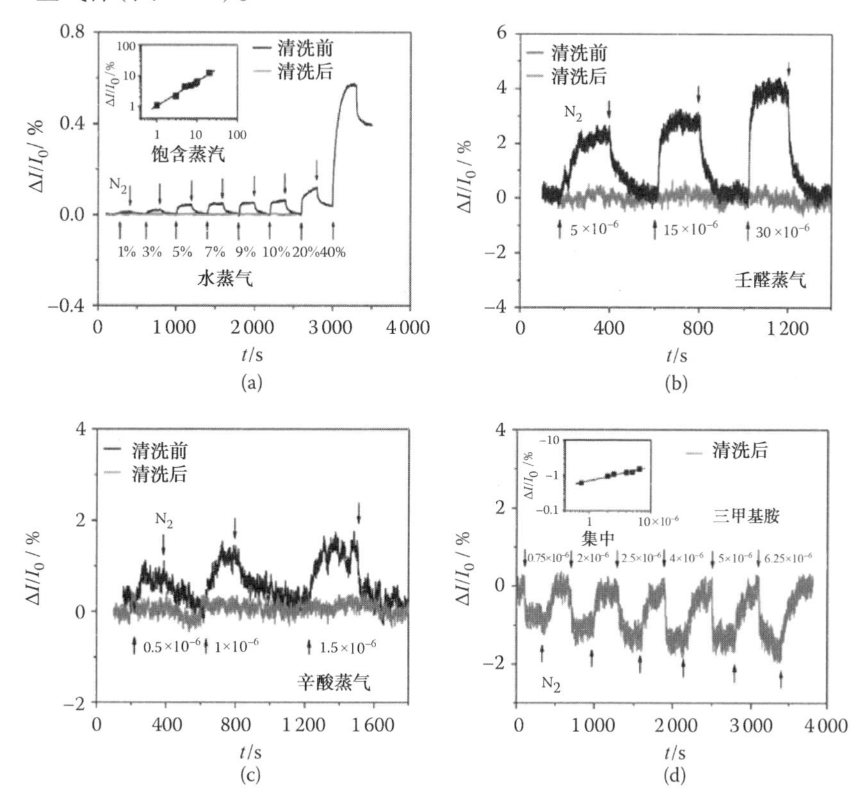

图 8.12 石墨烯器件的存在和不存在薄的光刻抗蚀剂层在聚合物气体吸附反应的吸附期间。(a)的水蒸汽。(b)壬醛蒸汽。(c)辛酸蒸汽。(d)三甲胺蒸汽。黑线（较大的响应）中的(a)～(c)是用于抗蚀装置，即在清洁前。灰线（较小的反应）中的(a)～(d)用于除去在设备上的残留通过退火抗蚀，即清洗后。(Y. P. Dan, Y. Lu, N. J. Kybert, Z. T. Luo, and A. T. C. Johnson. 2009. Intrinsic response of graphene vapor sensors. Nano Lett. 9, 1472–1475. American Chemical Society. With permission.)

显然，这些石墨烯器件的高灵敏度气体吸附表明并不是存在石墨烯的内部，但由于聚合物层（和其他任何污染物，可能包括共同吸附的水），吸收和集中在石墨烯表面附近的气体。尽管如此，Dan 等[111]并不认为石墨烯不适合制造传感器。相反，他们指出，石墨烯固有的二维性质和电性能的低噪声的优点，从而可以降低检测极限，但石墨烯表面应该清洗，然后进行官能化，以进一步提高灵敏度和/或选择性。

最近的理论研究也证实了天然气分子吸附在原始的石墨烯上是弱的，但吸附在掺杂的石墨烯或有缺陷的石墨烯（即包含一个空缺的石墨烯）上是更强烈的[100,105]。具体来说，有缺陷的石墨烯具有最大的灵敏度，对于 CO、NO 和 NO_2，而掺硼（p 型）石墨烯被认为是对于 NH_3 最敏感的。此外，石墨烯纳米带的从头算研究在强气体吸附过程中也牵涉到悬空边键[101]。

然而，实验测量表明，这样的边缘效应，虽然提供了有利的支持对于气体的吸收，在典型的微尺度石墨烯器件的总电响应作用只占有一小部分（2%）[108]。较强的吸附，由缺陷或掺杂引起的（或纳米带边缘部位），通常导致在密度较大时，石墨烯的导电性幅度的变化较大，对于有效的传感器这是必要的。然而，与这些强烈的相互作用，主要的问题是，在现实的时间框架和现实的再生温度[105]的吸附是有效的、不可逆的。因此，必须有一个实际传感器的传感反应的灵敏度和可逆性之间的平衡。

8.9　用于气敏元件的功能化石墨烯

在石墨烯基的气体传感器上进行的研究工作表明，功能化是实现最佳的传感器性能的石墨烯最好的方式[105,111,118-119]。功能化的石墨烯具有两个重要的因素：①增加了石墨烯对吸附过程的敏感性；②减少了非特异性结合，提高了选择性（或特异性）对于所需的分析物。通常，选择材料是气体传感器的一个关键因素，它是一个特定的挑战对于某些类型的传感器，如抗化学、场效应、压电式气体传感器[93]。另外，一些功能化方法开发其他类型的气体传感器，特别是对单壁碳纳米管[95]，肯定会很快发现在石墨烯基气体传感器中的应用。然而，在考虑所有这些可能性，有必要分析被用来使石墨烯功能化的方法。最近功能化方法的主要目的是增加去角质石墨生产改性石墨烯或是用来修饰石墨烯，如聚合物纳米复合材料。因此，许多的化学修饰方法都用共价键，从而破坏石墨烯晶格 sp^2 杂化。共价成键的方法，往往利用在石墨烯基底平面上的 π 键和更顺从的共价功能化的方法,因此倾向于保留石墨烯独特的电子性质用于传感器。

通常,石墨的化学剥离被广泛用于合成氧化石墨烯及其在石墨烯共价键化中的应用。石墨被氧化产生的氧化石墨烯,其中包括含氧基团,如羟基、羧基和环氧化合物、羰基。然而,这个修饰过程的缺点是许多 sp^3 键的形成和许多石墨烯的原始性能的损失,但对于所有应用这并不一定是必要的问题。例如,快速加热后的氧化石墨烯、残基的官能团以及在其基底层的皱纹,由于黏结、引入空缺[120],它提供了强大的附着力与聚合物形成精湛的纳米复合材料[121]。另外,对氧化石墨烯的官能团提供无限的机会进行进一步的功能化,以创建新的碳片,如石墨烯胺或新的混合材料、DNA 与石墨烯氧化物[118]。这种方法可以通过化学偶合剂,如(O-(7-氮杂苯并三唑-1-基)-1,1,3,3-四甲基氟磷酸盐)或通过各种其他化学路线来促进。例如,Chen 等[122]采用活的自由基聚合与 TEMPO(2,2,6,6-四甲基-1-哌啶基),修改后的石墨烯以产生一个聚苯乙烯-聚丙烯酰胺嵌段共聚物和共价附加到石墨烯氧化物片中。其他研究者采用氧化石墨烯的光气化为十八胺[123]或卟啉[124]分子随后的共价键。也有人用重氮盐附加不同苯基表面活性剂包覆石墨烯氧化物[125]或形成于自发的共价键硝基苯基和外延石墨烯[126]之间。大多数正在进行的研究石墨烯(衍生物)的方法对于实质上改变石墨烯运输和化学性能,对于电子传感器的设计是不适合的。一个更好的方法是,以避免共价键合,从而减少对石墨烯的性能的影响[127],到目前为止已经有三个主要的方法。对于非共价功能化,第一种方法需要 π 键或"π 叠加"在 π-石墨烯的基面和芳香功能分子轨道之间。例如,这种类型的连接,但弱于共价键,已完成以下功能化磺化聚苯胺[127]和 1-芘丁酸盐[128]还原氧化石墨烯,组装的 3,4,9,10-四羧酸二酐外延石墨烯[129]膜,或负载的药物阿霉素盐酸氧化石墨烯的潜在的药物传递的应用[130]。第二种方法是简单地在石墨烯上包覆非常薄的聚合物层,尽管在很大程度上是由于无意中残余光刻抵抗作用。正如 Dan 等已经证明(111)这样的聚合物层显著提高石墨烯的气体分子的电检测灵敏度(图 8.12),它们也可能被用来增加选择性,在下文中进行讨论。第三种方法是利用电化学方法将金属纳米粒子引入到石墨烯衍生物。例如,Lu 等[119]有"修饰"的膨胀石墨和铂或钯纳米粒子通过微波加热多元醇工艺(图 8.13)。在另一个工作中,Sundaram 等[131]采用减少氧化石墨烯作为电极,通过电沉积制备钯纳米颗粒。然而,大量的工作需要对选择性和灵敏度进行评估,通过非共价键的方法形成石墨烯气体传感器。然而,考虑到其他类型的气体传感器的功能化的状态,这是不可能的,这种方法所产生的石墨烯只有一个以单一的气敏为基础的设备。相反，在最近几年我们开始认识实际的基于石墨烯的气体传感器，研究人员已经看到了开始利用交叉敏感传感器的趋势，而不是试图回避它。其基本思想是设计气体传感器阵列，阵列中的每个元素的功能不同[93,95]。当气体的混合物暴露时，该阵列将产生一个矩阵的响应，与每个传感器的响应，包括不同的作用，由于该传感器的各种气体的特定功能。利用多元数据分析和化学计量学在数学中提取不同的组件在每个气的阵列，可为每种类型的气体产生一个特征或“指纹”，它可以与一种气体和蒸汽模式数据库对应。

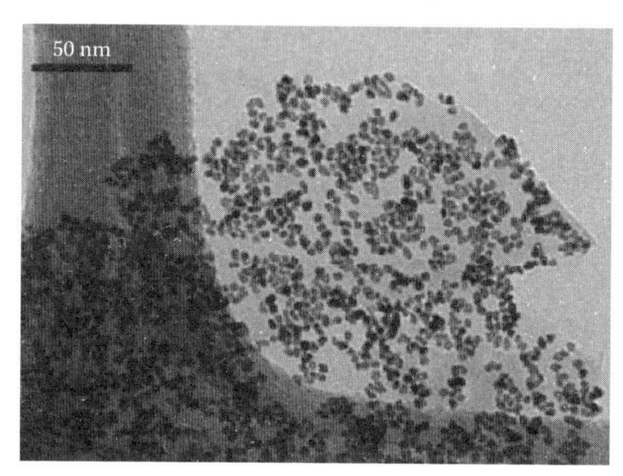

图 8.13　膨胀石墨纳米薄片涂覆有 50% 质量的铂纳米颗粒的 TEM 照片。在显微照片中的左侧和底部变暗材料是样品。(Y. F. Xu, Z. B. Liu, X. L. Zhang, Y. Wang, J. G. Tian, Y. Huang, Y. F. Ma, X. Y. Zhang, and Y. S. Chen. 2009. A graphene hybrid material covalently functionalized with porphyrin: Synthesis and optical limiting property. Adv. Mater. 21, 1275–1279. American Chemical Society. With permission.)

通过这种方式，就可以确定混合物气体的类型和数量与单个传感器阵列，这通常被称为电子鼻。这种方法已经被证明各种气体传感器由不同传感器材料和不同类型的功能化是有效的。最近的一个例子是二氧化锡半导体阵列，功能化的差异通过不同的钯掺杂水平和不同的电极几何形状；八元件阵列来是用来衡量 CO、CH_4 和 H_2O 的混合物[132]。另一项研究中使用的数组的碳纳米管场效应传感器，每一个都是装饰着四种不同类型的金属纳米粒子来唯一标识 H_2、H_2S、NH_3、NO_2[133]。第三个例子涉及涂层表面声波(SAW)气体传感器与五种不同的聚合物生产有机气体传感器阵列能够清晰地检测四种常用的模拟化学试剂[134]。这种传感器阵列的方法也被成功地用于光学生物传感器以功能化纳米粒子[135]。Johnson 等[136]也提出各种基础序列的 DNA 链可能提供变量功能化气体传感器阵列的另一个有用的方法。用于上述传感器基本功能化阵列和路线的例子的方法有明显的相似之处,已经用于功能化的石墨烯纳米粒子(或其衍生物)、聚合物、DNA 等。因此,似乎可以得出合理的结论,在石墨烯气体传感器可以以同样的方法使用传感器阵列。事实上,石墨烯是可能被证明,特别适合于创建传感器阵列的,因为它可以容易地集成到微细加工或纳米加工的光刻工艺。这提供了紧凑型传感器,包括大量的纳米级石墨元素的快速和低成本生产的潜在优势;我们甚至可以从一个单一的大面积的石墨烯创建单个传感器元件阵列,如通过 CVD 法生长,通过光刻图案和等离子体刻蚀。这些方法的发展和实施将允许研究人员进行大小、灵敏度、选择性的调整并为石墨烯创造了一种新的结构紧凑的气体传感器阵列,可以分析在百万亿级甚至不同环境气体和蒸汽发电。

8.10 小　结

石墨烯,作为其他所有的碳同素异形体的“基体”,与其相比表现出优异的导电、电子和理化性质。除了这些性能,石墨烯是占主导地位(其他碳基材料)表现出卓越的性能在酶的直接电化学、生物小分子的电化学检测及其电解方面(生物分析和环境分析的电化学传感器)。石墨烯也是生物相容的,并没有产生金属杂质,使用 CNT 电解期间往往会导致我们得出不正确的结论。另外,更好理解石墨烯表面的物理和化学以及石墨烯界面上化学与生物分子的相互作用将发挥重要作用,石墨烯在化学和生物传感中的纳米化研究。例如,石墨烯分子的吸收机制、石墨烯上生物分子的取向以及石墨烯的传输特性如何影响这些相互作用,这使我们进一步了解石墨烯及其分子间的相互作用,石墨烯催化和传感器及其各种应用。然而,在这之前有几个主要的问题必须得到解决,即采用一个单片石墨烯的传感应用。此外,以商业化生产的石墨烯为基础的气体传感器仍需要继续探索,一些重要的挑战,必须慢慢得到解决。生产是这些挑战之一,作为研究人员寻求具有成本效益的生产方法,保留石墨烯的基本性质,并可以扩大生产量。高纯石墨烯传感器应用,在这个阶段所需要的原材料、CVD 或外延生长将有可能成为合成路线。总之,虽然在不同的生物传感石墨烯及其衍生物的应用方面有几个报告,但还有很大的空间科学研究以石墨烯和发展各种生物传感应用为基础的超灵敏传感器。

本章参考文献

[1] X. L. Luo, A. Morrin, A. J. Killard, and M. R. Smyth. 2006. Application of nanoparticlcs in electrochemical sensors and biosensors. *Electroanalysis* 18,319-326.

[2] K. Balasubramanian and M. Burghard. 2006. *Anal. Bioanal. Chem.* 385,452.

[3] A. Merkoci. 2006. Carbon nanotubes in analytical sciences. *Microchim. Acta* 152. 157-174.

[4] B. S. Sherigara, W. Kutner, and F. D'Souza. 2003. Electrocatalytic properties and sensor applications of fullerenes and carbon nanotubes. *Electroanalysis* 15,753-772.

[5] Y. H. Lin, W. Yantasee, and J. Wang. 2005. Carbon nanotubes for the development of electrochemical biosensors. *Front. Biosci.* 10,492-505.

[6] J. Wang, M. Musameh. and Y. H. Lin. 2003. Solubilization of carbon nanotubcs by nafion towards the preparation of amperometric biosensors. *J. Am. Chem. Soc.* 125 2408-2409.

[7] J. Wang and M. Musameh. 2003. Carbon nanotube/Teflon composite electrochemical sensors and biosensors. *Anal. Chem.* 75,2075-2079.

[8] M. Musameh, J. Wang, A. Merkoci, and Y. H. Lin. 2002. Low potential stable NADH detection at carbon nanotube modified glassy carbon electrode. *Electrochem. Commun.* 4,743-746.

[9] J. X. Wang, M. X. Li, Z. J. Shi, N. Q. Li, and Z. N. Gu. 2002. Direct electrochemistry of Cytochrome c at a glassy carbon electrode modified with single-wall carbon nanotubes. *Anal. Chem.* 74, 1993.

[10] Z. H. Wang, J. Liu, Q. L. Liang, Y. M. Wang, and G. Luo. 2002. Carbon nanotube modified electrodes for simultaneous detection of dopamine and ascorbic acid. *Analyst* 127, 653-658.

[11] K. S. Novoselov, A. K. Geim, S. V. Morozov, D. Jiang, Y. Zhang, S. V. Dubonos. I. V Grigorieva, and A. A. Firsov. 2004. Electric field effect in atomically thin carbon films. *Science* 306, 666-669.

[12] D. Jiang, F. Schedin, T. J. Booth, V. V. Khotkevich, S. V Morozov, and A. K. Geim. 2005. Two-dimensional atomic crystals. *Proc. Natl*

Acad. Sci. USA 102, 10451-10453.

[13] K. S. Novoselov, A. K. Geim, S. V. Morozov, D. Jiang, M. I. Katsnelson. IX Griaorieva, S. V. Dubonos, and A. A. Firsov. 2005. Two-dimensional gas of massless Dirac fermions in graphene. *Nature* 438. 197-200.

[14] A. K. Geim and K. S. Novoselov. 2007. The rise of graphene, *Nat. Mater.* 6, 183-191.

[15] G. Brumfiel. 2010. Andre Geim: In praise of graphene. *Nature News*, http://www. nature. com/news/2010/101007/full/news. 2010. 525. html.

[16] S. Mazzocchi. 2010. The big, little substance graphene. PBS. com, http://www. pbs. org/wnet/need-to-know/five-things/the-big-little-substance-graphene/4146/

[17] C. Lee. X. Wei, J. W. Kysar, and J. Hone. 2008. Measurement of the elastic properties and intrinsic strength of monolayer graphene. *Science* 321, 385-388.

[18] A. A. Balandin, S. Ghosh, W. Bao, I. Calizo. D. Teweldebrhan, F. Miao. and C. N. Lau. 2008. Superior thermal conductivity of single-layer graphene. *Nano Lett.* 8. 902-907.

[19] K. I. Bolotin, K. J. Sikes, Z. Jiang, M. Klima, G. Fudenberg, J. Hone. P. Kim, and H. L. Stormer. 2008. Ultrahigh electron mobility in suspended graphene. *Solid State Comnrtut.* 146, 351-355.

[20] M. D. Stoller, S. Park, Y. Zhu, J. An, and R. S. Ruoff. 2008. Graphene-based ultracapacitors. *Nano Lett.* 8, 3498-3502.

[21] Z. Jiang, Y. Zhanga, Y. W. Tan, H. L. Stormer, and P. Kim. 2007. Quantum Halleffect in graphene. *Solid State Commun.* 143, 14-19.

[22] M. J. Allen, V. C. Tung, and R. B. Kaner. 2010. Honey comb graphene: A review of graphene. *Chem. Rev.* 110, 132.

[22] S. Alwarappan, A. Erdem, C. Liu, and C-Z. Li. 2009. Probing the electrochemical properties of graphene nanosheets for biosensing applications. *J. Phy. Chem. C* 113, 8853-8857.

[23] S. Alwarappan, C. Liu, A. Kumar, and C-Z. Li. 2010. Enzyme-doped graphene nanosheets for enhanced glucose biosensing. *J. Phy. Chem. C* 114, 12920-12924.

[24] Y. Liu, D. Yu, C. Zeng, Z-C. Miao, and L. Dai. 2010. Biocompatible graphene oxidebased glucose biosensors. *Langmuir* 26, 6158-6160.

[25] M. Zhou, Y. M. Zhai, and S. J. Dong. 2009. Electrochemical biosensing based on reduced graphene oxide. *Anal. Chem.* 81, 5603-5613.

[26] D. A. Dikin. 2007. Preparation and characterization of graphene oxide paper. *Nature* 448, 457-460.

[27] Y. Shao, J. Wang, H. Wu, J. Liu, I. A. Aksay, and Y. Lin. 2010. Graphene based electrochemical sensors and biosensors: A review. *Electroanalysis* 22, 1027-1036.

[28] O. Niwa, J. Jia, Y. Sato, D. Kato, R. Kurita, K. Maruyama, K. Suzuki, and S. Hirono. 2006. Electrochemical performance of angstrom level flat sputtered carbon film consisting of sp^2 and sp^3 mixed bonds. *J. Am. Chem. Soc.* 128, 7144-7145.

[29] C. E. Banks, T. J. Davies, G. G. Wildgoose, and R. G. Compton. 2005. Electrocatalysis at graphite and carbon nanotube modified electrodes: Edge plane sites and tube ends are reactive sites. *Chem. Commun.* 829-841.

[30] S. L. Yang, D. Y. Guo, L. Su, P. Yu, D. Li, J. S. Ye, and L. Q. Mao. 2009. A facile method for preparation of graphene film electrodes with tailor-made dimensions with Vaseline as the insulating binder. *Electrochem. Commun.* 11, 1912-1915.

[31] W. J. Lin, C. S. Liao, J. H. Jhang, and Y. C. Tsai. 2009. Graphene modified basal and edge plane pyrolytic graphite electrodes for electrocatalytic oxidation of hydrogen peroxide and β-nicotinamide adenine dinucleotide. *Electrochem. Commun.* 11, 2153-2156.

[32] L. H. Tang, Y. Wang, Y. M. Li, H. B. Feng, J. Lu, and J. H. Li. 2009. Preparation, structure and electrochemical properties of reduced graphene sheet films. *Adv. Funct. Mater.* 19, 2782-2789.

[33] N. G. Shang, P. Papakonstantinou, M. McMullan, M. Chu, A. Stamboulis, A. Potenza, S. S. Dhesi, and H. Marchetto. 2008. Catalyst free efficient growth, orientation and biosensing properties of multilayer graphene nanoflake films with sharp edge planes. *Adv. Funct. Mater.* 18, 3506-3514.

[34] J. F. Wang, S. L. Yang, D. Y. Guo, P. Yu, D. Li, J. S. Ye, and L.

Q. Mao. 2009. Comparative studies on electrochemical activity of graphene nanosheets and carbon nanotubes. *Electrochem. Commun.* 11, 1892.

[35] R. S. Nicholson. 1965. Theory and application of cyclic voltammetry for measurement of electrode reaction kinetics. *Anal. Chem.* 37,1351-1355.

[36] A. E. Fischer, Y Show, and G. M. Swain. 2004. Electrochemical performance of diamond thin film electrodes from different commercial sources. *Anal. Chem.* 76,2553-2560.

[37] R. L. McCreery. 2008. Advanced electrode materials for molecular electrochemistry. *Chem. Rev.* 108, 2646-2687.

[38] Y. L. Yao and K. K. Shiu. 2008. Direct electrochemistry of glucose oxidase at carbon nanotube-gold colloid modified electrode with poly (diallyldimethylammonium chloride) coating. *Electroanal.* 20, 1542-1548.

[39] C. Leger and P. Bertrand. 2008. Direct electrochemistry of redox enzymes as a tool for mechanistic studies. *Chem. Rev.* 108,2379-2438.

[40] F. A. Armstrong, H. A. O. Hill, and N. J. Walton. 1988. Direct electrochemistry of redox proteins. *Accounts Chem. Res.* 21,407-413.

[41] Y. H. Wu and S. S. Hu. 2007. Biosensor based on direct electron transfer in protein. *Microchim. Acta* 159,1-17.

[42] P. A. Prakash, U. Yogeswaran, and S. M. Chen. 2009. A review on direct electrochemistry of catalase for electrochemical sensors. *Sensors* 9, 1821-1844.

[43] A. L. Ghindilis, P. Atanasov, and E. Wilkins. 1997. Enzyme-catalyzed direct electron transfer: Fundamentals and analytical applications. *Electroanalysis* 9, 661-674.

[44] J. Wang. 2005. Carbon nanotube based electrochemical biosensors: A review. *Electroanalysis* 17, 7-14.

[45] J. Wang and Y. H. Lin. 2008. Functionalized carbon nanotubes and nanofibers for biosensing applications. *Trac-Trends Anal. Chem.* 27, 619.

[46] E. Katz and I. Willner. 2004. Integrated nanoparticle-biomolecule hybrid systems: Synthesis, properties and applications. *Angew. Chem. Int. Ed.* 43,6042-6108.

[47] A. K. Sarma, P. Vatsyayan, P. Goswami, and S. D. Minteer. 2009.

Recent advances in material science for developing enzyme electrodes. *Biosens. Bioelectron.* 24, 2313-2322.

[48] Y. Chen, Y. Li, D. Sun, D. Tian, J. Zhang, and J.-J. Zhu. 2011. Fabrication of gold nanoparticles on bilayer graphene for glucose electrochemical biosensing. *J. Mater. Chem.* 21, 7604-7611.

[49] C. S. Shan, H. F. Yang, J. F. Song, D. X. Han, A. Ivaska, and L. Niu. 2009. Direct electrochemistry of glucose oxidase and biosensing for glucose based on graphene. *Anal. Chem.* 81, 2378-2382.

[50] X. H. Kang, J. Wang, H. Wu, A. I. Aksay, J. Liu, and Y. H. Lin. 2009. Glucose oxidasegraphene-chitosan modified electrode for direct electrochemistry and glucose sensing. *Biosens. Bioelectron.* 25, 901-905.

[51] H. C. Schniepp, J. L. Li, M. J. McAllister, H. Sai, M. H. Alonso, D. H. Adamson, R. K. Prud'homme, R. Car, D. A. Saville, and I. A. Aksay. 2006. Functionalized single graphene sheets derived from splitting graphite oxide. *J. Phys. Chem. B* 110, 8535-8539.

[52] Z. H. Dai, J. Ni, X. H. Huang, G. F. Lu, and J. C. Bao. 2007. Direct electrochemistry of glucose oxidase immobilized on a hexagonal mesoporous silica-MCM-41 matrix. *Bioelectrochem.* 70, 250-256.

[53] A. Guiseppi-Elie, C. H. Lei, and R. H. Baughman. 2002. Direct electron transfer of glucose oxidase on carbon nanotubes. *Nanotechnology* 13, 559.

[54] C. Y. Deng, J. H. Chen, X. L. Chen, C. H. Mao, L. H. Nie, and S. Z. Yao. 2008. *Biosens. Bioelectron.* 23, 1272.

[55] C. X. Cai and J. Chen. 2004. Direct electron transfer of glucose oxidase promoted by carbon nanotubes. *Anal. Biochem.* 332, 75-83.

[56] S. Alwarappan, R. K. Joshi, M. K. Ram, and A. Kumar. 2010. Electron transfer mechanism of Cytochrome c at graphene electrode. *Appl. Phys. Lett.* 96, 263702.

[57] C. S. Shan, H. F. Yang, J. F. Song, D. X. Han, A. Ivaska, and L. Niu. 2009. Direct electrochemistry of glucose oxidase and biosensing for glucose based on graphene. *Anal. Chem.* 81, 2378-2382.

[58] Z. J. Wang, X. Z. Zhou, J. Zhang, F. Boey, and H. Zhang. 2009. Direct electrochemical reduction of single-layer graphene oxide and subsequent functionalization with glucose oxidase. *J. Phys. Chem. C.* 113,

14071-14075.

[59] H. Wu, J. Wang, X. Kang, C. Wang, D. Wang, J. Liu, I. A. Aksay, and Y. Lin. 2009. Glucose biosensor based on immobilization of glucose oxidase in platinum nanoparticles/graphene/chitosan nanocomposite film. *Talanta* 80, 403-406.

[60] X. H. Kang, J. Wang, H. Wu, A. I. Aksay, J. Liu, and Y. H. Lin. 2009. Glucose oxidasegraphene-chitosan modified electrode for direct electrochemistry and glucose sensing. *Biosens. Bioelectron.* 25, 901-905.

[61] J. Lu, L. T. Drzal, R. M. Worden, and I. Lee. 2007. Simple fabrication of a highly sensetive glucose biosensor using enzymes immobilized in exfoliated graphite nanoplatelets nation membrane. *Chem. Mat.* 19, 6240-6246.

[62] M. Zhou, Y. M. Zhai, and S. J. Dong. 2009. Electrochemical biosensing based on reduced graphene oxide. *Anal. Chem.* 81, 5603-5613.

[63] G. D. Liu and Y. H. Lin. 2006. Amperometric glucose biosensor based on self-assembling glucose oxidase on carbon nanotubes. *Electrochem. Commun.* 8, 251-256.

[64] L. Wu, X. J. Zhang, and H. X. Ju. 2007. Amperometric glucose sensor based on catalytic reduction of dissolved oxygen at soluble carbon nanofiber. *Biosens. Bioelectron.* 23, 479-484.

[65] M. D. Rubianes and G. A. Rivas. 2003. Carbon nanotubes paste electrode. *Electrochem Commun.* 5, 689-694.

[66] YH. Lin, F. Lu, Y. Tu, and Z. F. Ren. 2004. Glucose biosensors based on carbon nanotube nanoelectrode ensembles. *Nano Lett.* 4, 191-195.

[67] M. Zhou, L. Shang, B. L. Li, L. J. Huang, and S. J. Dong. 2008. Highly ordered mesoporous carbons as electrode material for the construction of electrochemical dehydrogenase and oxidase based biosensors. *Biosens. Bioelectron.* 24, 442-447.

[68] C. S. Shan, H. F. Yang, D. X. Han, Q. X. Zhang, A. Ivaska, and L. Niu. 2009. Graphene/AuNPs/chitosan nanocomposites film for glucose biosensing. *Biosens. Bioelectron.* 25, 1070.

[69] J. Wang. 2008. Electrochemical glucose biosensors. *Chem. Rev.* 108, 814-825.

[70] J. A. Cracknell, K. A. Vincent, and F. A. Armstrong. 2008. Enzymes as working or inspirational electrocatalysts for fuel cells and electrolysis. *Chem. Rev.* 108,2439-2461.

[71] C. E. Banks, R. R. Moore, T. J. Davies, and R. G. Compton. 2004. Investigation of modified basal plane pyrolytic graphite electrodes: Definitive evidence for the electrocatalyric properties of the ends of carbon nanotubes. *Chem. Commun.* 1804-1805.

[72] C. E. Banks and R. G. Compton. 2005. Exploring the electrocatalytic sites of carbon nanotubes for NADH detection: An edge plane pyrolytic graphite electrode study. *Analyst* 130, 1232-1239.

[73] M. Pumera, R. Scipioni, H. Iwai, T. Ohno, Y Miyahara, and M. Boero. 2009. A mechanism of adsorption of β-Nicotinamide adenine dinucleotide on graphene sheets: Experiment and theory. *Chem. Eur. J.* 15,10851.

[74] H. Liu, J. Gao, M. Q. Xue, N. Zhu, M. N. Zhang, and T. B. Cao. 2009. Processing of graphene for electrochemical application: Noncovalently functionalized graphene sheets with water-soluble electroactive methylene green. *Laugmuir* 25,12006-12010.

[75] F. Valentini, A. Amine, S. Orlanducci, M. L. Terranova, and G. Palleschi. 2003. Carbon nanotube purification: Preparation and characterization of carbon nanotube paste electrodes. *Anal. Chem.* 75,5413-5421.

[76] M. G. Zhang, A. Smith, and W. Gorski. 2004. Carbon nanotube-chitosan system for electrochemical sensing based on dehydrogenase enzymes. *Anal. Chem.* 76, 5045-5050.

[77] X. Kang, J. Wang, H. Wu, J. Liu, I. A. Aksay, and Y. Lin. 2010. A grapheme-based electrochemical sensor for sensitive detection of paracetamol. *Talanta* 81,754-759.

[78] X. Zuo, S. He, D. Li, C. Peng, Q. Huang, S. Song, and C. Fan. 2010. Graphene oxidefacilitated electron transfer of metalloproteins at electrode surfaces. *Langmuir* 26, 1936-1939.

[79] C. Fu, W. Yang, X. Chen, and D. G. Evans. 2009. Direct electrochemistry of glucose oxidase on a graphite nanosheet-Nafion composite film modified electrode. *Electrochem. Commun.* 11,997-1000.

[80] A. Sassolas, B. D. Leca-Bouvier, and L. J. Blum. 2008. DNA biosen-

sors and microarrays. *Chem. Rev.* 108, 109-139.

[81] T. G. Drummond, M. G. Hill, and J. K. Barton. 2003. Electrochemical DNA biosensors. *Nat. Biotechnol.* 21, 1192-1199.

[82] A. Ambrosi and M. Pumera. 2010. Stacked graphene nanofibers of electrochemical oxidation of DNA bases. *Phys. Chem. Chem. Phys.* 12, 8943-8947.

[83] M. Pumera, A. Ambrosi, A. Bonanni, E. L. K. Chng, and H. L. Poh. 2010. Graphene for electrochemical sensing and biosensing. *Trends in Anal. Chem.* 29, 954-965.

[84] V. Vamvakaki, M. Fouskaki, and N. Chaniotakis. 2007. Electrochemical biosensoiing system based on carbon nanotubes and carbon nanofibers. *Anal. Lett.* 40, 2271-2287.

[85] V. Vamvakaki, K. Tsagaraki, and N. Chaniotakis. 2006. Carbon-nanofiber based glucose biosensor. *Anal. Chem.* 78, 5538-5542.

[86] J. Li, S. J. Guo, Y. M. Zhai, and E. K. Wang. 2009. High-sensitivity determination of lead and cadmium based on the Nation-graphene composite film. *Anal. Chim. Acta* 649. 196-201.

[87] J. Li, S. J. Guo, Y. M. Zhai, and E. K. Wang. 2009. Nation-graphene nanocomposite film as enhanced sensing platform for ultrasensitive determination of cadmium. *Electrochem, Commun.* 11, 1085.

[88] G. Kefala, A. Economou, and A. Voulgaropoulos. 2004. A study of Nation-coated bismuth-film electrodes for the determination of trace metals by anodic stripping voltammetry. *Analyst* 129, 1082-1090.

[89] L. D. Zhu, C. Y. Tian, R. L. Yang, and J. L. Zhai. 2008. Anodic stripping determination of lead in tap water at an ordered mesoporous carbon/nafion composite film electrode. *Electroanalysis* 20, 527-533.

[90] H. Xu, L. P Zeng, S. J. Xing, Y. Z. Xian, and G. Y. Shi. 2008. Ultrasensitive voltammetric detection of trace lead (111) and cadmium (111) using MWCNTs-nafion/bismuth composite electrodes. *Electroanalysis* 20, 2655-2662.

[91] F. Schedin, A. K. Geim, S. V. Morozov, E. W. Hill, P. Blake, M. I. Katsnelson, and K. S. Novoselov. 2007. Detection of individual gas molecules adsorbed on graphene, *Nat. Mater.* 6, 652-655.

[92] K. R. Ratinac, W. Yang, S. P. Ringer, and F. Bract. 2010. Toward

ubiquitous environmental gas sensors: Capitalizing on the promise of graphene. *Env. Sci and Tech.* 44, 1167-1176.

[93] S. Capone, A. Forleo, L. Francioso, R. Rella, P. Siciliano, J. Spadavecchia, D. S. Presicce. and A. M. Taurino. 2003. Solid-state gas sensors: State of the art and future activities. J. *Optoelect. Adv. Mater.* 5, 1335-1348.

[94] C. O. Park, J. W Fergus, N. Miura, J. Park, and A. Choi. 2009. Solid-state electrochemical gas sensors. *Ionics* 15,261-284.

[95] P. Bondavalli, P. Legagneux, and D. Pribat. 2009. Carbon nanotubes based transistors as gas sensors: State of the art and critical review. *Sens. Actuators B* 140, 304-318.

[96] E. H. Hwang, S. Adam, and S, Das Sarma. 2007. Transport in chemically doped graphene in the presence of adsorbed molecules. *Phys. Rev. B* 76, 195421.

[97] S. Adam, E. H. Hwang, and S. Das Sarma. 2008. Scattering mechanisms and Boltzmann transport in graphene. *Physica E* 40, 1022-1025.

[98] Y. W. Tan, Y. Zhang, K. Bolotin, Y. Zhao, S. Adam, E. H. Hwang, S. Das Sarma, H I. Stormer, and P. Kim. 2007. Measurement of scattering rate and minimum conductivity in graphene. *Phys. Rev. Lett.* 99, 246803.

[99] K. I. Bolotin, K. J. Sikes, Z. Jiang, M. Klima, G. Fudenberg, J. Hone, P. Kim, and H · L Stormer. 2008. Ultrahigh electron mobility in suspended graphene. *Solid State Commun* 146,351-355.

[100] Z. M · Ao, J. Yang, S. Li, and Q. Jiang. 2008. Enhancement of CO detection in Al doped graphene. *Chem. Phys. Lett.* 461.276-279.

[101] B. Huanu. Z. Y. Li. G. R. Liu. G. Zhou, S. G. Hao, J. Wu, B. L. Gu, and W. H. , Duan. 2008. Adsorption of gas molecules on graphene nanoribbons and its implication for nanoscaie molecule sensor. *J. Phys. Chem. C* 112,13442-13446.

[102] O. Leenaerts, B. Partoens, and F. M. Peeters. 2008. Paramagnetic adsorbates on graphene: A charge-transfer analysis. *Appl. Phys. Lett.* 92, 243125.

[103] O. Leenaerts, B. Partoens, and F. M. Peeters. 2008. Adsorption of

H_2O, NH_3, CO, NO_2, and NO on graphene: A first-principles study. *Phys. Rev. B* 77, 125416.

[104] T. O. Wehling, K. S. Novoselov, S. V Morozov, E. E. Vdovin, M. I. Katsnelson, A. K. Geim, and A. I. Lichtenstein. 2008. Molecular doping of graphene. *Nano Lett.* 8, 173-177.

[105] Y. H. Zhang, Y. B. Chen, K. G. Zhou, C. H. Liu, J. Zeng, H. L. Zhang, and Y. Peng. 2009. Improving gas sensing properties of graphene by introducing dopants and defects: A first-principles study. *Nanotechnology* 20, 185504.

[106] T. O. Wehling, M. I. Katsnelson, and A. I. Lichtenstein. 2009. Adsorbates on graphene: Impurity states and electron scattering. *Chem. Phys. Lett.* 476, 125-134.

[107] M. Chi and Y. P. Zhao. 2009. Adsorption of formaldehyde molecule on the intrinsic and Al-doped graphene: A first-principle study. *Comput. Mater. Sci.* 46, 1085-1090.

[108] H. E. Romero, P. Joshi, A. K. Gupta, H. R. Gutierrez, M. W Cole, S. A. Tadigadapa, and P. C. Eklund. 2009. Adsorption of ammonia on graphene. *Nanotechnology* 20, 245501.

[109] S. J. Sque, R. Jones, and P. R. Briddon. 2007. The transfer doping of graphite and graphene. *Phys. Status Solidi A* 204, 3078-3084.

[110] M. Ishigami, J. H. Chen, W. G. Cullen, M. S. Fuhrer, and E. D. Williams. 2007. Atomic structure of graphene on SiO_2. *Nano Lett.* 7, 1643-1648.

[111] Y. P. Dan, Y. Lu, N. J. Kybert, Z. T. Luo, and A. T. C. Johnson. 2009. Intrinsic response of graphene vapor sensors. *Nano Lett.* 9, 1472-1475.

[112] R. Arsat, M. Breedon, M. Shafiei, P. G. Spizziri, S. Gilje, R. B. Kaner, K. Kalantar-Zadeh, and W. Wlodarski. 2009. Graphene-like nanosheets for surface acoustic wave gas sensor applications. *Chem. Phys. Lett.* 46, 344-347.

[113] J. D. Fowler, M. J. Allen, V. C. Tung, Y. Yang, R. B. Kaner, and B. H. Weiller. 2009. Practical chemical sensors from chemically derived graphene. *ACS Nano* 3, 301-306.

[114] I. Jung, D. Dikin, S. Park, W. Cai, S. L. Mielke, and R. S. Ruoff.

2008. Effect of water vapor on electrical properties of individual reduced graphene oxide sheets. *J. Phys. Chem. C* 112, 20264-20268.

[115] G. H. Lu, L. E. Ocola, and J. H. Chen. 2009. Gas detection using low temperature reduced graphene oxide sheets. *Appl. Phys. Lett.* 94, 083111.

[116] G. H. Lu, L. E. Ocola, and J. H. Chen. 2009. Reduced graphene oxide for roomtemperature gas sensors, *Nanotechnology* 20, 445502.

[117] J. T. Robinson, F. K. Perkins, E. S. Snow, Z. Q. Wei, and P. E. Sheehan. 2008. Reduced graphene oxide molecular sensors. *Nano Lett.* 8, 3137-3140.

[118] N. Mohanty and V. Berry. 2008. Graphene-based single-bacterium resolution bio-device and DNA transistor: Interfacing graphene derivatives with nanoscale and microscale biocomponents. *Nano Lett.* 8, 4469-4476.

[119] J. Lu, I. Do, L. T Drzal, R. M. Worden, and I. Lee. 2008. Nanometal decorated exfoliated graphite nanoplatelet based glucose biosensors with high sensitivity and fast response. *ACS Nano*, 2, 1825-1832.

[120] H. C. Schniepp, J. L. Li, M. J. McAllister, H. Sai, M. Herrera-Alonso, D. H. Adamson, R. K. Prud'homme, R. Car, D. A. Saville, and I. A. Aksay. 2006. Functionalized single graphene sheets derived from splitting graphite oxide. *J. Phys. Chem. B* 110, 8535-8539.

[121] T. Ramanathan, A. A. Abdala, S. Stankovich, D. A. Dikin, M. Herrera-Alonso, R. D. Piner, D. H. Adamson, H. C. Schniepp, X. Chen, R. S. Ruoff, S. T. Nguyen, I. A. Aksay, R. K. Prud'homme, and L. C. Brinson. 2008. Functionalized graphene sheets for polymer nanocomposites. *Nat. Nanotechnol.* 3, 327-331.

[122] J. F. Shen, Y. H. Hu, C. Li, C. Qin, and M. X. Ye. 2009. Synthesis of amphiphilic graphene nanoplatelets. *Small* 5, 82-85.

[123] S. Niyogi, E. Bekyarova, M. E. Itkis, J. L. McWilliams, M. A. Hamon, and R. C. Haddon, 2006. Solution properties of graphite and graphene. *J. Am. Chem. Soc.* 128, 7720-7721.

[124] Y. F. Xu, Z. B. Liu, X. L. Zhang, Y. Wang, J. G. Tian, Y. Huang, Y. F. Ma, X. Y. Zhang, and Y. S. Chen. 2009. A graphene hybrid material covalently functionalized with porphyrin: Synthesis and optical

limiting property. *Aclv. Mater.* 21, 1275-1279.

[125] J. R. Lomeda, C. D. Doyle, D. V Kosynkin, W. E Hwang, and J. M. Tour. 2008. Diazonium functionalization of surfactant-wrapped chemically converted graphene sheets. *J. Am, Chem. Soe.* 130, 16201-16206.

[126] E. Bekyarova, M. E. Itkis, E Ramesh, C. Berger, M. Sprinkle, W. A. De Heer, and R. C Haddon. 2009. Chemical modification of epitaxial graphene: Spontaneous grafting of aryl groups. *J. Am. Chem. Soc.* 131, 1336-1337.

[127] H. Bai, Y. X. Xu, L. Zhao, C. Li, and G. Q. Shi. 2009. Non-covalent functionalization of graphene sheets by sulfonated polyaniline. *Chem. Commun.* 13, 1667-1669.

[128] Y. X. Xu, H. Bai, G. W. Lu, C. Li, and G. Q. Shi. 2008. Flexible graphene films via the filtration of water-soluble non-covalent functionalized graphene sheets. *J. Am. Chem. Soc.* 130, 5856-5857.

[129] Q. H. Wang and M. C. Hersam. 2009. Room-temperature molecular resolution characterization of self-assembled organic monolayers on epitaxial graphene. *Nat. Chem. I.* 206-211.

[130] X. Y Yang, X. Y Zhang, Z. F. Liu, Y. F. Ma, Y. Huang, and Y. Chen. 2008. High-efficiency loading and controlled release of doxorubicin hydrochloride on graphene oxide. *J. Phys. Chem. C* 112, 17554-17558.

[131] R. S. Sundaram, C. Gomez-Navarro, K. Balasubramanian, M. Burghard, and K. Kern. 2008. Electrochemical modification of graphene. *Adv. Mater.* 20, 3050-3053.

[132] S. Capone, P. Siciliano, N. Barsan, U. Weimar, and L. Vasanelli. 2001. Analysis of CO and CH_4 gas mixtures by using a micromachined sensor array. *Sens. Actuators B* 78, 40-48.

[133] A. Star, V. Joshi, S. Skarupo, D. Thomas, and J. C. P. Gabriel. 2006. Gas sensor array based on metal-decorated carbon nanotubes. *J. Phys. Chem. B* 110, 21014-21020.

[134] B. S. Joo, J. S. Huh, and D. D. Lee. 2007. Fabrication of polymer SAW sensor array to classify chemical warfare agents. *Sens. Actuators B* 121, 47-53.

[135] M. De, S. Rana, H. Akpinar, O. R. Miranda, R. R. Arvizo, U. H. F. Bunz, and V. M. Rotello. 2009. Sensing of proteins in human serum using conjugates of nanoparticles and green fluorescent protein. *Nat. Chem.* 1,461-465.

[136] A. T. C. Johnson, C. Staii, M. Chen, S. Khamis, R. Johnson, M. L. Klein, and A. Gelperin. 2006. DNA-decorated carbon nanotubes for chemical sensing. *Semicond. Sci. Technnl.* 21,S17-S21.

第 9 章　石墨烯场致发射特性综述

9.1 概　　述

在过去的五六年里,真正的二维材料石墨烯已经引起了世界各地的物理学家和材料科学家的强烈关注。2010 年诺贝尔物理学奖,由安德烈・海姆和康斯坦丁・诺沃肖洛夫获得,研究关于二维材料石墨烯的开创性实验[1,2],这进一步加剧了科学界对这个非同寻常的材料的极大关注[3-5]。石墨烯一直被广泛应用,场致发射是令人兴奋的设备应用程序之一。已经发现场致发射体作为很多实际应用设备的电子源,如以高功率微波发生器和场发射显示器的电子显微镜及手持式微型 X 射线源。本章将介绍场发射过程中的基础知识,然后将对石墨烯场发射的应用进展和应用前景进行详细的讨论。

从人类发现到了解带电金属表面的离子或电子的发射已经花费了一个多世纪时间。发射过程,从广义上讲,可以被定义为流动的电荷载体,无论是离子还是电子,从高带电金属表面到另一表面或克服某种电势垒。基于电荷载体的不同,发射过程可分为电子发射和离子发射。另外,根据在金属表面的供能过程,它可以被分成场的发射、热发射、热-场发射[8]。

1897 年,罗・伍德首次观察到场发射过程。然而,这是由于沃尔特肖特基在 1923 年和福勒和诺德海姆在 1928 年,才对这一过程的理论有深入的了解。在此过程中,将电场的两个电极之间施加电压,在真空下保持,并且通过真空隧道发射电子。这个过程一般在室温下或在略微高于室温下进行。石墨烯由于其独特的电子性质、电子迁移率高、电荷载体独特特性和室温量子霍尔效应被认为是下一代电子材料。自从 2004 年发现几个较厚的分散的石墨烯,许多致力理论和实际应用研究已经开展。石墨烯具有良好的场发射行为和优良的发射稳定性,相当于由碳纳米管(CNT)场致发射体所发射的。这些特性引起了人们对其在未来均致发射器件中应用的兴趣。本章对石墨烯场致发射的应用进行了概述,并对场发射理论进行简单介绍。理论讨论的目的是帮助读者理解石墨烯的场致发射体的实际性能。

为了了解场致电子发射的基本过程,首先需要估计从金属表面发射电子所需的能量。在此计算过程中所取得的第一个假设是,金属表面是半无限板,在 z 方向上是正常的。金属的表面被取为 $z=0$。在所有可能的能量中,最重要的是费米能级(E_F),其定义为在绝对零度被占电子态的能量最高。另一个非常重要的能量项是金属的功函数(ϕ),其被定义为在绝对零度能量的最小值,即应提供给金属能量阻止电子从其表面逃避的最小值。

另一个能量项——图像力(给定为 $-e^2/4z^2$,其中负号表示吸引力是从金属表面向内),其定义为当距离它为有限距离时,一个电子被一个完美导体平面所吸引的吸引力。将所有这些能量项,在金属-真空界面在真空侧的电子的电位能量由下式给出[8]:

$$V(z) \cong E_F + \phi - e^2/4z^2 \tag{9.1}$$

在一个场发射实验的情况下,一个外部施加的电场被施加到金属的表面上。在这样的情况下,通过电子势能场定为

$$V(z) \cong E_F + \phi - e^2/4z^2 - eFz \tag{9.2}$$

图9.1所示为场致电子发射期间看到的表面电子势垒(实线)。潜在应用和应用领域分别显示在虚线与虚实结合的线。

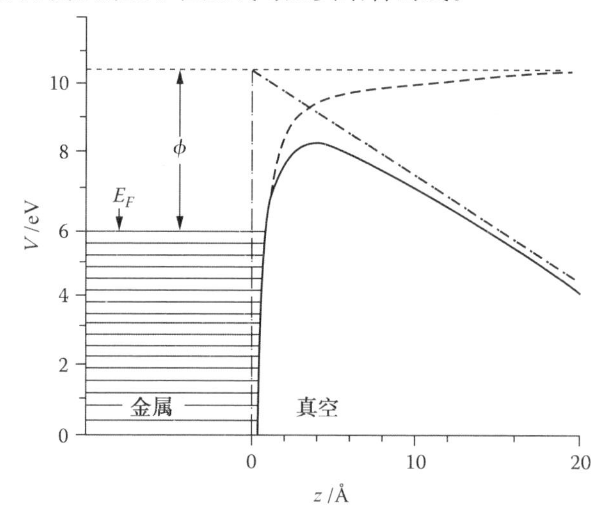

图9.1　场致电子发射期间看到的表面电子势垒(实线)

图9.1显示了电子的场致电子发射期间的潜在能量场。这表明电子被提供给需要的能量之前,它实际上可以从金属表面逸出。

可以指出在各种形状的图形中取该三角形势垒,这是电子最高能级的最低点。因此,在较高水平的导带可以很容易地发射电子,应用领域要低

很多,比电子占据较低的能量水平。

为了计算电子发射场获得的电流密度,首先计算在金属里面到达金属表面电子的数量。撞击金属表面和金属内部的电子的数量,与正常能量 W 和 $W + dW$ 之间的关系为

$$N(W,T)\,dW = \frac{m\,dW}{2\pi^2\hbar^3}\int_W^{\infty} f(E)\,dE = \frac{mk_BT}{2\pi^2\hbar^3}\ln\left[1 + \exp\left(-\frac{W - E_F}{k_BT}\right)\right]dW \tag{9.3}$$

然而,所有金属表面的电子撞击不能发射到金属表面。这将是由通过表面势垒的概率决定的 $D(W)$,称为透射系数。因此,场致发射电流密度、发射电子单位时间乘以电子电荷的大小,即

$$J(F,T) = e\int_0^{\infty} N(W,T)D(W)\,dW \tag{9.4}$$

式中,T 和 F 分别表示温度和应用领域。不同方面的方程(9.4) 可以写成

$$N(W,T) = \frac{mk_BT}{2\pi^2\hbar^3}\ln\left[1 + \exp\left(-\frac{W - E_F}{k_BT}\right)\right] \tag{9.5}$$

$$D(W) = \{1 + \exp[Q(W)]\}^{-1} \tag{9.6}$$

$$Q(W) \equiv -2i\int_{z1}^{z2} \lambda(z)\,dz \tag{9.7}$$

$$\lambda(z) = \left[\frac{2m}{\hbar^2}\left(W - E_F - \phi + \frac{e^2}{4z} + eFz\right)\right]^{1/2} \tag{9.8}$$

使用方程表达式从式(9.5) ~ (9.8) 来解释方程式(9.4)。

$$J(F,T) = \frac{emk_BT}{2\pi^2\hbar^3}\left(\int_0^{W} \frac{\ln(1 + \exp - (W - E_F)/(k_BT))\,dW}{1 + \exp(Q(W))} + \int_W^{\infty} \ln(1 + \exp\{-(W - E_F)/(k_BT)))\,dW\right) \tag{9.9}$$

方程(9.4) 是从金属表面发射最广义的形式(场或热)。因此,广义形式的方程可以应用于热离子以及温度场发射的情况。通过适当的假设,方程(9.4) 可以转化为 Fowler - Nordheim 公式的场致发射(在高、低温应用领域) 和理查森和肖特基公式热电子发射(薄弱或没高温的应用领域)。由于本章的重点是场电子发射,现在应该提一下 Fowler - Nordheim(F - N) 公式:

$$J(F) = \frac{1.537 \times 10^{10} F^2}{\phi t^2(3.79F^{0.5}/\phi)}\exp\left[-\frac{0.683\phi^{3/2}}{F}v\left(\frac{3.79F^{0.5}}{\phi}\right)\right]\frac{A}{cm^2} \tag{9.10}$$

尽管方程(9.10),即 F - N 方程最初是为金属常规三维表面材料电子发射推导的,它已经成功地被用于其他类型的(非金属和/或非三维) 材

料。在这一点上可以理解是在大多数实际情况下,发射表面不是平的,而是弯曲的和小的。因此,移除一个电子从这样一个表面会影响到表面能。对于这样一个系统,方程(9.2)修改后应该采取的形式为

$$V(z) \cong E_F + \phi - e^2/4z^2 - 4Fz - 2\gamma^0/r \tag{9.11}$$

分析方程(9.11)的原因是其显示出更好的纳米发射性能,对于纳米材料,表面能(γ^0)将会很高。如果结构也有一个小齿顶圆角半径(r),那么这个项$2\gamma^0/r$会很高,从而导致势垒值$V(z)$要小得多。这个方程清楚地显示如何更容易地从纳米发射场结构获取电子,与微观或者宏观发射场相比较。

在纳米领域的发射器,观察到宏观领域(F_M)和当地领域(F)的应用,在发射器的顶端是不一样的,由以下方程表示:

$$F = \beta F_M \tag{9.12}$$

式中,β为场增强因子。

实验发现,β的值非常高,在5 000 ~ 15 000的范围内。场增强因子也被认为与场发射的纵横比(h/r,其中h为高度,r为齿顶圆角半径)是成正比的。它可以立即得出结论,即一种线的结构将比层状结构显示更好的增强作用。对于碳纳米管来说有非常高的纵横比是不足为奇的,被认为作为场发射器是非常有前景的。然而,石墨烯作为二维材料提供了一些新的和优异的特性,引发了对场致发射研究的巨大兴趣。虽然对于设计没有锋利边缘的石墨烯是一个挑战,从石墨烯薄膜和它们的高载流子迁移率(约为15 000 $cm^2/(V\cdot s)$)结合低电子质量(约为$0.007m_e$,其中m_e是电子质量)所需的相对较低的宏观电子发射场,作为电子源是非常有前途的应用程序。9.3节详细讨论了从石墨烯的场致发射及其机制。

9.2　场致发射器材料:过去和现在

场致发射已经被广泛地研究了近50年。在这个时期,许多材料的场致发射响应已经被研究过,其中一些材料已经用于实际应用。

钨(W)是第一个被考虑用作场发射应用程序的材料。1966年,Swanson等[9]提出从钨场发射器总的能量分布,并立即开始对这一领域进行研究。

在这些材料中,LaB_6在实际应用中一直很受欢迎。在过去的十年中,提出了碳纳米管作为一种优良的场发射材料。表9.1总结了已被用于场致发射各种各样的材料[9-56]。由于空间限制图上只有一小部分可用的文献作为参考。发表文献的实际数量要比这些发射材料多很多。图9.2显示了不同领域发射器材料的出版物(十年内)。(数据显示使用scopus.

com。)可以发现在过去十年中,场发射器材料中碳纳米管吸引了最多的注意力。最近的趋势是应用石墨烯和石墨烯材料的场致发射设备。

虽然石墨烯应用于场发射装置仍处于初步阶段,这些材料在发射的相关领域有很好的应用前景。这些应用将在9.3节中进行详细讨论。

表9.1 用于场发射器的材料

材料	研究的目的	参考文献
钨	钨材料场发射的总能量分布理论分析	[9]
	发射电流和总能量分布不同	[10]~[14]
	有或没有各种气体吸附,钨的晶面 热发射电子的实验和理论分析	[15]
	钨纳米线场发射	[16]
	在真空条件下 多级氧化钨纳米线及其场发射	[17]
碳	碳场致发射响应了小型化碳纤维	[18]
	发射器从微观和纳米金刚石场发射阵列	[19]~[22]
	场致发射着单壁球长大和多层碳纳米管阵列的形式或单独的纳米管	[6]、[7] [23]~[35]
	从单层、多层和厚的石墨烯结构的场致发射	[36]~[42]
硅	硅在硅晶片上有大量尖锐的领域发射器	[43]
钼	紧密封装的微型钼锥陈列	[44]
	MoO_3 纳米单晶的场致发射	[45]
氮化铝	氮化铝纳米管的场致发射	[46]
硼-碳-氮	硼-碳-氮在低能原位电子显微镜中,从单个B-C-N纳米管绳场致发射行为	[47]
氧化铜	铜的氧化物纳米带薄膜的场致发射,作为温度的函数	[48]
氧化锡	氧化锡纳米带阵列场致发射达90 μm长,生长在硅晶片上	[49]
氧化锌	氧化锌不同形貌的氧化锌纳米结构-纳米针阵列 纳米线、纳米笔及纳米棒在不同基质及其场发射阵列	[50]~[53]
六硼化镧	六硼化镧的微针和纳米结构及其场发射响应	[54]~[56]

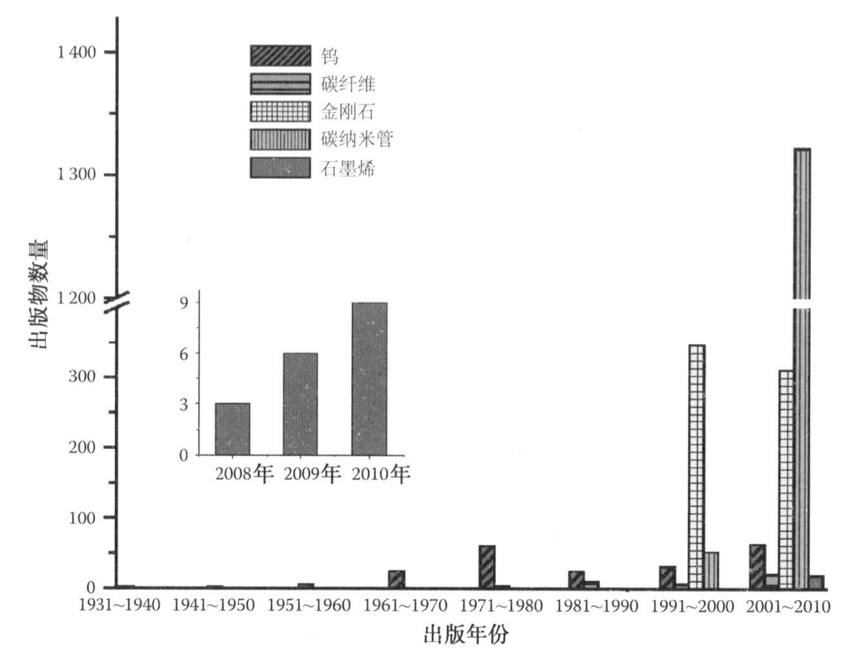

图9.2　1931～2010年每10年关于不同领域发射器材料的出版物数量

9.3　石墨烯结构场致发射设备

不同的碳基结构,包括钻石、无定形碳、碳纳米管和纳米薄片显示良好的作为场发射阴极材料设备的潜力[36]。场致发射的基本原理表明,一维纳米结构是良好的几何结构对于场发射。然而,尽管它是二维几何结构,石墨烯仍被认为是一个有前景的场发射材料[3],原因如下:

(1)异常高的载流子迁移率($\mu=15\ 000\ cm^2/(V\cdot s)$)、小的电子质量(0.007 *me*,*me* 为自由电子质量)[57],以及石墨烯的金属性质和与金属低接触电阻确保石墨烯金属界面和石墨烯表面的电压降很小。低的电压降可以减少流动电子发射器的阻力。

(2)石墨烯原始的锋利的边缘(厚度为0.34 nm),被期望提供良好的场增强,从而促进电子简单的从边缘隧穿在低偏置。

(3)此外,石墨烯具有化学稳定性,熔点高,优良的机械强度(事实上,无缺陷的单层石墨烯是已知最强的材料)[59-60]。这些都是场发射器的实际应用必不可少的属性。

场发射理论(见9.1节)预测纳米尺寸尖端结构(较高的纵横比)是有

效场发射体的最佳结构。石墨烯片需要直立在它们的边缘,利用其所有的场发射有利的性质。然而,大多数的合成过程形成的二维石墨烯具有横向平坦的结构。因此,尽管石墨烯有许多有利的优点,但是其作为一个场发射器的应用已经引起了争论。在 2002 年提出了薄的石墨材料缺陷的存在,可能会导致更高的场发射电流[61-62]。在 sp^2 网格结构石墨烯中引入 sp^3 网格结构缺陷(或任何石墨材料)有助于降低其能量,从而帮助电子容易地从 sp^3 网格结构逃脱[61]。悬空键(分贝)的状态一般占电子发射场的主导地位,因为电子轨道往往出现在石墨烯的边缘,沿着电场方向伸出,导致从这些网格有更高的场发射电流[62]。因此,为了理解共价结合石墨纳米结构的场致发射微观机制,有必要了解电子性质,σ 或 π 键状态,等等。这些初步的研究结果表明存在缺陷的石墨烯边缘有希望可以作为场电子发射源。几年后(2004 年),提出了一种新的技术[63]——自立式合成纳米厚的石墨片,它可以竖立在基板上,这种结构能提供明显的场电子发射。该报告显示,石墨烯作为场发射源的实际应用(图 9.3)。

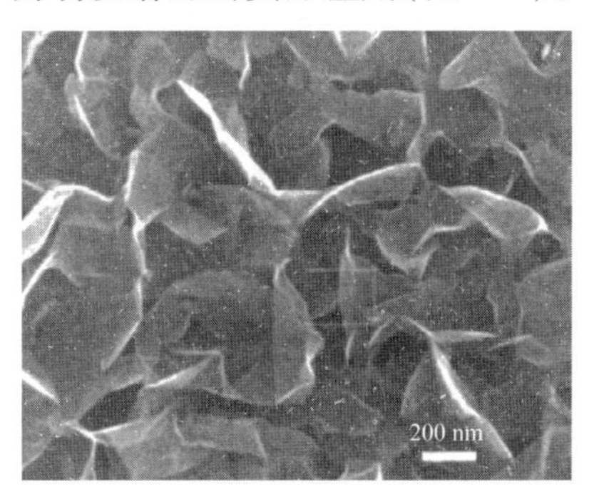

(a)

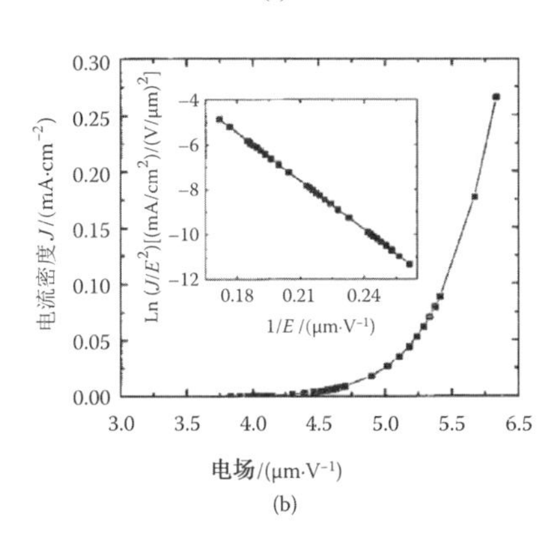

(b)

图 9.3 (a)垂直排列的石墨烯结构。(b)它的场致发射响应。

在各种基底上合成的这些几乎垂直的碳纳米片(选择像Si一类的材料,如钨、钼等以及304不锈钢和Al_2O_3金属)没有任何催化剂或任何特殊的表面处理,使用射频等离子体增强化学气相沉积(RF-PECVD)法。这种结构表明4.7 V/μm为比较合适的开启电场(定义为电场需要产生10 μA/cm^{2}的发射电流密度),最大发射电流密度为0.27 mA/cm^2。Fowler-Nordheim(F-N)的直线部分表明发射遵循传统F-N隧道机制。有趣的是,这些所谓的碳纳米片包含大量的石墨烯缺陷和扭曲。这些碳纳米片第一次证明了二维碳板的边缘结构可以作为发射站点发射极,并可能被视为一种比碳纳米管更优异的材料。这些成功的理论预测和石墨烯场发射的实验证据是足够的,对于在这个有趣的领域开展了广泛的研究。然而,石墨烯场发射的研究似乎没有做任何明显的进展,甚至2007年,石墨烯的场发射应用被称之为梦想[3]。出人意料的是,梦想似乎真正开始于2008年,石墨烯基和其他相关的材料开始了细致的研究工作并在场发射领域开始应用。

表9.2列出了对石墨烯场发射重要特点的主要研究工作的全面总结[36-37,39-42,63-69]。关于石墨烯场发射和相关应用等以下小节进行了详细讨论。

表9.2　石墨烯场发射研究综述

结构	合成方法	场发射性能	参考文献
独立的	生长在不同的基质 rf-PECVD,	E_{TO}=4.7	[63]
亚纳米	没有任何催化剂	J=0.27(5.7 V/μm)	
石墨薄膜		β=NA	
纳米晶	生长在陶瓷基板通过 MPCVD,	E_{TO}=1.266 4	
花状	使用铁-镍-铬为催化剂	J=2.1(2.2 V/μm)	
石墨片		β=5110	
石墨烯	在 MPCVD 不锈钢衬底上生长,总片没有任何催化剂	E_{TO}=1.0 J=2.1(2.4 V/μm) β=5 110	[65]
片层	石墨的液相剥离并放入以 Cu	E_{TO}=1.70	[66]
石墨烯	为基体的悬浮液中	J=2.4(4.5 V/μm)	
纳米片		β=7 300	
垂直排列	在 Si 和 Ti 上生长通过 MPECVD	E_{TO}=1.0	[37]

续表 9.2

结构	合成方法	场发射性能	参考文献
片层		J=12(4.0 V/μm)	
石墨烯		β=5 000	
氩处理	石墨烯片通过化学氧化,基于	E_{TO}=1.6(未处理时为2.3)	
石墨烯	氮气处理	J = 10 (3.0 V/μm) (未处理时为4.4 V/μm) β=4 015(未处理时为3 208)	
氩气处理片层	通过 rf-PECVD 在 Si(100)基体上生长	E_{TO}=2.23(未处理时为3.91)	[68]
石墨烯		J=1.33(4.4 V/μm) (在相同电场下,未处理时为0.33) β=5 130(未处理时为3 188)	
单层	从化学剥离制备	E_{TO}=2.3	[39]
石墨烯薄膜	人造石墨	J=10(5.2 V/μm)	
	电泳沉积	β=3 700	
单独	由机械剥离的石墨,Si/二氧化硅	E_{TO}=12.1	[42]
单层		J=170×10^{-6}(35 V/μm)	
石墨烯		β=3 519	
单独	由机械剥落,Si/二氧化硅	E_{TO}=150	[41]
单层		J=100×10^{-9}(250 V/μm)	
石墨烯		β=NA	
石墨烯聚苯乙烯	石墨烯氧化物由化学还原方法	ETO=4.0	[36]
复合薄膜	改性和悬挂旋涂退化掺杂硅	J=1.0(14 V/μm,β=120 069)	
石墨烯片	在氧化锌纳米线上生长	E_{TO}=1.3	
在氧化锌	通过 rf-PECVD,使用镍催化剂	J=1.4(7 V/μm)	
纳米线		β=15 000	40
丝网结构	石墨烯的制备方法是	E_{TO}=1.5	
石墨烯薄膜	在镀银玻璃基板及改性悬浮丝网结构	J=2.7(3.7 V/μm,β=4 539)	

注:E_{TO}=接通,V/μm;J 为发射电流密度,mA/cm^2;β 为场增强因子。

9.3.1 基于石墨烯场发射器:实验方法

实验中石墨烯的场致发射采用非常系统的方式。初步实验后的纳米膜(如上所述),研究人员成功地报道了关于石墨烯的场致发射,特别是在各种基板上的少数层石墨烯(FLG)。

从FLGs导致对于开发场致发射行为的方法有不同的理解,为进一步加强场发射行为使用复合结构或通过引入等离子蚀刻等特殊处理步骤。另一个单独的研究领域集中在理解石墨烯的基本场致发射机制,使用单层石墨烯(SLG)。本节将对其进行详细介绍。

以较厚的纳米结构石墨薄膜的研究为基础开始对石墨烯的场发射进行研究[64-65]。改变结构可以采用微波等离子体化学气相沉积(MPCVD)技术,在使用Fe-Ni-Cr催化剂的陶瓷基板上或直接在Fe-Ni-Cr合金基板上。适当的混合H_2、CH_4气体通常用作气体来源,基质被加热到973 K,微波处理大约10 min。以这种方法合成的产品看起来像花瓣——就像纳米石墨片的集群。这种集群的厚度是在几十纳米的范围内。从本质上讲,这些结构可以被认为是厚的石墨烯结构。

即使在较厚的状态,纳米石墨薄膜的场发射响应表现出明显,开启电场为1.0~1.3 V/μm,电流密度约为2.1 mA/cm^2,在一个相当低的电场下,即2.2~2.4 V/μm。这些发射器的场增强因子β也高达5 100。这种纳米石墨结构具有良好的放射性能可能有三个原因。首先,一些石墨烯几乎垂直于基底和外加电场的方向,导致高场增强。其次,结构中含有足够锐利的边缘,并且由于显著的场增强,这些纳米级电子相比其他部分的结构可以更容易从锐利边缘发出。最后,对于当前石墨烯的边缘悬挂键或sp^3的缺陷,造成局部电子亲和势降低,从而提供一个低能量势垒的电子流。适当地优化MPCVD的参数可以合成高质量的、结晶的、垂直对齐的、真正片层石墨烯(FLG)[37]。FLG的典型结构及其场发射行为如图9.4所示。

这种FLG的高度可以通过控制合成时间进行调控。然而,迄今为止,通过MPCVD直接控制成核合成石墨烯过程不是很清楚。在其他进程中,液相剥离的石墨对于FLG生产很重要,并且由此产生的结构显示良好的场发射响应[66]。FLG展示了一个令人印象深刻的场致发射响应:导通场为1.0~1.7 V/μm,发射电流密度2.5~12.0 mA/cm^2,并有足够低的电场,即4.0~4.5 V/μm,场增强因子的范围是5 000~7 300。尽管发射特性变化取决于合成技术,FLG仍然提供更好的性能和更厚的纳米石墨薄

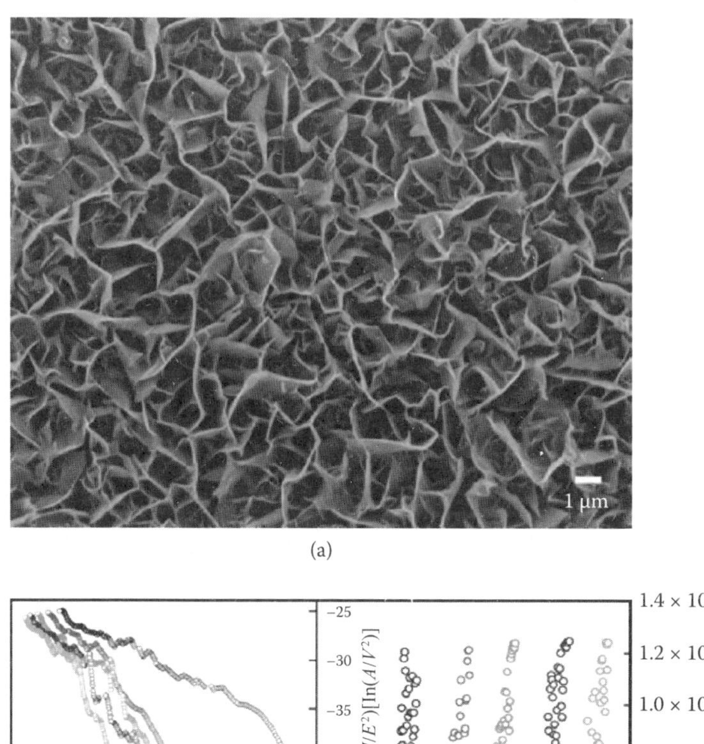

(a)

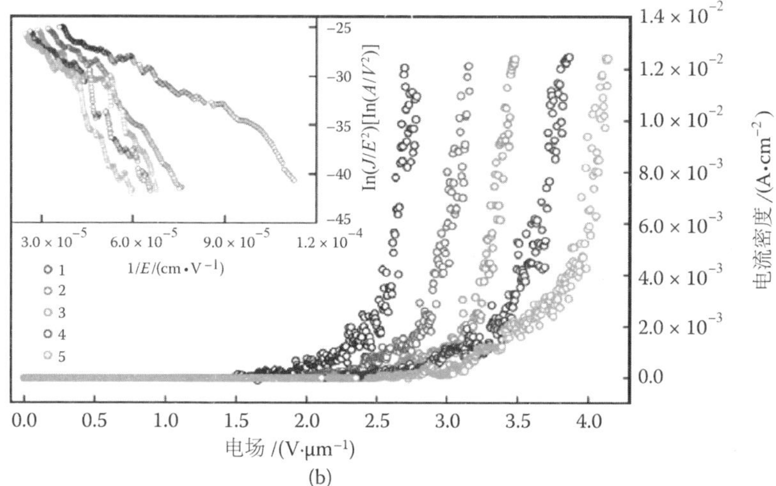

(b)

图9.4 (a)扫描电镜的图像(视图)一个典型的垂直取向的石墨烯(FLG)结构。(b)场发射的反应,即在不同的时间间隔,同一结构的电流密度和电场的 F-N 图(插图)。(Malesevic, A., Kemps, R., Vanhulsel, A., Chowdhury, M. P., Volodin, A., andVan Haesendonck, C. 2008. Field emission from vertically aligned few-layer graphene. J. Appl. Phys. 104: 084301. With permission from AIP.)

膜。这里应该指出的是,由 FLGs 所示的场发射性能也可以与其他场致发射体的结构相比较,例如碳纳米管。但是,这方面的研究尚处于起步阶段,许多问题,如对基体材料、吸附分子、场发射行为处理方法的影响,对 FLGs

的场致发射源应清楚地了解并正确地探索。

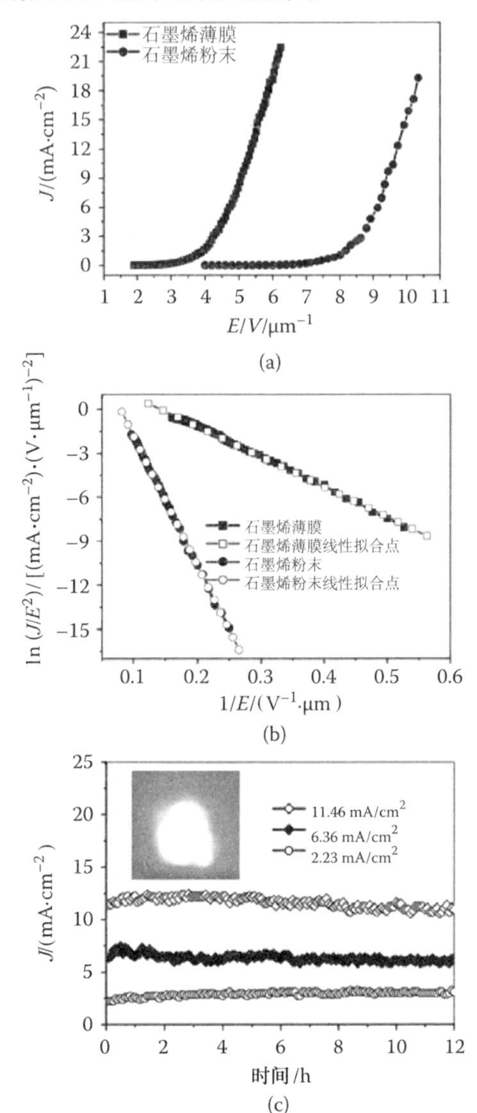

图9.5 单层石墨烯(SLG)膜和石墨烯粉末涂料的场发射特性比较。(a)电流密度,外加场 z。(b)F-N 图。(c)SLG 膜在不同的电流水平下的稳定性;插图显示在3.8 V/μm 下的场发射图像。

单层石墨烯(SLG)薄膜显示了类似的一种场致发射响应[39]。这种装置经常使用通过机械或化学剥离,然后进行某种沉积技术,旋涂或电泳沉积的方法制备的 SLGs,在所预期的基板上形成膜。这种场致发射体显示明显低的导通和关闭值,高发射电流密度(大于 20 mA/cm^2),并具有优异的发射稳定性(图 9.5)。值得一提的是,在这里不像碳纳米管,其单壁和多壁显示不同的场发射行为,SLG 和 FLG 没有显示任何明显的差异。

对石墨烯的场发射理论和场发射响应知识有一个很好的了解,所以有两种可能的方法来提高场发射电流。首先,需要石墨烯边缘进一步锐化和在施加电场的方向应垂直取向在基板上。第二,需要沿着边缘引入更多的缺陷。氩等离子体处理石墨烯是介绍这两个因素之一[67-68](图 9.6)。此外,氩等离子体处理也可以去除在 FLGs 上的折叠边缘,它提供了一个更好的几何因素,并降低来自相邻边缘的屏蔽效应。石墨烯的多个平面的变体,例如等离子体处理可以引入凸起,它可以增强场致发射。这种表面工程处理几乎可以降低 50% 的场导通和阈值,并且最大发射电流密度显著增加,甚至高达 40 倍[68]。

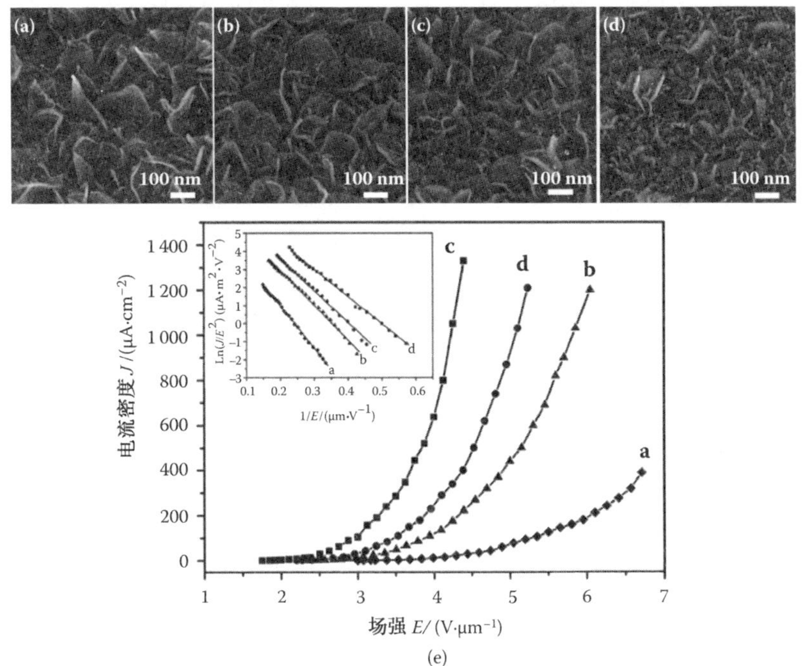

图 9.6 片层石墨烯(FLG)的 SEM 图片。(a)在生长阶段和在氩等离子体处理阶段,处理时间。(b)1 min。(c)3 min。(d)5 min。(e)上述样品的场发射响应。(Qi, J. L., Wang, X., Zheng, W. T., Ian, H. W., Hu, C. Q., and Y. S. Peng. 2010. Ar plasma treatment on few layer graphene sheets for enhancing their field emission properties. J. Phys. D: Appl. Phys. 43: 055302. With permission from IOP Publishing.)

另一种方式，在纳米针的形成过程中实现了高纵横比。在这些结构中，二维石墨烯片的形成，表现出稳定和高亮度（10^{12} A/（sr・m^2））的电子发射，即使在差的真空条件（$\times 10^{-5}$ Torr）[57]，也有一个较好的场增强因子100 000。作为扫描电子显微镜（SEM）的电子源中使用，纳米针可以产生清晰的图像，并提供约30 nm的空间分辨率。石墨烯纳米针可能因此被考虑在电子显微镜和手持X射线发生器作为电子发射器使用。这些最近的发现表明，在今后的几年里，石墨烯的边结构、几何形状和化学性能对于进一步提高场发射将起到极其重要的作用。然而，值得注意的是，任何表面处理，无论是蚀刻还是沉积，都需要进一步优化。否则，石墨烯片的表面会遭到破坏（例如通过激光处理）或其他材料的薄膜上沉积可显著降低发射站点数量，因此，总的发射电流密度也随之降低[69]。

除了提高石墨烯的场发射，还应该理解底层压力机制。对于此类研究SLG是最好的材料[41-42,58]。对于这个研究可以采取两种方法制备样品。第一种方法，采用机械或化学剥离单独的SLG，一个硅/二氧化硅基板上作为阴极，而纳米机械控制的钨微尖作为阳极（图9.7）。另一种方法是，将单个SLG折叠成纳米隙，最后将这两块用作阴极和阳极，最后将该两片分别用作阴极和阳极（图9.8）。

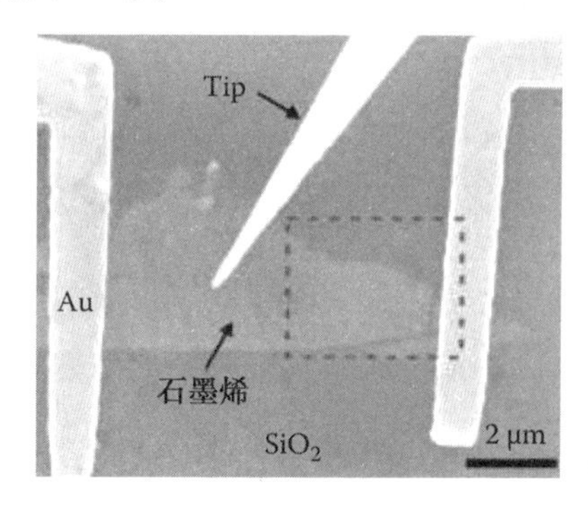

图9.7　单个单层石墨烯（SLG），用来作为场发射器装置的阴极，以及一个钨微尖作为阳极的SEM图像。（Xiao, Z., She, J., Deng, S., Tang, Z., Li, Z., Lu, J., and N. Xu. 2010. Field electron emission characteristics and physical mechanism of individual single-layer graphene. ACS Nano 4: 6332-6336. With permission from the American Chemical Society.）

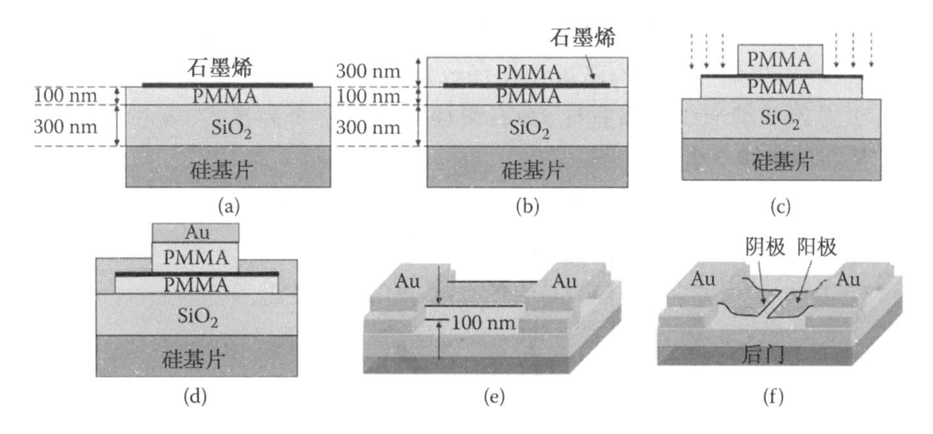

图 9.8 用于创建单个 SLG 纳米间隙的制造工艺示意图。(Wang, H. M. , Zheng, Z. , Wang, Y. Y. , Qiu, J. J. , Guo, Z. B. , Shen, Z. X. , and T. Yu. 2010. Fabrication of graphene nanogap with crystallographically matching edges and its electron emission properties. Appl. Phys. Lett. 96: 023106. With permission from AIP.)

第二种方法,首先在剥离和破碎的悬浮石墨上使用电子束光刻把 SLG 两电极之间连接起来。由于在所有这些研究中都使用单个的 SLG,因此场发射电流变化范围是 pA-nA。然而,场增强因子高达 3 500 的报道,甚至是对于单个 SLG 的场致发射体。这种场增强因子显示石墨烯的潜力作为下一代场致发射装置。无发射电流可以从 SLG 的平坦部分进行测量;发射电流只能从石墨烯边缘观察到。

因此,从石墨烯边缘场致发射的理论解释,也可以通过实验验证。然而,更多的研究为了理解 SLG 边缘附近的复杂的电场分布。在模拟和场发射能量分布这个问题上投入更多的时间可能对研究有所帮助。

石墨烯也被用作复合材料或混合结构在场的发射应用领域。在一个这样的应用中,石墨烯 - 聚苯乙烯复合物用作场致发射体[36]。在制备场发射器件的阴极的过程中,石墨烯 -聚苯乙烯悬浮液旋涂在 Si 基底上。在这里旋涂速度起着重要的作用。在低速时,石墨烯片密集分布和随机分布在基底上。

在如此低的速度下,剪切力是非常小的,因此它允许石墨烯片随机取向,并且在片材平行铺于基底表面之前,聚合物固化非常迅速。然而,在较高的速度下,石墨烯片分布非常稀疏并几乎保持平行于基底。正如预期的那样,从这些表面特征,在一个低旋涂速度中制备的复合材料比在较高的旋涂速度下形成的(图 9.9)显示出较好场发射性能。迄今为止,其他类型的传统的复合材料还没有相关应用的报告,例如金属 - 石墨烯和陶瓷-石墨烯复合材料。虽然陶瓷石墨烯结构还能没有被用作场致发射体，但 ZnO 纳米线-石墨烯混合结构已被用作场致发射体[70]。这种结构实际上目的在于用 ZnO 纳米线的高宽比，为石墨烯片提供一个高顶点，通过 PECVD 方法在纳米线上生长。

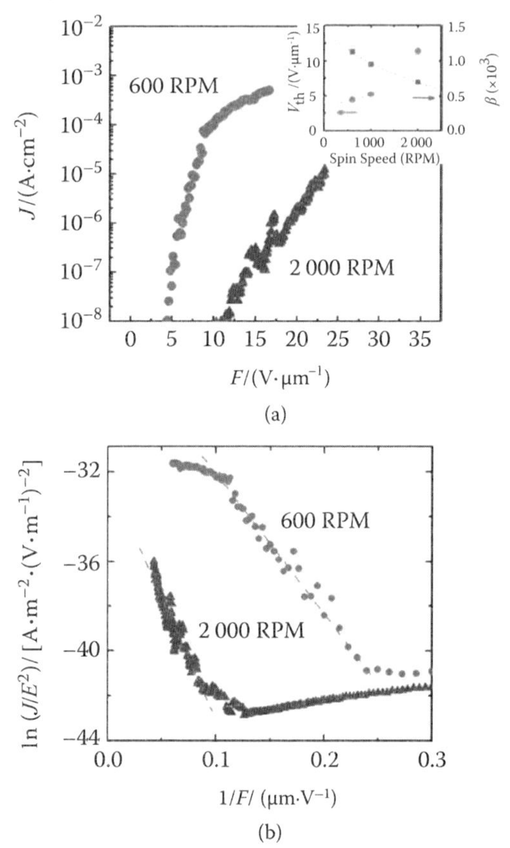

图 9.9　对于不同的纺丝速度的石墨烯-合物复合材料的场发射反应。(a) 电流密度，外加场。(b) F-N 图。(Eda，G.，Unalan，H. E.，Rupesinghe，N.，Amaratunga，G. A. J.，and M. Chhowalla. 2008. Field emission from graphene based composite thin films. Appl. Phys. Lett. 93：233502. With permission from AIP.)

在这种装置制备方法中，所述 Ni 催化剂的厚度（在 PECVD 之前沉积在氧化锌纳米线上的）并且在 PECVD 合成过程中有两个重要参数来控制石墨烯片的结构和形态（图 9.10(a) ~ (c)。虽然氧化锌纳米线也是场发射极材料，石墨烯涂覆可以明显地增强场致发射行为。相比于纯粹的氧化锌纳米线发射器,该ZnO-石墨烯混合结构表明,几乎减少50%开启电场并且100%地增加了场增强因子(图9.10(d))。因此,类似的混合结构作为下一代场致发射装置有很好的应用潜力。

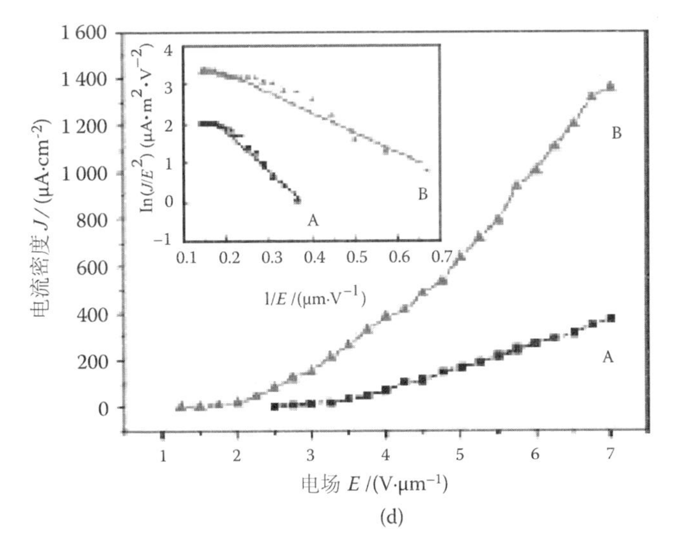

图9.10 ZnO-石墨烯片TEM图像。生长时间:(a)2 min;(b)5 min;(c)10 min;(d)外加场为氧化锌的电流密度(标记为A)和ZnO石墨烯片生长2 min的电流密度(标记为B),表现出明显的改善。插图显示相应的F-N部分。(Zheng, W. T., Ho, Y. N., Tian, H. W., Wen, M., Qi, J. L., and Y. A. Li. 2009. Field emission from a composite of graphene sheets and ZnO nanowires. J. Phys. Chem. C 113: 9164-9168. With permission from the American Chemical Society.)

基于石墨烯的场发射器的实际应用,它是重要的制备大规模的石墨烯场发射电极。石墨烯的粉末的丝网印刷技术,在合适导电材料上用合适的溶剂对石墨烯粉末进行丝网印刷,例如,将包覆 Ag 的玻璃基板[40]。场致发射阴极,通过这种途径制备的,用这种方法制备的场发射阴极显示极低的开启场为 1.5 V/μm、良好的发射电流密度(2.7 mA/cm^2)、较高的场增强因子(达4 540)以及超过 3 h 后稳定的发射(图 9.11)。这些类型的阴极都适合在未来实际设备中应用。

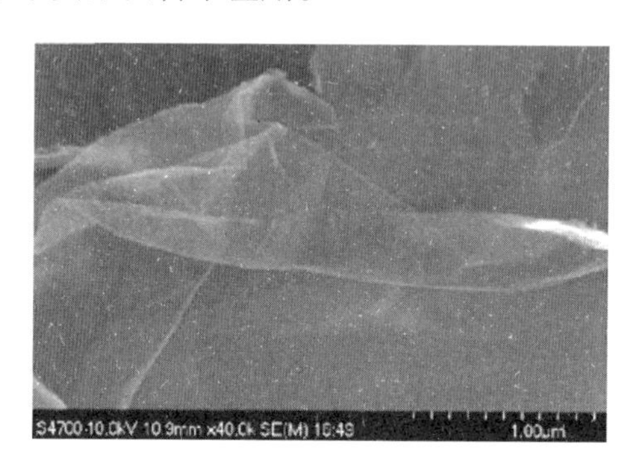

(a)

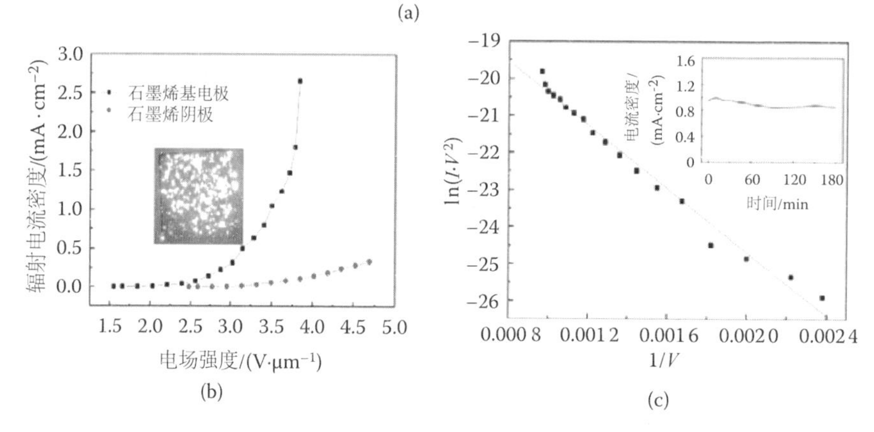

(b)　　(c)

图 9.11　(a)在玻璃基板上 ITO 包覆石墨烯片的扫描电镜图像。(b)电流密度-应用场图。(c)网状石墨烯薄膜的 F-N 曲线。插图(b)显示了场发射装置发射图像,同时嵌入了图(c)结构的发射稳定性。(Qian, M., Feng, T., Ding, H., Lin, L., Li, H., Chen, Y., and Z. Sun. 2009. Electron field emission from screen-printed graphene films. Nanotechnology 20: 425702. With permission from IOP Publishing.)

在不同的方法中,作者目前已经证实所有的石墨烯基第一时间展示了场发射器件的灵活性和透明性[71]。在这项研究中,化学气相沉积(CVD)法是用铜箔来合成石墨烯的。市售的 Cu(厚度为 50 μm)在 1 000 ℃氩气气氛下退火 1 h，然后在 60 ℃下，1 M 酸处理 10 min。酸处理的目的是消除在退火过程中在铜箔上形成的氧化物。用去离子水彻底清洗后在室温条件下干燥，Cu 箔插在 CVD 层在石墨烯合成过程。在 Cu 箔上合成了石墨烯，在 1 000 ℃、CH_4 和 H_2 以 1∶4 气体流量的大气压力下进行 5 min。生长期后，箔片在氩气环境中被冷却至室温。石墨烯电极的制备是通过将石墨烯的生长转移到（通过热 CVD）在聚乙烯酯（PET）基底的铜箔上。经过热压机层压和化学蚀刻处理后，将石墨烯转移到透明的柔性基板上。铜箔与石墨烯被热压轧成透明柔性的具有厚度为 50 μm 的 PET 膜。浓缩三氯化铁溶液用于从石墨烯和层压薄膜中完全除去铜。石墨烯和铜箔层压聚合物薄膜在室温三氯化铁酸浴中进行处理。PET 基底的石墨烯膜蚀刻 40 min后铜完全溶解。这种透明的柔性膜用去离子水彻底洗涤，并在空气中室温下干燥，然后作为透明的柔性电极使用在被用作透明、柔性电极之前。图 9.12(a)和图 9.12(b)是石墨烯电极的尺寸，柔性和透明度。在下一步中，在透明、柔性的基板上制备石墨烯-CNT 混合电极（图 9.12(c) ~ 9.12(e)）[72]。结合透明，柔性的阳极，这种混合有石墨烯-CNT 阴极呈现完全透明的，柔性场致发射装置。柔性场发射装置要将碳纳米管溶液旋涂于石墨烯电极上，来制备石墨烯-碳纳米管复合阴极。石墨烯透明和柔性的场发射器的结构（图 9.12(f)）表现出明显的场发射响应。图 9.12(g)呈现这种混合结构的场发射行为在 AC 偏压下，表现出明显的发射电流和高场增强因子。该结构提供了长期良好的稳定性，提高了石墨烯在未来透明、柔性电子器件应用的希望。

9.3.2 基于石墨烯场发射器：理论研究

关于各种类型石墨烯结构的场发射实验研究，有必要理解其基本的数学和物理学理论。很少有理论一直致力于研究这些问题。本节将讨论石墨烯场发射理论的发展。常规的 F-N 曲线用于描述碳纳米管甚至石墨烯的场发射，虽然方程最初是针对三维金属发射器的。然而，虽然是一个单一的 SLG 发射，却也是一个完美的二维物质发射，方程需要在运动量化的效果后考虑片材的法线方向[73]来进行修改。零场屏障在一个横向动能状态所面临的电子 $W_\perp$ 可以写为[41]

$$\phi_s = \phi + W_\perp + W_s$$

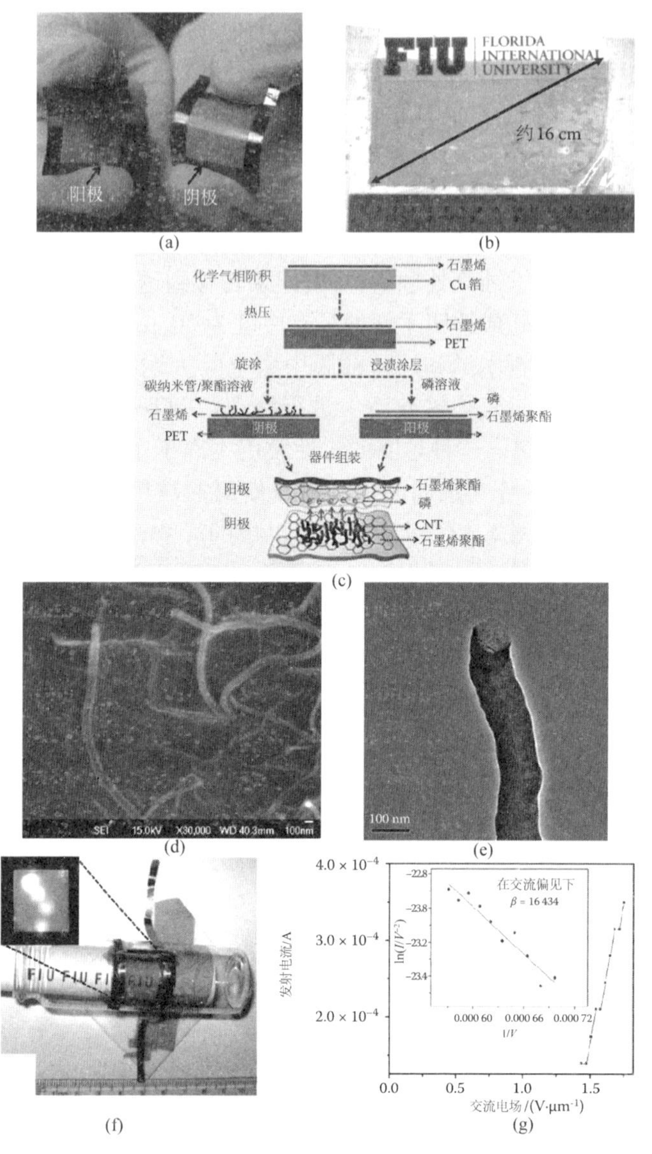

图9.12　(a)透明、柔软的石墨烯-CNT混合电极场发射器装置。(b)大规模在透明、柔性基底上的石墨烯。(c)石墨烯-CNT混合场发射器的制备过程流程图。(d)PVA包覆的碳纳米管石墨烯/PET薄膜的SEM图像。(e)代表CNT在石墨烯上结构的TEM图像。(f)实际的场致发射实验装置的照片。(g)混合结构场发射的响应(插图显示F-N图)。(Lahiri, I., Verma, V. P., and W. Choi. 2011. An all-graphene based transparent and flexible field emission device. Carbon 49(5): 1614-1619. Figures (a) and (c) ~ (g) are reprinted with permission from Elsevier Ltd.

然而,ϕ 是材料的功函数和费米能级之间的能量差与状态。由于纵向电子的能量非常小,表面势垒高,电子隧道垂直于石墨烯表面的概率几乎是可以忽略不计的。因此,电子只能从那些势垒高度变小状态的隧道发射。我们知道一个石墨烯片的边缘和角落是最可能的位点,对于发射过程有明显的作用。,Xiao 等[41]考虑石墨烯的物理性能。已经显示,一个单一的 SLG 的场发射的线电流密度依赖于其施加的场。他们提出了低和高场的方程只是与常规的 F-N 方程有点不同。有关计算过程的细节,读者可以参考文献[55]和[73]。总之,区别是:①施加的电场(E)的功率可以是 3/2(在高场区域)或 3(在低场区域),与此相反的 F-N 方程式是 2; ②F-N 方程中传统材料的功函数(ϕ),取而代之的是 ϕK(电子在 K 状态零场所面临的障碍)。因此,对于 SLGs,电流密度-施加的场(IE)的关系可绘制两个不同的曲线:$\ln(1/E^{1/2})$ 对 $1/E$ 和 $\ln(1/E^3)$ 对 $1/E^2$。而前者显示了在高场区域的直线行为,后者显示了在低场区域类似的行为。

在石墨烯不同位置的场增强因子(β),很明显,在边缘或沿着边缘是最高的,而在平坦的表面或远离边缘或角落几乎为零。因此,从平面石墨烯表面的排放似乎可以忽略不计。采用边界方法(BEM)和参数化、透明化等[38]。β 在角或边缘派生的方程。有关此模拟和参数化过程的详细信息,读者可以参考给定的参考文献。虽然 β 是小的在边缘比在角落上的(两边的点),但边缘区域对场发射电流的贡献率很高,而边缘区域的贡献率要远高于角落区域的。虽然这些最初的模拟研究有助于理解石墨烯在基本场发射的机制,但仍有很多问题有待解决。在未来,在石墨烯场发射器中有效价值 β 及弯曲的石墨烯薄片发射等问题,需要得到进一步解释。

石墨烯除了场致发射设备,还在新器件中得到了广泛的应用。这本书的其他章节介绍了一些这样的应用程序。石墨烯在新设备上的应用,导致石墨烯在全世界的科学界引发了极大的关注和广泛的研究。从图 9.13 中可以看到,在过去的十年中, 关于石墨烯出版物几乎在成倍地增加。在未来四到五年内,我们希望看到关于研究石墨烯材料基本原理和实际设备应用程序详细的报告。

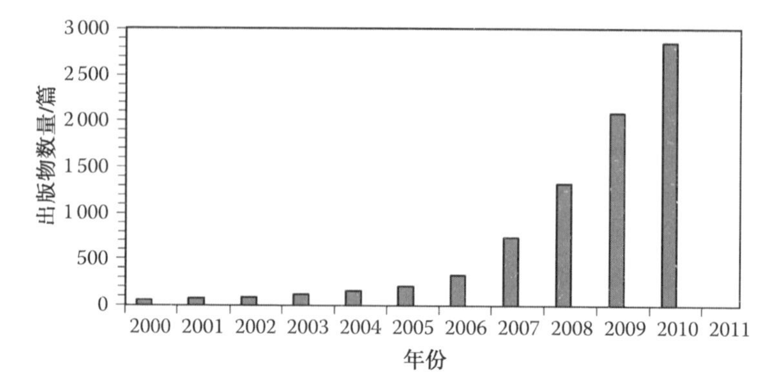

图 9.13 在过去十年石墨烯出版物的数量。

本章参考文献

[1] Nobelprize. org. 2010. The Nobel Prize in Physics. http://nobelprize.org/nobel-prizes/physics/laureates/2010/(accessed January 23,2010).

[2] Nobelprize. org. 2010. The 2010 Nobel Prize in Physics: Press Release. http://nobelprize. org/nobel_prizes/physics/laureates/2010/press. html (accessed January 23,2010).

[3] Geim, A. K. ,and K. S. Novoselov. 2007. The rise of graphene. *Nature Mater.* 6:183-91.

[4] Editorial article. 2010. The rise and rise of graphene. *Nature Nanotech* 5: 755.

[5] Dresselhaus, M. S. ,and P. T. Araujo. 2010. Perspectives on the 2010 Nobel prize in physics for graphene. *ACS Nano* 4: 6297-6302.

[6] Lahiri,I. ,Seelaboyina, R. ,Hwang, J. Y. ,Banerjee, R. ,and W. Choi. 2010. Enhanced field emission from multi-walled carbon nanotubes grown on pure copper substrate. *Carbon* 48: 1531-1538.

[7] Seelaboyina, R. , Lahiri,I. , and W. Choi. 2010. Carbon-nanotube-embedded novel three-dimensional alumina microchannel cold cathodes for high electron emission. *Nanotechnology* 21:145206.

[8] Modinos, A. 1984. *Field, thermionic and secondary electron emission spectroscopy.* London: Plenum Press.

[9] Swanson, L. W. ,and L. C. Crouser. 1966. Anomalous total energy distri-

bution for a tungsten field emitter. *Phys. Rev. Lett.* 16: 389-392.

[10] Plummer, E. W. ,and J. W. Gadzuk. 1970. Surface states on tungsten. *Phys. Rev. Lett.* 25:1493-1495.

[11] Ehrlich, C. D. ,and E. W. Plummer. 1978. Measurement of the absolute tunneling current density in field emission from tungsten. *Phys. Rev. B* 18:3767-3771.

[12] Swanson, L. W. 1978. Current fluctuations from various crystal faces of a clean tungsten field emitter. *Surf. Sci.* 70: 165-180.

[13] Engel,T. ,and R. Gomer. 1969. Adsorption of CO on tungsten: Field emission from single planes. *The J. Chem. Phys.* 50:2428-2437.

[14] Engel, T. , and R. Gomer. 1970. Adsorption of oxygen on tungsten: Field emission from single planes. *The J. Chem. Phys.* 52: 1832-1841.

[15] Lee, M. I. G. 1973. Field emission of hot electrons from tungsten. *Phys. Rev. Lett.* 30: 1193-1196.

[16] Lee, Y. -H. ,Choi,C. -H. ,Jang, Y. -T. ,Kim, E. -K. ,Ju, B. -K. ,Min, N. -K. ,and J. -H. Abn. 2002. Tungsten nanowires and their field electron emission properties. *App. Phys. Lett.* 81:745-747.

[17] Seelaboyina, R. , Huang, J. , Park, J. , Kang, D. H. , and W. Choi. 2006. Multistage field enhancement of tungsten oxide nanowires and its field emission in various vacuum conditions. *Nanotechnology* 17:4840-4844.

[18] Lea, C. 1973. Field emission from carbon fibres. *J. Phys. D: Appl. Phys.* 6: 1105-1114.

[19] Kumar, N. 1993. Method of forming field emitter device with diamond emission tips. US Patent No. 5199918,USA.

[20] Okano, K. , Hoshina, K. , Iida, M. , Koizumi, S. , and T. Inuzuka. 1994. Fabrication of a diamond field emitter arrav. *Appl. Phys. Lett.* 64: 2742-2744.

[21] Zhu,W. ,Kochanski,G. P. ,Jin,S. ,and L. Seibles. 1995. Detect-enhanced electron field emission from chemical vapor deposited diamond. *J Appl. Phys.* 78:2707-2711.

[22] Talin. A. A. , Pan, L. S. ,McCartv. K. E, Felter, T. E. ,Doerr, H. J. , and R. F. Bunshah. 1996. The relationship between the spatially resolved field emission characteristics and the Raman spectra of a nano-

crystalline diamond cold cathode. *Appl. Phys. Lett.* 69:3842-3844.

[23] de Heer, W. A., Châtelain, A., and D. Ugarte. 1995. A carbon nanotube field-emission electron source. *Science* 270: 1179-1180.

[24] Choi, W. B., Chung, D. S., Kang, J. H., Kim, H. Y, Jin, Y. W., Han, I. T., Lee, Y. H., Jung, J. E., Lee, N. S., Park, G. S., and J. M. Kim. 1999. Fully sealed, high-brightness carbon- nanotube field-emission display. *Appl. Phys. Lett.* 70: 3129-3131.

[25] Xu, X., and G. R. Brandes. 1999. A method for fabricating large-area, patterned, carbon nanotube field emitters. *Appl. Phys. Lett.* 74: 2549-2551.

[26] Fransen, M. J., van Rooy, Th. L., and P. Kruit. 1999. Field emission energy distributions from individual multiwalled carbon nanotubes. *Appl. Surf. Sci.* 146: 312-327.

[27] Dean, K. A., and B. R. Chalamala. 1999. The environmental stability of field emission from single-walled carbon nanotubes. *Appl. Phys. Lett.* 75:3017-3019.

[28] Saito, Y., and S. Uemura. 2000. Field emission from carbon nanombes and its application to electron sources. *Carbon* 38: 169-182.

[29] Sharma, R. B., Tondare, V. N., Joag, D. S., Govindaraj, A., and C. N. R. Rao. 2001. Field emission from carbon nanotubes grown on a tungsten tip. *Chem. Phys. Lett.* 344: 283-286.

[30] Teo, K. B. K., Chhowalla, M., Amaratunga, G. A. J., Milne, W. I., Pirio, G., Legagneux, P., Wyczisk, F., Pribat, D., and D. G. Hasko. 2002. Field emission from dense, sparse, and patterned arrays of carbon nanofibers. *Appl. Phys. Lett.* 80: 2011-2013.

[31] Jonge, N. De, Lamy, Y., Schoots, K., and T. H. Oosterkamp. 2002. High brightness electron beam from a multi-walled carbon nanotube. *Nature* 420: 393-396.

[32] Liu, D., Zhang, S., Ong, S.-E., Benstetter, G., and H. Du. 2006. Surface and electron emission properties of hydrogen-free diamond-like carbon films investigated by atomic force microscopy. *Mater. Sci. Engg.* 426: 114-120.

[33] Seelaboyina, R., Huang, J., and W. B. Choi. 2006. Enhanced field emission of thin multiwall carbon nanotubes by electron multiplication from

microchannel plate. *Appl. Phys. Lett.* 88: 194104.

[34] Seelaboyina, R., Boddepalli, S., Noh, K., Jeon, M., and W. Choi. 2008. Enhanced field emission from aligned multistage carbon nanotube emitter arrays. *Nanotechnology* 19: 065605.

[35] Lahiri, I., Seelaboyina, R., and W. Choi. 2010. Field emission response from multiwall carbon nanotubes grown on different metallic substrates. *In Materials Research Society Symposium Proceedings*, Vol. 1204, ed. Y. K. Yap, K18-21. Boston: Materials Research Society.

[36] Eda, G., Unalan, H. E., Rupesinghe, N., Amaratunga, G. A. J., and M. Chhowalla. 2008. Field emission from graphene based composite thin films. *Appl. Phys. Lett.* 93:233502.

[37] Malesevic, A., Kemps, R., Vanhulsel, A., Chowdhury, M. P., Volodin, A., and Van Haesendonck, C. 2008. Field emission from vertically aligned few-layer graphene. *J. Appl. Phys.* 104: 084301.

[38] Watcharotone, S., Ruoff, R. S., and F. H. Read. 2008. Possibilities for graphene for field emission: Modeling studies using the BEM. *Physics Procedia* 1:71-75.

[39] Wu, Z.-S., Pei, S., Ren, W., Tang, D., Gao, L., Liu, B., Li, F., Liu, C., and H.-M. Cheng. 2009. Field emission of single-layer graphene films prepared by electrophoretic deposition. *Adv. Mater.* 21: 1756-1760.

[40] Qian, M., Feng, T., Ding, H., Lin, L., Li, H., Chen, Y., and Z. Sun. 2009. Electron field emission from screen-printed graphene films. *Nanotechnology* 20: 425702.

[41] Xiao, Z., She, J., Deng, S., Tang, Z., Li, Z., Lu, J., and N. Xu. 2010. Field electron emission characteristics and physical mechanism of individual single-layer graphene. *ACS Nano* 4: 6332-6336.

[42] Lee, S. W., Lee, S. S., and E.-H. Yang. 2009. A study on field emission characteristics of planar graphene layers obtained from a highly oriented pyrolyzed graphite block. *Nanoscale Res. Lett.* 4: 1218-1221.

[43] Thomas, R. N., Wickstrom, R. A., Schroder, D. K., and H. C. Nathanson. 1974. Fabrication and some applications of large-area silicon field emission arrays. *Solid-State Electronics* 17:155-163.

[44] Spindt, C. A., Brodie, I., Humphrey, L., and E. R. Westerberg.

1976. Physical propelties of thin-film field emission cathodes with molybdenum cones. *J. Appl. Phys.* 47: 5248-5263.

[45] Li, Y. B., Bando, Y., Golberg, D., and K. Kurashima. 2002. Field emission from MoO_3: nanobelts. *Appl. Phys. Lett.* 81:5048-5050.

[46] Tondare, V. N., Balasubramanian, C., Shende, S. V., Joag, D. S., Godbole, V. P., Bhoraskar. S. V., and M. Bhadbhade. 2002. Field emission from open ended aluminum nitride nanotubes. *Appl. Phys. Lett.* 80: 4813-4815.

[47] Dorozhkin, P., Golberg, D., Bando, Y., and Z.-C. Dong. 2002. Field emission from individual B-C-N nanotube rope. *Appl. Phys. Lett.* 81: 1083-1085.

[48] Chen, J., Deng, S. Z., Xu, N. S., Zhang, W., Wen, X., and S. Yang. 2003. Temperature dependence of field emission from cupric oxide nanobelt films. *Appl. Phys. Lett.* 83: 746-748.

[49] Chen, Y. J., Li, Q. H., Liang, Y. X., Wang, T. H., Zhao, Q., and D. P. Yu. 2004. Fieldemission from long SnO_2 nanobelt arrays. *Appl. Phys. Lett.* 85:5682-5684.

[50] Zhu, Y. W., Zhang, H. Z., Sun, X. C., Feng, S. Q., Xu, J., Zhao, Q., Xiang, B., Wang, R. M., and D. P. Yu. 2003. Efficient field emission from ZnO nanoneedle arrays. *Appl. Phys. Lett.* 83:144-146.

[51] Jo, S. H., Banerjee, D., and Z. F. Ren. Field emission of zinc oxide nanowires grown on carbon cloth. 2004. *Appl. Phys. Lett.* 85: 1407-1409.

[52] Wang, R. C., Liu, C. P., Huang, J. L., Chen, S.-J., Tseng, Y-K., and S.-C. Kung. 2005. ZnO nanopencils: Efficient field emitters. *Appl. Phys. Lett.* 87:013110.

[53] Zhao, Q., Zhang, H. Z., Zhu, Y. W., Feng, S. Q., Sun, X. C., Xu, J., and D. P. Yu. 2005. Morphological effects on the field emission of ZnO nanorod arrays. *Appl. Phys. Lett.* 86: 203115.

[54] Windsor, E. E. 1969. Construction and performance of practical field emitters from lanthanum hexaboride. *Proc. IEEE* 116: 348-350.

[55] Qi, K. C., Lin, Z. L., Chen, W. B., Cao, G. C., Cheng, J. B., and X. W. Sun. 2008. Formation of extremely high current density LaB_6 field emission arrays via e-beam deposition. *Appl. Phys. Lett.* 93:093503.

[56] Zhang, H. ,Tang, J. ,Yuan, J. ,Ma, J. ,Shinya, N. ,Nakajima, K. , Murakami, H. , Ohkubo, T. , and L.-C. Qin. 2010. Nanostructured LaB_6 field emitter with lowest apical work function. *Nano Lett.* 10: 3539-3544.

[57] Matsumoto, T. ,Neo, Y. , Mimura, H. ,Tomita, M. ,and N. Minami. 2007. Stabilization of electron emission from nanoneedles with two dimensional graphene sheet structure in a high residual pressure region. *Appl. Phys. Lett.* 90: 103516.

[58] Wang, H. M. ,Zheng, Z. ,Wang, Y. Y,Qiu, J. J. ,Guo, Z. B. ,Shen, Z. X. ,and T. Yu. 2010. Fabrication of graphene nanogap with crystallographically matching edges and its electron emission properties. *Appl. Phys. Lett.* 96: 023106.

[59] Lee, C. ,Wei, X. ,Kysar, J. W. ,and J. Hone. 2008. Measurement of the elastic properties and intrinsic streneth of monolaver eranhene. *Science* 321:385-388.

[60] Dumé, B. 2010. Graphene has record-breaking strength. *Physics World.* http://physicsworld. com/cws/article/news/35055 (accessed January 27,2011).

[61] Obraztsov, A. N. ,Volkov, A. P. ,Boronin, A. I. ,and S. V. Kosheev. 2002. Defect induceu lowering of work function in graphite-like materials. Diamond Related Mater. 11: 813-818.

[62] Araidai,M. , Nakamura, Y. ,and K. Watanabe. 2004. Field emission mechanisms of graphitic nanostructures. *Phys. Rev. B* 70: 245410.

[63] Wang, J. J. ,Zhu, M. Y. ,Outlaw, R. A. ,Zhao, X. ,Manos, D. M. , Holloway, B. C. ,and V . P. Mammana. 2004. Free-standing subnanometer graphite sheets. *Appl. Phys. Lett.* 85: 1265-1267.

[64] Deng, J. ,Zhang, L. ,Zhang, B. ,and N. Yao. 2008. The structure and field emission enhancement properties of nano-structured flower-like graphitic films. *Thin Solid Films* 516:7685-7688.

[65] Lu, Z. ,Wang, W. ,Ma, X. ,Yao, N. ,Zhang, L. ,and B. Zhang. 2010. The field emission properties of graphene aggregates films deposited on Fe-Cr-Ni alloy substrates. *J. Nanomaterials* 2010: 148596.

[66] Dong, J. ,Zeng, B. ,Lan, Y. ,Tian, S. ,Shan, Y,Liu, X. ,Yang, Z. , Wang, H. ,and Z. F. Ren. 2010. Field emission from few-layer gra-

phene nanosheets produced by liquid phase exfoliation of graphite *J. Nanosci. Nanotechnol.* 10: 5051-5055.
[67] Liu, J. ,Zeng, B. ,Wu,Z. ,Zhu, J. ,and X. Liu. 2010. Improved field emission property of graphene paper by plasma treatment. *Appl. Phys. Lett.* 97:033109.
[68] Qi, J. L. ,Wang, X. ,Zheng, W. T. ,Ian, H. W,Hu, C. Q. ,and Y S. Peng. 2010. Ar plasma treatment on few layer graphene sheets for enhancing their field emission properties. *J. Phys. D: Appl. Phys.* 43: 055302.
[69] Obraztsov, A. N. ,Göning, O. ,Zolotukhin, A. A. ,Zakhidov, Al. A. , and A. P. Volkov. 2006. Correlation of field emission properties with morphology and surface composition of CVD nanocarbon films. *Diamond Related Mater.* 15:838-841.
[70] Zheng, W. T. ,Ho, Y. N. ,Tian, H. W. ,Wen, M. ,Qi,J. L. ,and Y. A. Li. 2009. Field emission from a composite of graphene sheets and ZnO nanowires. *J. Phys. Chem. C* 113: 9164-9168.
[71] Verma, V. P. ,Das, S. ,Lahiri,I. ,and W. Choi. 2010. Large-area graphene on polymer film for flexible and transparent anode in field emission device. *Appl. Phys.* Lett. 96: 203108.
[72] Lahiri,I. , Verma, VP. , and W. Choi. 2011. An all-graphene based transparent and flexible field emission device. *Carbon* 49(5): 1614-1619.
[73] Qin, X. Z. ,Wang, W. L. ,Xu, N. S. ,Li, Z. B. ,and R. G. Forbes. 2010. Analytical solution for cold field electron emission from a nanowall emitter. *Proc. Royal Soc. A* DOI: 10.1098/rspa.2010.0460.

第 10 章　石墨烯和石墨烯材料在太阳能电池中的应用

10.1 概　　述

新能源的发现以及在日常生活中适当的应用促进了人类科技和社会的发展。大约在 130 年前,自从爱迪生、特斯拉和威斯汀豪斯第一次安装电网,我们的社会就进入了能源时代。大多数的电能是由燃煤发电系统产生的。另外一些主要用在运输行业的能源是通过燃烧以碳为主的燃料,比如汽油等。然而,现代的发展要求新一代电网具有新的更有效的技术,发电的焦点转向更清洁和无碳的能源[1]。含碳化石燃料的缺乏和燃烧化石燃料造成的环境污染都造成这一至关重要的转变。清洁可再生能源有太阳能、核能、风能和地热能。这里值得一提的是,全世界一年消耗的能量比我们在 1 h 内获得的太阳能(13 MW)要小[2]。显然,捕获太阳能将是未来几十年发展的主要推动力[2-3]。近年来,对太阳能电池科学与技术的研究已经取得了巨大的飞跃。太阳能科学与技术的研究趋势,如图 10.1 所示。

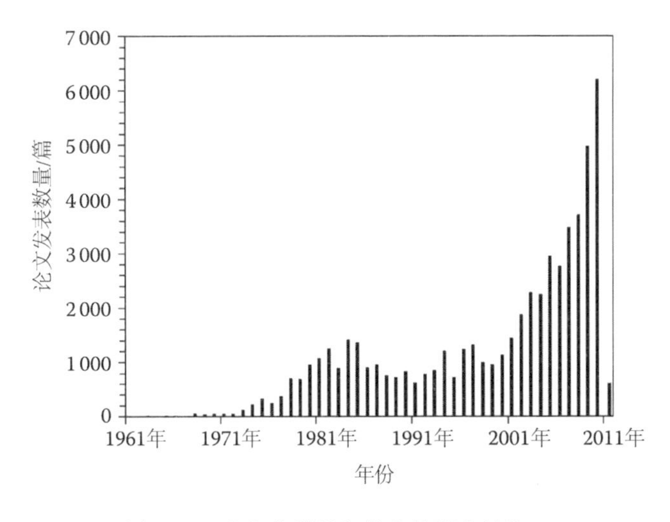

图 10.1　太阳能科学与技术的研究趋势

自从1954年贝尔实验室展示了第一个太阳能电池，这个领域取得了很大的研究进展。贝尔研制的最初的电池是由一个硅p-n型电池。现今，研究了很多不同种类的电池包括非晶硅、微晶硅、多晶硅、碲化镉和硒化铜铟/硫化[5]。新一代高效率和低成本的太阳能电池的需求已经在科学界引起广泛的兴趣，一方面是容易获得的新材料，成本低，无污染；另一方面是结合在光伏系统纳米技术的优势。在这样的背景下，石墨烯由于其优异的电气和机械性能，对于可能应用在未来的太阳能电池中做电极受到了极大的关注。如图10.2所示，石墨烯应用的研究在2010年发生了飞跃并预计将继续发展。本章介绍石墨烯在太阳能应用方面优异的性能，总结在这一领域实际的发展。

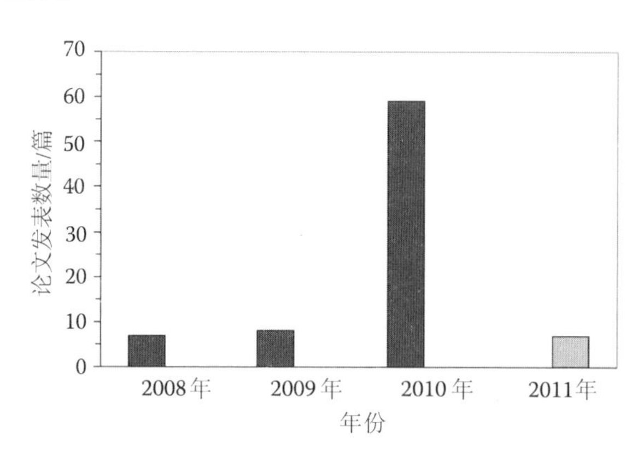

图10.2　石墨烯的应用在2010年飞跃发展

10.2　太阳能电池的应用：为什么用石墨烯

晶体硅太阳能电池，无论是单晶或多晶（也称为第一代太阳能电池），在现实设备中的应用已有很长的历史，而截至2008年，这些电池已经占据世界光伏市场的90%[6]。而研究的硅太阳能电池提供的最高能量转换效率为25%，工业的电池被限制在15%～20%的效率[6]。然而，硅太阳能电池会遭受红损失和蓝损失，这可能与它的间隙带相关[7]。尽管它具有高效率以及在商业上获得成功，但是替换太阳能电池的追求仍在进行。这些研究工作的动力主要通过操作简单、容易实现自动化，并能在更低的成本下批量生产，得到更高的太阳能电池转换效率。为了达到和电网等价，并与煤或核能竞争，有必要为每瓦2美元的总价格水平操作生产太阳能电池。

发电以如此低的成本对目前仍然是一个巨大的挑战,科学家们集中他们的努力实现其他目标,比如实现更高的能源效率或添加更多的功能到电池中,例如,新的设计获取一整天时间的光能,使电池具有灵活性,让它们可以安装在任何物体的表面上,等等。这种不断的研究努力已开发出新的材料,如碲化镉和铜铟硒/硫醚薄膜太阳能电池(也称为第二代太阳能电池)和新类型的太阳能电池(有机/聚合物太阳能电池、染料敏化太阳能电池、多结的电池等,被称为第三代太阳能电池)。有关了解这些系统和太阳能电池的基础知识的详细信息已经超出了本章的范围,但有兴趣的读者可以参考相关人士的文献,以获得这些主题的概述[6,8-12]。本节将重点了解石墨烯"如何"和"为什么"在太阳能电池的应用。

纳米技术的出现在使用有关可再生能源纳米材料方面引起了特殊的关注,例如太阳能电池。半导体纳米结构具有量化效应,带电粒子的限制(电子和空穴)通过空间非常小的区域内的势垒。限制可能是在一个维度(对于量子膜,二维材料)、两个维度(量子线或棒,一维材料)以及三个维度(量子点,零维材料)。这种量子限制产生优异性能,如对单个吸收光子产生一个以上的电子-空穴(这一过程俗称为多激子一代)[13]。因此,某些纳米材料展现出量子限制有提高太阳能电池的能量转换效率的潜力。富勒烯、碳纳米管(CNT)[14]与石墨烯(狄拉克电子在石墨烯限制的结果是已知的作为颤动或狄拉克电子波函数的运动)[15]提供限制效应而被广泛了解,从而产生了它们在太阳能电池中令人感兴趣的应用[16]。碳纳米管首先应用在二氧化钛为基础的染料敏化太阳能电池(DSSC);然而,该结构导致了太阳能电池效率边际增强[17-18]。需要指出的是,碳纳米管和 TiO_2 纳米球一个非常小的接触点限制电子传输,并且因此影响该电池的效率。在那个时间点,很明显一个二维材料与碳纳米管电气性能等同。二氧化钛纳米球可以很容易地锚定到这样的二维材料, TiO_2 的导带加快电子流,增强电荷分离[19]。而且,石墨烯显示出载体松弛通道,连接了价带和导带使得载体增加[20-21]。这种增加对提高太阳能电池的效率是非常重要的。因此,石墨烯为太阳能电池的应用提供了一个很好的机会,特别是在染料敏化太阳能电池中。

除了这些问题,光学透明度对用在太阳能电池作为导电电极的材料是一个关键参数。两种材料氧化铟锡(ITO)和氧化氟锡(FTO)在太阳能电池中普遍作为转移、导电电极[7],氧化铟锡比氧化氟锡更有效。对于未来的太阳能电池,氧化铟锡需要通过另一种合适的材料代替,因为氧化铟锡(a)

易脆,(b)在酸性或碱性的环境中不稳定,(b)在近红外区域的透光性差以及(d)由于铟有限的自然资源因此价格非常昂贵。故需要寻找一个具有高导电性和透光性的合适材料,再探讨碳纳米管层[22-23]。然而,这些片层的性能不如氧化氟锡。石墨烯凭借显著的电气性能和热性能、化学稳定性、机械强度,甚至在红外光谱有高透光度以及生产各种原子层基板具有可伸缩和低成本的合成路线,石墨烯成为这些应用的最佳选择[24]。单层石墨烯的透光度达 97.7%,透光度与石墨烯的层数有关[25-26];五层石墨烯的透光度会降低到近 88%(图 10.3)。石墨烯层数也影响了基于石墨烯的太阳能电池开路电压(OCV)[27]。因此,控制石墨烯厚度极其重要。可控石墨烯合成的各种技术已有报道[28]。

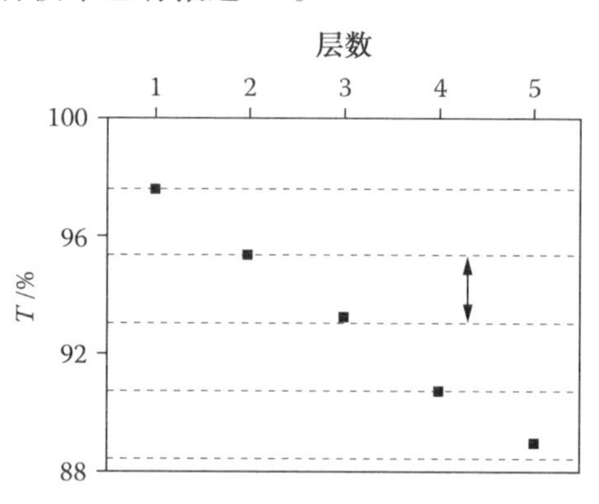

图 10.3　石墨烯层数与透白光率函数

前面讨论的所有特性都是将石墨烯作为透明导电电极应用于不同种类太阳能电池驱动力。然而,在染料敏化太阳能电池中,石墨烯比表面积大。反电极是染料敏化太阳能电池中的重要部分,其中三碘化物离子被还原成碘化物离子。最经常使用的反电极材料为铂(Pt),催化此还原过程[29]。铂电极成本高,需要等效的材料替代该材料。石墨烯具有高电荷传输性和大的表面积,具有很好应用前景。

下面介绍石墨烯和石墨烯材料在各种类型的太阳能电池的应用,并讨论其研究和发展。

10.3　石墨烯材料在太阳能电池中的应用

石墨烯已经或正在各种类型的无机、有机和染料敏化太阳能电池中用作透光的导电电极材料,也可作为在染料敏化太阳能电池中反电极(图

10.4)[30]。此外,功能化石墨烯和基于石墨烯的混合结构也已在第一,第二和使用第三代太阳能电池应用以提高其性能。以下小节将简要展现目前在每个类别的研究进展。值得一提的是,到目前为止,商业产品无法提供许多类型的太阳能电池,而且通常商业级电池比研究级电池的性能较低。

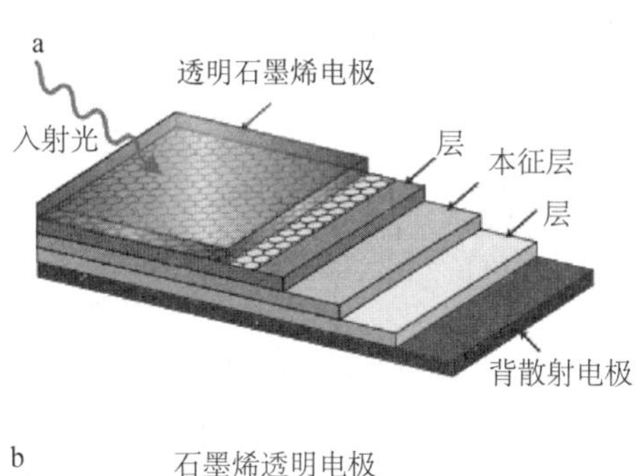

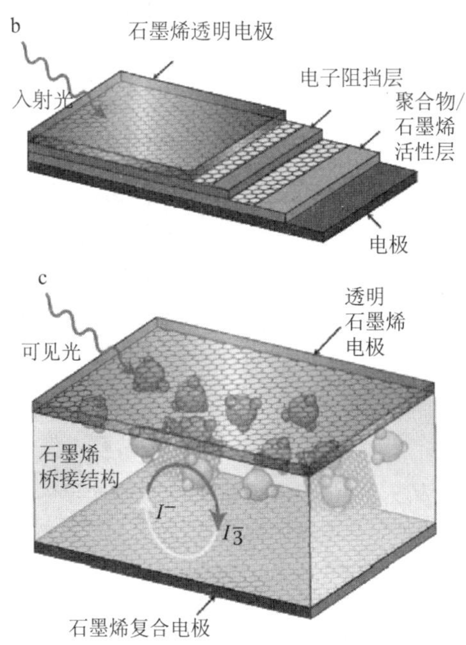

图 10.4 石墨烯太阳能电池的结构示意图。
(a)无机。(b)有机。(c)染色敏化的太阳能电池。

10.3.1 在太阳能电池中用作透光导电电极的石墨烯材料

石墨烯作为一个透光的太阳能电池导电电极已经吸引了众多的关注。

对于这些应用,石墨烯具有良好的透光率和较低的表面电阻。图10.5给出了具有这些性能的石墨烯与其他广泛使用的电极材料的对比。该图清楚地显示了石墨烯相比于其他材料具有更优异的性能,目前只考虑了这两个性能。值得注意的是,石墨烯合成使用的技术与透光率和表面电阻的函数关系,截至目前,化学气相淀积(CVD)石墨烯表现出最好的性能,几乎可以媲美理论预测值。凭借这些优异的性能,石墨烯在最新的太阳能电池新的电极材料的开发研究中起主导作用[31]。

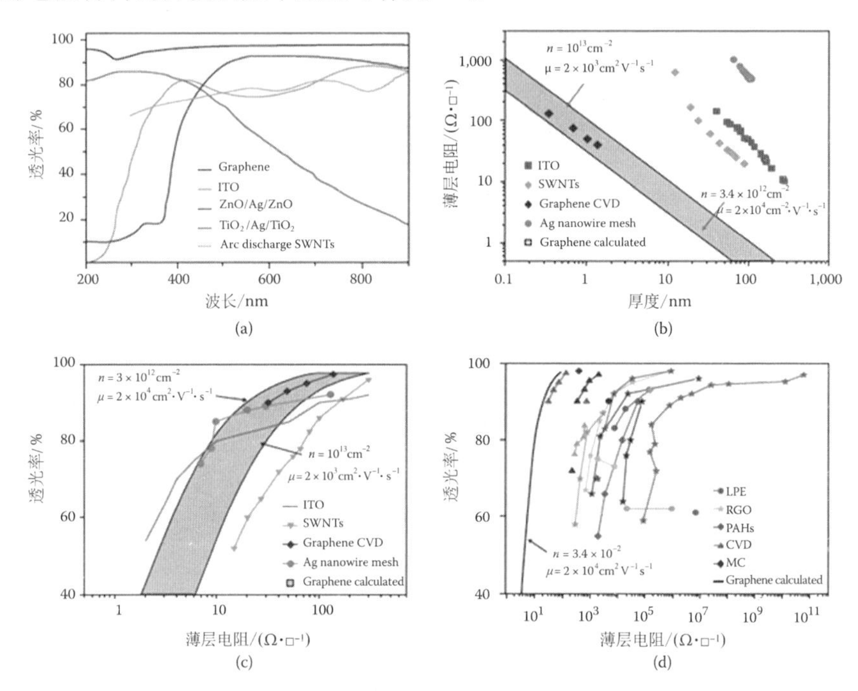

图10.5　石墨烯作为透光导体。(a)不同透光的透光导体。(b)厚度与表面电阻的相关性。两条GTCFs线限制区域(包围的阴影区域);从理论上计算预测。(c)不同透光率的透光导体表面电阻;通过理论计算预测限制石墨烯线包围的阴影区域。(d)根据透光率和表面电阻将石墨分成:三角形,CVD;蓝色菱形,微机械剥离(MC);红色菱形,聚芳碳氢化合物(PAHs);点、液相剥离纯净的石墨烯(LPE);星型,还原氧化石墨烯(RGO),与理论线做比较。

在这方面的初步努力涉及在石英表面通过水加工生成单层氧化石墨烯(GO)片的应用[32]。尽管未还原的石墨烯片层已经显示出足够的导电性和高透光率,但是还原过程还需进一步提高其性能。但是还原过程的恰当选择,预期工艺提高片层的导电率以及其透光率。该片层的厚度也表现出与透光率强烈的关系，6 nm 片层显示出约 88% 的透光率，而 8 nm 片层只有约 60% 的透射率。这些实验结果表明，控制合成石墨烯的层数对太阳能电池应用很重要。然而，溶液处理以巨大的优势降低了生产成本。根据这一趋势，它表明可控的化学还原剥离 GO 可产生所谓的化学转化石墨烯（CCG）[33]。CCG 片显示足够高堆积导电性（10^2 S/cm）和 550 nm 具有 80% 的透光度。CCG 片的热处理被发现可用来恢复石墨烯片中 sp^2 网络，增强各个片材的电荷输送。另外，热退火处理也有助于降低层间距离，帮助电荷输送跨越 CCG 片。虽然 ITO 电极提供近一半的电力转换效率，其低廉的加工成本和较高的填充系数（相对于报告的其他碳片层电极较早）显示较广泛的应用前景。

但是，一个实用的太阳能电池电极需要大面积的石墨烯片，这是石墨烯另一个具有挑战性的任务。最近有报道说改性化学剥离技术可用于制备大面积的氧化石墨烯（高达 40 000 μm^2 的区域）和一种新的低温（小于 100 ℃），快速还原 HI 酸可能产生与石墨烯片类似的区域[34]。片的面积越大，表面电阻越低，这可能减少有关大面积的石墨烯片隧穿壁垒的数目。这种大面积阻力石墨烯片可以由 p 型掺杂 HNO_3 还原[35]。硝酸对于石墨材料是一个 p 型掺杂剂，从石墨烯中一个电子转移到硝酸形成电子转移络合物：

$$6HNO_3+25C \longrightarrow C_{25}+NO_3^- \cdot 4HNO_3+NO_2+H_2O$$

这种掺杂导致费米能级的移位，并增加了石墨烯层的载流子浓度（图 10.6）。可以采用两种方法掺杂，最后一层掺杂（所有的层堆叠后掺杂）和中间掺杂（堆叠每一层进行掺杂）。该 p 型掺杂石墨烯层能够降低达 3 倍石墨的表面电阻，从而提高其在太阳能电池的性能。

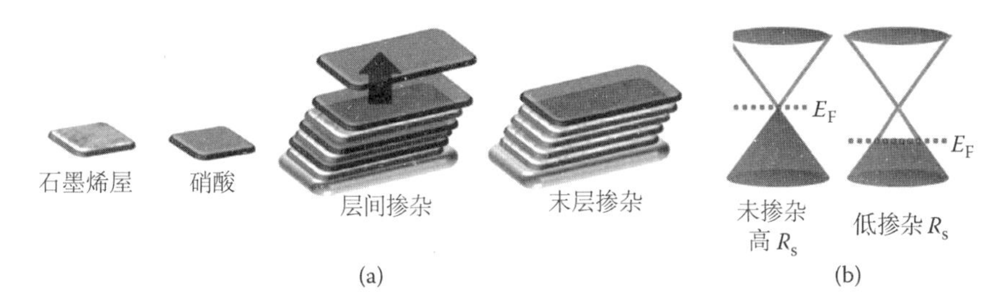

图 10.6　（a）两种不同的掺杂方法的示意图。在中间层掺杂的情况下，将样品暴露于硝酸各层层叠后，而在最后的层掺杂的情况下，将片层暴露于硝酸后，最后的层是堆叠。（b）插图石墨烯带结构，显示出了由于化学 p 型掺杂在费米能级的变化。

另一所学校的科学家们选择尝试混合石墨烯与其他碳的形式(碳纳米管或无定形碳片)并分析它们在太阳能电池中可能的应用。在这样的努力下,石墨烯与碳纳米管混合片沉积聚对苯二甲酸乙二酯(PET)衬底上,并且将膜用硝酸混合[36]。虽然石墨烯碳纳米管混合片相比于石墨烯片显示电阻大幅度的降低(相似的透光率),但这两种片层都表现出积极作用。

此外,片层经过多次弯曲循环表现出优异的完整性(相对于脆性 ITO 涂层),这表明它们作为透明、导电、挠性电极下一代柔性太阳能电池的前景广阔。这些令人兴奋发现鼓励研究人员探索基于石墨烯的材料的太阳能电池越来越重要的应用。

10.3.2 石墨烯材料作为染料敏化太阳能电池电极

光电化学开辟了光电化学电池将太阳能转换成电能的一个新的方向。它最为常见的电池类型是染料敏化太阳能电池(DSSCs)。DSSCs 中有两个电极,其中之一覆盖有染料敏化剂的多孔质层吸收太阳光,并浸渍在电解质溶液中。在一个典型的 DSSC 中,染料分子光照射后成为光激发,迅速注入电子并进入半导体纳米晶二氧化钛层的导带,随后通过还原过程输送分离的空穴到反向电极。然而,即使常规的 TiO_2 DSSC 中功率转换效率高达 13.4%,DSSC 中的性能进一步增强,可通过采用新材料、能带间隙全新的设计和光激发的新方法。除了提供良好的能量转换效率,DSSC 中显示出良好的透光度、柔韧性以及很低的成本(相比于工业太阳能电池)。最近的研究重点在染料敏化太阳能集中在的 n 型半导体纳米结构的电极,离子液体电解质的应用,石墨和碳纳米管电极[37-39]。本小节介绍目前在 DSSC 中使用石墨烯的发展概况。

这里值得一提的是,一种理想的单结器件最大太阳能功率转换效率可达到 30%[40]。第一代单晶硅太阳能电池已经显示效率高达 25%,非常接近理论极限[41]。然而,DSSC 是不理想的太阳能电池。随着目前可用的技术(其导致一损失为 0.75 eV),DSSC 中能显示 13.4% 的最大功率转换效率。如果在损失可以降低到 0.40 eV,则最大效率将高达 20.25%,以 1.31 eV(940 nm)的光学间隙带[42]。其中一个方法减少潜在的损失是减少界面和电子转移过程中异质的无序性。石墨烯在这方面发挥重要的作用。

最初将石墨烯用在 DSSC 中发生在 2008 年,通过非共价键功能化的 (PB^-)和旋涂在 ITO 基材以形成 DSSC 反电极,制备了石墨烯片稳定的水分散液[43]。然而,质量差和相对低导电性石墨烯片(200 ~ 300 S/m)限制了该电池的效率,达到一个 2.2% 的较低水平。聚苯乙烯磺酸掺杂的聚

(3,4-乙烯二氧噻吩)(PEDOT-PSS)具有较高的导电性和更好的片层形成能力。因此,预计一个石墨烯 PEDOT-PSS 电极具有更好的性能,而在现实中,这样一个太阳能电池在可见光波长范围显示出高的透光性(大于80%)和更高的能量转换效率(4.5%)[44]。尽管这种电池性能还远没有达到理论预期,但仍然充分显示了材料与石墨烯适当的组合具有在 DSSC 中重要使用的潜力。另一种广泛研究的材料体系作为用于 DSSC 中的电极材料是石墨烯二氧化钛[45-48](图 10.7)。这两种材料之间的静电引力在石墨烯的表面上有利于结合二氧化钛纳米粒子。因此,这种材料组合具有良好的结构稳定性。不同的方法可以制备这种杂化材料,通过热还原剥离氧化石墨烯[45],石墨烯和二氧化钛纳米粒子之间的异相凝固[46],分子接枝在化学剥落的石墨烯片形成二氧化钛的纳米颗粒[47]。在所有这些方法中,第一种方法由于电池中的串联电阻(热还原剥离的氧化石墨烯)相比给控制 FTO 电极性能不佳。然而,其他两种方法都具有优异的性能。而通过凝固法产生的结构已经显示出非常高的短路光电流密度(J_{sc} =8.38 mA/cm^2)

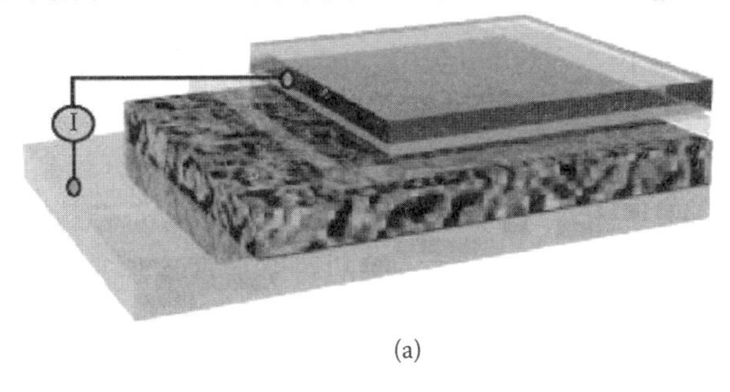

(a)

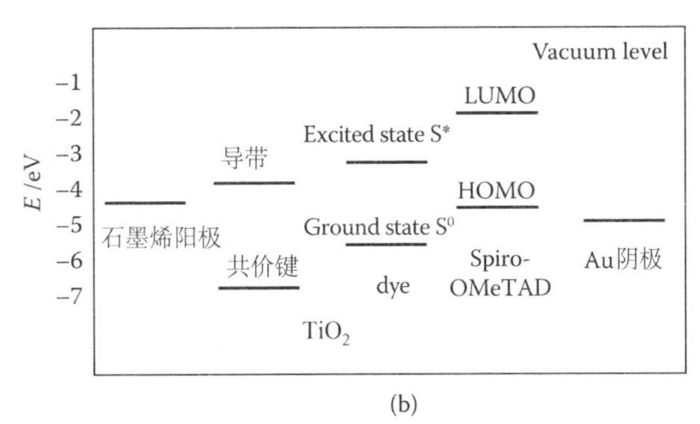

(b)

图 10.7　基于太阳能电池石墨烯电极示意图。(a)DSSCs 使用中石墨烯片层作为电极;四层结构从底部到顶部分别是是金,染料敏化型连接,紧凑的二氧化钛和石墨烯片层。(b)石墨烯图/二氧化钛/染料/OMeTAD/金设备能级示意图。

和总能量转换效率(η=4.28%),这些值比对照样品(无石墨烯)高66%和59%。分子接枝结构分别显示出较低的J_{sc}绝对值和η-6.67 mA/cm^{2}和1.68%。然而这些值,高于对照样品(无石墨烯)的相应值3.5和5倍。分析所有这些结果,似乎电子的结构完整性是非常重要的,减少电池电阻以及合成路径在决定电极优异性能起极其重要的作用。如果强烈依赖退火周期的退火,人们发现在较高温度下退火,纳米石墨烯片提供了更高的J_{sc}和η值[49]。该观察结果也与石墨烯的形态相关。石墨烯用TiO_2改性可以产生积极效果:①在混合片层更低的电荷转移电阻产生连续的电子转移网络,这有利于电子的运输(显著延长电子寿命),并降低重组的概率[50];②石墨烯引入独特的表面形貌,更多的染料分子被吸收,就更多的光吸收,最终生成更多的光诱导电子。

石墨烯在DSSC中的另一个重要作用,它表明对至I^-/I_3^-催化作用。石墨烯[51]和部分还原氧化石墨烯(GO)[52]都表明这种类型的电催化性能。循环伏安(CV)和电阻抗图谱(EIS)是分析催化作用最好的实验工具。人们发现,再合成技术对电催化性能有强烈的影响。还原一个被还原氧化石墨烯片的反应程度会影响催化反应;反应程度较低会导致推迟催化活性。另外,石墨烯的缺陷密度也会影响催化活性。具有较高缺陷的石墨烯可以改善电催化性能。这表明可能通过功能化或者改性调整催化活性[53]。在最近的研究中,功能化含氧的石墨烯观察到非常高的催化活性,总体转化效率可媲美铂电极[54]。

石墨烯成功应用在染料敏化太阳能电极材料已开始许多相关的方向研究,包括在较低温度或室温下通过简单且成本有效的技术诸如溶剂型路线合成的石墨烯[55],不同类型的基于石墨烯混合材料的应用,特别是其他基于碳纳米结构,如碳纳米管[56-57],发展石墨烯的新形态,以进一步加强其活性[58-59],等等。新的结构常常具有令人感兴趣的性质,包括效率高,超过5%。然而,多壁碳纳米管(MWCNT)预计不会在太阳能电池应用中具有任何增强功能,因为它的内壁对电化学活动没有增强作用,但它吸收光。其他基于石墨烯的复合材料结构具有很好的潜力,以取代在DSSC中传统的Pt和FTO。

最近,其他基于石墨烯的复合材料结构-聚苯乙烯(PS)和聚氯乙烯(PVC)纤维掺入二氧化钛纳米粒子和石墨烯纳米片-显示可调超疏水性和电化学性能[60]。这种材料可以通过提供自我清洁和抗冰表面为DSSC提供一个新尺寸。这种材料在太阳能电池应用的适应性的具体表征还没有完全清楚,但与这种新的令人兴奋的发现,对染料敏化太阳能的未来非常有前途。

10.3.3 石墨烯材料在有机太阳能电池中做电极

近年来,有机聚合物太阳能电池吸引了极大的关注,因为它们的性能提供给传统的太阳能电池一个新的层面——柔性。此外,这种类型的电池材料是溶液加工的,质量轻,成本低,使得其在电池的实际应用中具有吸引力。石墨烯也显示出一种性能,保持弯曲状态下的结构完整性和片层电阻,作为有机太阳能电池的电极创造更多性能。虽然许多基于聚合物的石墨烯材料已应用在 DSSC 中,但在有机太阳能电池中,石墨烯主要是作为电子受体[61]。要了解有机太阳能电池的功能,有必要了解有机单元的基本机制[7]。

当一个共轭聚合物具有高度共轭 π 系统吸收一个光子,电子被激发从最高占据分子轨道(HOMO)到最低未占分子轨道(LUMO),导致强烈束缚电子 - 空穴对(激子)。空穴对可以通过创建与受体材料的异质结来分离。受体材料应当具有的电子亲和力比该聚合物大,但是电离电势反而更低。此外,它的 HOMO 能级应在比该聚合物低。这些性能保证了光激发聚合物传输电子到受体材料,但保留在其价带中的空穴。最广泛使用的异质结是本体异质结(BHJ)。许多聚合物和它们的复合材料迄今仍在 BHJ 材料中使用。最成功的材料已经溶于聚(3-己基噻吩)(P3HT)和/或聚(3-octythiophene)(P3OT)作为供体和[6,6] - 苯基 - C61 - 丁酸甲酯(PCBM)(这种材料是一富勒烯衍生物)作为电子受体。因为使用这些材料的有机光伏(OPV)器件效率仍然很低,有必要寻找新材料。在这种情况下,正在探索石墨烯的功能作为电子受体材料。

模拟研究已经预测了基于石墨烯的有机光伏器件效率:单个电池为 12% 堆叠的电池高达 24%[62]。因此,将石墨烯应用于此类电池的实验就是为了达到这一效率水平。在有机太阳能电池中使用石墨烯的初步努力均不太成功;这些电池已显示低的短路光电流密度(J_{sc})和较低的能量转换效率(η)[63-64],这样的劣质性能是由在合成石墨烯的过程中石墨烯更高的表面电阻和未优化的工艺参数引起的。一个不同的方法,化学转化的石墨烯-CNT 复合膜制备基于溶液的低温处理,而无须使用表面活性剂和后来用作 P3HT 的制造平台——PCBM 光伏器件[65]。虽然这种混合材料相比以 ITO 为基础的控制装置显示出更好的性能,特别是弯曲后,整体 J_{sc} 和

η低，分别是3.45 mA/cm^2和0.85%。由石墨烯制成的电极可以弯曲138°而没有任何退化，而ITO电极在60°弯曲开始破解，从而导致不可逆的破坏[66]。虽然这个概念验证的装置未能提供优异的结果，但是它表明石墨烯结构在OPV器件中的应用前景。

石墨烯片的连续性是其中一个重要的问题。相比堆叠的石墨烯片，一个连续的石墨烯片（类似透光度）显示出低得多的表面电阻和更高的电池效率[66]。对于以合成较大面积的连续的石墨烯片和成功地将它们转移到聚合物基体中给科学家提出了挑战。这种大面积的石墨烯片可通过化学气相沉积（CVD）[66]和溶液加工路线[67]制备。除了控制该石墨烯片的形态，另一种改善石墨烯OPVs效率的方法是功能化石墨烯。不同的有机和无机材料，如$AuCl_3$[68]、丁胺[69]、吡啶酸[70]及P3HT[71]，在使用它做BHJ太阳能电池的电极之前已被用于功能化石墨烯。在这些不同种类的功能化石墨烯中，其中CH_2OH封端的区域有规聚（3-己基噻吩）（P3HT）的电极进行化学反应经由酯化反应[71]（图10.8）接枝到石墨烯氧化物（GO），增加了200%的功率转换效率比对照样品。尽管实际效率仍然非常低（0.61%），石墨烯的适当功能化可能是提高有机太阳能电池的效率的一个可行的路径。

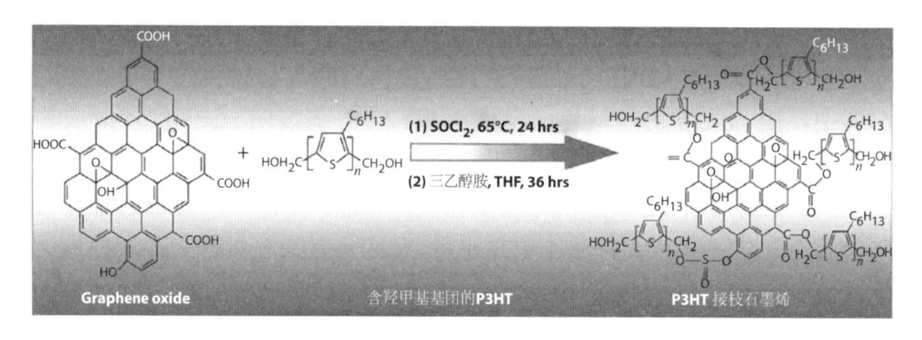

图10.8　CH_2OH终止P3HT链化学接枝石墨烯合成过程示意图，其中包括$SOCl_2$与GO反应（步骤1）和酰基氯官能化GO和MeOH终止P3HT（步骤2）之间的酯化反应。

石墨烯复合材料，尤其是与其他的碳基纳米结构，被视为替代选择。透光结构的石墨烯碳膜（TGF），在有机太阳能电池中使用时，在550 nm处表现出明显的透光度（81%）、良好的导电性和最小的漏电流[72]。另外，溶液加工的功能化石墨烯（SPF石墨烯）和功能化的多壁碳纳米管（F-MWCNT）的复合电极也能改善一个异质结太阳能电池的性能[73]。这种复合物结构提供了良好的载流子传输通道，更好激子分离，并且抑制电荷重组，所有这些都产生更好的光电性能。最近的一份报告提出了使用石墨烯作为一个原子模板,在其结构骨架组装一维有机纳米结构[74]产生一种新型的复合材料结构。这种新型的石墨烯-有机杂化结构在太阳能电池纳米结构的应用令人产生兴趣。

石墨烯氧化物(GO)薄片也可以在有机太阳能电池作为空穴传输和电子阻挡层[75-77]使用。这个层通常是在光活性 P3HT:PCBM 和透光的、导电的 ITO 层之间储存的。GO 层的存在抑制的电子-空穴再结合,减小漏电流,并提高了 OPV 电池的效率。GO 膜的功能再次强烈地依赖于膜厚度[76](最佳厚度为 2 ~ 3 nm)、功能化和退火效应[78]。关于此主题当前和未来的研究设计将优化这些材料参数以实现最佳的性能。

通过过去的几年里对石墨烯在有机太阳能电池中的应用进行的广泛研究分析,似乎单层石墨烯不足以提供这样的应用所需的高导电性。因此,有必要掺杂和堆叠多层石墨烯。在堆叠过程中,重要问题是不同层之间的界面耦合。最近,已证实无任何杂质的石墨烯直接层-层转移可以达到 ITO 基对照样品转换效率的 83.3%[79]。可能有其他的方法来控制界面。Jo 等[80]将功能化的多层石墨烯用于有机太阳能电池。基本上,界面偶极层已经被用于增加内建电势和提高电荷萃取。界面工程对装置设计和最优化界面更详细的研究似乎发挥显著作用。一种不同的方式可以通过带隙工程实现从基于石墨烯的太阳能电池更好的性能。为了有效地调整带隙,二维石墨烯片将转换为零维石墨烯量子点[81]。石墨烯量子点(QDs)通过电化学路线制备并在配有一个过滤形成的石墨烯膜作为电极的 0.1 M 磷酸盐缓冲液(PBS)处理。所制备的石墨烯量子点的直径为 3 ~ 5 nm,均匀单分散。即使在室温下三个月后将溶液保持均匀,没有任何明显的改变(如团聚或颜色变化)。这些石墨烯量子点具有随着新的量子限制效应和边缘效应独特的电子传输。此外,控制它的形状和大小可以导致实现新的属性。

10.3.4 石墨烯材料作为电极应用于其他太阳能电池

染料敏化太阳能和有机聚合物太阳能电池作为下一代太阳能电池具有明确的前景,并在这些类型电池的应用中石墨烯到目前为止已经非常令人兴奋。除了这两种类型的电池,石墨烯也可以单独或作为在混合材料应用于其他类型的太阳能电池。硅肖特基结太阳能电池就是这样的电池。一种石墨烯硅太阳能电池是通过沉积在 n 型 Si 晶片一个石墨烯片,然后构成肖特基结单元(图 10.9),已经显示出约 1.65% 的能量转换效率,填充因数为0.56,开路电压为0.48 V与6.5 mA的[82-83]短路电流,测试以"AM1.5总体光照"的条件。尽管该电池的效率很低,但它仍然代表了一种新类型的光电转换装置。类似尝试使用石墨烯纳米晶须无定型碳[84]或CNT和石墨烯在硅肖特基结太阳能电池[85]可以产生很好的特性。然而,用乙醇润湿的固相层堆叠制备修补石墨烯片的CNT网状,这些电极表现出较高的柔韧性、透光性(90%的透光率在550 nm处),低的表面电阻(735 Ω/□)和高达5.2%(AM1.5光照下)良好的功率转换效率[86]。该薄膜的性能比其他类似类型的电极好得多,所述结构、形态和制备技术对最终电极的性能有重要作用。总体来说,这些研究显示出石墨烯在硅基太阳能电池的潜能。

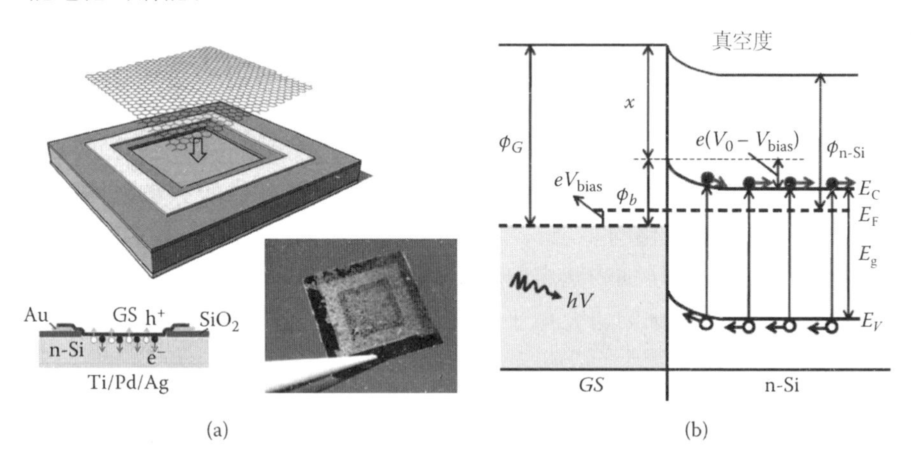

图10.9 石墨烯-硅肖特基结电池。(a)该设备结构的示意图。左下插图:剖视图,光子空穴(H +)和电子(e -)通过内置电场分别打入石墨烯片(GS)和n-Si。右下小图:一个GS/N硅肖特基电池与0.1 cm^2 截面积的照片。(b)能源的正向偏置的GS图/照射时正硅肖特基结。Φ_G(4.8≈5.0 eV),φ_{n-si}(4.25 eV)分别为GS和n-Si的功函数;V_0是内建电势;Φ_b是势垒高度;χ是硅(4.05 eV)的电子亲和力;E_g是硅(1.12 eV)的带隙;E_F是费米能级的能量。V_{bias}是施加的电压。所述Si导带边缘低于费米能级的深度(EC-EF)≈0.25用于这项工作电子伏特的n-Si。

石墨烯在硫化镉量子点(QD)太阳能电池也显示出良好的应用潜力[87]。石墨烯和硫化镉量子点(图10.10)一层接一层复合体表现非常令人兴奋的性能——6%的入射光子有效的到电荷载子(ICPE)[88]。这个性能比其他碳QD太阳能电池增高3倍以上。这种电池的性能可能是由于单层石墨烯,也可能是提高光的吸收和电荷传输,以及石墨烯和硫化镉的有利能量带的匹配。这一成功激发人们在不同的方向上进一步努力,以更好地理解和发展这一领域的研究。虽然一些研究的目的是开发新的合成技术制备石墨烯的 CdS 量子点结构,通过简单的一步反应[89],就像由一步法直接合成的氧化石墨烯,许多其他努力都集中在理解这些类型的太阳能电池的基本机制,通过应用新表征技术,诸如扫描光显微镜(SPCM)[90]。在 CdSQD 太阳能电池中石墨烯的变化,采用了新材料,以表现出这样的新材料的系统的潜力以及提高 QD-敏化太阳能电池的性能。二氧化钛在太阳能电池中是一种受欢迎的材料,石墨、二氧化钛和硫化镉量子点组合用于太阳能电池[91],它相比于不用石墨烯制备的电池高出 56% 的功率转换效率。在这样的电池中,石墨烯显著增强电池内的电子传输。根据石墨烯混合材料在太阳能电池应用的这种趋势,石墨烯也被用在碲化镉量子点敏化太阳能电池上[92]。虽然这一努力未能显示出任何可观的功率转换效率,但仍然是清楚地表明,该混合材料的性能比石墨烯或 QD 单独材料好得多。所有这些发展显示石墨烯在各种类型的太阳能电池应用的潜力。最重要的一点是,所有这些令人振奋的发现发生在过去的几年里,因此可以合理地预测,进一步的令人振奋的结果可能会在不久的将来进行报道。需要进一步调查,以改善所有这些基于石墨烯的混合材料在太阳能电池应用的性能。

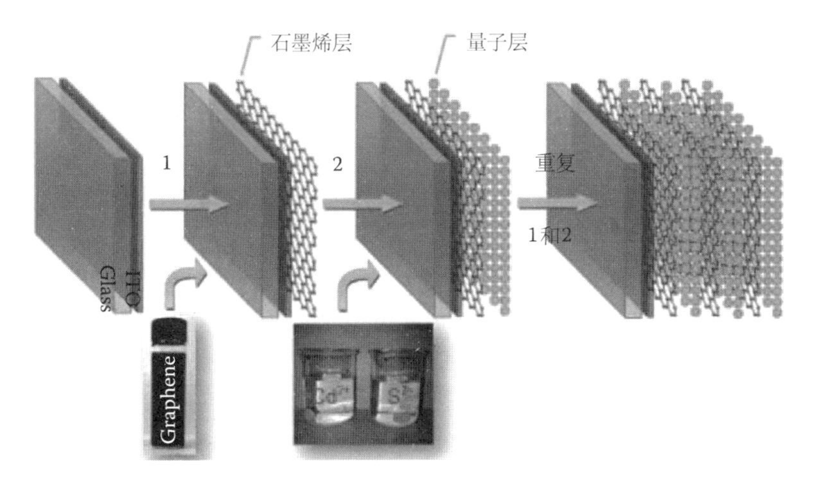

图 10.10　石墨烯量子硫化镉量子点层状复合在 ITO 玻璃太阳能电池应用的示意图。

在最近的和不同的方法中[93],单晶 ZnO 纳米棒(NR)(氧化锌具有高掺杂浓度)的电化学沉积在石英高导电氧化还原石墨烯(RGO)膜上。这种混合材料可进一步用于制造无机-有机混合型太阳能电池用的石英/RGO/氧化锌 NR/聚(3-己基噻吩)/聚(3,4-亚乙基)的层状结构材料:聚(苯乙烯磺酸盐)(P3HT/PEDOT:PSS)/金。虽然从这种结构的初始功率转换效率不是很高,但是这项研究开辟了太阳能电池研究材料应用的新局面。

10.4 小 结

总体来说,石墨烯以优异的机械、电子、化学性能以及透光度和柔韧性,表明它被广泛地引入到各种太阳能电池中。石墨烯、氧化石墨烯、功能化石墨烯及基于石墨烯的混合结构已经被用于许多太阳能电池中,这些应用都表现出易加工性和更好的性能。新的观点比如界面控制、带隙工程以及基于石墨烯的有机纳米线结构对下一代太阳能电池显示出良好的潜力。石墨烯太阳能电池应用的未来是非常有前途的,要做很多研究工作,充分发掘这一"奇迹"的材料的好处,并转换这些研究工作为产业太阳能电池。

本章参考文献

[1] Robinson, L. 2010. Shaping what's in store for the next-generation electrical grid. *JOM* 62(11):13-16.

[2] The American Ceramic Society, Association for Iron&Steel Technology, ASM International, Materials Research Society, The Minerals, Metals, &Materials Society. 2010. *Advanced materials for our energy future.* Warrendale, PA: Materials Research Society.

[3] The Minerals, Metals, &Materials Society. 2010. *Linking transformational materials and processing for an energy efficient and low-carbon economy: Creating the vision and accelerating realization.* Warrendale, PA: The Minerals, Metals, &Materials Society.

[4] Perlin, J. 2002. *From space to Earth: The story of solar electricity.* Cambridge, MA: Harvard University Press.

[5] Jacobson, M. Z. 2009. Review of solutions to global warming, air pollution and energy security. *Energy Environ. Sci.* 2:148-173.

[6] Saga, T. 2010. Advances in crystalline silicon solar cell technology for industrial mass production. *NPG Asia Mater.* 2(3):96-102.

[7] Hu, Y. H., Wang, H., and B. Hu. 2010. Thinnest two-dimensional nanomaterial-graphene for solar energy. *Chem. Sus. Chem.* 3:782-796.

[8] Hoppe, H., and N. S. Sariciftci. 2004. Organic solar cells: An overview. *J. Mater. Res.* 19(7):1924-1945.

[9] Gratzel, M. 2003. Dye-sensitized solar cells. *J. Photochem. Photobiology C: Photocheim. Rev.* 4: 145-153.

[10] Meyer, G. J. 2010. The 2010 millennium technology grand prize: Dye-sensitized solar cells. *ACS Nano* 4(8):4337-4343.

[11] Nicholson, P. G., and F. A. Castro. 2010. Organic photovoltaics: Principles and techniques for nanometre scale characterization. *Nanotechnology* 21:492001.

[12] Nelson, J. 2003. *The physics of solar cells.* London: Imperial College Press.

[13] Nozik, A. J. 2010. Nanoscience and nanostructures for photovoltaics and solar fuels. *Nano Lett.* 10: 2735-2741.

[14] Saito, R., Dresselhaus, G., and AS. Dresselhaus. 1998. *Physical properies of carbon nanotubes.* London: Imperial College Press.

[15] Castro Neto, A. H., Guinea, F., Peres, N. M. R., Novoselov, K. S., and A. K. Geim. 2009. The electronic properties of graphene. *Rev. Modern Phys.* 81:109-162.

[16] Guldi, D. M., and V. Sgobba. 2011. Carbon nanostructures for solar energy conversion schemes. *Chem. Commun.* 47:606-610.

[17] Kongkanand, A., Martine-Dominguez, R., and P. V. Kamat. 2007. Single-wall carbon nanotube scaffolds for photoelectrochemical solar cells. Capture and transport of photogenerated electrons. *Nano Lett.* 7(3): 676-680.

[18] Brown, P., Takechi, K., and P. V. Kamat. 2008. Single-walled carbon nanotube scaffolds for dye-sensitized solar cells. *J. Phys. Chem. C* 112(12):4776-4782.

[19] Yang, N., Zhai, J., Wang, D., Chen, Y., and L. Jiang. 2010. Two-dimensional graphene bridges enhanced photoinduced charge transport in dye-sensitized solar cells. *ACS Nana* 4(2):887-894.

[20] Winzer, T., Knorr, A., and E. Malic. 2010. Carrier multiplication in graphene. *Nano Lett.* 10:4839-4843.

[21] Mueller, M. L. , Yan, X. , McGuire, J. A. , and L. -S. Li. 2010. Triplet states and electronic relaxation in photoexcited graphene quantum dots. *Nano Lett.* 10: 2679-2682.

[22] Hu, L. , Hecht, D. S. , and G. Gruner. 2004. Percolation in transparent and conducting carbon nanotube networks. *Narzo Lett.* 4: 2513-2517.

[23] Wu, Z. C. , Chen, Z. H. , Du, X. , Logan, J. M. , Sippel, J. , Nikolou, M. , Kamaras, K. , Reynolds, J. R. , Tanner, D. B. , Hebard, A. F. , and A. G. Rinzler. 2004. Transparent, conductive carbon nanotube films. *Science* 305:1273-1276.

[24] Choi, W. , Lahiri, I. , and R. Seelaboyina. 2010. Synthesis of graphene and its applications: A review. *Critical Rev. Solid State and Mater. Sci.* 35(1):52-71.

[25] Ludwig, A. W. W. , Fisher, M. P. A. , Shankar, R. , and G. Grinstein. 1994. Integer quanturn Hall transition: An alternative approach and exact results. *Phys. Rev. B* 50(11): 7526-7552.

[26] Nair, R. R. , Blake, P. , Grigorenko, A. N. , Novoselov, K. S. , Booth, T. J. , Stauber, T. , Peres, N. M. R. , and A. K. Geim. 2008. Fine structure constant defines visual transparency of graphene. *Science* 320: 1308.

[27] Ihm, K. , Lim, J. T. , Lee, K. -J. , Kwon, J. W. , Kang, T. -H. , Chung, S. , Bae, S. , Kim, J. H. , Hont. B. H. . and G. Y. Yeom. 2010. Number of graphene layers as a modulator of the oven-circuit voltage of graphene-based solar cell. *Appl. Phys. Lett.* ,97:032113.

[28] Wei, D. , and Y Liu. 2010. Controllable synthesis of graptiene and its applications. *Adv. Mater.* 22: 3225-3241.

[29] Oregan, B. , and M. Gratzel. 1991. A low-cost, high efficiency solar cell based on dyesensitized colloidal TiO_2 films. *Nature* 353:737-740.

[30] Bonaccorso, F. , Sun, Z. , Hasan T. , and A. C. Ferrari. 2010. Graphene photonics and optoelectronics. *Nature Photonics* 4: 611-622.

[31] Liang, M. , Luo, B. , and L. Zhi. 2009. Application of graphene and graphene-based materials in clean energy-related devices. *Int. J. Energy Res.* 33:1161-1170.

[32] Becerril, H. A. , Mao, J. , Liu, Z. , Stoltenberg, R. M, Bao, Z. , and Y. Chen. 2008. Evaluation of solution-processed reduced graphene oxide

films as transparent conductors. *ACS Nano* 2(3):463-470.

[33] Geng, J. ,Liu, L. ,Yang, S. B. ,Youn, S. -C. ,Kim, D. W,Lee, J. -S. , Choi, J. -K. ,and H. -T. Jung. 2010. A simple approach for preparing transparent conductive graphene films using the controlled chemical reduction of exfoliated graphene oxide in an aqueous suspension. *J. Phys. Chem. C* 114: 14433-14440.

[34] Zhao, J. ,Pei, S. ,Ren, W. ,Gao, L. ,and H. -M. Cheng. 2010. Efficient preparation of large-area graphene oxide sheets for transparent conductive films. *ACS Nano*, 4 (9): 5245-5252.

[35] Kasry, A. ,Kuroda, M. A. ,Martyna, G. J. ,Tulevski, G. S. ,and A. A. Bol. 2010. Chemical doping of large-area stacked graphene films for use as transparent, conducting electrodes. *ACS Nano* 4(7):3839-3844.

[36] Xin, G. ,Hwang, W. ,Kim, N. ,Cho, S. M. ,and H. Chae. 2010. A graphene sheet exfoliated with microwave irradiation and interlinked by carbon nanotubes for high-performance transparent flexible electrodes. *Nanotechnology* 21:405201.

[37] Wei, D. ,Andrew, P. ,and T. Ryhanen. 2010. Electrochemical photovoltaic cells: Review of recent developments. *J. Chem. Technol. Biotechnol.* 85:1547-1552.

[38] Wei, D. 2010. Dye sensitized solar cells. *Int. J. Mol. Sci.* 11:1103-1113.

[39] Calandra, P. ,Calogero, G. ,Sinopoli, A. , and P. G. Gucciardi. 2010. Metal nanoparticles and carbon-based nanostructures as advanced materials for cathode application in dyesensitized solar cells. *Int. J. Photoenergy* 2010: 109495.

[40] Shockley, W. ,and H. J. Queisser. 1961. Detailed balance limit of efficiency of p-n junction solar cells. *J. Appl. Phys.* 32 (3):510-519.

[41] Green, M. A. 2009. The path to 25% silicon solar cell efficiency: History of silicon cell evolution. *Prog. Photovolt: Res. Appl.* 17:183-189.

[42] Snaith, H. J. 2010. Estimating the maximum attainable efficiency in dye-sensitized solar cells. *Adv. Fune. Mater.* 20(1):13-19.

[43] Xu, Y. ,Bai, H. ,Lu, G. ,Li, C. ,and G. Shi. 2008. Flexible graphene films via the filtration of water-soluble noncovalent functionalized graphene sheets. *J. Am. Chem. Soc.* 130 (18):5856-5857.

[44] Hong, W. , Xu, Y. , Lu, G. , Li, C. , and G. Shi. 2008. Transparent graphene/PEDOT- PSS composite films as counter electrodes of dye-sensitized solar cells. *Electrochcm. Commun.* 10: 1555-1558.

[45] Wang, X. , Zhi, L. , and K. Mullen. 2008. Transparent, conductive graphene electrodes for dye-sensitized solar cells. *Nano Lets.* 8(1):323-327.

[46] Sun, S. , Gao, L. , and Y. Liu. 2010. Enhanced dye-sensitized solar cell using graphene- TiO_2 photoanode prepared by heterogeneous coagulation. *Appl. Phys. Lett.* 96: 083113.

[47] Tang, Y. -B. , Lee, C. -S. , Xu, J. , Liu, Z. -T. , Chen, Z. -H. , He, Z. , Cao, Y-L, Yuan, G. , Song, H. , Chen, L. , Luo, L. , Cheng, H. -M. , Zhang, W. -J. , Bello, I. , and S. -T. Lee. 2010. Incorporation of graphenes in nanostructured TiO_2 films via molecular grafting for dyesensitized solar cell application. *ACS Nano* 4 (6):3482-3488.

[48] Zhu, G. , Lv, T. , Xu, T. , Pan, L. , and Z. Sun. 2010. Graphene-incorporated nanocrystalline TiO_2 films for dye-sensitized solar cells. In *Proceedings of the* 2010 8*th International Vacuum Electron Sources Conference and Nanocarbon* (*IVESC*), 370-371 . Nanjing, China: IEEE.

[49] Zhang, D. W. , Li, X. D. , Chen, S. , Li, H. B. , Sun, Z. , Yin, X. J. , and S. M. Huang. 2010. Graphene nanosheet counter-electrodes for dye-sensitized solar cells. In *Proceedings of the* 3*nd International Nanoelectronics Conference* (*INEC*), 610-611. Hong Kong: IEEE.

[50] Kim, S. R. , Parvez, Md. K. , and M. Chhowalla. 2009. UV-reduction of graphene oxide and its application as an interfacial layer to reduce the back-transport reactions in dyesensitized solar cells. *Chem. Phys. Lett.* 483:124-127.

[51] Hasin, P. , Alpuche-Aviles, M. A. , and Y. Wu. 2010. Electrocatalytic activity of graphcne multilayers toward $I-/I^{3-}$: Conditions and polyelectrolyte modification. *J. Phys. Chem. C* 114:15857-15861.

[52] Choi, S. -H. , Ju, H. -M. , and S. H. Huh. 2010. A catalytic graphene oxide film for a dyesensitized solar cell. *J. Korean Phys. Soc.* 57(6): 1653-1656.

[53] Das. S. , Sudhagar, P. , Song, D. H. , Eto, E. , Lee, S. Y. , Kang, Y. S. , and W. Choi. 2011. Amplifying charge transfer characteristics of

graphene for triiodide reduction in dyesensitized solar cells. *Advanced Functional Materials* (accepted for publication).

[54] Roy-Mayhew, J. D. ,Bozym, D. J. ,Punckt, C. ,and I. A. Aksay. 2010. Functionalized graphene as a catalytic counter electrode in dye-sensitized solar cells. *ACS Nano* 4(10): 6203-6211.

[55] Wan, L. , Wang, S. ,Wang, X. ,Dong, B. ,Xu, Z. ,Zhang, X. ,Yang, B. ,Peng, S. ,Wang, J. ,and C. Xu. 2011 . Room-temperature fabrication of graphene films on variable substrates and its use as counter electrodes for dye-sensitized solar cells. *Solid State Sciences* 13: 468-475.

[56] Choi,H. ,Kim, H. ,Hwang, S. ,Choi,W. ,and M. Jeon. 2011. Dye-sensitized solar cells using graphene-based carbon nanocomposite as counter electrode. *Solar Eneigy Materials & Solar Cells* 95:323-325.

[57] Choi,H. , Kim, H. ,Hwang, S. ,Kang, M,Jung. D.-W. ,and M. Jeon. 2011. Electrochemical electrodes of graphene-based carbon nanotubes grown by chemical vapor deposition. *Scripta Muter.* 64: 601-604.

[58] Yang, N. ,Zhai. J. ,Wang, D. ,Chen, Y. ,and L. Jiang. 2010. Two-dimensional graphene bridges enhanced photoinduced charge transport in dye-sensitized solar cells. *ACS Nano* 4(2)887-894.

[59] Kavan, L. ,Yum,J. H. ,and M. Gratzel. 2011. Optically transparent cathode for dyesensitized solar cells based on graphene nanoplatelets. *ACS Nano* 5(1):165-172.

[60] Asmatulu,R. ,Ceylan, M. ,and N. Nuraje. 2011. Study of superhydrophobic electrospun nanocomposite fibers for energy systems. *Langmuir* 27 (2):504-507.

[61] Li,C. ,and G. Shi. 2011. Synthesis and electrochemical applications of the composites of conducting polymers and chemically converted graphene. *Electrochimica Acta* DOI:10. 1016/j. electacta. 2010. 12. 081.

[62] Yong, V. ,and J. M. Tour. 2010. Theoretical efficiency of nanostructured graphenebased photovoltaics. *Small* 6 (2):313-318.

[63] Wu,J. ,Becerrit,H. A. ,Bao, Z. ,Liu, Z. ,Chen, Y. ,and P. Peumans. 2008. Organic solar cells with solution-processed graphene transparent electrodes. *Appl. Phys. Lett.* 92: 263302.

[64] Wang, X. ,Zhi, L. ,Tsao, N. ,Tomovic, Z. ,Li, J. ,and K. Mullen. 2008. Transparent carbon films as electrodes in organic solar cells. *An-*

gew Chem. Int. Ed. 47:2990-2992.

[65] Tung, V. C., Chen, L.-M., Allen, M. J., J. Wassei, K., Nelson, K., Kaner, R. B., and Y. Yang. 2009. Low-temperature solution processing of graphene-carbon nanotube hybrid materials for high-performance transparent conductors. *Nano Lett.* 9(5): 1949-1955.

[66] De Arco, L. G., Zhang, Y., Schlenker, C. W., Ryu, K., Thompson, M. E., and C. Zhou. 2010. Continuous, highly flexible, and transparent graphene films by chemical vapor deposition for organic photovoltaics. *ACS Nano* 4(5): 2865-2873.

[67] Yan, X., Cui, X., Li, B., and L.-S. Li. 2010. Large, solution-processable graphene quantum dots as light absorbers for photovoltaics. *Nano Lett.* 10: 1869-1873.

[68] Park, H., Rowehl, J. A., Kim, K. K., Bulovic, V., and J. Kong. 2010. Doped graphene electrodes for organic solar cells. *Nanotechnology* 21: 505204.

[69] Valentini, L., Cardinali, M., Bon, S. B., Bagnis, D., Verdejo, R., Lopez-Manchado, M. A., and J. M. Kenny. 2010. Use of butylamine modified graphene sheets in polymer solar cells. *J. Mater. Chem.* 20: 995-1000.

[70] Chang, H., Liu, Y., Zhang, H., and J. Li. 2010. Pyrenebutyrate-functionalized graphene/poly(3-octyl-thiophene) nanocomposites based photoelectrochemical cell. *J. Electroanal. Chem.* DOI:10.1016/j.jelechem.2010.10.015.

[71] Yu, D., Yang, Y., Durstock, M., Baek, J.-B., and L. Dai. 2010. Soluble P3HT-grafted graphene for efficient bilayer-heterojunction photovoltaic devices. *ACS Nano* 4(10): 5633-5640.

[72] Kalita, G., Matsushima, M., Uchida, H., Wakita, K., and M. Umeno. 2010. Graphene constructed carbon thin films as transparent electrodes for solar cell applications. *J. Mater. Chem.* 20: 9713-9717.

[73] Liu, Z., He, D., Wang, Y., Wu, H., Wang, J., and H. Wang. 2010. Improving photovoltaic properties by incorporating both SPF Graphene and functionalized multiwalled carbon nanotubes. *Solar Energy, Mater. Solar Cells* 94: 2148-2153.

[74] Wang, S., Goh, B. M., Manga, K. K., Bao, Q., Yang, P., and K. P.

Loh. 2010. Graphene as atomic template and structural scaffold in the synthesis of graphene organic hybrid wire with photovoltaic properties. *ACS Nano* 4(10):6180-6186.

[75] Li, S.-S., Tu, K.-H., Lin, C.-C., Chen, C.-W., and M. Chhowalla. 2010. Solution processable graphene oxide as an efficient hole transport layer in polymer solar cells. *ACS Nano* 4(6):3169-3174.

[76] Gao, Y., Yip, H.-L., Hau, S. K., O'Malley, K. M., Cho, N. C, Chen, H, and A. K.-Y. Jen. 2010. Anode modification of inverted polymer solar cells using graphene oxide. *Appl. Phys. Lett.* 97:203306.

[77] Yin, B., Liu, Q., Yang, L., Wu, X., Liu, Z., Hua, Y., Yin, S., and Y. Chen. 2010. Buffer layer of PEDOT: PSS/graphene composite for polymer solar cells. *J. Nanosci. Nanotechnol.* 10:1934-1938.

[78] Wang, J., Wang, Y., He, D., Liu, Z., Wu, H., Wang, H., Zhao, Y., Zhang, H., and B. Yang. 2010. Composition and annealing effects in solution-processable functionalized graphene oxide/P3HT based solar cells. *Syn. Met.* 160: 2494-2500.

[79] Wang, Y., Tong, S. W., Xu, X. F., Özyilmaz, B., and K. P. Loh. 2011. Interface engineering of layer-by-layer stacked graphene anodes for high-performance organic solar cells. *Adv. Mater.* DOI:10.1002/adma.201003673.

[80] Jo, G., Na, S.-I., Oh, S.-H., Lee, S., Kim, T.-S., Wang, G., Choe, M., Park, W., Yoon, J. Kim, D.-Y., Kahng, Y. H., and T. Lee. 2010. Tuning of a graphene-electrode work function to enhance the efficiency of organic bulk heterojunction photovoltaic cells with an inverted structure. *Appl. Phys. Lett.* 97:213301.

[81] Li, Y., Hu, Y., Zhao, Y., Shi, G., Deng, L., Hou, Y., and L. Qu. 2011. An electrochemical avenue to green-luminescent graphene quantum dots as potential electron-acceptors for photovoltaics. *Adv. Mater.* 23: 776-780.

[82] Li, X., Zhu, H., Wang, K., Cao, A., Wei, J., Li, C., Jia, Y, Li, Z., Li, X., and D. Wu. 2010. Graphene-on-silicon Schottky junction solar cells. *Adv. Mater.* 22: 2743-2748.

[83] Won, R. 2010. Graphene-silicon solar cells. *Nature Photouics* 4: 411.

[84] Li, X., Li, C., Zhu, H., Wang, K., Wei, J., Li, X., Xu, E., Li, Z.,

Luo, S. , Lei, Y. , and D. Wu. 2010. Hybrid thin films of graphene nanowhiskers and amorphous carbon as transparent conductors. *Chem. Commun.* 46: 3502-3504.

[85] Schriver, M. , Regan, W. , Loster, M. , and A. Zettl. 2010. Carbon nanostructure-aSi:H photovoltaic cells with high open-circuit voltage fabricated without dopants. *Solid State Commun.* 150: 561-563.

[86] Li, C. , Li, Z. , Zhu, H. , Wang, K. , Wei, J. , Li, X. , Sun, P, Zhang, H. , and D. Wu. 2010. Graphene nano-"patches" on a carbon nanotube network for highly transparent/conductive thin film applications. *J. Phys. Chem. C* 114: 14008-14012.

[87] Dai, L. 2010. Layered graphene/quantum dots: Nanoassemblies for highly efficient solar cells. *Chem. Sus. Chem.* 3:797-799.

[88] Guo, C. A. , Yang, H. B. , Sheng, Z. M. , Lu, Z. S. , Song, Q. L. , and C. M. Li. 2010. Layered graphene/quantum dots for photovoltaic devices. *Angew. Chem. Int. Ed.* 49:3014-3017.

[89] Cao, A. , Liu, Z. , Wu, M. , Ye, Z. , Cai, Z. , Chang, Y. , and Y. Liu. 2010. Synthesis of single-layer graphene-quantum dots nanocomposite directly from graphene oxide. In *Proceedings of the 3rd International Nanoelectronics Conference (INEC)*, 87-88. Hong Kong: IEEE.

[90] Dufaux, T. , Boettcher, J. , Burghard, M. , and K. Kern. 2010. Photocurrent distribution in graphene-CdS nanowire devices. *Small* 6(17): 1868-1872.

[91] Zhu, G. , Xu, T. , Lv, T. , Pan, L. , Zhao, Q. , and Z. Sun. 2011, Graphene-incorporated nanocrystalline TiO_2 films for CdS quantum dot-sensitized solar cells. *J. Electroanal. Chem.* 650:248-251.

[92] Lu, Z. , Guo, C. X. , Yang, H. B. , Qiao, Y. , Guo, J. , and C. M. Li. 2011. One-step aqueous synthesis of graphene-CdTe quantum dot-composed nanosheet and its enhanced photoresponses. *J. Colloid Interface Sci.* 353:588-592.

[93] Yin. Z. , Wu, S. , Zhou, X. , Huang, X. , Zhang, Q. , Boey, F. , and H. Zhang. 2010 Electrochemical deposition of ZnO nanorods on transparent reduced graphene oxide electrodes for hybrid solar cells. *Small* 6(2):307-412.

第11章　石墨烯的热性能和热电性能

11.1　概　　述

近几年,材料的热性能在科学和工业生产领域受到越来越多的关注。这主要是由热排除和从基础科学角度理解的纳米级导热机理所推动的。材料的导热能力是由其原子结构决定的,此外材料的热传导性还揭示了许多材料的其他特性[1-3]。在二维和一维系统上的热传输呈现了一个特别有趣的科学问题。由于其在热排除或热绝缘领域存在的潜在的应用价值,具有较高或较低的热传导率的材料引起了人们的关注。

11.1.1　纳米热传导

纳米级结构合成和加工的飞速发展已经促进了人们对纳米结构材料、装置、独立纳米结构在热传输中的科学理解。我们主要的关注点在于非金属和通过声子的晶格振动传输热量的半导体系统的热传导[4-6]。声子具有较大的频率范围和更大的平均自由行程值。然而,在室温下,大部分的热量是由具有较大的波矢量和平均自由程(MFP)的声子传导的,这些声子的尺寸在1~100 nm之间。因此,目前在我们所感兴趣的许多系统和设备中,微/纳米结构和声子平均自由程是在同一个比例范围内的,甚至有时可以媲美声子波长。在室温下,块状硅的MFP范围在40~300 nm,晶体管栅极的MFP范围在20~40 nm。表11.1(改编自巴兰丁[7])将阐明不同声子色散和在各种长度L下具有显性效应的散射机理。在表中,声子热波长用符号λ表示。Cahill等[8]指出,在声子平均自由程和波长的比例内,对温度的定义变得十分重要。在空间内的两个区域有温度差,同样也会在声子的分布上有所差异。声子散射改变了它们的分布。非调谐散射过程发生在平均自由程长度。因此,在特定温度下的局部区域应该比声子散射距离大。在声子平均自由程的比例下,对温度的定义是十分困难的。低频声子具有长平均自由程,高频声子则相反。因此,对于声子所携带的热的主体部分,可以认为是平均自由程的平均值。

表 11.1　散射过程和长度尺寸在声子传播过程中的注意事项

长度尺寸	声子分布	显著声子散射过程
$L \gg$ MFP	体积分布	三声子倒逆,点缺陷散射
$\lambda \ll L \leqslant$ MFP	体积分布	三声子倒逆,点缺陷散射,边界散射
$\lambda \leqslant L \ll$ MFP	改进分布,一些声子分支居中	三声子倒逆,点缺陷散射,边界散射
$L<\lambda$	极少的声子分支居中	弹道传输模式

来源 :从 A A. 巴兰丁改编 2004 年。半导体纳米结构的热导率,纳米科学和纳米科技百科全书,编辑 H. S. Nalwa,第一卷, 10,425-445,Stevenson Ranch,美国科学出版社。

这个理论不能用于晶界处,因为边界为温度区域提供了天然的屏障。波的干扰也对纳米器件影响相当明显。大多数的固体在室温下,在布里渊区的所有声子的状态都是传输机制。但是由于热载流子声子的波长可以与纳米结构的尺寸相比较,传统的玻耳兹曼方程不能解释这个现象。其他的理论开始在这一点上发挥作用。声子限制效应对声子弛豫速率,修正群速度有强烈的影响,反过来影响了热性能。像量子阱和薄膜等低维材料,边界的声子散射,变更的声子分散和非谐相互作用可以降低晶格热导率,从而提高热电性能[9-11]。

11.1.2　小尺寸器件和电路的热管理

随着晶体管和集成电路的出现,技术领域出现了一个巨大的飞跃式发展。Gordon Moore 预测,芯片上晶体管的数量每两年将会翻一番[12]。广为人知的摩尔定律,这一发现推动了半导体行业和硅基集成电路设计的发展。设备小型化的趋势已经限制了晶体管栅极的长度、晶片规模的增长和缺陷密度的降低。这在微处理器的结构上造成了前所未有的变革,装置的设计上都考虑了性价比,集成密度,并且都具有大型计算能力[13]。

为了实现预计的性能增益,设备中的阈值泄漏电流必须要放宽,这也是功率密度成为高速微处理器受到关注的原因。从图 11.1 看出,不久之后在芯片上的功率密度将大大增加,而目前已经达到 100 W/cm^2,这在数量级上几乎和核反应堆等价,并且它还有进一步上升的趋势。由于设备特征尺寸接近 10 nm 甚至更多,增加的功率密度和高芯片温度会阻碍集成电路的可靠性[14-15]。虽然在芯片水平上这会给电路设计者造成一定的问题,但是设备的设计者已经开始面临着各种独立的晶体管热量管理问题的挑战。但是在设备的实际操作中,自发热可能会造成如以电流载流子和声子为基本单元的相互作用的晶格振动。复杂的设备结构和材料的选择也在增加功率耗散中起到了重要的作用。像低 K 值电介质这种比硅的热导率还低的材料,在一个硅绝缘体结构上使用时,材料会由于互连的存在而增加热阻。像使用范围极广的互补金属氧化物半导体(CMOS)、高电子迁移率晶体管及量子级联激光器器件,过热将会严重妨碍设备的操作。对于光子器件,如果发热达到了每平方米 1×10^6 W,这将会造成严重的后果。这其中的主要原因是纳米级器件特征尺寸接近的声子的 MFP;在这样一个尺度下,声子散射边界开始主导三声子倒逆散射。

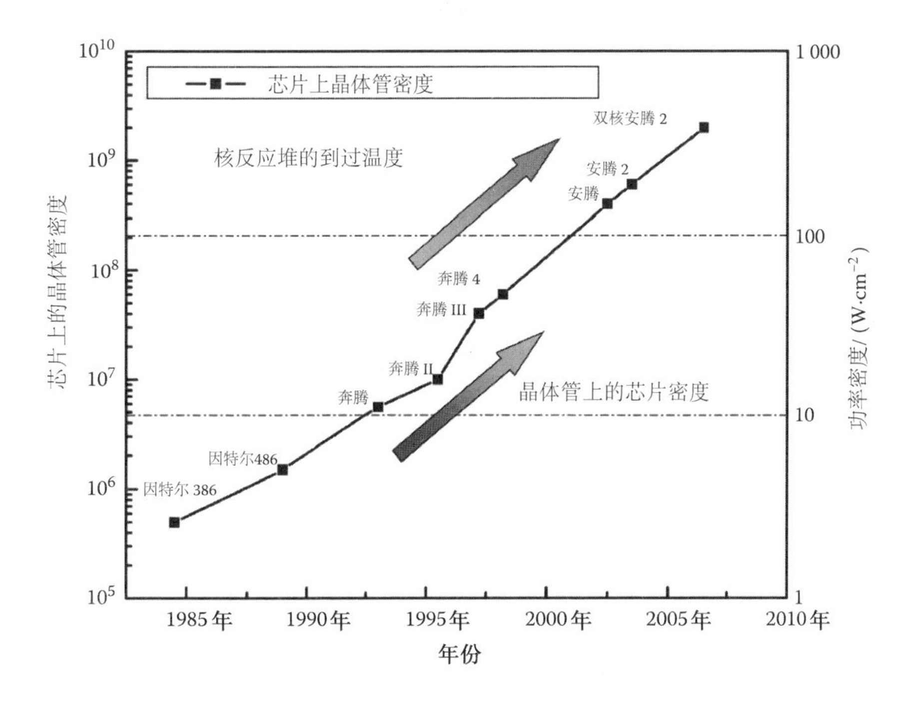

图 11.1 过去 20 年芯片上晶体管密度和相应的功率密度。(根据 2001 年 P. P. Gelsinger. 微处理器新千年:挑战,机遇和新的领域。ISSCC,2001 年 IEEE 国际固态电子电路会议论文 22. P. P. Gelsinger 在加州旧金山的英特尔信息技术峰会 2004 年春季的演讲"万亿的新纪元"。)

特别是在弹道机制中,当设备的特征尺寸比声子的 MFP 小得多时,就会在电子-声子中产生一个不平衡状态,并且声子在设备的热传输中做出很多贡献。具有大群速度的声子对热导率贡献较大,而相对应的光学声子则具有较小的群速度。在 CMOS 器件中,总功率损失可以主要归因于开关功率损耗和设备泄漏功率。像晶体管门控、功率门控以及低功耗设计技术通常都是为了降低功率损耗,尽管可能以牺牲性能和可允许噪声极限为代价[16]。电源电压的比例仍然受限于电压波动[17]。当常规的设计功率受到限制时,为了保持设备的最佳性能,人们必须考虑到账户工程的材料参数或结构的几何形状能够使热量有效地散发。当器件和电路的尺寸日益减小,散热的问题日益严重时,要找到一种具有非常高的热传导性的材料以便解决这个问题,这种材料能够与硅基融合形成互补金属氧化物半导体(CMOS)。

11.2　石墨烯的热性能

石墨烯具有 sp^2 杂化碳原子的单个独立层,呈现蜂窝状格子结构。石墨烯在自由状态下是分离的。几年前,Novoselov 等通过微机械裂解块状石墨得到石墨烯[18-19]。石墨烯表现出许多有趣的物理性能。这种 2-D 材料可以为其他石墨材料形成独特的建筑块;它可以被折叠成 0-D 大富勒烯,轧成 1-D 碳纳米管,或者也可以层叠起来形成 3-D 块状石墨。图 11.2 展示了一个石墨烯的单元。石墨烯具有不寻常的能量色散关系;单层石墨烯低洼电子的行为像无质量的相对论狄拉克费米子[19]。这就产生了独特的现象,例如量子自旋霍尔效应[20-22]、增强的库仑相互作用[22-24]、弱本地化的抑[19],并与偏离的绝热玻恩 - 奥本海默近似[25]。在室温(RT)下,石墨烯也具有非常高的载流子迁移,达到了 15 000 $cm^2/(V \cdot s)$,并且以浓度约为 $10^{13} cm^{-2}$ 的载流子为充电器的电子或空穴,实现了对电场效应的可调性。此外,电导的量化可能引起横向量子限制效应[24,26]和外延生长前景[27],这可能让石墨烯成为在未来电子电路中很有前景的新材料。

曾有理论表明,石墨烯具有非常高的热导率。二维系统的弹道导热计算直接采用电子和声子的色散关系,石墨烯就是采用这种方法。Saito 等对温度和费米能级热传导的依赖关系进行了研究[28]。Peres 和他的团队使用了半经典方法和实验数据,针对热传导率 κ 和电子掺杂密度对石墨烯热功率的影响之间的依赖关系进行了研究[29]。Mingo 等对碳纳米管(CNT)、石墨烯和石墨的量子力学弹道热传导率进行了计算[30]。然而,2008 年之前,没有任何的实验支持这种理论的主张。为了了解石墨烯独特的热性能,这将是一个不错的开始。在石墨和 CNT 的热传输方面,基本上是对以石墨烯为前驱体的碳基材料进行了研究。

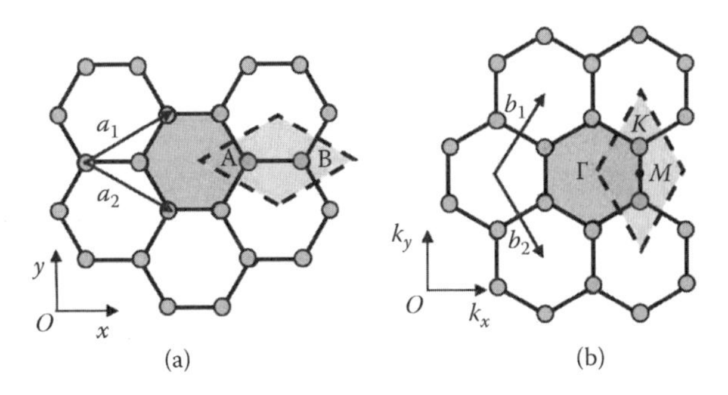

图 11.2 石墨烯晶格的晶胞用(a)中的实线表示,(b)中的菱形虚线表示倒易空间。阴影六边形在(a)中表示实空间中的维格纳塞茨细胞,在(b)中表示倒易空间的布里渊区。

11.2.1 石墨和碳纳米管的热性能

在很长一段时间内,面内石墨是已知的具有最高热导率的碳基材料之一(2 000 W/(m·K))[31]。研究人员也使用德拜模型研究了石墨 c 轴的热导率[32-33]。结果表明,比萃取石墨基底面最多小两个数量级。该计算所做的假设是石墨由几个单层组成的,没有考虑缺陷和边界散射。

人们发现碳纳米管是唯一的一维碳的存在形式后[34],有人提出,这种材料具有甚至比晶质石墨更高的热导率[35]。对于无限长碳纳米管热导率的理论研究已经取得了相当高的进展,甚至高于石墨[36]。Hone 等研究了单壁碳纳米管(SWCNT)在结晶束中的生长。这些纳米管的直径大约在几微米到 140 nm 之间[37]。单束 CNT 在室温下的 κ 值为 1 750 ~ 5 800 W/(m·K)。虽然石墨和碳纳米管都是由石墨烯片构成,在高度有序热解石墨(HOPG)的情况下,ab-面的热导率主要由声子为主,而当温度为 150 K 时变化成 T^{2-3}。在较高的温度下,3-声子散射倒逆过程使得 κ 值随温度 T 的增加而降低。在石墨晶面的振动引起额外声子模式,它们不存在一个单一的碳纳米管。碳纳米管的管状形状明显地影响了声子谱和散射倍数[38]。对分离的多壁碳纳米管(MWCNT)的热导率和热电功率进行测定,发现 κ 值在室温下约是 3 000 W/(m·K)[39]。所得的具有线性温度依赖性的热电功率在室温下为 80 μV/K。随后在室温下测得,直径为 1.7 nm 的悬浮金属单壁碳纳米管的导热性分析结果为 3 500 W/(m·K)[40]。Aliev 等最近的研究工作表明[41],单个碳纳米管的 κ 值为 600 ± 100 W/(m·K),而捆绑的多壁碳纳米管的 κ 值为 150 W/(m·K),而且,自由排列对齐的多壁碳纳米管的 κ 值为 50 W/(m·K)。一种自加热,3-

ω 技术被用于此项研究,并将 κ 值逐渐降低的趋势归因于碳纳米管声子模型的淬火。Berber 等使用分子动力学(MD)模拟的理论工作表明,在室温下一个孤立的碳纳米管的热导率具有极高的值,$K \approx 6\ 600\ W/(m \cdot K)$[42]。相同的计算表明,具有单一平面层碳原子的石墨的热导率会更高。

11.2.2 石墨烯的热导率

尽管石墨烯的热传导和理论预测十分重要,但对于这个问题,在加州大学滨河分校并没有对这个开创性的工作做过实验研究。但事实说明,常规的技术,如 3-ω、激光闪光、热桥或短暂平面源技术不适合用于单层石墨烯的解释。2007 年,通过直接测量发现,石墨烯确实具有非常高的热导率[43-44]。Balandin[45] 和 Ghosh[46] 等采用拉曼光谱进行了测试,其中局部温度升高是由于激光加热,用拉曼光谱独立测量峰值确定温度系数[45-46]。结果发现,在近室温下,部分悬浮单层石墨烯的热导率(SLG)为 $\kappa = 3\ 000 \sim 5\ 300\ W/(m \cdot K)$,这取决于石墨烯薄片的大小。这些实验促进了有关这个问题的理论工作。Nika 等[47] 使用声子散射得到的价态力场研究石墨烯的热导率,得到了详细的数据,并且在处理三声子倒逆散射时,直接考虑到允许所有声子松弛通道通过石墨烯中的 2-D 布里渊区。作者也提出了一个简单的石墨烯晶格热导率的模型,表示出了石墨烯的限制倒逆热导率的增加与石墨烯薄片尺寸的线性关系[48]。结果和 Balandin[43] 与 Ghosh 等[44] 的数据是一致的。这种实验技术由 Ghosh 等[49] 扩展运用到多层石墨烯的研究,这种方法允许三维交叉热传导的研究。结果表明,随着原子平面的数量从 2 增加到 4,热导率从约 2 800 W/(m·K)降到约 1 300 W/(m·K),这已经接近块状石墨的极限。

在石墨烯热传导初期的实验和理论报告,在这一领域引起了其他几项有趣的研究。Jiang 等[50] 在纯弹道极限中计算石墨烯的热导率时,获得了非常好的效果,这正是在无散射时弹道制度所预期的。Jauregui 等[51] 研究了化学气相沉积(CVD)中的热传导,发现培养的以 SiO_2/Si 基板支撑的石墨烯样品悬浮起来。该项测量技术是将拉曼光谱测温和焦耳热的电器传输组合起来的,使得热导率和石墨烯衬底界面的热阻可以计算出来。悬浮石墨烯的热导率为 1 500 ~ 5 000 W/(m·K)。作为比较,使用热导率与 Calizo 等[45-46] 提供的结果类似,在 1 500 ~ 4 000 W/(m·K)的范围内。Cai[52] 与 chen[53] 等对 CVD 生长的悬挂支撑单层石墨烯样品的热传导值做了一些十分重要的研究。在有关石墨烯的报道中,室温下热导率为 $370 + 650/-320\ W/(m \cdot K)$。图 11.3 显示了与以前报道的热解石墨基底面的热导率与这些值的比较[54-55]。

虽然这些结果比以前的 κ 值略有减小，但是误差引起的不确定性却可以和拉曼测试与光吸收相比较。石墨烯的 κ 是仍比热解石墨更高。另一个研究组反复用显微拉曼分光基础技术进行测量，发现在 $T\approx600$ K 时，悬浮石墨烯的热导率为 630 W/(m · K)[56]。

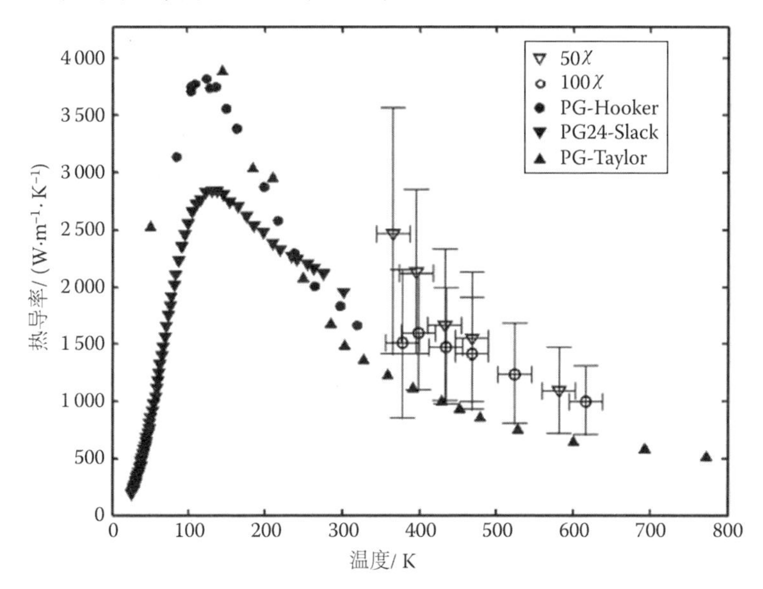

图 11.3　使用 100 倍和 50 倍物镜测得的 CVD 石墨烯的温度与导热性的函数关系。作为比较，还列举了热解石墨样品作为温度函数的文献数据[54-55]。(Cai, W., A. L. Moore, Y. Zhu, X. Li, S. Chen, L. Shi, and R. S. Ruoff. 2010, Thermal transport in suspended and supported monolayer graphene grown by chemical vapor deposition. Nano Letters, 10:1645-1651. 2010 American Chemical Society. With permission.)

尽管测量是在室温下进行的，但是石墨烯薄膜的中心被加热到 $T=600$ K，其他大部分区域也被加热到 500 K 以上。由于热导率随温度降低归因于倒逆声子散射，因此这一项可以解释 Balandin[43] 和 Ghosh 等[44] 关于室温附近热导率存在差异的报告。悬浮石墨烯中各种尺寸和形状的应变差异也可能影响结果。有 Seol 等[57] 主持的另一项研究表明，剥离 SiO_2 载体的单层石墨烯的热导率约为 600 W/(m · K)，这和一些金属如铜相比，仍然是很高的。这些数据比自由悬浮的石墨烯低，是因为声子泄漏穿过石墨烯衬底界面和声子模式的强界面散射造成的。对 Au/Ti/石墨烯/二氧化硅界面热流横跨的研究表明，其热导率在室温下为 25 MW/(m^2 · K)，这比 Au/Ti/SiO_2 界面几乎少了 4 倍[58]。这表明，当热传输在金属/石墨烯/氧化物界面传输时，受到有限个声子穿过金属和石墨烯界面的限制。为了有效地使用石墨烯作为器件的热管理材料，选择具有高德拜温度的金属在石墨烯声子模型和金属之间使之有更好的能量匹配是非常重要的。

石墨烯纳米带的热导率

随着对石墨烯热导率研究的进行，人们也对石墨烯纳米带(GNRs)产生了浓厚的兴趣。目前研究的都是一些宽度小于 20 nm 的石墨烯片。GNRs 类似于碳纳米管，但是尚未有一个简单地制造工艺[59]。Lan 等[60]确定了石墨烯纳米带的热导率与声子不平衡格林函数紧密结合的方法。作者发现热导率 $\kappa = 3\ 410\ W/(m \cdot K)$[60]，这显然比块状石墨的极限值 $2\ 000\ W/(m \cdot K)$高，这与第一个实验是一致的[43-44]。一个强边缘效应也揭露了这些数据。Murali 等[61]通过实验发现，对于 20 nm 范围内的石墨烯纳米带，κ 值约为 $1\ 000\ W/(m \cdot K)$。这些数据比报道的 SLG 小，是因为纳米带的宽度为几个纳米宽，而 SLG 的宽度为 20 μm[42-43]。这表明，κ 是确实如先前报道取决于薄片尺寸[47-48]。另一个小组生成使用 MD 研究计算对称 GNRs，得到的 κ 值约为 $2\ 000\ W/(m \cdot K)$[62]。有锯齿状边缘的纳米带比有正气边缘的纳米带具有更大的 κ 值，也观察到了不对称纳米带的热整改。Guo 等[63]发现热导率对形状和边缘有强烈的依赖性，Nika 等[47-48]在相似的尺寸下也发现了这种现象，在这种情况下绝对值要比 $400 \sim 500\ W/(m \cdot K)$小得多，这是因这种结构的尺寸更小的缘故。研究发现拉伸单轴应变明显减少 GNRs 的热导率。在随后的工作中，关于 GRN 热导的工作多了一些。平衡 MD 模拟被用来模拟粗糙和光滑边缘的 GNRs 的热导性能[64]。图 11.4 所示为不同类型的 GNRs 的 κ 值。

光滑边缘比粗糙边缘的石墨烯纳米带有更高的 κ 值；并且在后一种情况下，导热性更依赖于宽度。虽然宽度约为 20 Å 的光滑边缘没有 H 端的 GNRs 的 κ 约为 $3\ 000\ W/(m \cdot K)$；而有相似性质的边缘粗糙的 GNRs 的 κ 却约为 $500\ W/(m \cdot K)$。

11.2.3　石墨烯的热电性

热电功率(TEP)一直是一个用于探测金属和半导体传输机制的强大的工具。往往电导率(或电阻率)的测量不足以在各种散射机制中区分，但是 TEP 可以用于探测导体性能，因为它同时也涉及了电阻率的相关知识。在低温下，热线行和内部杂质与密度成反比。热电性能可以提供有关石墨烯杂质散射的重要信息[65]。可以直接测量，也可以通过应用提取石墨烯的莫特关系。后者也可以被用来分析电荷电导率。一直也有人提出

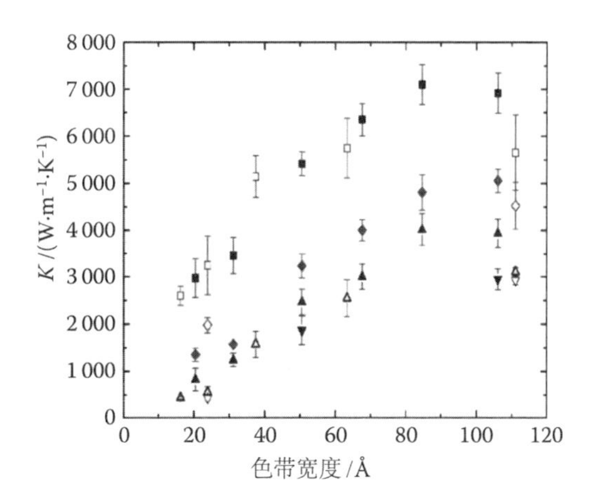

图 11.4　具有光滑、粗糙、H-封端边缘的整齐和锯齿状 GNRs 的带宽度函数热导率计算比较。整齐的边缘数据明显的偏移了+5 Å。图标符号如下：■κ 平滑锯齿，▲κ 粗锯齿，□κ 平滑的整齐，Δκ 粗糙的整齐，◆κ 平滑+C13 曲折，◇κ 粗糙+ C13 曲折，■κ 平滑+C13 整齐，▽κ 粗糙+C13 整齐。(From Evans, W. J., L. Hu, and P. Keblinski. 2010. Thermal conductivity of graphene ribbons from equilibrium molecular dynamics: Effect of ribbon width, edge roughness, and hydrogen termination. Applied Physics Letters, 96:203103. . 2010 American Institute of Physics. With permission.)

关于石墨烯热电性的其他理论[66]。TEP 是一个对不对称颗粒孔极为敏感的系统，因此它对理解电子运输有所帮助。最近 Zuev 等[68]的研究测量了电导和由温度计电极微结构加热器加热的石墨烯的 TEP。由于多数载流子密度从电子切化成空穴，TEP 从正到负的变化穿过了电中性点(CNP)。图 11.5 清楚地表明，导电性和 TEP 的测量可以作为在温度范围 10 ~ 300 K内的栅极电压使用。对于审议中的装置，电导率达到在 CNP 的最低值。在约 300 K 时，TEP 达到约 80 μV/K。

石墨烯的载流子密度依赖于热电系数 TEP 和温度的线性关系。当应用于高强磁场时，量子霍尔制度规定所有的 TEP-张量分量都是量化性的，但是在 CNP 中也从莫特关系中存在较大的偏差。Wei 等[69]也有类似的结果报道。这涉及在零磁场和施加磁场中石墨烯的热电性能研究。塞贝克系数为发散的，且与载流子密度的平方根成反比。实验发现，当加8 T的磁场时，在狄拉克点出现 50 μV/K 非常大的能斯特信号。这些性质主要归因于石墨烯的无质量颗粒。这些实验随后由 Checkelsky 和 Ong[70]来完成。

作者旨在阐明狄拉克点非对角线附近热电传导率峰值的异常性质。在一个两字霍尔制度的热电反应中，热点在每个朗道能级折射率为 $n\neq0$，在 $n=0$时，出现一个峰值。并且这个峰值比邻近的热电传导率峰值窄一个因子 ~4。

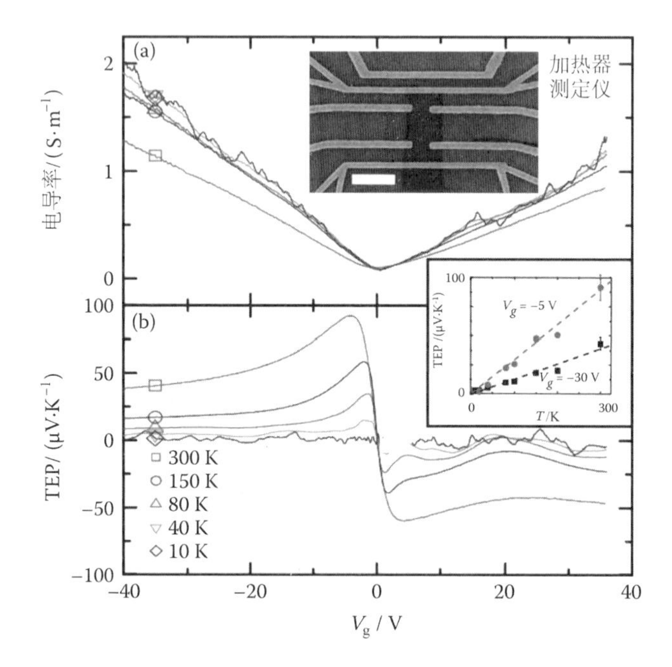

图11.5　(a)电导率。(b)石墨烯样品作为 V_g 的对 $T=10\sim300$ K 的函数。上部小图：比例尺=2 μm 的典型扫描电子显微镜图像。下插图：TEP 值 VST，与 $V_g=-30$ V 和 −5 V。(From Zuev, Y. M. ,W. Chang, and P. Kim. 2009. Thermoelectric and magneto-thermoelectric transport measurements of graphene. Physical Review Letters 102:096807. 2009 American Physical Society. With permission.)

峰值幅度在所有情况下都几乎相等，但是曲线下面所包含的面积却非常小。同时，Wang 等[71]在双层石墨烯的情况下解决了同样的问题。在磁场到达 15 T 的时候进行了电子和热电传输的测量。莫特关系未能解释单层石墨烯中的 CNP。同样横向热电电导率和 CNP 附近的塞贝克系数和半经典理论也都无法圆满解释这一异常行为。这可能意味着存在一个具有相反自旋极化量子霍尔效应反响传播边缘通道的独特的相。这在自旋电子学中具有潜在的应用价值。根据先前所述的实验，石墨烯的一个有趣的理论计算考虑到各种能量传输散射时间的依赖性[72]。此项计算与实验所得的热电数据是一致的，并表明，在石墨层中的主要散射机制是电荷杂质的过筛库伦散射。在低密度体系中该热电的符号变化，狄拉克点附近的变化采用有效介质理论来解释。

11.3　石墨烯悬浮层的热传导

Balandin[43]和 Ghosh 等[44]首先对石墨烯的热传导进行了研究。在本节中，我们回顾了有关悬浮石墨烯层热传导的实验和理论结果。悬浮这个词使用来强调实验结果达到了部分悬浮石墨烯片，不包括任何上线或者绝缘层，这可能是通过石墨烯减少热传导部分导致的。从理论意义上说，悬浮这个术语表示理论上不包括任何石墨烯衬底相互作用，例如，在自由空间中进行石墨烯的推导。在 11.3.1 小节和 11.3.2 小节，实验装置和数据提取过程中，详细解释了一个石墨烯热传导的物理过程。在事后的11.3.3 小节中提出了一个正规的理论方法，用于精确处理石墨烯中错综复杂的三声子倒逆过程。在 11.3.4 小节中提出了一个理论模型，用来解释悬浮石墨烯的热导率比块状石墨烯高的现象。这种模型也可以用于不同尺寸的石墨烯薄片的快速计算。在 11.3.5 小节中讲述了少层石墨烯的热传导。

11.3.1　石墨烯热传导的实验研究

为了测量悬浮石墨烯层的热导率，一种基于拉曼光谱的非接触式光学测试方法到了的发展。人们已经知道，石墨烯在拉曼光谱中具有明显的 G 峰值和 2D 带[73-74]。此外，还发现石墨烯拉曼光谱中的 G 峰呈现较强的温度依赖性[45-46]。这后者意味着，激光加热 G 峰位置的偏移可以用于测量局部温度的上升。温度上升和石墨烯功耗量的关系，给定几何形状和适当散热片的石墨烯样品可以测得热导率 κ 的值。图 11.6 是某实验示意图。

即使在单层石墨烯（SLG）中有极少的功率消耗，也足够引发一个可以测量的 G 峰位置的偏移，这是因为材料的一个原子层厚度极小。石墨烯悬浮层具有以下几个功能：①通过校准石墨烯的吸收量确定功率；②形成二维面内的热前缘传播朝向散热器；③如图 11.7 所示，通过增加微纳米波纹降低热耦合的衬底。

石墨烯与 Si 衬底之间的热耦合很低，是由于氧化物的低导热性（约为 1 W/(m·K)）和部分悬浮片的大热界面电阻。部分悬浮石墨烯的微尺度和纳米波纹降低热耦合。其结果是，石墨烯悬浮部分产生的热波一直传到散热器。在可用的激发波长中，488 nm 的激光被用来做此项实验。在紫

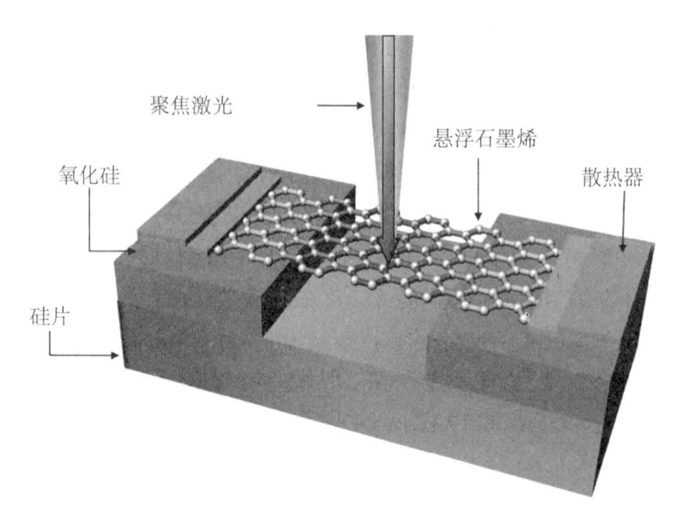

图 11.6　激发激光实验装置的原理重点在石墨烯悬浮在整个硅片的沟槽中。石墨烯的激光吸收功率有道产生局部热点,并且产生热波向散热器方向传播。

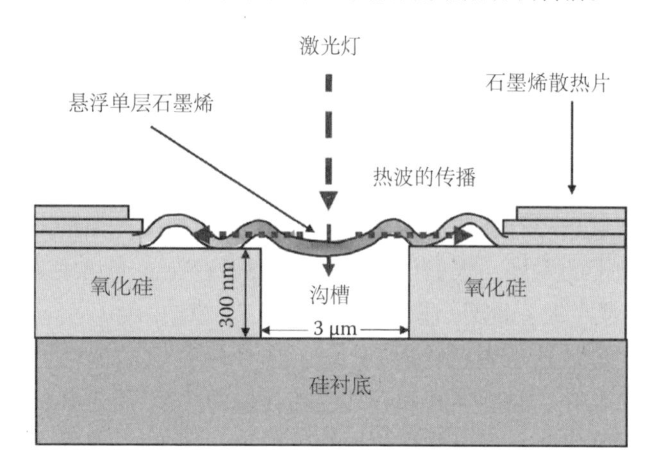

图 11.7　微米和纳米级的波纹插图组成了悬浮薄片,进一步降低了衬底的热耦合。该实验技术可以在稳态非接触状态下直接测量热导率。(Adapted from Ghosh, S., D. L. Nika, E. P. Pokatilov, and A. A. Balandin. 2009. Heat conduction in graphene: Experimental study and theoretical interpretation. New Journal of Physics, 11:095012.)

外范围内较短的激发波长(如 325 nm)具有强吸收性,并且适合用于加热样品表面,但它没有为石墨烯提供良好的拉曼特征。较长波长(如 633 nm)的散射光谱对石墨烯激发信息量大,但是不能像 488 nm 那样产生局部加热。

测量的第一步是确定 G 峰的温度系数 X_G。为了完成这个测试，激光激发功率保持在最低的水平，石墨烯薄片的温度通过热-冷单元从外部改变[45-46]。当温度 ΔT 已经随着峰的位置 $\Delta\omega$ 变化后，拉曼显微光谱仪可以用作温度计。在热传导率的测量过程中，激发功率被刻意增加到能够引起局部加热。局部温度的升高时通过表达式 $\Delta T = \Delta\omega_G/\chi_G$ 来确定的。必须要强调的是，测量技术的稳定是很重要的。在热导率测量的每个数据点上，也就是记录 G 峰值位置作为激发功率的函数，需要有足够的时间（几分钟）用于维持稳态。石墨烯中从激光灯到电子云的能量沉积会很快传到声子。在石墨烯中能量从电子传到声子的时间常数数量级是皮秒级的[75,77]。因此我们在实验中所用的大石墨烯薄片（几十微米），由于有限热化时间引起的热点变化都很小，因此可以忽略不计。另外，我们的测量时间相对几个小时还是很短暂的，需要通过激光有道破坏挥着改性石墨烯表面[78]。

这些测试的长片石墨烯使用块状基士机械剥离的标准技术制作，并且高定向热解石墨（HOPG）[18-19]。沟槽使用反应离子蚀刻来制造。这些沟槽的宽度为 1 ~5 μm，深度为 300 nm。在第一组测量中，我们选择近似矩形形状的大石墨烯器件来充当测量的石墨烯薄片的散热器。选择矩形是因为可以用一个基于一维热扩散方程的简单数据来计算。这些石墨片距离沟槽的边缘几微米，以确保传输中至少有一部分具有漫射性，还可以确定声子的平均自由程不仅仅受到薄片长度的限制。在以后的测试中，我们明确使用大金属散热片，并使用热扩散方程中的一个数值解来确定导热性开发中的复杂程序。我们选用单层石墨烯是利用了微拉曼光谱，通过测量 G 峰和 2D 峰的强度和 2D 带的反卷积来确定的[73-74]。原子力显微镜（AFM）和扫描电子显微镜（SEM）这两个拉曼技术的结合允许我们验证原子平面的数量和片状均匀性的高准确度。对于平面波热峰从 SLG 的中间向两个不同的方向传播，因此 κ 值得表达式可以写成 $\kappa = (L/2a_G W)(\Delta P_G/\Delta T_G)$，其中，$L$ 是悬浮 SLG 从中间到散热器的距离；W 为宽度；a_G 是薄片的厚度；ΔT_G 是石墨烯片状的悬浮部分的温度变化，这是由于石墨烯的功率 ΔP_G 消耗引起的变化。最后，使用温度系数 χ_G，热导率就可以通过公式

$$K = (L/2a_G W)\chi_G(\omega/P_G)^{-1} \tag{11.1}$$

来确定了。

激发功率的增加导致了强度值得增加和 G 峰的红移。如图 11.8 所示高品质悬浮 SLG 的 G 峰风味依赖于耗散功率。红移表示在悬浮石墨烯中

间局部温度的上升。所得到的斜率是 $\Delta\omega/\Delta P_G \approx -1.29\ \mathrm{cm^{-1}/mW}$。

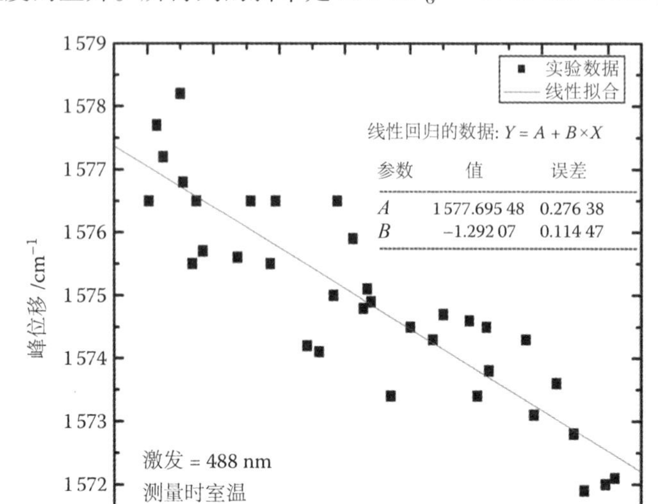

图 11.8　G 峰光谱位置随着功率消耗变化的偏移。488 nm 的光谱激发和在室温下记录的背散射配置。

11.3.2　数据提取和功率校准

在运用所描述的光学技术测量石墨烯的热导率中的挑战是准确地确定石墨烯的吸收功率。近一小部分 P_G 集中在石墨烯薄片上，这实际上将导致在石墨烯中的耗散。大部分的光穿过薄片后到达沟槽底部将被反射回来。由放置在薄片上的监测器检测的是总功率 P_D，入射和反射之后一部分进入了石墨烯薄片，在硅晶片 P_{si} 中消失。现在知道，当光的波长为 λ>500 nm时，石墨烯每一层的吸收功率为 2.3%。我们测量的是一个较小的波长（λ=488 nm），其中吸收是增强的[79-81]。因此在本实验中确定吸收功率的具体条件是十分重要的。功率 P_G 已经通过一块状石墨作为基准的小准程序的测量，如图 11.9 所示。这是基于比较实验测得的单层石墨烯和块状石墨烯由 G 峰值的拉曼强度[44]。以下是单层石墨烯校准式的推导。

为了确定石墨烯组分中的光吸收功率，我们紧跟了 Ghosh[44,82] 的报道。石墨烯的拉曼散射强度由下式给出：

$$I_G = N\sigma_G I_0 \tag{11.2}$$

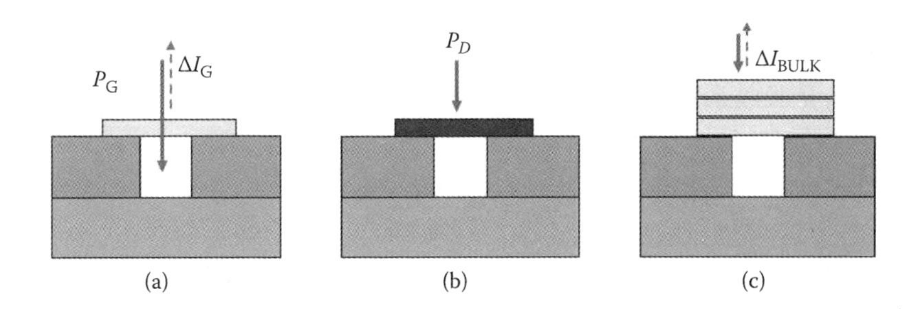

图 11.9 SLG 上损耗功率的测量和校准程序。(a)集成拉曼强度与石墨烯中散射截面和吸收系数的吸收功率的关系。(b)放在样品表面上测量功率大的检测器位置。(c)块状石墨用于校准程序的参考。石墨烯的吸收功率通过石墨烯和块状石墨的集成拉曼强度的比值来确定。(From Ghosh, S., D. L. Nika, E. P. Pokatilov, and A. A. Balandin. 2009. Heat conduction in graphene: Experimental study and theoretical interpretation. New Journal of Physics, 11:095012. . 2009 IOP Publishing Limited. With permission.)

式中,N 是剖面 A 照射表面的散射原子数目;I_0 是激光强度;σ_G 是拉曼散射截面。石墨烯的总功率可以写成

$$P_G = \alpha_G a_G (1 + R_{Si}) I_0 A \tag{11.3}$$

式中,R_{Si} 是硅的反射系数;a_G 是 SLG 的厚度;α_G 是石墨烯的吸收系数。我们考虑到由硅沟槽反射和石墨烯悬浮部分吸收的功率,从 SLG 的反射可以忽略。通过 P_G 来表示 I_0,有

$$I_0 = \frac{P_G}{\alpha_G a_G (1 + R_{Si}) A} \tag{11.4}$$

将式(11.4) 代入式(11.2),得到从石墨烯反射回来的拉曼光谱的积分强度公式为

$$\Delta I_G = \frac{N}{A} \sigma_G \frac{P_G}{\alpha_G a_G (1 + R_{Si})} \tag{11.5}$$

现在开始考虑块状石墨的光吸收和拉曼散射。高度取向的结晶石墨是由石墨烯原子表面由弱范德瓦耳斯相互作用而结合的。当光能量大于 0.5 eV 时,石墨主要表现为独立的石墨烯层的集合[81]。这也证实了对于一个宽范围波长的多层石墨烯的光吸收的测量结果,其中吸收每个原子层恒定不变[79-80]。在分析中,我们也考虑到石墨烯和块状石墨在单原子平面上每层横截面上的吸收系数和拉曼散射。块状石墨的集成拉曼散射强度通过所有堆叠在一起的 n 个原子平面求和获得,也就是

$$\Delta I_{H}=N\sigma_{H}I_{0}\sum_{n=1}^{\infty}e^{-2\alpha_{H}a_{H}n}\tag{11.6}$$

式中,α_{H} 是吸收系数;a_{H} 是每层的厚度。Ghosh 等[82] 提出了具体的推导细节。这将导致

$$\Delta I_{H}=N\frac{\sigma_{H}}{2a_{H}\alpha_{H}}I_{0}$$

考虑到一部分从石墨烯反射的入射功率,这不利于拉曼强度,我们可以得到

$$\Delta I_{H}=\frac{1}{2}\frac{N}{A}\frac{\sigma_{H}}{\alpha_{H}a_{H}}P_{D}(1-R_{H})\tag{11.7}$$

结合式(11.5) 和式(11.7),并引入通过实验确定的比值 I_{G}/I_{H},我们得到石墨烯吸收功率的最终表达式为

$$P_{G}=\frac{1}{2}\frac{\sigma_{H}\alpha_{G}a_{G}}{\sigma_{G}\alpha_{H}a_{H}}(1+R_{Si})(1-R_{H})P_{D}\tag{11.8}$$

式(11.8) 表示测量中石墨烯的悬浮部分在实验的具体条件下的加热功率。比值 $\Delta=\frac{\Delta I_{G}}{\Delta I_{H}}$ 测定在相同频率间隔下石墨烯和作为参考的块状石墨的 G 峰值,在实验中使用的激发功率范围基本保持不变。硅和块状石墨的反射系数的列表值也可以直接测量,P_{D} 是在样品上直接读取的功率检测器的直接读数。由于石墨烯和块状石墨的拉曼截面和吸收系数在微观面内是相同的,式(11.8) 中$\frac{\sigma_{H}\alpha_{G}a_{G}}{\sigma_{G}\alpha_{H}a_{H}}$ 的值接近 1。

随着校准程序将 P_{D} 代替了 P_{G},悬浮石墨的热导率减小到可以有拉曼位移 $\Delta\omega_{G}$ 检测,如同检测器直接测定加热功率 P_{D}。测量的斜率 $\Delta\omega/\Delta P_{D}$、积分强度比 ζ、温度系数 χ_{G} 确定了石墨烯的热导率。最初,热数据的测量通过简单的一维模型,后来改善为利用利用给定形状薄片的热扩散方程的数值解。已经发现,在近室温下,单层石墨烯的热导率为 3 000 ~ 5 300 W/(m · K),这取决于石墨烯横向的尺寸和宽度。

11.3.3　石墨烯的导热理论

在本节中,我们概述导热石墨烯的理论。这些理论基于 Nika 等[47] 的推导。热通量沿一个石墨烯原子平面可以用以下表达式计算[5,83]:

$$\boldsymbol{W}=\sum_{s,\boldsymbol{q}}|\boldsymbol{v}(s,\boldsymbol{q})\hbar\omega_{s}(\boldsymbol{q})N(\boldsymbol{q},\omega_{s}(\boldsymbol{q}))=\sum_{s,\boldsymbol{q}}\boldsymbol{v}(s,\boldsymbol{q})\hbar\omega_{s}(\boldsymbol{q})n(\boldsymbol{q},\omega_{s})\tag{11.9}$$

式中，$\boldsymbol{v}(s,\boldsymbol{q})\hbar\omega_s(\boldsymbol{q})$ 是由一个声子携带的能量；$\boldsymbol{v}(s,\boldsymbol{q}) = \mathrm{d}\omega_S/\mathrm{d}q$ 是声子群速度；$N(\omega,\boldsymbol{q})$ 是在助溶剂中的声子数目，$N(\omega,\boldsymbol{q}) = N_0(\omega,\boldsymbol{q}) + n(\omega,\boldsymbol{q})$。这里，$N_0$ 是玻色 - 爱因斯坦分布函数；$n = -\tau_{\mathrm{tot}}(\boldsymbol{v}\Delta T)\partial N_0/\partial T$ 是声子分布函数 N；τ_{tot} 是总声子弛豫时间；T 是非平衡部分的绝对温度。

比较微观表达式

$$\boldsymbol{W} = -\sum_{\beta}(\Delta T)_{\beta}\sum_{s,\boldsymbol{q}}\tau_{tot}(s,\boldsymbol{q})v_{\beta}(s,\boldsymbol{q})\frac{\partial N_0(\omega_S)}{\partial T}\boldsymbol{v}(s,\boldsymbol{q})\hbar\omega_s(\boldsymbol{q}) \tag{11.10}$$

与热传导性的宏观定义

$$W_{\alpha} = -\kappa_{\alpha\beta}(\Delta T)_{\beta}hL_xL_y \tag{11.11}$$

得到如下热导率张量的表达式：

$$\kappa_{\alpha\beta} = \frac{1}{hL_xL_y}\sum_{s,\boldsymbol{q}}\tau_{tot}(s,\boldsymbol{q})v_{\alpha}(s,\boldsymbol{q})v_{\beta}(s,\boldsymbol{q})\frac{\partial N_0(\omega_s)}{\partial T}\hbar\omega_s(\boldsymbol{q}) \tag{11.12}$$

式中，$L_x = d$ 为样品宽度（石墨烯薄片宽度）；L_y 是样品的长度，并且 $h = 0.35\ \mathrm{nm}^2$ 是石墨烯的厚度。热导率张量的对角元件，其对应于沿温度梯度的声子通量，由下式给出：

$$\kappa_{\alpha\alpha} = \frac{1}{hL_xL_y}\sum_{s,\boldsymbol{q}}\tau_{tot}(s,\boldsymbol{q})v^2(s,\boldsymbol{q})\cos^2\frac{\partial N_0(\omega_s)}{\partial T}\hbar\omega_s(\boldsymbol{q}) \tag{11.13}$$

最后，完成从求和到集成的过度，并考虑到声子状态的两维密度，我们获得用于标量热传导率的表达式：

$$K = \frac{1}{4\pi k_{\mathrm{B}}T^2h}\sum_{s}\int_0^{q_{\max}}\left\{\left[\hbar\omega_s(q)\frac{\mathrm{d}\omega_s(q)^2}{\mathrm{d}q}\right]\tau_{tot}(s,q)\frac{\exp\left[\frac{\hbar\omega_s(q)}{kT}\right]}{\left[\exp\frac{\hbar\omega_s(q)}{kT}-1\right]^2}\right\}q\cdot\mathrm{d}q \tag{11.14}$$

最近有一些石墨烯的声子热传导理论形式其他领域的报道[47]。我们的理论方法利用了原有的相图技术，包括占据所有的允许能量通过和动量守恒的三声子倒逆散射的通道。我们考虑到两种三声子倒逆散射过程[83]。第一种是波矢量为 $\boldsymbol{q}(\omega)$ 的一个声子在散射时吸收另一个波矢量为 $\boldsymbol{q}(\omega')$ 的声子的热通量，也就是声子的离开状态 $\boldsymbol{q}$。在这种类型的散射过程中，动量和能量守恒定律可以写成：

$$\begin{gathered}\boldsymbol{q}+\boldsymbol{q}'=\boldsymbol{b}_i+\boldsymbol{q}''\\ \omega+\omega'=\omega''\end{gathered} \tag{11.15}$$

式中，$\boldsymbol{b}_i(i=1,2,3)$ 是倒易晶格的载体之一。第二种类型的过程是，一个

声子 $\boldsymbol{q}$ 的热通量衰减成两个波矢量为 $\boldsymbol{q}'$ 和 $\boldsymbol{q}''$ 的声子,留下 $\boldsymbol{q}$ 状态,或者双声子 $\boldsymbol{q}(w')$ 和 $\boldsymbol{q}(w'')$ 合并在一起,形成波矢量为 $\boldsymbol{q}(w)$ 的声子,对应于声子的来时状态 $\boldsymbol{q}(w)$。这种类型下的守恒定律可以给出

$$\begin{cases}\boldsymbol{q}+\boldsymbol{b}_i=\boldsymbol{q}'+\boldsymbol{q}'', i=4,5,6\\ \omega=\omega'+\omega''\end{cases} \tag{11.16}$$

要找出三声子过程中的所有可能,我们采用了精细网格 $q_j=(j-1)\Delta q(J=1,\cdots,1\ 001)$ 其中,$\Delta q=q_{\max}/1\ 000\approx 0.015\ \mathrm{nm}^{-1}$。对于每一个声子模式$(q_i, s)$,我们发现所有的声子模式$(\boldsymbol{q}', s')$ 和$(\boldsymbol{q}'', s'')$ 使方程(11.15) 和(11.16) 的条件满足。我们引进的是后者可以在$(\boldsymbol{q}')$ 空间相图技术的帮助下得以进行[47]。使用三声子相互作用的矩阵元素,并考虑到所有相关的声子分支和散射,以及倒易点阵 $\boldsymbol{b}_1\cdots\boldsymbol{b}_6$ 的所有单位向量,从 Γ 电指向相邻单元格的中心,我们得到了倒逆散射率:

$$\frac{1}{\tau_U^{(I),(II)}(s,\boldsymbol{q})}=\frac{\hbar\gamma_s^2(\boldsymbol{q})}{3\pi\rho v_s^2(\boldsymbol{q})}\sum_{s's'';\boldsymbol{b}_i}\iint\omega_s(\boldsymbol{q}')\omega_{s'}(\boldsymbol{q}'')\omega_s(\boldsymbol{q}'')\times$$
$$\left\{N_0[\omega'_{s'}(\boldsymbol{q}')\mp N_0[\omega''_{s''}(\boldsymbol{q}'')]+\frac{1}{2}\mp\frac{1}{2}]\right\}\times$$
$$\delta[\omega_s(\boldsymbol{q})\pm\omega'_{s'}(\boldsymbol{q})-\omega''_{s''}(\boldsymbol{q}'')]\mathrm{d}q_l\mathrm{d}q_\perp \tag{11.17}$$

式中,q'_l 和 q'_- 是由方程(11.15) 和方程(11.16) 所定义的 $\boldsymbol{q}'$ 矢量的平行或垂直的分量;$\gamma_s(\boldsymbol{q})$ 是依赖于 Gruneisen 参数的模式,来确定每个声子的波矢量和偏振支路;ρ 为表面质量密度。在式(11.17) 中,上部对应于第一类型的处理,而下部对应于所述第二类型。沿 $q_\perp$ 积分,可以得到线性积分

$$\frac{1}{\tau_U^{(I),(II)}(s,\boldsymbol{q})}=\frac{\hbar\gamma_s^2(\boldsymbol{q})\omega_s(\boldsymbol{q})}{3\pi\rho v_s^2(\boldsymbol{q})}\sum_{s's'';\boldsymbol{b}}\int_l\frac{\pm(\omega''_{s''}-\omega_s)\omega''_{s''}}{v_\perp(\omega'_{s'})}N'_0\mp N''_0+\frac{1}{2}\mp\frac{1}{2}\mathrm{d}q'_l \tag{11.18}$$

一个状态为$(s,\boldsymbol{q})$ 的声子的这两种类型的三声子倒逆过程中的组合散射率是第一类型和第二种类型的倒逆过程的总和。应该注意的是,这里的小声子波矢(长波)$q\rightarrow 0$ 时,倒逆有限的声子寿命 $\tau_U\rightarrow\infty$。出于这个原因,不任意截断过程,而只用倒逆散射的固有热导率计算是不可能的。为了避免热导率积分中积分极限的非物理假设,可以包括上界中的声子散射。在石墨烯中,边界散射项对应于石墨烯薄片粗糙边缘的散射。在石墨烯的顶部和底面没有散射发生,因为它只有一个原子层厚度,并且声子通量平行于石墨烯平面。我们可以利用一个众所周知的方程来估计粗糙边缘的散射[4]:

$$\frac{1}{\tau_B(s,q)}=\frac{v_s(\omega_s)}{L}\frac{1-p}{1+p} \tag{11.19}$$

式中,p 是依赖于石墨烯边缘粗糙度的镜面反射参数;L 是石墨烯薄片的厚度。总声子张弛率是倒逆的边缘散射的总和。更重要的是,石墨烯的二维系统的导热性是不能在没有长波长极限声子 MFP 的限制下来确定的。在边缘上的声子散射形式限制了 MFP 中的热传导理论。从这个意义上讲,热传导受限于倒逆和边界散射,可以被认定是一个具有特定尺寸的石墨烯的固有性质。一些外在的影响降低了热传导性,是没有考虑在内的,如声子缺陷的散射、杂质和晶界散射等。

11.3.4　石墨烯导热的简单理论

在 11.3.3 小节中,以正式理论解释热导率的计算是相当复杂的。在本节中,我们建造了一个石墨热导率的简单模型。这个模型由 Nika 等[48]推导出来的。该模型对由两个 Gruneisen 参数 γ_s 的热导率进行了解释,其中解释了每一个热传导声子偏振支路、独立的声子速度和截止频率。该模型包括声子分散在石墨烯中的细节。有效参数 γ_s 是通过对所有有关声子的平均声子依赖模式计算出来的(这里 $\boldsymbol{q}$ 是声子波矢)。携带能量的声子分支包括纵向声波(LA)和横向声波(TA)。外平面的横向声子(ZA)不对热传导做贡献,是因为它较低的群速度和较高的 $\gamma_s(\boldsymbol{q})$。在块状石墨基底面和单层石墨烯中的热传导有一个明显的不同[84-85]。在前者中,热传输大约是二维的,仅到一些低结合截止频率 ω_C。在截止频率 ω_C 之下,似乎在跨平面声子和各个方向的热启动产生了强烈的耦合,从而降低了这些低能模型对沿着基底面的热传导的贡献,甚至可以忽略不计。在块状石墨中,交叉平面耦合作为物理上合理的参考点,这是在 ZO 声子分支接近约4 THz 时发现的。ZO' 分支的存在和相应的 ω_C 允许我们能够避免倒逆限制热传导率积分的对数发散,并且在计算中不考虑其他散射机制。石墨烯中热传导在物理上是不同的,其中声子在所有的传输中几乎都是纯粹的二维传输,零声子频率 $\omega(q=0)=0$。在长波长限制系统中没有发生交叉平面热传输,因为其仅仅有一个原子平面。在石墨烯的声子色散中没有 ZO' 分支,因此,截止频率不能由类似块状石墨的倒逆过程引入。

从参考文献[84]、[85] 里引入表达式作为三声子倒逆散射,并且为 LA 和 TA 声子引入了独立的周期,因此可以写成

$$\tau_{U,S}^{K}=\frac{1}{\gamma_s^2}\frac{Mv_s^2}{k_{\mathrm{B}}T}\frac{\omega_{s,\max}}{\omega^2} \tag{11.20}$$

式中，$s = TA, LA$；v_s 是对于给定分支的平均声子速度；T 是绝对温度；k_B 是布耳兹曼常数；$\omega_{s,\max}$ 是给定分支的最大截止频率；M 是一种原子的质量。为了确定 γ_s，我们使用 VFF 法[47] 和从头计算理论[86] 准确计算出声子色散，再平均计算得到 $\gamma_S(q)$。在公式(11.14) 中代入 $\tau_{tot} = \tau_{U,s}^K$，可以得到如下石墨烯的固有热导率表达式：

$$K_U = \frac{1}{4\pi k_B T^2 h} \sum_{s=TA,LA} \int_{q_{\min}}^{q_{\max}} \left(\hbar\omega_s(q) \frac{d\omega_s(q)}{dq}^2 \tau_{U,s}^K(q) \frac{\exp\left[\frac{\hbar\omega_s(q)}{kT}\right]}{\left\{\exp\left[\frac{\hbar\omega_s(q)}{kT}\right] - 1\right)^2} q \right\} dq \tag{11.21}$$

方程(11.21) 可以用于计算热导率与实际声子频率 $\omega_s(q)$ 的依赖性，以及声子波数上的声子速度 $d\omega_s(q)/dq$。为了进一步简化模型，人们使用线性色散 $\omega_s(q) = v_s q$，重写为

$$K_U = \frac{\hbar^2}{4\pi k_B T^2 h} \sum_{s=TA,LA} \left\{ \int_{\omega_{\min}}^{\omega_{\max}} \omega^3 \tau_{U,S}^K(\omega) \frac{\exp\left(\frac{\hbar\omega}{kT}\right)}{\left[\exp\left(\frac{\hbar\omega}{kT}\right) - 1\right]^2} \right\} d\omega \tag{11.22}$$

将式(11.20) 代入式(11.21) 并且进行积分，可以得到

$$K_U = \frac{M}{4\pi Th} \sum_{s=TA,LA} \frac{\omega_{s,\max} v_s^2}{\gamma_s^2} F(\omega_{s,\min}, \omega_{s,\max}) \tag{11.23}$$

式中

$$F(\omega_{s,\min}, \omega_{s,\max}) = \int_{\frac{\hbar\omega_{s,\min}}{k_B T}}^{\frac{\hbar\omega_{s,\max}}{k_B T}} \xi \frac{\exp(\xi)}{[\exp(\xi) - 1]^2} d\xi = \left\{ \ln[\exp(\xi) - 1] + \frac{\xi}{1 - \exp(\xi)} - \xi \right\} \Bigg|_{\frac{\hbar\omega_{s,\min}}{k_B T}}^{\frac{\hbar\omega_{s,\max}}{k_B T}} \tag{11.24}$$

在式(11.24) 中，$\xi = \frac{\hbar\omega}{k_B T}$，上部截止频率 $\omega_{s,\max}$ 由石墨烯中的实际声子散射定义，并且使用 VFF 模型[47] 来计算：$\omega_{LA,\max} = 104.4$ THz，$\omega_{TA,\max} = 78$ THz。对于低束缚截止频率 ω_s，每个 s 的最小决定的条件是，判断每个声子的 MFP 不能超过薄片的物理尺寸 L，也就是说

$$\omega_{s,\min} = \frac{v_s}{\gamma_s} \sqrt{\frac{M v_s}{k_B T} \frac{\omega_{s,\max}}{L}} \tag{11.25}$$

式(11.24) 的被积函数，当 $\hbar\omega_{s,\max} > k_B T$ 且临近室温时，可以进一步简

化为

$$F(\omega_{s,\min}) \approx -\ln\{|\exp(\hbar\omega_{\frac{s,\min}{k_B T}}) - 1|\} + \frac{\hbar\omega_{s,\min}}{k_B T}\frac{\exp(\hbar\omega_{\frac{s,\min}{k_B T}})}{\exp(\hbar\omega_{\frac{s,\min}{k_B T}}) - 1} \tag{11.26}$$

所得到的式(11.25)和式(11.26)构成了一个计算石墨烯层热导率的简单的分析模型,它保留了石墨烯声子谱的重要特征,例如 LA 和 TA 分支的不同 $\boldsymbol{v}_s$ 和 $\boldsymbol{\gamma}_s$。该模型也反映了石墨烯一路下跌值零声子频率热传输的二维本质。式(11.26)对于极限 $\xi \to 0(H\omega \ll k_B T)$ 和同样的 LA 与 TA 声子的 γ_s 和 v_s 的额外假设减少到克莱门斯公式[85]。使用 11.3.4 小节概括总结的公式,我们计算石墨烯的倒逆有限固有热导率作为温度的函数。石墨烯薄片的几个横向尺寸的结果如图 11.10 所示。该计算中使用的 Gruneisen 参数,γ_{LA} = 1.8 和 γ_{TA} = 0.75,均由 $\gamma s(q)$ 的平均值计算获得[48]。Balandin 等[43-44]之后的实验数据也用来做比较。还有我们的模型预测和实验数据吻合度较好。应该注意的是,在此理论模型中相对较小(或窄)的石墨烯薄片(5 μm)相比大的薄片(100 μm)有着非常不同的温度依赖性。在很窄的石墨烯片和纳米带中,热导率随温度的上升而上升,这是因为声子 MFP 的尺寸(边缘)效应。

我们的预测模型也和 Lan 等[60]所报告的紧束缚和非平衡格林函数计算的石墨烯热传导是一致的。Lan 等[60]发现 2 ~ 20 个碳原子宽度的窄石墨烯带的热导率具有十分明显的宽度依赖性。在他们的计算中,热传导率随着宽度和温度的增加而增加。这类似于我们的小(窄)石墨烯薄片的结果(图 11.10 中 L=5 μm 的曲线)。Lan 等[60]通过计算得出热导率的 RT 值,κ=3 410 W/(m·K),这明显高于块状石墨 2 000 W/(m·K)的极限,这与 Balandin 等[43-44]的实验结果一致。在图 11.11 中,我们目前计算的室温下的热导率时作为薄片横向尺寸 L 的函数。数据从头计算呈现出平均值 γ''_{LA} = 1. 8 和 γ_{TA} = 0. 75,而对于其他几个紧密的 $\gamma_{LA,TA}$ 的结果说明了 Gruneisen 参数的灵敏度。对于小的石墨烯薄片,K 对 L 的依赖性较强,削弱了 $L \geqslant 10$ μm 的薄片。计算值与实验值是一致的[43-44]。水平虚线表示块状石墨的实验热导率,这低于理论固有极限,并在继续小尺寸 L 时超过了石墨烯的热导率。克莱门斯公式给出了类似的依赖关系,但是和绝对值 K 存在不同,这是由于在计算中高估了 γ 和一些简单假设的存在。应当指出的是,计算出的热导率的特性数量仅受限于三声子倒逆分散。但是确定了一个特定石墨烯薄片的大小,因为通过公式(11.25)在三声子散射中 L

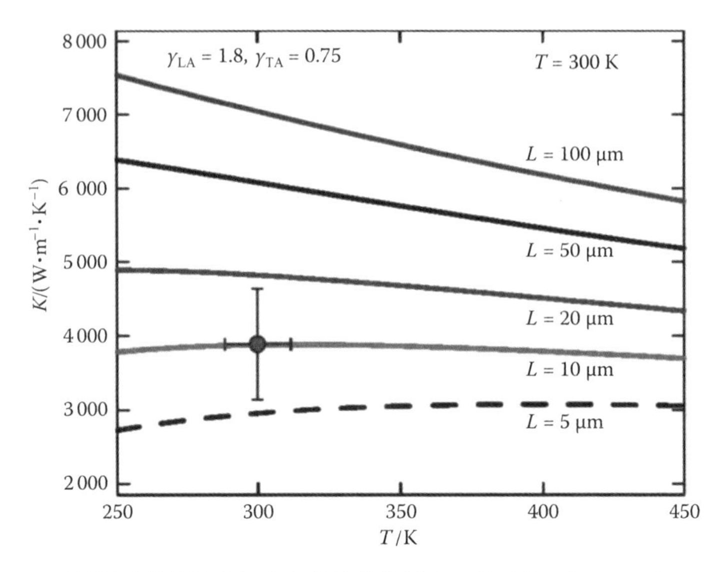

图 11.10　石墨烯骗的热导率与几个薄片线性尺寸 L 的函数。(From Nika, D. L., S. Ghosh, E. P. Pokatilov, and A. A. Balandin. 2009. Lattice thermal conductivity of graphene flakes: Comparison with bulk graphite. Applied Physics Letters, 94:203103. . 2009 American Institute of Physics. With permission.)

确定了低束缚(长波长)截止频率。

在实验条件中,热导率也受到外在条件的影响(缺陷、杂质、晶粒尺寸),这些影响阻止了大片状石墨烯的热导率上升。随着镜面反射参(多曼散射)的降低,边界散射期限计算出的热导率接近简单模型中计算出的结果。这是因为在简单模型中,我们忽略了声子与频率 $\omega<\omega_{min}$ 的关系,S 被声子 MFP 的横向尺寸薄片完全限制。后者对应于完全漫射散射情况。所描述的模型与测量结果一致,并阐明了石墨烯的热传导性能。类似依赖性是从两种方法获得的:石墨的固有热导率的增长与石墨烯薄片线性尺寸的增加。这是石墨烯的声子在 2D 传输中的表现。

11.3.5　少层石墨烯热传导的研究

热导体一体化的推演从 2-D 石墨烯到少层石墨烯然后到 3-D 块状石墨烯,这对基础科学和实际应用有极大的兴趣。这个问题是通过测量了原子平面 $n=2$ 到 $n\approx10$ 的少层石墨烯(FLG)的热导率而提出的。材料内在性质与二维到三维上维数变化的确切机制仍然不清楚。通过对石墨材料的标准机械剥离法制备大批 FLG 样品并且悬浮在硅/二氧化硅晶片的沟槽中。沟槽的深度约为 300 nm,而在沟槽宽度变化范围为 1 ~ 5 μm。硅/

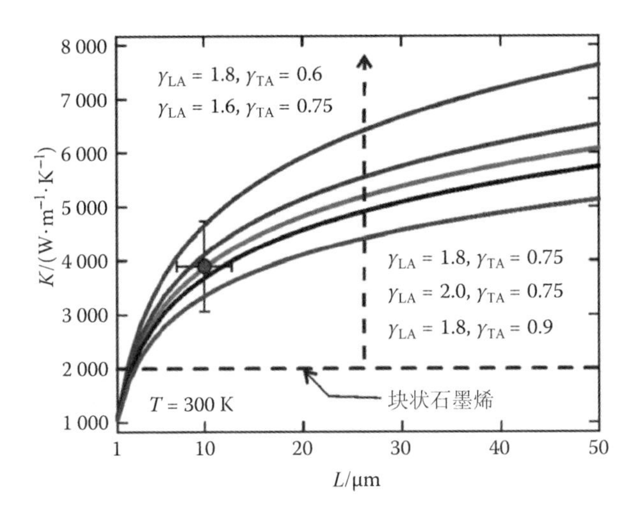

图 11.11 石墨烯的热传导率对石墨烯薄片尺寸 L 的函数。但应该指出的是,当所述薄片尺寸大于几个微米时,石墨烯的热传导率超过石墨烯基底面。(From Nika, D. L., S. Ghosh, E. P. Pokatilov, and A. A. Balandin. 2009. Lattice thermal conductivity of graphene flakes: Comparison with bulk graphite. Applied Physics Letters, 94:203103. . 2009 American Institute of Physics. With permission.)

二氧化硅晶片上的沟槽由反应离子蚀刻(STS)制备。金属散热片由电子束光刻(SUPRA, Leo)法制备,沟槽边缘范围是 1 ~ 5 μm,随后加入金属沉积。薄片的宽度为 $W\approx5$ ~ 16 μm。金属片确保了在测量过程中与片的适当的热接触和恒定的温度。此外,在本设置中预计了较好的流动热。石墨烯片中的原子层数用显微拉曼光谱仪(InVia, Renishaw)对石墨烯的 2D 带行之有效的分解来确定,如参考文献[43,45,46,73]所说。

次热导率测量技术采用直接稳态非接触式光学技术,此技术是在微拉曼光谱的基础上发展起来的,并已经用于悬浮 SLG 薄片的测量[43-44]。激光光点的大小确定为 0.5 ~ 1 μm。薄片上强加热区域的直径稍大,这是因为能量是间接地从光传递给声子。FLG 样品在 488 nm 激光器(氩离子)悬浮部分的中间被加热。石墨烯光谱中温度敏感性的拉曼 G 峰值的偏移导致了在 FLG 的悬浮部分局部温度上升,这是由于薄片中间悬浮部分被激励激光器加热。热导率通过萃取耗散在 FLG 中的功率获得,导致了温度上升,并且薄片的几何形状通过热扩散方程的有限元法溶液获得[49,87]。不可能用机械剥离的方式将 FLG 薄片剥离成具有不同数量的原子平面 n

和相同的几何形状。为了避免破坏石墨烯,薄片并没有切割成相同的形状。相反的,热扩散方程可以求出每个样品形状的数值解,以提取热导率。一个典型的 FLG 薄片及其热量分布分别如图 11.12(a)和 11.12(b)中所示。

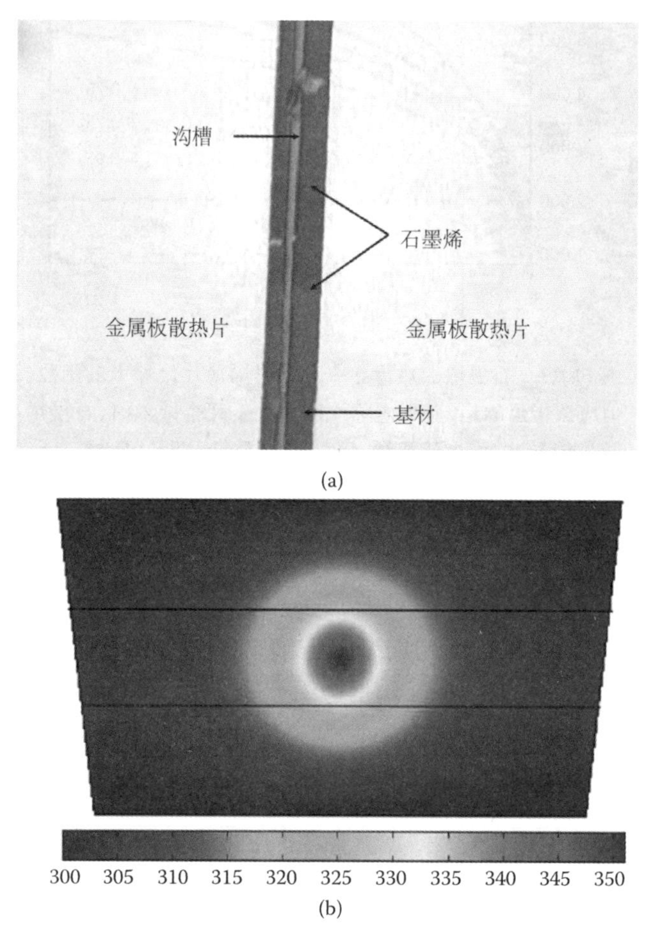

图 11.12 (a)附着在金属散热器上的 FLG 光学显微镜图像;(b)使用有限元模型(FEM)的非矩形样品的热量分布。热源由高斯分布建立模型。

激光光斑尺寸和强度变化相关的误差大约为 8%,即比由拉曼光谱测量的局部温度在成的相关误差(10% ~13%)更小。这项结果是盘型源假设的交叉核对,考虑到了可能形成的局部加热。石墨烯中吸收功率的校准过程,是基于比较 FLG 中 G 峰的集成拉曼强度 I_{FLG}^{G} 和已知可参考的块状石

墨的 I^{G}_{BULK}。图 11.13 显示了 FLG,其中 $n=2,3,4,8$,和作为参考的石墨的测量数据。每个石墨原子平面的增加导出了 I^{G}_{FLG} 的增加和收敛,当比值 I^{G}_{FLG}/I^{G}_{BULK} 大约停留在独立的激励功率附近时,说明校准是正确的。次比率可以用来估计 FLG 吸收功率的大小,并在随后的热传导方程中使用。

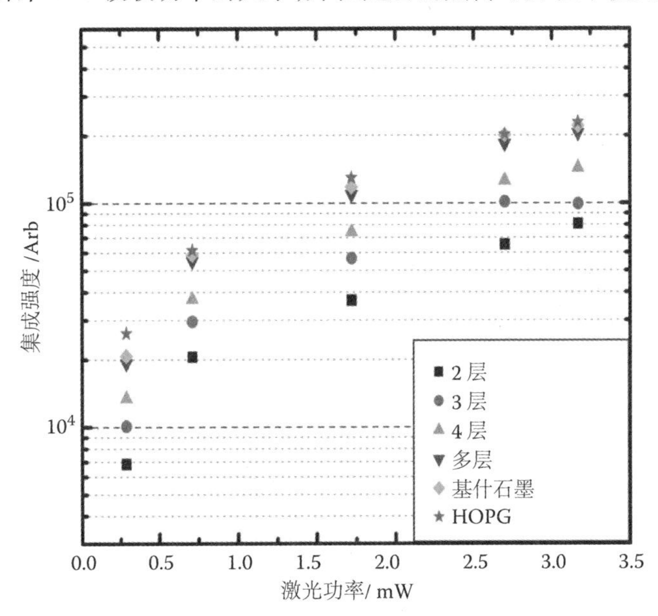

图 11.13　G 峰值的集成拉曼强度作为 FLG 样品表面和参考的块状石墨(基什和 HOPG)表面激光功率的函数。该数据用来确定薄片吸收功率的百分比。(Adapted from Ghosh, S., W. Bao, D. L. Nika, S. Subrina, E. P. Pokatilov, C. N. Lau, and A. A. Balandin. 2010. Dimensional crossover of thermal transport in few-layer graphene. Nature Materials 9:555-558.)

结果发现,随着原子平面数 n 从 2 增加到 4,近室温下的热导率的变化范围是 2 800 ~ 1 300 W/(m · K)。由于石墨烯导热性取决于薄片的宽度,FLG 的数据以 $W=5$ μm 为标准化宽度,以便直接比较。当 W 不变时,κ 值随 n 的变化是由于倒逆散射导致的。在此实验中热传输是一个扩散机制,因为在石墨烯中 L 比声子的 MFP 大,其在室温下测量值为 800 nm[44]。因此,κ 值是随着从 2 到 4 不同的原子层而逐渐变化的,并且观察到热传导实际上只从 2D 石墨烯到 3D 石墨交叉传导的。如图 11.14 所示。石墨烯中加入若干层淬火的事实是与 Berber 等[42]的理论相一致的。当 $n=8$ 时,沿着基底面 κ 的较大值得到恢复。对于 $n\approx8$,这些数据的模糊性是由以下理论来解释的:FLG 中仅当 $n\leqslant6$ 时,才可以用拉曼光谱准确地确定[45-46]。

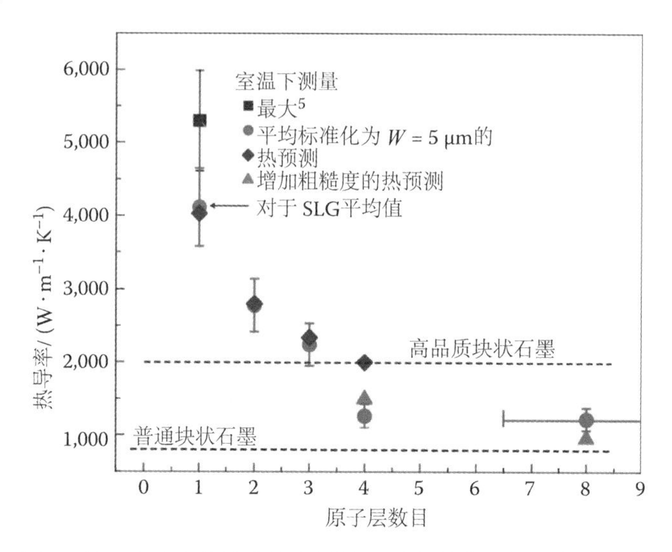

图 11.14　FLG 中热导率作为原子平面数量的函数。虚直线表示块状石墨的热导率的范围内。途中的菱形表示从第一性原理理论导出 FLG 的热传导,其中根据实际声子散射,占有所有三声子散射倒逆渠道。三角形是卡拉威克莱门斯模型的计算结果,包括外在影响和薄膜较厚的特性。(From Ghosh, S. , W. Bao, D. L. Nika, S. Subrina, E. P. Pokatilov, C. N. Lau, and A. A. Balandin. 2010. Dimensional crossover of thermal transport in few-layer graphene. Nature Materials 9:555-558. . 2010 Nature Publishing Group. With permission.)

石墨烯中的热传导从 2D 到块状的演变可以通过低能量的声子的横平面耦合和在声子倒逆散射的变化来解释。在一个双层石墨(BLG)中,虽然可用声子分支的数量增加一倍,以及传导通道的数量增加,κ 减小,这是因为相空间中的三声子倒逆散射比在 SLG 中更多。在单层石墨烯中,声子倒逆散射被淬灭,边界散射或面内边界散射限制了热传输。这与 Klemens 的近似值相一致,后者解释了石墨烯的热导率高于石墨的原因[85]。当 $n=4$ 是,较低的 κ 值可以通过样品厚度的不均匀性而导致较强的外界效果来解释。改热传导理论的交叉点可能在 AB Bernal 堆叠和石墨单位晶格的交叉点。交叉的位置也由宽度和 FLG 薄片的质量及耦合到基板的强度来控制。这项研究有助于了解的 2-D 系统的基本性质。所获得的结果对所提出的石墨烯和 FLG 应用在侧面热散播纳米电子学是很重要的。

11.4 碳的同素异形体的热传导比较

碳材料在其导热能力方面占据了独特的地位。碳的同素异形体的热导率跨度很大,从最低值 0.1 W/(m·K),例如报道的类金刚石[88],到几乎达到了 3 000 ~5 300 W/(m·K),例如石墨烯[43-44]。石墨烯的热导率值取决于薄片的宽度(横向尺寸)。从本质上讲,碳材料可同时用作热绝缘体(类金刚石碳),以及超导体的热,如石墨。微晶金刚石(MCD)、纳米金刚石(NCD)、超纳米金刚石(UNCD)、四面体无定形碳(TA-C)和碳系薄膜占据这两个极端数据之间的所有范围[88-91]。金刚石是已知的具有块状材料的导热率最高,具有的 κ 值范围为 800 ~2 000 W/(m·K)[92-93]。表 11.2对各种碳基材料的热导率进行了概括。

表 11.2 碳材料的热导率

样品	$\kappa/(W \cdot m^{-1} \cdot K^{-1})$	方法	评价	参考
石墨烯	3 080 ~5 300	光学	单层,机械剥离	Balandin, Ghosh 等[43,44]
2 层石墨烯	2 800	光学	标准宽度 5 μm	Ghosh 等[49]
3 层石墨烯	2 250	光学	标准宽度 5 μm	Ghosh 等[49]
石墨烯	1 400 ~3 600	光学	CVD 生长	Cai 等[52]
支撑石墨烯	600	电学	在 SiO_2 衬底剥离	Seol 等[57]
GRN-边缘光滑	6 000	理论,分子动力学模拟	100 Å 宽度,没有 H-终止	Evans 等[64]
GRN-边缘粗糙	3 500	理论,分子动力学模拟	100 Å 宽度,没有 H-终止	Evans 等[64]
MW-CNT	>3 000	电学	独立	Kim 等[39] SW-CNT
SW-CNT	3 500	电学	独立	Pop 等[40] SW-CNT
SW-CNT	1 750 ~5 800	热电偶	管束	Hone 等[37]
石墨	2 000	多种	在平面上	Klemens[84,85] DLCH
DLCH	0.6 ~0.7	3-ω	H:20% ~35%	Shamsa 等[88] NCD ~

续表 11.2

样品	$\kappa/(W \cdot m^{-1} \cdot K^{-1})$	方法	评价	参考
NCD	16	3-ω	粒度:22 nm	Liu 等[89]
UNCD	6 ~ 17	3-ω	粒度:小于 26 nm	Shamsa 等[91] ta-C
Ta-C	3.5	3-ω	sp3:约 90%	Shamsa 等[88]
Ta-C	1.4	3-ω	sp3:约 60%	Balandin 等[90]
钻石	800 ~ 2 000	激光闪光	在平面上	Sukhadolau 等[92]

这些包括单壁碳纳米管(SWCNTs)、多壁碳纳米管(MWCNTs)以及块状碳材料和薄膜。NCD、UNCD、TA-C 和氢化类金刚石碳(DLC)的数据是根据[88-91]实验结果所获得。其测量采用多种技术,包括过渡平面源(TPS)"热盘"、3-ω 和激光闪光技术,详细分析了碳材料固有原子结构的影响,例如,sp^2 对比 sp^3 的黏结、集群形成等;从外在,例如接口上的声子散射,DLC、Ta-C 和 NCD 的热传导率可以在参考文献[88-91]中找到。有趣的是, CNT 的热导率数据有较大的范围。对于碳纳米管的传统热导率的值为 3 000 ~ 3 500 W/(m · K)的。因此,石墨烯作为热导体可以超越碳纳米管。也可以看出,少数层石墨烯的淬火热导率随着层数的增加而增加,接近了块状石墨的极限[49]。但是,当石墨烯被嵌入器件结构内部时,导热性是如何受到影响的,仍然不清楚。未来的研究可能包括石墨烯的面内热导率和接触性热阻。在本综述中描述的理论模型揭示了碳材料热传导的不同。它们可以被结合到仿真软件,用于热传导的在石墨烯层和石墨烯器件中的分析[87,94]。CVD 法生长的石墨烯悬浮在 3.8 μm 直径的孔上,κ 在 350 K 时的值为(2 500±1 100)W/(m · K)[52]。从 SiO_2 载体上剥离的单层石墨烯的热导率约是 600 W/(m · K),相比金属,例如铜,仍然是很高的[57]。对于石墨烯纳米带的一些有趣的工作表明,光滑边缘的石墨烯的热导率高于粗糙边缘的石墨烯的热导率,并且热导率的范围很宽,从 7 000 W/(m · K)到 500 W/(m · K),这是由于碳带边缘特性的宽度[60,64]。石墨烯优良的热性能和可能的应用在参考文献[95]中提到。由于其平面形状,可具有潜在的横向热扩散性能。石墨烯优良的热传导性,有利于它在所应用的设备中的作用发挥,例如低噪声晶体管、传感器和互连[96-97]。

11.5 小　结

本章回顾了导热石墨烯层的实验和理论研究结果,还讨论了石墨烯的热电性能。石墨烯比块状石墨基底面热导率的增强可以通通过2-D热传导的性质进行说明,其中声子在整个频率范围内。石墨烯的热导率与其他的碳材料进行了比较。石墨烯的优异的热性能有利于在设备中应用和纳米电子芯片的热管理。如果石墨烯的高固有热导率或者缺陷能够被控制,或者使用石墨烯带抑制,那么它在热电方面的应用将变得可能。

本章参考文献

[1] Tien, C. L. ,and G. Chen. 1994. Challenges in microscale conductive and radiative heat transfer. *ASME Journal of Heat Transfer* 116:799-807. ASME Publishing, New York.

[2] Chen, G. 2004. Nanoscale heat transfer and nanostructured thermoelectric. 2004 *Inter Society Conference on Thermal Phenomena* 8-17. IEEE, Piscataway, NJ.

[3] Kim, W. ,S . Singer, and A. Majumder. 2005. Role of nanostructures in reducing thermal conductivity below alloy limit in crystalline solids. 2005 *International Conference on Thermoelectric* 9-12. IEEE, Piscataway, NJ.

[4] Ziman, J. M. 1963. *Electrons and Phonons*. New York: Oxford University Press.

[5] Bhandari, C. M. ,and D. M. Rowe. 1988. *Thermal conduction in semiconductors*. New York: John Wiley&Sons, Inc.

[6] Goldsmid, H. J. 1964. *Thermoelectric refrigeration*. New York: Plenum Press.

[7] Balandin, A. A. 2004. Thermal conductivity of semiconductor nanostructures. In *Encyclopedia of nanoscience and nanotechnology*, ed. H. S. Nalwa, 10:425-445. Stevenson Ranch, CA: American Scientific Publishers.

[8] Cahill, D. G. ,W. K. Ford, K. E. Goodson, G. D. Mahan, A. Majumdar, H. J. Maris, R. Merlin, and S. R. Phillpot, 2003. Nanoscale thermal transport. *Journal of Applied Physics* 93:793-818.

[9] Balandin, A. A. ,and K. L. Wang. 1998. Effect of phonon confinement on the thermoelectric figure of merit of quantum wells. *Journal of Applied Physics* 84:6149-6153.

[10] Hicks, L. D. , and M. S. Dresselhaus. 1993. Thermoelectric figure of merit of a onedimensional conductor. *Physical Review B* 47: 16631-16634.

[11] Goodson, K. E. ,and Y. S. Ju. 1999. Heat conduction in novel electronic films. *Annual Review of Materials Science* 29:261-293.

[12] Moore, G. E. 1965. Cramming more components onto integrated circuits. *Electronics* 38:114-117.

[13] Gelsinger, P. P. 2001. Microprocessors for the new millennium: Challenges, opportunities, and new frontiers. *Solid-State Circuits Conference, Digest of Technical Papers*, ISSCC, 2001 IEEE International, 22.

[14] Haensch, W. ,E. J. Nowak, R. H. Dennard, P M. Solomon, A. Bryant, O. H. Dokumaci, A. Kumar, X. Wang, et al. 2006. Silicon CMOS devices bevond scaling. *IBM Journnl of Research and Development* 50:339-361.

[15] Pop, E. , S. Sinha, and K. E. Goodson. 2006. Heat generation and transport in nanometer scale transistors. *Proceedings of the IEEE* 94: 1587-1601.

[16] Vasudev, P. K. 1996. CMOS scaling and interconnect technology enhancements for low power/low voltage applications. *Solid-State Electronics* 39:481-488.

[17] Mutoh, S. ,T. Douseki, Y. Matsuya, T. Aoki, S. Shigematsu, and J. Yamada. 1995. I-V power supply high-speed digital circuit technology with multithreshold -voltage CMOS, *IEEE Journal of Solid-State Circuits* 30:847-854.

[18] Novoselov, K. S. ,A. K. Geim, S. V. Morozov, D. Jiang, D. Zhang, S. V. Dubonos, I. V. Grigorieva, and A. A, Firsov. 2004. Electric field effect in atomically thin carbon films. *Science* 306:666-669.

[19] Novoselov, K. S. , A. K. Geim, S. V. Morozov, D. Jiang, M. I. Katsnelson, I. V. Grigorieva, S . V. Dubonos, and A. A. Firsov. 2005. Two-dimensional gas of massless Dirac fermions in graphene. *Nature* 438:197197-197200.

[20] Zhang, Y. B., Y. W. Tan, H. L. Stormer, and P. Kim. 2005. Experimental observation of the quantum Hall effect and Berry's phase in graphene. *Nature* 438:201-204.

[21] Abanin, D. A., P. A. Lee, and L. S. Levitov. 2007. Randomness-induced XY ordering in a graphene quantum hall ferromagnet. *Physical Review Letters* 98:156801.

[22] Kane, C. L., and E. J. Mele. 2005. Quantum spin Hall effect on graphene. *Physical Review Letters* 74: 161402.

[23] Miao, F., S. Wijeratne, Y. Zhang, U. C. Coskun, W. Bao, and C. N. Lau. 2007. Phase coherent transport in graphene quantum billiards. *Science* 317:1530-1533.

[24] Peres, N. M. R., A. H. Castro Neto, and F. Guinea. 2006. Conductance quantization in mesoscopic graphene. *Physical Review B* 73: 195411.

[25] Pisana, S., M. Lazzeri, C. Casiraghi, K. S. Novoselov, A. K. Geim, A. C. Ferrari, and F. Mauri. 2007. Breakdown of the adiabatic Born-Oppenheimer approximation in graphene. *Nature Materials* 6:198-201.

[26] Geim, A. K., and K. S. Novoselov. 2007. The rise of graphene. *Nature Materials* 6:183-191.

[27] Hass, J., R. Feng, T. Li, X. Li, Z. Zong, W. A. de Heer, P. N. First, E. H. Conrad, et al. 2006. Highly ordered graphene for two dimensional electronics. *Applied Physics Letters* 89:143106.

[28] Saito, K., J. Nakamura, and A. Natori. 2007. Ballistic thermal conductance of a graphene sheet. *Physical Review B* 76:115409.

[29] Peres, N. M. R., J. dos Santos, and T. Stauber. 2007. Phenomenological study of the electronic transport coefficients of graphene. *Physical Review B* 76:073412.

[30] Mingo, N., and D. A. Broido, 2005. Carbon nanotube ballistic thermal conductance and its limits. *Physical Review Letters* 95:096105.

[31] Kelly, B. T. 1986. *Physics of graphite.* London: Applied Science Publishers.

[32] Sun, K., M. A. Stroscio, and M. Dutta. 2009. Graphite C-axis thermal conductivity. *Superlattices and Microstructures* 45:60-64.

[33] Klemens, P. G. 2004. Unusually high thermal conductivity in carbon

nanotubes. In *Proceedings of the Twenty-Sixth International Thermal Conductivity Conference, in: Thermal Conductivity, ed.* Ralph B. Dinwiddie, 26:48-57. Lancaster, PA: Destech Publications.

[34] Ijima, S. 1991. Helical microtubules of graphitic carbon. *Nature* 354:56-68.

[35] Ruoff, R. S. ,and D. C. Lorents. 1995. Mechanical and thermal properties of carbon nanotubes. *Carbon* 33:925-930.

[36] Osman, M. A. , and D. Srivastava. 2001. Temperature dependence of the thermal conductivitv of sinele-wall carbon nanotubes. *Nanotechnology* 12:21-24.

[37] Hone, J. ,M. Whitney, C. Piskoti,and A. Zettl. 1999. Thermal conductivity of singlewalled carbon nanotubes. *Physical Review B* 59: R2514-R2516.

[38] Benedict,L. X. ,S. G. Louie, and M. L. Cohen. 1996. Heat capacity of carbon nanotubes. *Solid State Communications* 100:177-180.

[39] Kim, P. , L. Shi, A. Majumder, and P. L. McEuen. 2001. Thermal transport measurements of individual multiwalled nanotubes. *Physical Review Letters* 87:215502.

[40] Pop, E. ,D. Mann, Q. Wang, K. Goodson, and H. Dai. 2006. Thermal conductance of an individual single wall carbon nanombe above room temperature. *Nano Letters* 6:96-100.

[41] Aliev, A. E. ,M. H. Lima, E. M. Silverman, and R. H. Baughman. 2010. Thermal conductivity of multi-walled carbon nanotube sheets: Radiation losses and quenching of phonon modes. *Nanotechnology* 21: 035709.

[42] Berber, S. ,Y-K. Kwon, and D. Tomanek. 2000. Unusually high thermal conductivity of carbon nanotubes. *Physical Review Letters* 84:4613-4616.

[43] Balandin, A. ,S. Ghosh, W. Bao, I. Calizo, D. Teweldebrhan, F. Miao, and C. N. Lau. 2008. Superior thermal conductivity of single-layer graphene. *Nano Letters* 8:902-907.

[44] Ghosh S. ,I. Calizo, D. Teweldebrhan, E. P. Pokatilov, D. L. Nika, A. A. Balandin, W. Bao, F. Miao, and C. N. Lau. 2008. Extremely high thermal conductivity of graphene: Prospects for thermal manage-

ment applications in nanoelectronic circuits. *Applied Physics Letters* 92: 151911.

[45] Calizo, I., F. Miao, W. Bao, C. N. Lau, and A. A. Balandin. 2007. Variable temperature Raman microscopy as a nanometrology tool for graphene layers and graphene-based devices. *Applied Physics Letters* 91: 071913.

[46] Calizo, I., A. A. Balandin, W. Bao, F. Miao, and C. N. Lau. 2007. Temperature dependence of the Raman spectra of graphene and graphene multilayers. *Nano Letters* 7:2645-2649.

[47] Nika, D. L., E. P. Pokatilov, A. S. Askerov, and A. A. Balandin. 2009. Phonon thermal conduction in graphene: Role of Umklapp and edge roughness scattering. *Physical Review B* 79:155413.

[48] Nika, D. L., S. Ghosh, E. P. Pokatilov, and A. A. Balandin. 2009. Lattice thermal conductivity of graphene flakes: Comparison with bulk graphite. *Applied Physics Letters* 94:203103.

[49] Ghosh, S., W. Bao, D. L. Nika, S. Subrina, E. P Pokatilov, C. N. Lau, and A. A. Balandin. 2010. Dimensional crossover of thermal transport in few-layer graphene. *Nature Materials* 9:555-558.

[50] Jiang, J. W., J. S. Wang, and B. Li. 2009. Thermal conductance of graphene and dimerite. *Physical Review B* 79:205418.

[51] Jauregui, L. A., Y. Yue, A. N. Sidorov, J. Hu, Q. Yu, G. Lopez, R. Jalilian, D. K. Benjamin, et al. 2010. Thermal transport in graphene nanostructures: Experiments and simulations. *Electrochemical Society Transactions* 28:73-83.

[52] Cai, W., A. L. Moore, Y. Zhu, X. Li, S. Chen, L. Shi, and R. S. Ruoff. 2010. Thermal transport in suspended and supported monolayer graphene grown by chemical vapor deposition. *Nano Letters* 10: 1645-1651.

[53] Chen, S., A. L. Moore, W. Cai, J. W. Suk, J. An, C. Mishra, C. Amos, C. W. Magnuson, J. Kang, L. Shi, and R. S. Ruoff. 2011. Raman measurements of thermal transport in suspended monolayer graphene of variable sizes in vacuum and gaseous environments. *ACS Nano* 5:321-328.

[54] Slack, G. A. 1962. Anisotropic thermal conductivity of pyrolytic graph-

ite. *Physical Review* 127:697-701.

[55] Taylor, R. 1966. The thermal conductivity of pyrolytic graphite. *Philosophical Magazine* 13:157-166.

[56] Faugeras, C., B. Faugeras, M. Orlita, M. Potemski, R. R. Nair, and A. K. Geim. 2010. Thermal conductivity of graphene in corbino membrane geometry. *ACS Nano* 4:1889-1992.

[57] Seol, J. H., I. Jo, A. R. Moore, L. Lindsay, Z. H. Aitken, M. T. Pettes, X. Li, Z. Yao, R. Huang, D. Broido, N. Mingo, and R. S. Ruoff. 2010. Two-dimensional phonon transport in supported graphene. *Science* 328:213-216.

[58] Koh, Y. K., M-H. Bae, D. G. Cahill, and E. Pop. 2010. Heat conduction across monolayer and few-layer graphenes. *Nano Letters* 10: 4363-4368.

[59] Naeemi, A., and J. D. Meindl. 2007. Conductance modeling graphene nanoribbon (GNR) interconnects. *IEEE Electron Device Letters* 28:428-431.

[60] Lan, J., J. S. Wang, C. K. Gan, and S. K. Chin. 2009. Edge effects on quantum thermal transport in graphene nanoribbons: Tight-binding calculations. *Physical Review B* 79:115401.

[61] Murali, R., Y. Yang, K. Brenner, T. Beck, and J. D. Meindl. 2009. Breakdown current density of graphene nanoribbons. *Applied Physics Letters* 94:243114.

[62] Hu, J., X. Ruan, and Y. P. Chen. 2009. Thermal conductivity and thermal rectification in graphene nanoribbons: A molecular dynamics study. *Nano Letters* 9:2730-2735.

[63] Guo, Z., D. Zhang, and X-G. Gong. 2009. Thermal conductivity of graphene nanoribbons. *Applied Physics Letters* 95:163103.

[64] Evans, W. J., L. Hu, and P. Keblinski. 2010. Thermal conductivity of graphene ribbons from equilibrium molecular dynamics: Effect of ribbon width, edge roughness, and hydrogen termination. *Applied Physics Letters* 96:203103.

[65] Löfwander, T., and M. Fogelström. 2007. Impurity scattering and Mott's formula in graphene. *Physical Review B* 76:193401.

[66] Stauber, T., N. M. R. Peres, and F. Guinea. 2007. Electronic trans-

port in graphene: A semiclassical approach including midgap states. *Physical Review B* 76:205423.

[67] Cutler, M. ,and N. F. Mott. 1969. Observation of Anderson localization in an electron gas. *Physical Review* 181:1336-1340.

[68] Zuev, Y. M. ,W. Chang, and P. Kim. 2009. Thermoelectric and magnetothermoelectric transport measurements of graphene. *Physical Review Letters* 102:096807.

[69] Wei,P,W. Bao, Y. Pu, C. N. Lau, and J. Shi. 2009. Anomalous thermoelectric transport of Dirac particles in graphene. *Physical Review Letters* 102:166808.

[70] Checkelsky, J. G. , and N. P Ong. 2009. Thermopower and Nernst effect in graphene in a magnetic field. *Physical Review B* 80:081413.

[71] Wang, C-R. ,W-S. Lu, and W-L. Lee. 2010. Transverse thermoelectric conductivity of bilayer graphene in quantum Hall regime. *Physical Review B* 82:121406R.

[72] Hwang, E. H. ,E. Rossi, and S. Das Sharma. 2009. Theory of thermopower in twodimensional graphene. *Physical Review B* 80:235415.

[73] Ferrari, A. C. ,J. C. Meyer, V Scardaci,C. Casiraghi,M. Lazzeri,F. Mauri,S. Piscanec, D. Jiang, et al. 2006. Raman spectrum of graphene and graphene layers. *Physical Review Letters* 97:187401.

[74] Calizo,I. ,W. Bao, F. Miao, C. N. Lau, and A. A. Balandin. 2007. The effect of substrates on the Raman spectrum of graphene: Graphene-on-sapphire and graphene-on-glass. *Applied Physics Letters* 91:201904.

[75] Dawlaty, J. M. ,S. Shivaraman, M. Chandrashekhar, F. Rana, and M. G. Spencer. 2008. Measurement of ultrafast carrier dynamics in epitaxial graphene. *Applied Physics Letters* 92: 042116.

[76] Sun,D. ,Z-K. Wu,C. Divin,X. Li,C. Berger, W. A. de Heer, P. N. First,and T. B. Norris. 2008. Ultrafast relaxation of excited Dirac fermions in epitaxial graphene using optical differential transmission spectroscopy. *Physical Review Letters* 101:157402.

[77] Bolotin, K. I. ,K. J. Sikes, J. Hone, H. L. Stormer, and P. Kim. 2008. Temperature-dependent transport in suspended graphene. *Physical Review Letters* 101:096802.

[78] Krauss,B. ,T. Lohmann, D-H. Chai,M. Haluska, K-V Klitzing, and J.

H. Smet. 2009. Laser-induced disassembly of a graphene single crystal into a nanocrystalline network. *Physical Review B* 79:165428.

[79] Nair, R. R. ,P. Blake, A. N. Grigorenko, K. S. Novoselov, T. J. Booth, T. Stauber, N. M. R. Peres, and A. K. Geim. 2008. Fine structure constant defines visual transparency of graphene. *Science* 320: 1308.

[80] Kim, K. S. ,Y. Zhao, H. Jang, S. Y. Lee, J. M. Kim, K. S. Kim, J-H. Ahn, P. Kim, et al. 2009. Large-scale pattern growth of graphene films for stretchable transparent electrodes. *Nature* 457:706-710.

[81] Mak, K. F. ,M. Y. Sfeir, Y. Wu,C. H. Lui, J. A. Misewich, and T. F. Heinz. 2008. Measurement of the optical conductivity of graphene. *Physical Review Letters* 101:196405.

[82] Ghosh, S. ,D. L. Nika, E. P Pokatilov, and A. A. Balandin. 2009. Heat conduction in graphene: Experimental study and theoretical interpretation. *New Journal of Physics* 11: 095012.

[83] Srivastava, G. P. 1990. *The physics of phonons*, 99. Philadelphia, PA: IOP.

[84] Klemens, P. G. 2000. Theory of the a-plane thermal conductivity of graphite. *Journal of Wide Bandgap Materials* 7:332-339.

[85] Klemens, P. G. 2001. Theory of thermal conduction in thin ceramic films. *International Journal of Thermophysics* 22:265-275.

[86] Mounet, N. ,and N. Marzari. 2005. First-principles determination of the structural, vibrational and thermodynamic properties of diamond graphite, and derivatives. *Physical Review B* 71:205214.

[87] Subrina, S. ,and D. Kotchekov. 2008. Simulation of heat conduction in suspended graphene flakes of variable shapes. *Journal of Nanoelectronics and Optoelectronics* 3:249-269.

[88] Shamsa, M. ,W. L. Liu, A. A. Balandin, C. Casiraghi, W. I. Milne, and A. C. Ferrari. 2006. Thermal conductivity of diamond-like carbon films. *Applied Physics Letters* 89:161921.

[89] Liu, W. L. ,M. Shamsa, I. Calizo, A. A. Balandin, V. Ralchenko, A. Popovich, and A. Saveliev. 2006. Thermal conduction in nanocrystalline diamond films: Effects of the grain boundary scattering and nitrogen doping. *Applied Physics Letters* 89:171915.

[90] Balandin, A. A. ,M. Shamsa, W. L. Liu, C. Casiraghi, and A. C. Ferrari. 2008. Thermal conductivity of ultrathin tetrahedral amorphous carbon films. *Applied Physics Letters* 93:043115.

[91] Shamsa, M. , S. Ghosh, I. Calizo, V. G. Ralchenko, A. Popovich, and A. A. Balandin. 2008. Thermal conductivity of nitrogenated ultrananocrystalline diamond films on silicon. *Journal Applied Physics* 103: 083538.

[92] Sukhadolau, A. V. ,E. V Ivakin, V G. Ralchenko, A. V. Khomich, A. V Vlasov, and A. F. Popovich. 2005. Thermal conductivity of CVD diamond at elevated temperatures. *Diamond and Related Materials* 14: 589-593.

[93] Womer, E. , C. Wild, W. Muller-Sebert, R. Locher, and P Koidl. 1996. Thermal conductivity of CVD diamond films: High-precision, temperature-resolved measurements. *Diamond and Related Materials* 5: 688-692.

[94] Ko, G. ,and J. Kim. 2009. Thermal modeling of graphene layer on the peak channel temperature of AlGaN/GaN high electron mobility transistors. *Electrochemical and Solid State Letters* 12:H29-H31.

[95] Prasher, R. 2010. Graphene spreads the heat. *Science* 328:185-186.

[96] Shao, Q. ,G. Liu, D. Teweldebrhan, A. A. Balandin, S. Rumyantsev, M. Shur, and D. Yan. 2009. Flicker noise in bilayer graphene transistors. *IEEE Electron Device Letters* 30:288-290.

[97] Shao, Q. , G. Liu, D. Teweldebrhan, and A. A. Balandin. 2008. High-temperature quenching of electrical resistance in graphene interconnects. *Avvlied Phvsics Letterv* 92:202108.

附录　部分彩图

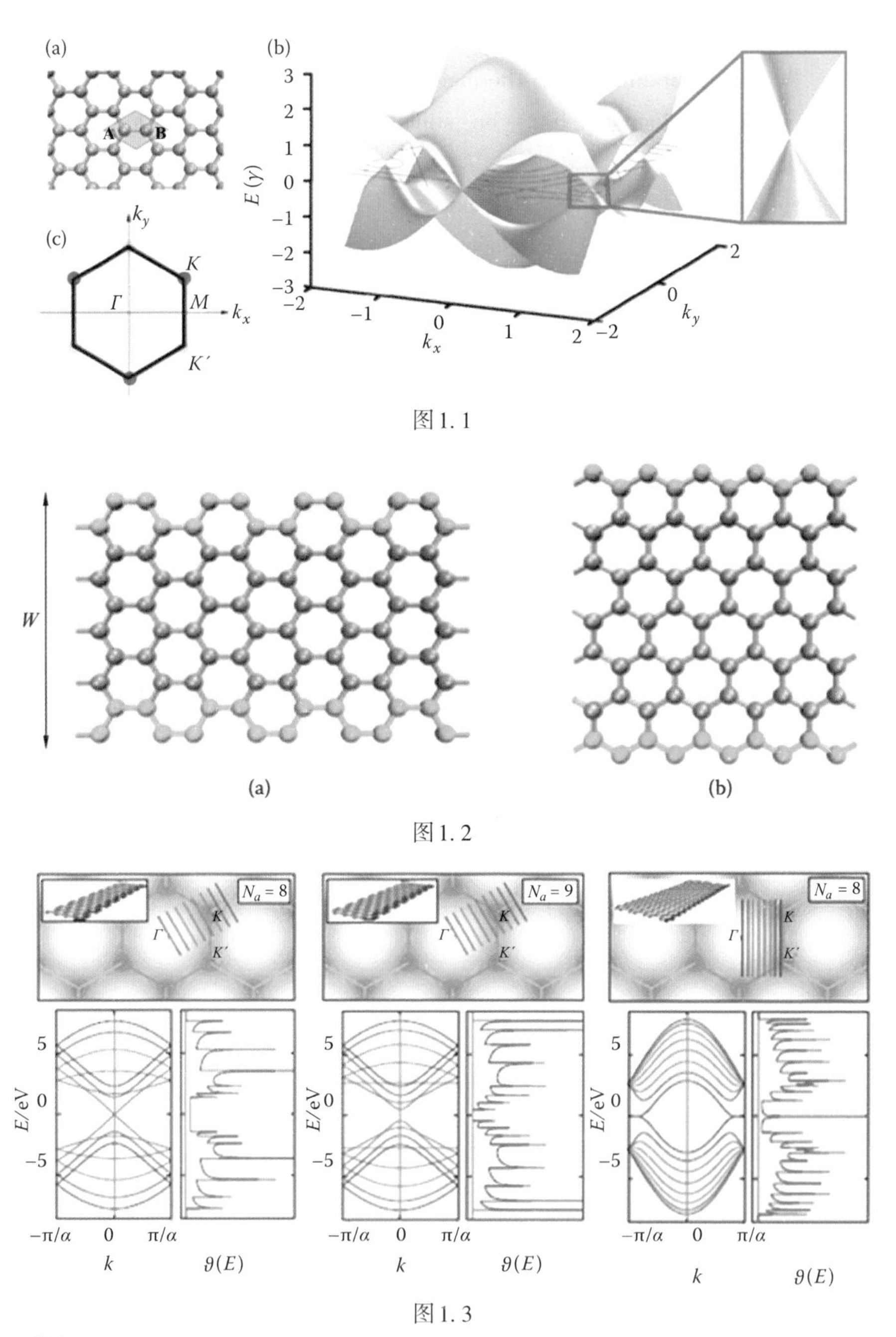

图1.1

图1.2

图1.3

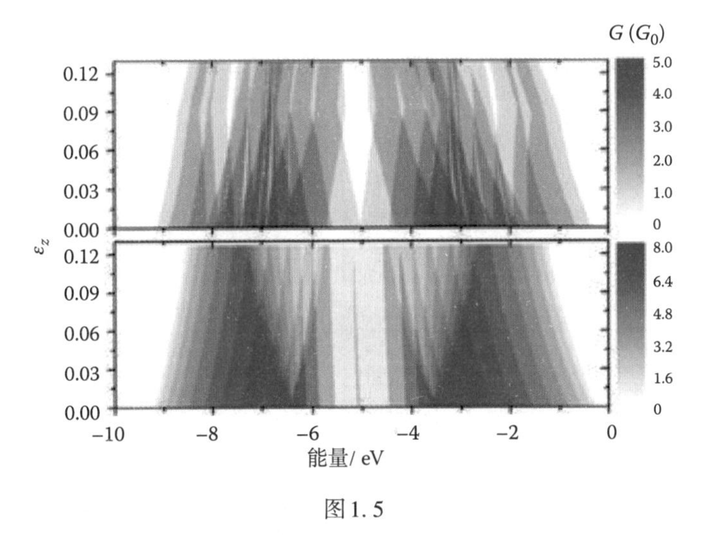
$G\,(G_0)$
5.0
4.0
3.0
2.0
1.0
0
8.0
6.4
4.8
3.2
1.6
0
ε_z
0.12
0.09
0.06
0.03
0.00
−10
−8
−6
−4
−2
0
能量/ eV

图1. 5

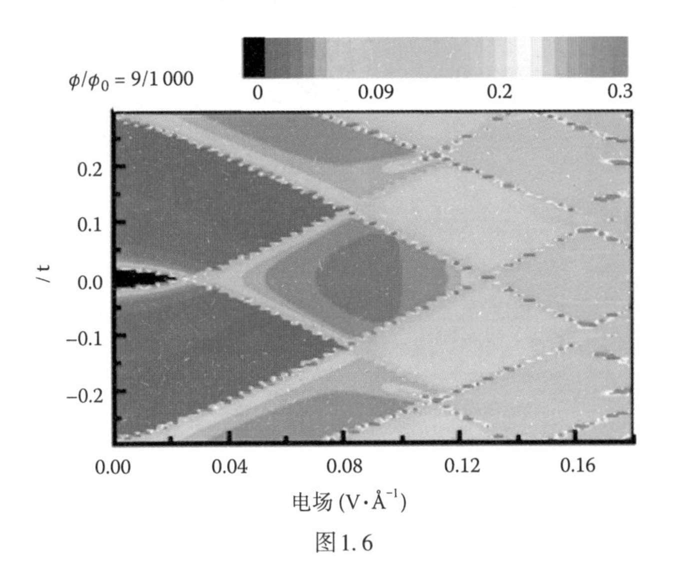
$\phi/\phi_0 = 9/1\,000$
0
0.09
0.2
0.3
/t
0.2
0.1
0.0
−0.1
−0.2
0.00
0.04
0.08
0.12
0.16
电场 (V·Å^{-1})

图1. 6

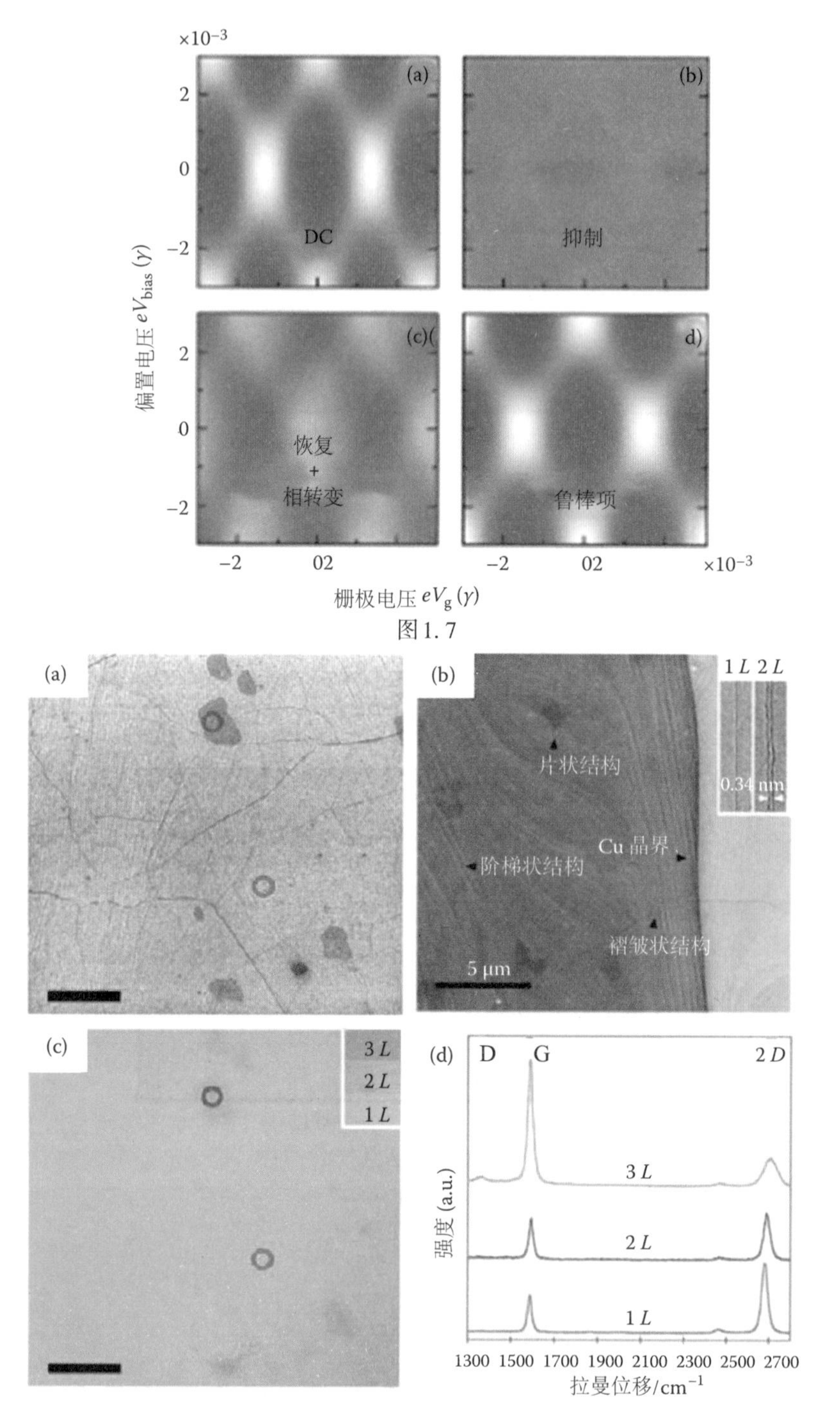
×10⁻³
(a)
(b)
DC
抑制
(c)
(d)
恢复
+
相转变
鲁棒项
偏置电压 $eV_{\mathrm{bias}}(\gamma)$
栅极电压 $eV_{\mathrm{g}}(\gamma)$
片状结构
阶梯状结构
Cu 晶界
褶皱状结构
5 μm
1 L 2 L
0.34 nm
3 L
2 L
1 L
D G 2 D
强度 (a.u.)
拉曼位移/cm⁻¹
1300 1500 1700 1900 2100 2300 2500 2700

图1.7

图5.2

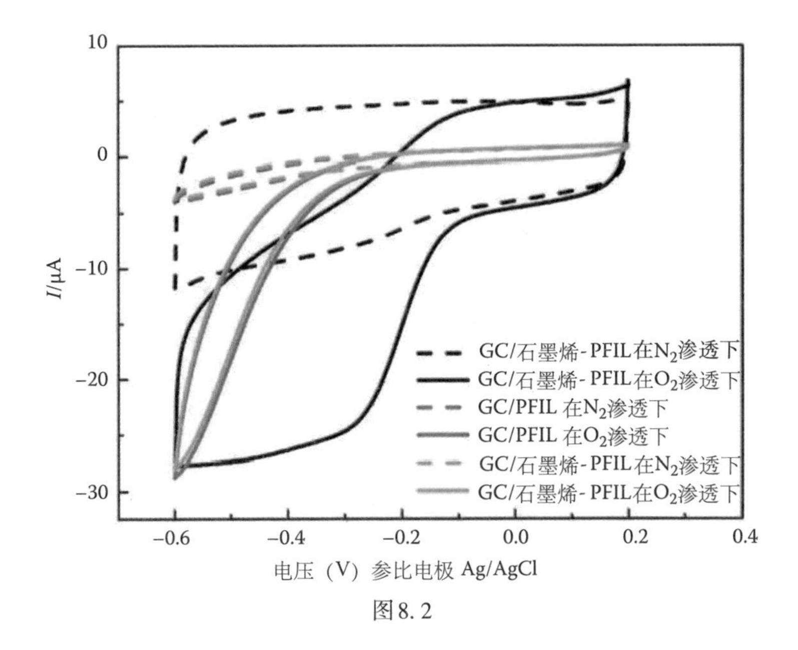
10
0
−10
−20
−30
I/μA
−0.6
−0.4
−0.2
0.0
0.2
0.4
电压（V）参比电极 Ag/AgCl
GC/石墨烯-PFIL在N2渗透下
GC/石墨烯-PFIL在O2渗透下
GC/PFIL 在N2渗透下
GC/PFIL 在O2渗透下
GC/石墨烯-PFIL在N2渗透下
GC/石墨烯-PFIL在O2渗透下

图8.2

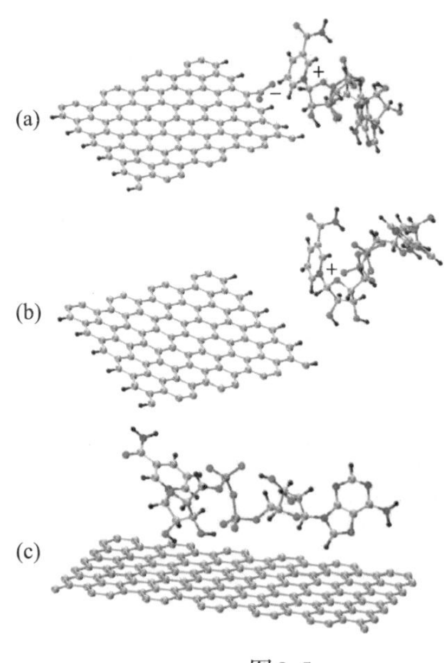
(a)
(b)
(c)

图8.5

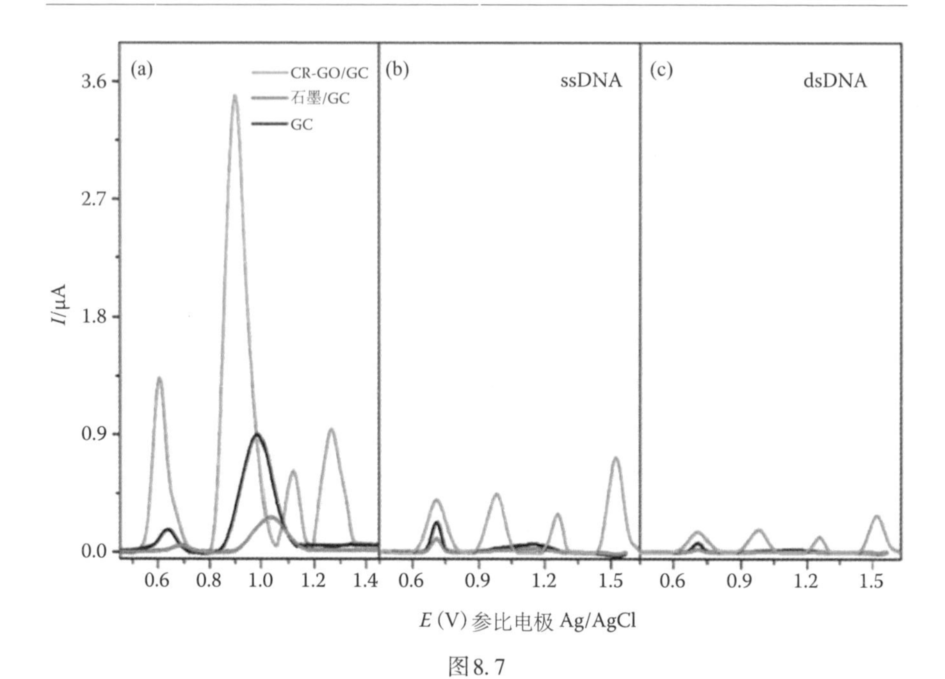
(a)
CR-GO/GC
石墨/GC
GC
(b)
ssDNA
(c)
dsDNA
I/μA
3.6
2.7
1.8
0.9
0.0
0.6
0.8
1.0
1.2
1.4
0.6
0.9
1.2
1.5
0.6
0.9
1.2
1.5
E (V) 参比电极 Ag/AgCl

图8.7

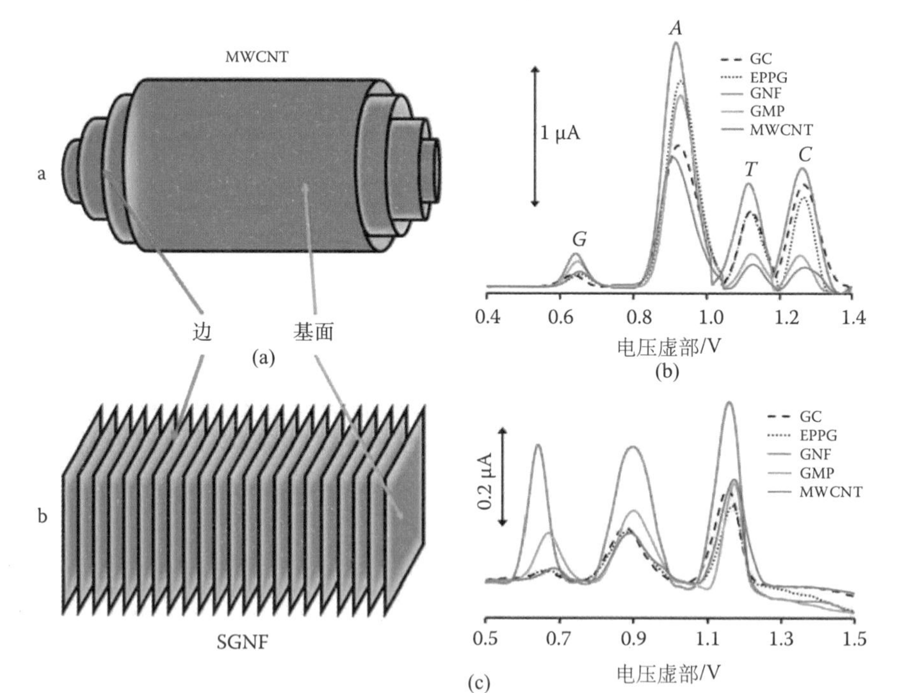
MWCNT
a
边
基面
(a)
b
SGNF
A
GC
EPPG
GNF
GMP
MWCNT
1 μA
T
C
G
0.4
0.6
0.8
1.0
1.2
1.4
电压虚部/V
(b)
GC
EPPG
GNF
GMP
MWCNT
0.2 μA
0.5
0.7
0.9
1.1
1.3
1.5
电压虚部/V
(c)

图8.8